有机颜料清洁生产技术

费学宁　李梅彤　曹凌云 等　著

科 学 出 版 社

北　京

内 容 简 介

本书是关于有机颜料清洁生产技术原理及应用的一本专著，汇集了著者近年来在该领域的主要研究成果和相关文献的最新研究进展。本书从人类对色素的朴素认知和利用入手，梳理了染（颜）料的开发与发展历程，介绍了清洁生产模式下有机颜料生产从合成到最终颜料化各阶段减排增效的技术原理和优化路径、有机颜料表面改性及颜料化处理方法和原理；重点介绍了著者在核/壳结构无机-有机复合颜料制备技术及应用方面所取得的研究成果。本书还以典型染（颜）料中间体生产废水为例，对高含盐难降解有机废水资源化工艺技术进行了介绍。

本书适用于高等院校应用化学、化学化工和环境科学与工程等专业本科生和研究生学习使用，也可供相关科研人员参考。

图书在版编目（CIP）数据

有机颜料清洁生产技术 / 费学宁等著. -- 北京 : 科学出版社, 2024. 7. -- ISBN 978-7-03-078772-9

Ⅰ. TQ616.8

中国国家版本馆 CIP 数据核字第 2024G9L970 号

责任编辑：贾　超　高　微 / 责任校对：杜子昂
责任印制：徐晓晨 / 封面设计：东方人华

科学出版社 出版
北京东黄城根北街 16 号
邮政编码：100717
http://www.sciencep.com
北京建宏印刷有限公司印刷
科学出版社发行　各地新华书店经销
*
2024 年 7 月第　一　版　开本：720 × 1000　1/16
2024 年 7 月第一次印刷　印张：17 3/4
字数：350 000

定价：138.00 元

（如有印装质量问题，我社负责调换）

本书撰写组

撰写者名单（排名不分先后）

费学宁　李梅彤　曹凌云　吕东军
邢达杰　张宝莲　袁文蛟　郝亚超
秦萍萍　赵洪宾

前　言

人类在漫长的演化过程中，已进化出能感知近百万种颜色差异性信息的视觉能力。色彩作为宇宙万物结构特征本质的光学表达方式，赋予了世界万物绚丽多彩的差异性特征。色素作为承载着美学的使者，其制造和应用的技术进步始终伴随着整个人类的发展过程，并为人类文明留下了浓墨重彩的印记。

随着色光理论和科学技术的发展，新型色素及原材料不断被创造出来，极大地满足了人类生产需要和对美好生活的追求,并有力促进了文化艺术的创新发展。同时色素生产过程中生产废水的减量化和资源化理念也越来越引起人类的高度关注。色素清洁生产作为可持续发展生产新模式已被人们普遍接受。本书第 1 章以人类文明的发展为主线，介绍了人类对色素的朴素认知和利用的发展过程，以及染（颜）料的发展、分类及它们在人类文明史中的重要地位；记述了早期化学工业无序发展阶段，由于忽视环境和资源保护，不仅浪费了自然资源，破坏了自然环境，更为重要的是破坏了维系人类生态环境支持系统的阶段性发展过程；并论述了绿色可持续发展理念和染（颜）料清洁生产新模式产生的客观必然要求。

本书第 2 章介绍了有机颜料清洁生产工艺概况。传统的污染治理模式一般是采取“先污染后治理”的方式，这不仅加大了污染物处理的难度和成本，更增加了对环境危害的风险。清洁生产理念倡导在生产源头和生产过程中减少甚至消除可能的污染产生，最大限度地减少污染物排放，这是对传统环境保护理念的根本性变革，极大地减轻了末端治理负担，提高了企业市场竞争力，是可持续发展战略的必然选择。针对不同颜料品种，清洁生产侧重点也有所不同。本章介绍了低多氯联苯颜料制备、低钡量色淀颜料生产、重氮组分氨水溶解替代工艺、合成过程的碱控技术、C.I.颜料红 177 清洁生产过程和喹吖啶酮生产工艺改进等；还介绍了微型反应器在有机颜料合成中的应用，以及预分散有机颜料制备、捏合处理和清洁颜料化处理技术等经典案例。在这些实例中，详细说明了清洁生产模式下有机颜料生产从合成到最终颜料化各阶段减排增效的技术原理和优化路径。

颜料粒子具有一定的晶型，当其分子结构确定后，颜料所属色系也随之确定。而颜料粒子的性状、粒径分布和晶型决定着颜料粒子受光照射后，颜料粒子反射、折射和衍射等光学行为所表现出的色光、遮盖力等颜料应用特性。生产过程中通过颜料化及表面处理操作可实现颜料应用性能的调控。本书第 3 章以色光理论为基础，介绍了对有机颜料表面改性及颜料化处理的一般方法和原理。并以应用于塑料油墨和涂料中的颜料为例，介绍了颜料晶型和特性的调控作用关系。第 4 章介绍了新型工业系统以最大限度提高自然资源利用率的目标和由此提出的“倍数 4”理论，即生产资料减少一半，同时产品性能提高一倍的努力方向。基于色光理论基础，以价廉易得的无机微硅粉、SiO_2、海泡石、凹凸棒石等颜料为核，以有机颜料为壳层，构建了核/壳结构无机-有机复合颜料，减少了有机原料的使用，在保证颜料光学性能的前提下，提高其耐热性和耐候性。特别是基于此原理的中铬黄环保型替代颜料的设计、制备，极具经济、环境和社会价值。本章结合国内外最新的有机颜料改性技术和著者所在课题组多年来在核/壳结构无机-有机复合颜料制备理论和技术积累以及应用方面所取得的研究成果，对偶氮类等有机颜料与无机纳米材料的核/壳结构复合颜料的理论设计模型、制备技术及其功能化应用进行了系统介绍。

尽管在前端的染（颜）料生产工艺流程中，不断创新优化清洁制备工艺，力争从源头减少生产废液排放，以节约自然资本并降低后期水处理成本和难度，但总体来讲，染（颜）料生产末端废水有机物浓度相对普通污水而言依然较高。有机颜料产业发展的最佳模式应是“清洁生产+末端控制”。本书第 5 章主要介绍了染（颜）料废水的末端处理技术，并以 2-乙基蒽醌、H 酸、2-萘酚等染（颜）料中间体废水为例，介绍了典型高含盐难降解有机废水资源化处置与应用实例。

本书综述了国内外颜料清洁生产领域的最新研究进展，并汇集了课题组近年来相关研究内容和科研成果，对该领域研究体现了完整性和前沿性。参加本书撰写工作的执笔人分别为：费学宁、曹凌云、李梅彤、张宝莲、吕东军、邢达杰、袁文蛟、郝亚超、秦萍萍和赵洪宾。最后由费学宁、曹凌云统稿。

此外，课题组历届研究生参加了本书所著内容的研究工作。他们是张勇、张珍珍、苏方鸣、任富雄、崔良福、李帅、胡健和任帅斌等。在此对他们在研究工作中付出的努力表示衷心感谢。也特别感谢书中所引用文献的作者们。

由于著者水平有限，书中难免出现不妥和疏漏之处，恳请读者批评指正。

著　者

2024 年 6 月于天津

目　　录

第1章

颜 料 概 述

颜料是一种可分散在使用介质中，能使底物着色的颗粒状色素，可分散于溶剂和树脂等介质中，常用于涂料、油墨、塑料和橡胶等材料的着色。

颜色是颜料的基本属性，在光的照射下，绚丽多彩的颜色之间存在着一定的内在联系，颜色的量化区分是颜料使用和评价的基本要求。每一种颜色都可用色调、明度和饱和度这三个参数来表达。色调是色彩彼此相互区别的特征，取决于光源的色谱组成和物体表面反射光刺激人眼感色单元产生的感觉，可区别红、黄、绿、蓝和紫等颜色特征。明度，也称为亮度，是表示物体表面明暗程度变化的特征值，通过比较各种颜色的明度，颜色就有了明朗和深暗之分。饱和度，也称为彩度，是表示物体表面颜色浓淡的特征值，使色彩有了鲜艳与阴晦之别。色调、明度和饱和度构成了一个立体标度，可实现用数字来表达颜色属性。

颜料的颜色虽千变万化，但基本是由红、黄、蓝三原色经复合衍变出丰富的色彩。颜料大致分为有机颜料和无机颜料。

无机颜料是由金属氧化物或一些不溶性金属盐组成。天然矿物颜料被人类认知并使用已有数千年的历史，由于天然矿物颜料多由天然矿物开采加工而成，具有突出的色光稳定性和耐候特性，因此其成为人类历史长河中肩负着记载表达民俗、文化、艺术和社会形态等人类发展信息任务的重要传载媒介，见图 1-1。

图 1-1　古代无机颜料壁画

我国的甘肃敦煌莫高窟、甘肃天水麦积山石窟、山西大同云冈石窟以及河南洛阳龙门石窟这四大著名石窟是以中国佛教文化为特色的巨型石窟艺术景观，一些保存至今已有上千年历史的壁画艺术精品，仍向人们展示着精彩的历史瞬间，讲述着人类曾经发生的真实故事，生动记载着人类文明进步的发展历程，也为人类了解文明发展和文化研究提供了重要的直观佐证。而颜料是壁画构成的基础，由此可以看出颜料在人类文化传承中所发挥的重要作用，为人类文化要素多维度信息丰富直观表达提供了客观保证。人类早期使用的天然矿物颜料耐候性优异，在此基础上发展出的人工合成无机颜料在性能方面有了全面提升，色泽更鲜艳、遮盖力和耐候性也更优异[1]。

1856 年英国人珀金（William Henry Perkin）第一次合成出有机色素——苯胺紫，开启了有机颜料的发展历程。有机颜料制备过程中，人们可以有目的地设计并制备出具有不同发色基团的有机颜料分子，再通过分子间氢键作用使之堆积成有色晶体物质，经进一步的颜料化处理形成具有一定粒径、晶型和色光的有机颜料粒子。有机颜料通常在使用介质中以高度分散状态使底物完成着色过程。在涂料和油墨等产品中颜料的使用量最大，在织物印花、塑料和橡胶以及皮革等的着色方面也得到了大量应用。颜料与染料使用方式的区别在于，染料能够溶解在所用的染色介质中，实现对织物的着色，而颜料是以微粒形式分散在使用介质中，通过黏结料附着在被着色物表面，赋予物体表面各种颜色。有些有机颜料和有机染料在化学结构上是一致的，在一定条件下它们之间可以实现相互转化，如还原染料和硫化还原染料可以作为颜料用于高级油墨着色，如将它还原成隐色体，则可以作为纤维染料染色使用[2]。有机颜料色彩鲜艳且着色力强，但部分品种的耐候性、耐溶性和耐迁移性等往往逊色于无机颜料。

人类对色彩的感知过程与人类自身的发展历史一样漫长，而人类有意识地应用色彩则是从原始人用固体或液体着色物涂抹面部与躯干开始的。从新石器时代的陶器着色上可清晰看到原始人对简单色彩的自觉运用。在色彩的应用史上，着色物的装饰功能先于再现功能而出现，见图 1-2。

图 1-2　人类对颜料的原始应用

1.1　古代颜料的发展历程——对美的朴素追求

早在 15000 年之前，洞穴人已开始使用天然颜料来装饰他们的洞穴内壁。人类最早使用的颜料为土黄、土红与粉白色等土系颜料。此外，人们还利用焚烧后的动物脂肪取得的炭黑进行着色。早期人类运用这些简单着色物绘画出光感且细腻的作品，至今我们仍然可以感受到这些描绘当时生活场景的艺术品所展示出的朴素感染力，见图 1-3。

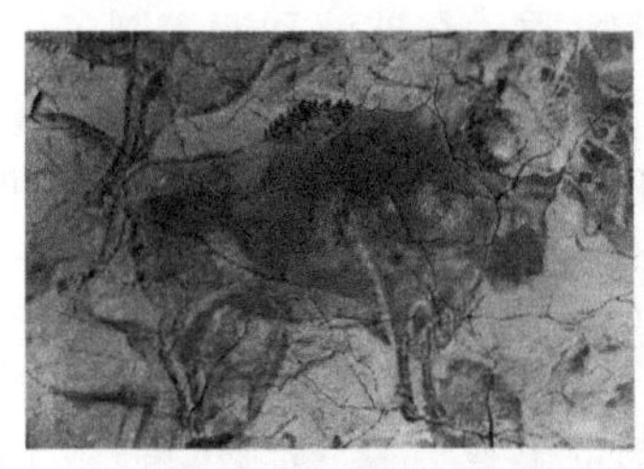

图 1-3　11000～17000 年前阿尔塔米拉洞穴壁画

据文献记载，早在公元前 4 世纪，古埃及人已经初步具备了运用流传的经验制作颜料的能力。通过水洗方法能够达到提高土系颜料纯度的效果，并借此来提高颜料色彩的鲜艳度。同时，人们在实践中还发明了一些新的原材料。最著名的颜料是埃及蓝，其成分为硅酸钙铜（$CaCuSi_2O_6$），是古埃及玻璃料或陶釉的重要组分，并逐渐发展为著名的埃及蓝颜料。埃及蓝是人类已知最早的人造颜料之一，是用于绘制古埃及壁画的蓝色和绿色颜料，见图 1-4。

图 1-4　出土的古埃及文明时期的壁画与河马雕像（埃及蓝）

随后这种颜料被流传到美索不达米亚、克里特和其他地中海地区。罗马帝国陷落后，这一技术失传。直到 19 世纪早期，考古学家在庞贝古城废墟中发现了一壶“淡蓝色”的色浆，谓之“庞贝蓝”。20 世纪在意大利以庞贝蓝（Pompeian blue）的名称进行制造。根据维特鲁威（Vitruvius，公元前 1 世纪）的说法，埃及蓝是从亚历山大城传到意大利波佐利（Pozzuoli Poteoli）的，并且由威斯托里人负责生产（波佐利蓝）。1540～1560 年，波西米亚生产玻璃的工人克里斯多夫·瑟彻尔对波佐利蓝进行优化完善，发明了钴蓝颜料（Smalt 蓝颜料），并逐渐取代了埃及蓝。钴蓝颜料由 SiO_2、K_2O 和 CoO 以及其他元素（Al、Ba、Ca、Cu、Fe、Mg、Mn、Ni、Na）组成，为蓝色玻璃状物质，在玻璃和搪瓷制备中被用作着色剂。由于这种颜料价廉易得，在 16～18 世纪被广泛用于欧洲油画与壁画中。15～17 世纪的欧洲绘画中很常见。据考证，我国远在明清时代的古建彩画和壁画中，如先农坛古建筑彩绘、智化寺明代的壁画、承德避暑山庄的殊像寺、故宫慈宁宫和寿康宫等古建筑彩绘中都使用了钴蓝颜料，见图 1-5。

先农坛柱廊图

故宫慈宁宫

图 1-5　明清时代的古建彩画和壁画

埃及人将天然矿物质碾碎后经水洗等工艺处理制取了孔雀石和石青等天然颜料。在直接使用天然矿物颜料的同时，古埃及人还利用一种透明的白色颗粒物（硫酸钡、白垩及水合铝等）与加工制取的植物色浆进行混合制备出鲜艳颜料，这种方法被后人称为“色淀合成”，这被认为是人类早期为数不多的利用化学反应制取颜料的有效方法之一。至今仍有颜料制造商利用该原理进行天然玫瑰茜红色素的生产。

几千年前，当时生活在今天墨西哥地区的古代玛雅人已经掌握了另一种蓝色颜料制作方法，我们称这种颜料为“玛雅蓝”。这种颜料在古代中美洲文化发展中发挥了重要作用，在这一时期玛雅文明建筑的壁画和雕塑上可以看到该颜料的大量使用，见图 1-6。“玛雅蓝”颜料的原料主要是在墨西哥尤卡坦半岛有着广泛的分布的坡缕石。坡缕石的特性很好地满足了作为“玛雅蓝”原料的需要，坡缕石中的铁可转化为光学性能良好的 α-Fe_2O_3[3]，晶体中的微孔及结构水可以使颜料的显色效果和稳定性更好[4]。

图 1-6 坡缕石与“玛雅蓝”颜料

据考证，我国对于朱红色颜料的使用要比罗马人提前了近两千年。在我国东汉时期（公元 25～220 年），先民将水银与硫磺置于特制容器中进行加热反应，生产出红色色素（HgS），这是我国最早利用化学反应制取颜料的实例，见图 1-7。朱红色颜料使用历史非常悠久，直到 20 世纪末，出于对颜料耐晒性的考虑，艺术家采用镉系红色颜料取代了朱红色颜料。

《四神云气图》（汉）

《提辇囊给使图》（唐）　《鹿王本生图》（魏）

图 1-7 中国古代壁画

古希腊人在颜料制作方面同样也做出了杰出的贡献。他们把金属铅条、醋和动物粪便的混合物置于封闭空间内，经过几个月的缓慢反应后，制取出一种铅白颜料。这种制铅技术的历史可以追溯到 2500 年以前，也是人类较早的合成颜料技术之一。在同一时期（约公元前 4 世纪），中国人用类似的程序生产出铅白色素，该方法经过长期的完善，逐渐成为制备铅白颜料的经典方法，一直沿用到 20 世纪 60 年代。这种铅白颜料与油脂作用，可形成一种柔韧度和持久性俱佳的颜料膜，成为当年欧洲画家所喜爱的颜料（图 1-8）。不幸的是，当年铅白颜料被古埃及人、希腊人和罗马人用于制备软膏和化妆品，导致了严重的群体性铅中毒事件。直到 19 世纪铅白颜料依然是欧洲画家使用的唯一白色颜料，进入 20 世纪无毒白色颜料二氧化钛出现，才彻底取代铅白。尽管如此，铅白所具有的典雅柔和的色调，在艺术领域仍有不可忽视的地位。

图 1-8　《雅典娜和波塞冬之争》（雷内 · 安托万 · 侯阿斯，1689 年）

古希腊人制造的红铅颜料（主要成分为 Pb_3O_4），是一种可以作为绘画底色的金属氧化物颜料，它一直被画家使用（图 1-9），直到 20 世纪 90 年代铅系列色素被全面禁用。

图 1-9　使用红铅颜料绘制的《狄奥尼索斯秘仪图》（公元前 60 年）

古罗马人制造颜料的技术在极大程度上继承了古埃及和古希腊的方法，公元79年的庞贝墙体画被认为是最好的历史明证，据考证朱砂颜料曾被应用在庞贝墙体画中。在此期间，另一种重要的颜料是泰尔紫，别名为“希腊紫”或“海螺红”，是从不同类型的骨螺中提取的。这种颜料是从海螺的腺体中提取并经研磨制成的。在生产过程中需要以大量的海螺贝壳为原料，然后在地中海岸通过古代的染料生产工艺制造完成。1908年，弗里德兰德（P. Friedlander）利用约12000个海螺作原料，从中提取并制成了1.4g的泰尔紫染料。由于其高昂的价格，泰尔紫仅仅被用来为古罗马的君主的长袍进行上色（图1-10）。

图1-10 穿泰尔紫染色长袍的古罗马的君主

1.2 文艺复兴时期——颜料技术的繁荣和色光理论的发展

在文艺复兴时期之前的一千余年时间里，艺术家所使用的颜料并没有发生太大的变化。直至14世纪，随着文艺复兴的到来，大量新型的色素及原材料不断被制造出来。意大利人进一步开发了土系颜料，他们通过煅烧的方式制造出深红色的“熟赭”和深棕色的“熟褐”颜料。土系颜料的使用是他们绘画技法中的显著特征，如土绿是当年画家们在绘画人物肉色色调时常运用的底色之一。意大利人在古埃及人经验的基础上改进了铅的生产制造工艺，并借此开发了不透明的铅系颜料——拿坡里黄。人们普遍认为文艺复兴时期的艺术个性归属于天然群青色的开发和使用。天青石是制造天然群青的原材料，最优品位的天青石中群青含量只是接近10%，当年画家们也仅仅对天青石进行简单研磨后便进行绘画使用了。文艺复兴时期的画家们发现，从天青石中经过提取获得的蓝色物质，色泽纯正且极大地增强了绘画艺术的感染力。这种明亮的深蓝色物质色泽鲜艳且耐晒牢度强，成为当时最为昂贵的色素材料之一。这种高贵的颜料在文艺复兴时代帮助了艺术巨匠达·芬奇、拉斐尔和米开朗基罗（文艺复兴三杰）在传世作品中实现高雅格调的表达，见图 1-11。

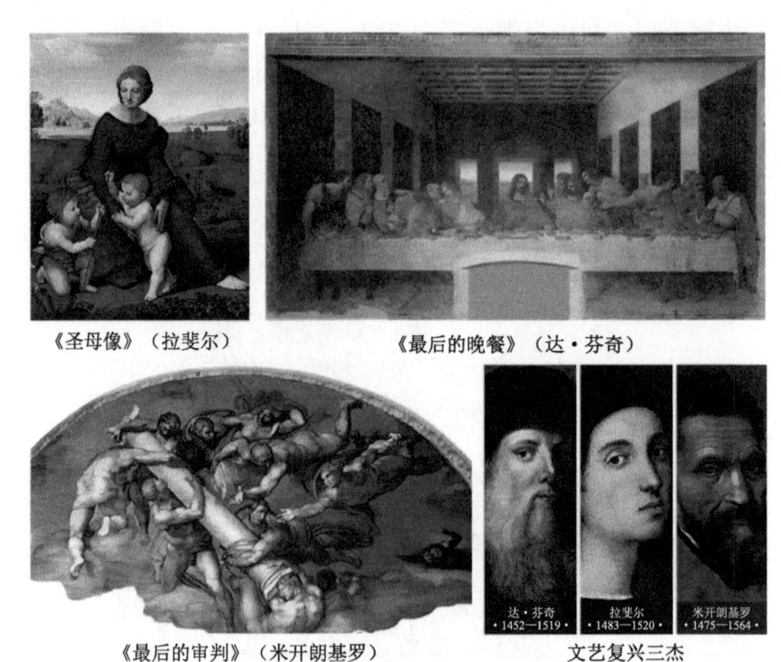

《圣母像》（拉斐尔）　《最后的晚餐》（达·芬奇）

《最后的审判》（米开朗基罗）　文艺复兴三杰

图 1-11　文艺复兴时期油画名作

文艺复兴时代文化艺术的跨越式发展，对颜料的使用性能和品质不断提出更高的要求，也推动了人类对颜色和光学本质规律的认知进程，促进了以颜料体系创新为代表的色素基础理论和科学技术进步。科学理论的建立和新材料的不断涌现，为文艺复兴时期璀璨的文学艺术成就的取得提供了坚实的理论和物质基础。在此期间，人类对绘画艺术创作进程和高水平的艺术技法表达受限于当时对科学规律的认知和材料制造的技术水平。随着科学技术进步和高质量新颜料的不断涌现，不断催生出新艺术流派，创作出大批流传至今的旷世之作，绘画艺术呈现出空前繁荣发展的新气象。

拉斐尔最著名的壁画是为梵蒂冈宫绘制的《雅典学院》（图 1-12）。画中表现了希腊自古以来的 50 多位著名学者聚于一堂，包括柏拉图、亚里士多德、苏格拉底、毕达哥拉斯等著名哲学家和大思想家隔空交流的生动场景，以此歌颂人类对智慧和真理的不懈追求，赞美了人类思想的创造力，成为文艺复兴时期绘画作品的巅峰之作。这幅画的建筑背景为乳黄色的大理石结构，人物的衣饰表现为红、白、黄、紫、赭等色相交错，自然柔和浑然一体。丰富的色彩使用极大地增强了作品的艺术感染力，表达了人类对智慧和真理的追求、对文明的赞颂和对未来的向往。

图 1-12 《雅典学院》（拉斐尔，1510～1511 年）

1.3 化学合成颜料——普鲁士蓝的诞生

18 世纪初，一种全新的蓝色颜料诞生于德国柏林，被称为普鲁士蓝（Prussian blue）。1704 年，德国人狄斯巴赫将草木灰和牛血混合在一起进行焙烧后，经水浸、过滤、浓缩，得到了一种黄色晶体，将这种黄色晶体倒入三氯化铁溶液中，立即生成了鲜艳的蓝色沉淀。这就是普鲁士蓝色素偶然发现的过程。普鲁士蓝直到今天仍然是一种常用色素。

普鲁士蓝合成反应为：$3K_4Fe(CN)_6 + 4FeCl_3 \longrightarrow Fe_4[Fe(CN)_6]_3 + 12KCl$。这个过程可以解释为：草木灰中含有碳酸钾，牛血中含有铁、碳和氮等三种元素，这两种物质发生反应，生成了黄色的亚铁氰化钾，它便是狄斯巴赫得到的黄色晶体，由于它是从牛血中制得的黄色晶体，因此称它为黄血盐。黄血盐与三氯化铁反应后，得到六氰合铁酸铁 $Fe_4[Fe(CN)_6]_3$，即普鲁士蓝。普鲁士蓝是一种性能优异的无机颜料，法国画家珍·安托万·华托、日本画家葛饰北斋以及西班牙艺术大师巴勃罗·毕加索都在作品中大量使用过普鲁士蓝（图 1-13），但普鲁士蓝的成功不限于此。英国天文学家约翰·赫歇尔发现普鲁士蓝对光有一种独特的敏感性，这可被用来制作图画的复制品，由此可以轻松地复制建筑平面图的多种版本——也就是所谓的“蓝图”。除此之外，普鲁士蓝也是铊的解毒剂。铊可置换普鲁士蓝上的钾后形成不溶性物质随粪便排出，对治疗铊中毒有一定疗效。

图 1-13　毕加索使用普鲁士蓝绘画的作品

1.4　19 世纪早期的工业革命兴起推动了颜料业的发展

第二次工业革命极大地推动了社会生产力的发展，对人类社会的经济、文化和科技产生了深远影响，世界由“蒸汽时代”进入“电气时代”。在这一时期，一些发达资本主义国家的工业总产值超过了农业总产值，出现了化学和石油等新兴产业。内燃机的出现推动了石油工业的发展，电力在生产和生活中也得到了广泛应用。从 19 世纪 80 年代起，人们开始从煤炭中提炼氨、苯等初级原料，塑料、绝缘物质、人造纤维和无烟火药等化工产品也相继被发明并投入生产和使用。18 世纪末期出现的新材料制造技术中，颜料开发也扮演了重要角色，同时也为色素制造与贸易带来了新的机遇和挑战。出于市场上对耐久性更好颜料的需求，科学家们经过不懈的努力，开发了性能优异的系列“传统色”颜料。

1.4.1　钴系颜料的出现

钴蓝在 1802 年由泰纳尔（Thenard）研制出来，它是一种具有透明效果且耐久性强的无机颜料。据记载，沙俄时代克里姆林宫的大厅和安眠大教堂等许多宏伟大厦的墙壁上的蓝色颜料就是钴蓝（图 1-14）。

图 1-14　克里姆林宫大厅（钴蓝）

钴蓝在制陶业中也被广泛应用。我国始于明朝至今仍负有盛名的景泰蓝也是采用钴蓝颜料着色（图 1-15）。在氧化钴中添加一定比例的铝、磷、锡、锌等元素，可以制备出不同色别的系列钴系颜料，随后，同属于钴系颜料的钴绿、钴紫、钴黄和钴天蓝也相继问世。

图 1-15 明代的景泰蓝

由于钴系颜料的价格昂贵，人们转而致力于对性价比更高的蓝色颜料进行研发。19 世纪 20 年代，法国政府悬赏 6000 法郎奖金鼓励研制每千克成本低于 300 法郎的群青色素。群青颜料（ultramarine）分子式 $Na_6Al_4Si_6S_4O_{20}$，是一种鲜艳的蓝色颜料，主要成分为含硫的硅酸铝钠络合物，由硫磺、黏土、石英和碳等物质混合烧制而成。这笔奖金最终被法国化学师圭美特（J. B. Guimet）在 1828 年获得，著名的法国群青也从此问世，这种色素与天然群青有同样的化学结构，但比天然群青色泽更加纯正。丰富多彩、性能优异的新颜料的不断出现，为艺术家表现现实生活提供了有力的工具。

德拉克洛瓦于 1824 年创作的油画《希奥岛的屠杀》标志着浪漫主义盛期的到来。英国画家康斯太勃尔于 1821 年创作的《干草车》是一幅代表画家艺术风格的作品（图 1-16），它以绚烂而浑厚的色彩、抒情诗般的情调和真实的描写风格而博得了人们的赞赏，画面充满了阳光和生活气息。

《希奥岛的屠杀》（德拉克洛瓦）

《干草车》（康斯太勃尔）

图 1-16 使用群青颜料创作的著名油画

1.4.2　铬系颜料的出现

1820 年由美国人研发的铬黄颜料（$PbCrO_4$）价格低廉、性能优异、遮盖力强且显色度高，用它创作的艺术作品饱满、明亮、极具张力。梵高和戈雅就十分喜欢运用这种颜料，梵高的《向日葵》等画作中就大量使用了这种颜料（图 1-17）。但该颜料中含有重金属铅和铬，大量接触会导致铅、铬中毒，据说梵高作品的一大特征就是颜料特别厚重，他在构思时还有舔画笔的习惯，因此有人怀疑梵高的精神错乱正是与铅和铬中毒有关。而戈雅还会用手指直接蘸取颜料作画，也导致他因铅中毒而病痛缠身。

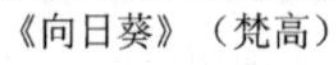

《向日葵》（梵高）　　《阳伞》（戈雅）

图 1-17　应用铬黄颜料的油画作品

这类颜料在制造和使用过程中，均会伴有含铅和铬的重金属离子随废水排出，对生态环境造成严重危害，20 世纪 90 年代国际社会陆续制定法律，最终禁止了该颜料的生产和使用。

1.4.3　锌系颜料的出现

1721 年锌元素的成功提纯，为 18 世纪末期氧化锌的使用提供了可能。由于它的毒性更小、耐久性更好，因此艺术家逐渐用锌白来代替了铅白。1834 年英国颜料制造商温莎牛顿通过加热氧化锌工艺解决了提高了锌白遮盖力不足的问题。

1.4.4　镉系颜料的出现

1846 年，镉黄颜料实现了规模化生产，并逐渐被应用到艺术家的绘画作品中。由于镉黄料具有极好的持久性、丰富的色别系列、优异的着色强度和遮盖力，镉黄颜料迅速成为黄色系颜料的中流砥柱。镉红颜料于 1910 年也被开发出来。

1.4.5　印度黄和翠绿色颜料

印度黄是一种亮丽透明的颜色，耐晒牢度绝佳，它是从只喂食芒果树叶的奶牛尿液中提取出来的，最终这种虐待奶牛的行径被印度政府在20世纪初期禁止。

1872年，莫奈访问了他的故乡——位于法国西北部的勒阿弗尔，随笔创作的《日出·印象》展现出清晨的海港，薄雾弥漫，一轮红日正从地平线冉冉升起，给清凉的雾气和粼粼的海面渲染了淡淡的红色（图1-18）。水光相映，烟波渺渺，阳光和水在他的笔下变得极其灵动和充满变幻，几叶扁舟画龙点睛，给画面带来了生气，船上的人若隐若现，赋予了画中之灵魂。

图1-18　《日出·印象》（克劳德·莫奈，1872年）

翠绿色是1822年研发出来的另一种著名色素。这种含有亚砷酸铜的色素，在20世纪60年代之前是一种无可匹敌的明亮且纯净的宝石绿色，然而它的出名却是它的剧毒特性。由于明亮的色彩和低廉的价格，它成为维多利亚时代人们生活中的流行色，不仅在艺术作品中频频被使用（图1-19），而且被用于制作印花壁纸、人造花、包装纸和衣服着色，甚至还出现在食品和儿童玩具中。然而，这种颜料在潮湿的条件下挥发出的亚砷酸盐蒸气会对人体造成致命伤害，在日用品中的大量使用，意味着更多的人有中毒的风险。在这些颜料问世之初，就已经有人提出了担忧。1815年，德国化学家利奥波德·格梅林（Leopold Gmelin）就在报纸上指出，把砷颜料用于壁纸是危险的。但直到19世纪中期，砷中毒案例频频见诸报道，这些危险才真正开始得到关注。

维多利亚时期的壁纸图案　　抹大拉的玛利亚

《奥维尔绿色的麦田》（梵高，1890年）

图 1-19　使用翠绿色颜料的作品

1.4.6　合成氧化铁颜料

合成氧化铁这一土系颜料包含色彩范围很广，棕色、红色、黄色及黑色等颜料色系都囊括在其中，并且其色彩强度远胜于利用自然泥土所制成的颜料。

1.4.7　钛白颜料

早在 1795 年金属钛白颜料已被研发出来，但直到 1920 年才有商用的钛白颜料出现。由于该颜料具有无毒且遮盖力强等特点，因此迅速成为艺术家最喜欢的白色颜料，也成为 20 世纪最为重要的色素发明之一。

尽管人类对色彩的运用已有几千年的历史，但真正系统科学的色彩学研究直到近代才开始，色彩学的研究是以光学理论发展为基础的。这一时期颜料学的另一个重大发展是色彩-光学理论的确立，文艺复兴时代的画家为了取得自然主义的表现效果，研究了光学和色彩透视问题。17 世纪 60 年代，牛顿通过

“日光-棱镜折射实验”得出白光是由不同颜色光线混合而成的重要结论，揭示了颜色产生的本质；开普勒建立的近代实验光学理论为色彩学的产生奠定了科学基础，为感知心理学研究解决了色彩视觉问题，以及运用心理物理学方法解决视觉机制对光的反应等问题，均提供了重要的前提条件和理论基础。而视觉艺术所提出的色彩问题，尤其是印象派艺术出现之后遇到的外光描绘、色彩并置对比和互补色等问题，促使物理学家和艺术家运用科学方法探讨色彩产生、感知应答及艺术表现的应用规律。由薛夫鲁尔撰写的《色彩和谐与对比的原则》（1854年）和贝佐尔德撰写的《色彩理论》（1876年）等专著的陆续出版，进一步奠定了色彩学的理论基础。进入20世纪，色彩学在现代光学、心理物理学、神经生理学和艺术心理学等多学科的推动下获得了长足进展，而色彩学的发展又促进了视觉艺术从19世纪的“造型艺术”范畴向20世纪多元化时代的转变。

1.5 现代染（颜）料——缤纷多彩的有机染（颜）料

现代有机染（颜）料开端于意外合成的一种新型色素——苯胺紫。1856年，一名英国皇家化学学院的学生在提纯一种紫色染料的实验中，意外地通过重铬酸钾氧化苯胺的硫酸盐，制造出苯胺紫色素。他将绸子浸泡在这种紫色溶液中，绸子也就染上紫色，经过肥皂清洗和10多天的太阳曝晒，紫色丝毫不褪，色调鲜艳如初，结果证实这是一种色泽鲜艳、耐候性强且很有价值的染料。此项发明者便是著名的英国化学家威廉·亨利·珀金（William Henry Perkin）（图1-20）。随后珀金申请了这种染料的专利，并设计了用苯进行硝化并还原为苯胺的生产工艺和设备，6个月后苯胺紫在伦敦的染坊中得到广泛应用。苯胺紫作为一种染料迅速流行开来，还为维多利亚家族定制的许多时尚服装进行着色。苯胺紫是人类历史上第一个人工合成的有机染料，这也开启了随后几十年间人类通过化学合成开发色素研究和应用的序幕。

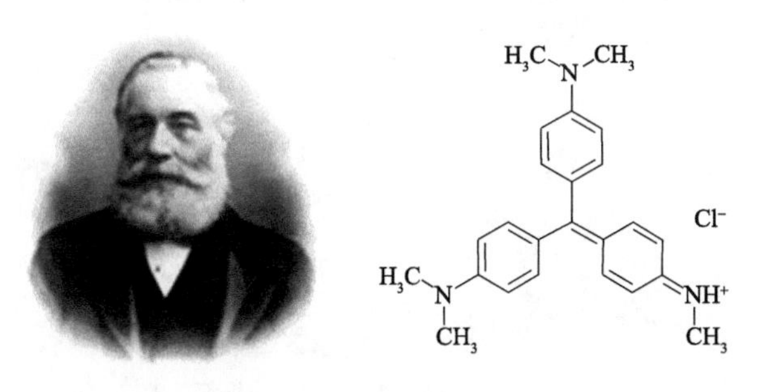

图1-20 珀金和苯胺紫分子式

1.5.1 茜红颜料

茜红颜料是一种带有蓝色相的深红有机色素。据考证，几千年前人类就发明了由草本茜草提炼制成茜红染料的技术。茜红颜料原产于亚洲和南欧，在古埃及、波斯和庞贝古城遗址中都曾发现它的踪迹。1826 年，两名法国化学家让·雅克·科林（Jean Jacques Colin）和皮埃尔·简·罗伯奎特（Pierre Jean Robiquet）从茜草中分离出茜素和红紫素，证明了天然植物分离的茜素红是两种红色色素的混合物。1869 年，德国化学家卡尔·格拉贝（Carl Grabe）和卡尔·利伯曼（Carl Liebermann）在提取茜素的过程中发现了蒽醌化合物。随后，他们用煤焦油合成了这种色素。合成茜红的成本低廉且稳定耐晒，迅速成为艺术家喜爱用的红色素。茜红是由沉淀色素构成的，更接近最初的茜草染料结构；而永固茜红则是由稳定性更强、更持久的人工合成替代品制成的。

19 世纪科学技术的进步，极大地促进了社会生产力的发展。大量新型色素呈现出井喷式的产出。金属软管的发明与使用以及铁路系统的完善，这些综合因素给画家们带来了外出绘画写生和交流的便捷条件，这便催生了西方绘画史上划时代的艺术流派——印象派的产生。科学技术的进步，有力促进了文化艺术的创新发展。

《马尔利港的洪水》是西斯莱画于圣日耳曼·恩·雷耶附近的马尔利港遭受了一系列严重洪水后的油画作品（图 1-21）。作者运用了印象主义的手法，表达出灵敏的感觉和美丽的视觉效果，使这幅风景画成为一幅完全的现实主义作品。画家意识到了洪水对村庄造成的毁灭性破坏，同时也表现出阳光照射在水面和刚被冲刷过的树木上的美轮美奂的视觉场景。西斯莱的风景画风格充满诗意，表现出在沉默寡言中蕴含着潜在的情感。

图 1-21 《马尔利港的洪水》（西斯莱，1876 年）

1.5.2 汉沙黄颜料

汉沙系黄色有机颜料是 1901 年由德国赫斯特（Hoechst）公司研发并投入市场的一类性能优良的有机偶氮颜料，其色光与无机颜料铬黄颜色相似。其通式如图 1-22 所示。

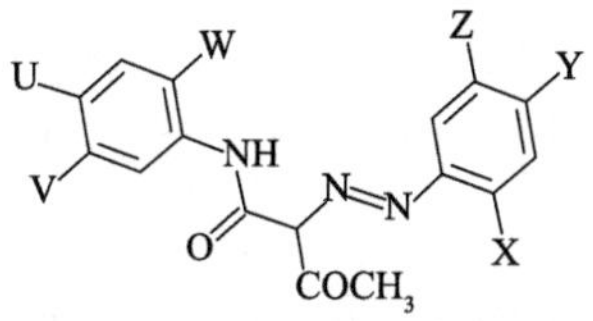

图 1-22 汉沙系黄色有机颜料分子式

汉沙黄是以取代芳香胺为重氮组分，以乙酰乙酰芳香胺衍生物为偶合组分反应生成的偶氮颜料。该类颜料分子结构简单、色光纯正，色谱范围从强的绿光黄色至红光黄色，偶氮基邻位可以是硝基、甲氧基等基团，具有优良的耐光牢度与耐热稳定性，主要用于印墨与涂料着色，由于汉沙黄颜料的耐溶剂性和耐迁移性较差，因此不适用于塑胶着色。

重要的汉沙类颜料商品包括 C.I.颜料黄 1（汉沙黄 G）、C.I.颜料黄 3（汉沙黄 10G）、C.I.颜料黄 6、C.I.颜料黄 74（汉沙黄 5GX）、C.I.颜料黄 75（永固黄 RX）、C.I.颜料黄 97（永固黄 FGL）和 C.I.颜料黄 98（汉沙黄 10GX）等。其中 C.I.颜料黄 1 与 C.I.颜料黄 3 由于分子结构中偶氮基邻位硝基（$—NO_2$）的存在，可形成醌腙型分子内氢键，类似于稠环酮体颜料，有助于颜料耐光牢度、耐气候牢度以及耐热稳定性的改进，如 C.I.颜料黄 1 可形成分子内氢键，具有良好的耐热稳定性。随后又研发了品种更多、色相更深的黄色系列颜料。目前，汉沙黄已成为一支重要的大宗颜料，品种更多，化学结构也更加复杂丰富。

1.5.3 酞菁蓝颜料

1936 年，英国化学工业公司开发出酞菁蓝颜料，它是一种性能优异、透明的深蓝色有机颜料，色彩鲜艳且价格适中。它最有价值的一点是其混色特性，而且它即便是在减色之后仍然能保持高着色力状态。

1.5.4 二氢喹吖啶酮颜料

20 世纪 50 年代，二氢喹吖啶酮开始被用于颜料生产。其中代表性品种是永固玫瑰和永固洋红。它们填补了粉红与紫色色彩空缺，且具有极高的耐晒牢度。

在随后的 50 年中，该系列的颜料，从深茜红到金色，陆续被开发出来。二氢喹吖啶酮结构被用于永固深茜红色颜料中。20 世纪 90 年代，许多人工合成的有机色素不断地涌现出来。二萘嵌苯系列、吡咯系列与芳基系列（如汉沙黄）都投入了生产使用。同时还开发了一些新色调颜料，它们为染色的配方提供了更多样的选择，并可以为其混色或上光提供更好的透明性。

1.6　颜料发展的现在和未来——清洁生产和源头减排

色彩技术在人们日常生活中的普遍运用给人们带来了丰富的美的享受，随着时代的发展，色彩的应用逐渐从祭祀、绘画等神圣和艺术的表现领域，逐渐走进千家万户，其应用已经涵盖了工农业生产以及生活的方方面面。伴随着近代有机合成颜料的蓬勃发展，特别是色彩理论的逐渐形成，作为色彩主要载体，颜料从古代对美的朴素追求和色彩的象征意义表现的客观载体，逐渐发展成为一门涉及光学、化学合成、晶体化学、粉体化学和表面化学等多学科的综合学科——颜料学。第二次工业革命时期，社会生产力的快速发展，推动了大批性能优异至今仍在使用的颜料产品的开发进程，极大地满足了人类生产需要和对美好生活的追求。但是，由于社会发展认识的历史局限性，人们主要关注点在：不惜代价地满足市场需求和对新产品的开发，同时尽可能地使资本利润最大化。当时形成的科学理论和高新技术的立足点也主要是服务于高性能和高利润颜料产品的开发，未能做到在考虑新产品开发的同时，考虑资源和能源的节约，最大限度地减少对人类生存环境污染等重要问题。地球积累 38 亿年的自然资本储备正以惊人的速度被人类消耗甚至浪费掉。按照目前的速度，人类所拥有的地球资源储备到 21 世纪末将所剩无几。而这种自然资本日渐匮乏所带来的危机，除了直观地表现在石油、矿产、海洋渔业或森林等资源的减少，更重要的是导致一个生命支持系统的失衡。大自然也因此回馈给人类严厉的惩罚——灰蒙蒙的天空，污浊的空气，呼吸道疾病的陡增，大面积的水土严重污染也严重威胁着人类赖以生存的生态环境安全。

自 18 世纪中期起，世界各地陆续出现了典型的环境污染事件，造成了严重的人员伤亡，如美国洛杉矶光化学烟雾事件（图 1-23），英国伦敦、美国多诺拉和比利时马斯河谷烟雾事件，日本熊本县水俣病、四日市哮喘病和日本富士山骨痛病等事件，印度博帕尔异氰酸酯泄漏事件和苏联切尔诺贝利核污染事件等，每一次环境污染事件的集中爆发都造成大量人员伤亡、不可估量的经济损失和生态环境的破坏。

图 1-23　美国的洛杉矶光化学烟雾事件

20 世纪中叶，由于美国汽车工业的高速发展，汽车保有量急剧增加，大量排出的汽车尾气严重污染了大气环境，污染物在太阳光照射下发生了光化学反应，生成的污染物对人类造成了更严重伤害。1943 年 5 ~ 8 月，洛杉矶城市上空出现了迷漫天空的浅蓝色烟雾，整座城市浑浊不清，这种烟雾刺激喉、鼻等器官，引发喉头炎和头痛等许多疾病，对人类呼吸系统造成了严重的伤害。这种烟雾同时也对植物的正常生长造成影响，造成远在洛杉矶 100 km 之外高山上的柑橘减产，松树枯黄。

1930 年 12 月 1～5 日，比利时马斯河谷工业区将大量含有高浓度的 SO_2 和含有氟化物的污染气体排向空气中，这些有害气体同煤烟粉尘复合产生的污染尘埃造成了比利时马斯河谷烟雾事件（图 1-24），使上千人患上了呼吸道疾病，一个星期内致使 63 人死亡。

图 1-24　比利时马斯河谷烟雾事件

1948 年 10 月 26～30 日，美国多诺拉工业区排放的含有高浓度 SO_2 与漂浮的金属化合物颗粒相互作用，形成的污染复合物造成了严重的空气污染（图 1-25）。全镇有 591 人相继出现喉痛、流鼻涕、干渴、四肢酸乏、咳痰、胸闷、呕吐和腹泻等症状，导致 17 人死亡。

图 1-25　美国多诺拉烟雾事件

地处英国东南部一块盆地上的伦敦气候温暖潮湿，属于温带海洋性气候，气候相对稳定，大气流动不畅，上空空气容易受冷形成经久不散的漫天大雾。伦敦作为工业革命时期重要的制造业中心城市，工业革命开始后由于工厂大多建在市内，密集的生产企业每天消耗大量的煤炭，导致大量高浓度工业废气未经处理就排向空中，加上当时居民家庭烧煤取暖排放的大量烟尘，最终形成乌黑、浑黄、辛辣呛人的伦敦雾（图 1-26）。在伦敦的地理条件下，空气中 SO_2 大量积累，导致 1952 年 12 月 5～8 日陆续出现严重的人和牲畜的呼吸道疾病。在此期间，伦敦因肺炎、肺癌、流感等呼吸系统疾病死亡的人数较平时均有成倍增长，总死亡人数较同期增加 4000 多人，死亡者以 45 岁以上人群最多，事件发生后的两个月内又有 8000 多人陆续死亡。

图 1-26　英国伦敦的烟雾事件

1953～1956年，位于水俣镇的日本氮肥公司在生产氯乙烯和乙酸乙烯时，将含有大量汞的生产废水未经处理便排入河道中，汞在鱼体内积累转化成有毒的甲基汞，当人们食用含有甲基汞的污染鱼后，患上一种怪病：患者开始只是口齿不清，步履蹒跚，继而面部痴呆，全身麻木，耳聋眼瞎，最后变成精神失常，直至躬身狂叫而死，这种怪病由事件所在地的地名命名为水俣病（图1-27）。据日本环境厅统计，当年水俣镇水俣病患者多达180人，死亡50多人，在新线县阿赫野川也发现100多水俣病患者，其中8人死亡。据报道，仅水俣镇被波及的受害居民就多达万人。

图1-27　1953～1956年日本水俣病事件

1984年12月3日印度博帕尔的化工厂发生爆炸（图1-28），导致甲基异氰酸酯储罐泄漏，造成附近近两万人死亡，5万人失明，孕妇流产或产下死婴，受害人达20余万，数千头牲畜被毒死，受害面积40 km^2。

图1-28　印度博帕尔的化工厂发生爆炸

1986年4月26日苏联切尔诺贝利核电厂反应堆发生剧烈爆炸，引发了严重的核泄漏事故（图1-29）。核泄漏造成苏联1万余平方千米的领土受污染，其中乌克兰有 1500 km^2 的肥沃农田因污染而废弃，2000 万人受放射性污染的影响。截至 1993 年初，大量的婴儿成为畸形或残废，8000 多人死于和放射有关的疾病，预计其远期影响在数十年后仍会存在。

图 1-29　苏联切尔诺贝利核事件

气候变化是人类面临的全球性问题，随着各国二氧化碳排放，温室气体猛增，对生命系统造成严重威胁。正如博鳌亚洲论坛理事长潘基文所言："造成新冠疫情流行蔓延的一个主要原因，是气候变化导致的环境退化，生态失衡。气候危机和大流行疫情，恰如一枚硬币的两面。这次疫情正是大自然向人类发出的警告。"大量触目惊心的危及人类生命安全的重要事件给人们提出了严重的警告。

人类开始认识到"毁灭人类的不是山崩、海啸、台风、地震，而是人类自己"。环境问题、能源问题也日益受到人们的普遍关注，人类开始意识到，在促进社会高速发展的同时，也要保护好生态环境，节约使用资源，留给我们的子孙一个环境清洁、资源丰富的美丽地球。我们共住一个地球村，非洲的极端环境破坏问题照样可以影响到中国、美国，因此世界各国人民应团结一致，以全球协约的方式有计划地减排温室气体，保护环境。2015 年 12 月 12 日世界各国在巴黎气候变化大会上一致通过了《巴黎协定》，该协定为 2020 年后全球应对气候变化行动作出安排。《巴黎协定》主要目标是将本世纪全球平均气温上升幅度控制在 2℃以内，并将全球气温上升控制在前工业化时期水平之上 1.5℃以内。

人类逐渐认识到，地球上的自然资源并非取之不尽、用之不竭。经济发展的决定因素逐步从大工业革命时期的人力、机器、生产效率等转变为日益稀缺的自然资源和地球生态系统的失衡的影响。基于此，一种新的生产模式——人与自然协调发展的可持续发展模式逐渐走入人们的视野，该模式下的新型的工业系统以最大限度提高自然资源利用率为目标，并由此提出"倍数 4"理论，即生产资料减少一半，产品性能提高一倍。这种新的工业系统，模仿生物系统和生态系统设计工业生产流程，尽量降低废弃物排放，直至为零。此外，该系统还注重对自然资源投资，以维持自然生态系统的平衡。

人与自然和谐共处的可持续发展理论一经提出就受到全社会的广泛关注，并逐步得到政府的认可和支持，可持续发展理念逐步渗透到工农业生产以及人们生活的方方面面。高污染的颜料领域也由单纯关注色彩丰富的颜料研发转为在新产品研发的同时，对环境保护、节约资源和能源问题的深入思考。我国 20 世纪 70 年代改革开放时期，染（颜）料工业高速发展，极大地满足了国计民生需求，出口份额逐年提升，很快成为支撑我国国民经济发展的重要产业。然而，由于当时缺乏对生态环境的保护意识和相应的法律法规保障，出现了以环境污染和资源非充分利用为代价的生产模式，大量的生产废水、废气和废渣未经处理排入环境，使生态环境遭到严重的破坏，社会为此也付出了高昂的代价（图 1-30）。随着可持续发展理念为世界各国所认同，新材料、新技术的不断创新，使得实现清洁生产过程成为可能。

地表水污染

腾格里沙漠遭受污染

图 1-30　环境污染现象

人们开始认识到在染（颜）料生产过程中解决污染问题需要突破污染物源头减少排放、污染物处理资源化和无害化处理等关键技术。清洁生产是一种不同于传统生产模式的创造性理念，该理念将整体预防的环境保护策略贯穿于整体生产过程、产品和后期服务过程中，以减少对环境破坏的风险，并增加生态效率。传统的污染治理一般是采取“先污染后治理”的方式，这不仅加大了污染物治理的难度和成本，也增加了对生态环境破坏的风险。清洁生产理念重视在生产源头和生产过程中消除可能的污染，最大限度地减少污染物的排放，这是对传统环境保护理念的根本变革，极大地减轻了末端治理的负担，提高企业的市场竞争力，是可持续发展战略的必然选择。清洁生产内容包括清洁的原料、清洁的能源、清洁的生产过程和清洁的产品。针对不同颜料品种，清洁生产的侧重点也有所不同。

1.6.1 无机颜料清洁生产

无机颜料是传统的着色剂，其着色力相对来说较有机颜料差，但是其耐热性、耐候性和耐迁移性能优异、成本低廉，因此被广泛用于涂料、塑料、合成纤维、橡胶、建筑材料、文教用品、绘画颜料、油墨和纸张等领域。在涂料工业中它是应用量最大、应用面最广的原材料之一。

无机颜料有天然无机颜料与合成无机颜料之分。天然无机颜料完全来自矿物资源，如天然产朱砂、红土和雄黄等。合成无机颜料则是通过化学反应合成所得，如钛白粉、钴蓝、铬黄、铁蓝、镉红、镉黄、立德粉、炭黑、氧化铁红以及氧化铁黄等。按化学结构分，无机颜料主要有以下几类：金属氧化物，如二氧化钛、三氧化二铬、氧化铁、氧化锌、氧化锑等；金属氧化物混相颜料，如钛镍黄、钛铬棕、铅铬黄、钴蓝、钴绿、铜铬黑、铁锌铬棕、铋黄等；炭黑；金属硫化物，如硫化镉、硫化汞等；铬酸盐，如铬黄和铬橙；钼酸盐，如钼红；其他，如群青等。按其自身毒性分为含重金属的高毒性无机颜料和不含重金属的无毒或者低毒性无机颜料。

1. 含有毒重金属的无机颜料清洁生产

含铅、镉或铬的颜料在我国的发展历史悠久。但是，含重金属颜料本身毒性以及排放污染环境问题一直是困扰着行业发展的瓶颈问题。无机颜料在给人类呈现出丰富多彩的大千世界的同时，也给人类赖以生存的生态环境带来了灾难性的破坏。2007 年轰动全球的美泰玩具召回事件，正是因为在玩具中发现了含铅颜料，违反了国际有关法规。此外，血铅超标、铅污染、镉污染和铬污染等事件频见报端，特别是日本 1931～1960 年镉污染导致的“痛痛病”，2011 年的云南曲靖铬污染事件以及安徽 228 名儿童血铅超标事件等，每一次重金属污染事件的爆发均触动公众的神经，引发业界对重金属污染的进一步关注。含重金属的无机颜料也成了一个谈之色变的产品。针对无机颜料重金属污染问题，各国政府纷纷出台法律法规限制或禁止其生产使用。

美国政府于 20 世纪 70 年代初开始控制含铅颜料在涂料中的使用。美国关于涂料和消费产品中重金属铅的限制标准于 2009 年 8 月 14 日生效。该标准规定，12 岁以下儿童用产品中任何种类总含铅量以质量计超过万分之三将被禁止销售；儿童家具、玩具及其他儿童所使用产品的面漆含铅量上限，按其质量计由 0.06%降低至 0.009%。美国 ASTM-9630816CFR 1303 明确规定油漆或涂层应低于漆膜总重的 0.06%[5-8]。欧盟化学品注册、评估、许可和限制文件中（Registration，Evaluation，Authorization and Restriction of Chemicals）第 16 条和第 17 条规定用于涂料中的碳酸铅和硫酸铅的产品不可以被销售或使用。欧盟 RoHS 指令

（2002/95/EC）包括 6 种有害物质，其中便包含重金属铅、汞、镉以及六价铬。该标准规定镉的质量分数不得超过 0.01%，其他不能超过 0.1%，即≤1000 ppm（1 ppm=10^{-6}）[9]。加拿大制定的《危险产品法案》、《危险产品（玩具）条例》以及《表面涂层材料条例》等文件对于重金属（如铅、汞）和有机溶剂等做了相应的限制，其中表面涂料法规主要对表面涂料进行了规定，该法适用于所有的广告涂装、涂料销售以及进口涂料。除此之外，该法对涂料标签进行了明确的规定和要求，法规中要求表面干涂料中重金属含量（铅、汞、砷、镉等）浓度不能超过限值，其中含铅限值为 600 ppm，但该法对特殊用途的涂料进行了最大浓度限值豁免，但必须在此类产品上标明含铅量，使公众能够清楚地识别是否含铅[10]。

镉及含镉产品在欧洲被 EC 指令 76/769/EEC、91/338/EEC、91/157/EEC 及 1989 欧洲执行委员会镉行动方案所限制。瑞典、丹麦、荷兰、瑞士、奥地利及挪威也在 EC 限制含镉产品如色素、稳定剂及涂料（91/338/EEC）之前，即实行含镉产品的管制（表 1-1）。RoHS（Reduction of Hazardous Substance：电子产品有害物质限制）规定电机电子设备自 2008 年起不得含镉。

表 1-1 对产品中镉元素含量限制

国家/组织	含镉量/ppm	公布年
EU（欧盟）	100	1991
UK（英国）	100	1993
France（法国）	100	1995
Denmark（丹麦）	75	1993
Germany（德国）	100	1993

我国发展和改革委员会《产业结构调整指导目录（2011 年本修正）》和工业和信息化部《部分工业行业淘汰落后生产工艺装备和产品指导目录》（2010 年本）明确要求淘汰有毒重金属含量超标的内墙、外墙涂料，以及含红丹等有害物质的涂料，并限制使用铅铬黄、溶剂型涂料（不包括豁免使用的含铅涂料），鼓励水性木器涂料、无溶剂、辐射固化及功能性外墙涂料等低污染、资源节约型涂料的生产[11]。国家标准对家具产品中所用的色漆、清漆、硝基漆或可溶性重金属的限量为：铅<90 mg/kg，镉<75 mg/kg，铬<60 mg/kg，汞<60 mg/kg。工业和信息化部、科学技术部、环境保护部《国家鼓励的有毒有害原料（产品）替代品目录（2016 年版）》鼓励使用亚磷酸钙防锈颜料来替代铅系、铅铬系防锈颜料[12]。环境保护部《高污染、高环境风险产品目录（2015 年版）》在消除含铅涂料方面也有详细规定，将无机盐制造中的一氧化铅、四氧化三铅、硫酸铅、硝酸铅、铬酸铅、砷酸铅、亚砷酸铅、氟化铅、四氟化铅、氰化铅、硅酸铅、氟硼酸铅，涂料制造中的

含铅、铬的阴极电泳涂料、松香铅皂，以及颜料制造中的铅铬黄、碱式碳酸铅白、钼铬红等含铅涂料原料列入了《高污染、高环境风险产品目录（2015年版）》[13]。

2017年3月，在北京举行的南-南会议上，联合国环境规划署和国家环境保护部联合提出了中国在2022年全面禁止含铅颜料的使用。针对无机颜料重金属污染问题，目前主要采取的措施为开发新型不含有毒重金属的颜料进行替换，具体措施有以下几种。

2. 有机颜料替代

有机颜料是替代铅铬颜料的重要途径之一，由于铅铬颜料色相集中在黄色、橙色和红色色谱范围，可替代的有机颜料也相应地在此范围内按产品用途进行筛选。不同应用场合下可取代铬酸铅颜料的有机颜料种类见表1-2。

表1-2　可取代铬酸铅等颜料的有机颜料

黄色	橙色	红色
二芳基	联苯胺	偶氮红2B
苯并咪唑酮	联茴香胺	甲苯胺
异吲哚啉	偶氮缩合	偶氮缩合
四氯异吲哚啉酮	苯并咪唑酮	萘酚
偶氮缩合	吡唑啉酮	苝
	二硝基苯胺	喹吖啶酮
	二酮吡咯并吡咯	二酮吡咯并吡咯

与含铅的铬酸铅颜料相比，有机颜料具有更加丰富多彩的颜色品种，着色强度更高，颜色更鲜艳，但是在遮盖力和分散性方面存在不足。可通过改善有机颜料的粒径与粒径分布，或者同遮盖力强的无机颜料（如金红石型钛白粉、钛镍黄、钛铬黄等）拼混使用，以提高其遮盖力和分散性。

联合国倡议2022年前禁用的含铅颜料黄色路标漆的水性化和无铅化已是大势所趋。国际上著名的有机颜料生产商（如科莱恩、巴斯夫等）顺应环保要求，积极开拓创新，相继研发出全新结构的偶氮类有机颜料以替代含铅铬无机颜料。有机颜料替代无机颜料的另一个突出的问题是成本问题。一般为提高涂料耐热性需选用高档有机颜料，成本高昂，限制了其应用发展。

3. 无机颜料替代

现有的能够替代铅铬黄的无机颜料主要有稀土颜料、钒酸铋黄颜料（铋黄）

和金红石型混相颜料。稀土颜料是20世纪90年代由法国罗纳普朗克公司（Rhone Poulenc）推出的一种以稀土铈为基本发色成分的新型无毒橙红色颜料。该颜料的基本成分为硫化铈（Ce_2S_3），色相为橙色到红色，其中橙色为C.I.颜料橙75，红色为C.I.颜料红265。由于这种颜料晶体的立方结构中存在空位，因此可以掺入不同的掺杂剂以调节颜料性能和色相。该种颜料颜色纯正，着色强度高，遮盖力强，耐光性、耐热性优良，分散性好，并且环保无毒，所以尽管价格上相较于铬酸铅颜料而言尤显昂贵，但还是受到了涂料和塑料等行业的欢迎，用于取代橙色和红色有毒颜料。2016年，为贯彻落实《中国制造2025》和《工业绿色发展规划（2016—2020年）》精神，引导企业持续开发、使用低毒低害和无毒无害原料，减少产品中有毒有害物质含量，从源头削减或避免污染物产生，国家工业和信息化部、科学技术部和环境保护部三部委联合发布了《国家鼓励的有毒有害原料（产品）替代品目录（2016年版）》的通告，其中明确指出以硫化铈等新一代环保颜料可替代铅基、镉基颜料（表1-3）。

表1-3 国家鼓励的有毒有害原料（产品）替代品目录（2016年版）

序号	替代品名称	被替代品名称	替代品主要成分	适用范围
1	无汞催化剂	含汞催化剂	贵金属/非贵金属	乙炔法氯乙烯合成
2	三价铬硬铬电镀工作液	六价铬电镀液	三价铬	汽车减震器、液压部工件等
3	稀土脱硝催化剂	钒基脱硝催化剂	镧、铈、钇等稀土元素的无机和有机化合物	电厂、窑炉等工业脱硝，机动车尾气净化，石油裂化裂解，有机废气处理
4	环保稀土颜料	铅基和镉基颜料	硫化铈等稀土硫化物	塑料、陶瓷、油漆、尼龙以及化学品等领域

钒酸铋黄颜料简称铋黄，它是一种相对“年轻”的新型环保无机颜料，外观呈绿相鲜亮柠檬黄色，饱和度非常高。最早由德国巴斯夫公司（BASF）于20世纪80年代中期研发并推向市场，其基本发色成分为钒酸铋（$BiVO_4$），对可见光中波长在550～600nm范围的黄色区域光反射率比铅铬黄还高。它可以直接替代铅铬黄而无需与有机颜料拼混。铋黄颜料耐候性、耐光性、耐热性和耐化学品性都非常优异，而且无毒，其遮盖力非常强，优于铅铬黄颜料。这种颜料的不足之处是价格昂贵，颜色相对单一，着色能力与有机颜料相比尚有一定差距，因此该颜料除在本色体系可单独使用外，还常与有机颜料拼混使用，但由于铋黄颜料相对密度较大，在配方设计不周全时可能会导致涂料的分层现象[14]，仅适用于高端用途，如高端工业涂料、汽车面漆、工程塑料等。

金红石型混相颜料是金属氧化物混相颜料（MMO颜料）中一个重要的晶型

系列，它大多以金红石型钛白粉为主要原料，以镍、铬等离子渗入晶格替换钛离子发色而成，绿相黄钛镍黄和红相黄钛铬棕（又称钛铬黄）是两种最重要的金红石型混相颜料产品，国内将这两种颜料统称为钛黄，因其不含铅及六价铬等有毒重金属元素，其耐热性、耐光性、耐候性、耐溶剂性及耐酸碱性等性能极佳，在辅以有机黄提高色光饱和度的基础上，很快就被用来替代含铅的铬酸铅颜料，应用于以室外工程机械、道路标识、桥梁、出租车等为最终用途的涂料或塑料制品的生产，作为醒目的黄色安全标识颜色。在许多国家，这种黄色颜料被冠以"的士黄""校车黄"等名称；市场上，则被统称为钛黄，该颜料价格略高于铅铬黄颜料，其着色力相对偏低、饱和度也不够高。因此，要完全取代含铅的铅铬黄颜料，必须再拼混入合适的有机颜料。

4. 有机颜料与无机颜料拼混

颜料拼混是将两种以上性能接近、具有相容性的颜料混合，来调整颜料色光或改进颜料性能的一种操作。有机颜料与无机颜料拼混可以综合两种颜料特性，实现对拼混后颜料性能的改进。有机颜料色彩鲜明，着色力强，但遮盖力、耐光性、耐热性、耐溶剂性和耐迁移性等性能往往不如无机颜料；无机颜料耐晒性、耐热性、耐候性、耐溶剂性好，遮盖力强，但色谱不十分齐全，着色力低，颜色鲜艳度差，部分金属盐和氧化物毒性大。

利用相应的有机颜料和无机颜料拼混的方法即可达到替代铅铬颜料的目的，该方法虽然简单，但往往在工艺上因二者相对密度差异较大而难以控制，且拼混的颜色因颜料本身结合不牢而容易出现颜色不稳定等现象，因此仅可使用于要求不严的着色制品。表 1-4 是一种取代含铅的钼铬红颜料的配方，通过高档大分子有机红颜料与氧化铁红、钛铬棕、钴蓝、铁铬黑等拼混而成。

表 1-4　红色有机颜料与无机颜料拼混参考配方

名称	质量分数/%	
	配方 1	配方 2
颜料红 122	16.90	—
颜料红 188	—	17.29
氧化铁红	70.30	79.00
铁铬黑	2.60	1.88
钴蓝	—	1.83
钛镍黄	10.2	—

5. 无机-有机复合颜料

基于界面化学反应、化学吸附、物理吸附、静电引力等吸附作用将有机颜料色彩丰富和颜色艳丽的优势与无机颜料突出的耐候性和较高遮盖力特点相结合生产复合型的无铅颜料，这一思路持续了几十年。早在20世纪90年代，为解决含铅颜料所带来的铅污染问题，广东一家立德粉厂与美国一家公司合作，试图将其研发的一种无机成分为锌钡黄的黄色复合颜料在美国推广，应用于诸如标志漆中，以替代铅铬黄颜料，并将这种颜料美称为安全黄与路标黄。该复合颜料以立德粉为内核，在其表面复合一层经改性的汉沙黄偶氮型有机颜料。这种包核型颜料据说其综合性能优于铅铬黄，但因所选基础颜料锌钡黄品位较差，加上性能、价格等因素，未能在国内广泛推广[15]。

据报道日本有一家公司开发了一种黄色复合颜料，所选用的有机颜料为C.I.颜料黄110和C.I.颜料橙61。而无机颜料选用的是折射率≥2.2的材料，如二氧化钛以及体质颜料$CaCO_3$和$BaSO_4$等，用硅烷偶联剂处理，在室温下通过高速混合而成。日本公司称该型复合颜料的性能优于改性的铬黄，可用于路标漆，但至今未见该产品推向市场的任何报道。

我国湖南某公司采用复合颜料制备的专利技术，利用表面带正电荷的混相无机钛黄颜料作载体，与带负电荷的黄色有机颜料混合，通过正负电荷粒子吸附，进行包膜处理使二者复合，其耐热性、耐光性、耐候性和耐酸碱性等均高于铬酸铅颜料，可替代含铅颜料[16]。表1-5是代表性的黄色有机颜料与无机颜料复合颜料的参考配方。

表1-5 黄色有机颜料与无机颜料复合基本成分参考配方

名称	质量分数/%	
	配方1	配方2
颜料黄83	15	—
颜料黄180	35	50
钛镍黄JF-B5302	50	38
钛铬棕JF-A2407	—	12

1995年《四倍跃进》（*Factor Four*）一书在德国问世，该书提出了人类生产活动要遵循“财富翻一番，资源使用少一半”原则的重要观点，指出世界经济正在从一种对人力生产率的依赖向从根本上提高资源生产率的转化，正逐渐减轻人类活动对环境生态的影响。

本课题组使用白炭黑/钛白粉混合物所构成的无机基质为主体部分，C.I.颜料黄13和83复合固溶体为有机颜料部分，制备出一种无机-有机复合颜料。研究发现，与有机颜料 C.I.颜料黄 13 相比，复合颜料的耐热性和光稳定性得到明显的改善。此外，以白炭黑/钛白粉混合物作为主体，大大降低了复合颜料的成本，使其能与工业铬黄颜料的生产成本相当，甚至更低。

6. 其他无机颜料的清洁生产

对于二氧化钛、炭黑、铁红、铁黑和氧化锌等无机颜料来说，产品性质稳定，对人体和环境无毒损伤，其清洁生产过程主要集中在原料成本和生产过程中的节能减排（包括废水、废气、废渣等）问题。

1）钛白粉

钛白粉是用于涂料、塑料等工业性能最佳的白色颜料。自然界中的钛以钛矿的形式分布于地表，通常通过硫酸法或氯化法将钛精矿中的杂质去除，得到纯度接近 100%的粉末状二氧化钛，即为钛白粉。钛白粉化学性质稳定、危害性低，且对其他颜色有很高的遮盖性。

钛白粉加工工艺主要为硫酸法与氯化法，目前全球钛白粉生产处于两种工艺共存的状态。一般认为生产钛白粉的氯化法工艺要优于硫酸法工艺。硫酸法以廉价的钛精矿（或钛渣）和硫酸为原料，可用来生产锐钛型和金红石型钛白粉，技术较成熟，操作工艺简单但能耗高，产生的污染物多。氯化法以高品位钛渣和氯气为原料，生产金红石型钛白粉，产品质量较高，生产工艺难度大，但工序少且废副产物排放少。

2011 年 3 月 8 日我国发布的《清洁生产标准颜料制造业（钛白粉）》对硫酸氧钛法生产钛白粉过程中能耗、水消耗量和伴生的三废排放量等均做了详细说明。

（1）原材料优选。我国采用硫酸法钛白粉生产工艺是以钛铁矿为原料，在分离副产物 $FeSO_4 \cdot 7H_2O$ 工艺中通常会产生大量废水和废渣，无害化处理大大提高了产品的成本且对后处理技术提出了更高的技术要求。鉴于此，硫酸法采用高品位的钛渣为钛源，每吨钛白粉的耗酸量从原来的 3.8 t 降至 2.6 t，也解决了生产过程中副产物废渣的处理问题。

（2）设备技术改造。对硫酸法钛白粉生产工艺采用酸解尾气碱液吸收处理，将酸解还原反应中的废酸进行循环利用，对水洗塔以及过滤器进行设备改造，降低了水洗的次数以及频率。

（3）废酸综合利用。利用热源对废酸进行真空蒸发浓缩，实现循环利用。将硫酸亚铁与废酸反应制取净水剂聚合硫酸铁，实现资源再利用。将系统废酸通过石灰石和熟石灰两次中和后制备石膏，应用于建筑行业。通过不断的努力，已经逐渐实现了钛白粉的清洁生产过程。

2）炭黑

炭黑（carbon black），是一种无定形炭，可作黑色染料，用于制造中国墨、油墨、油漆等，也用作橡胶的补强剂。

1912 年，人们发现炭黑对橡胶具有补强作用，从此炭黑逐渐成为橡胶工业不可缺少的原材料，炭黑的用量一般占橡胶总质量的 40%～50%。我国炭黑产量已经从 2010 年的 504 万 t 增长到 2019 年的 800 万 t。炭黑工业是传统的重污染工业，污染源主要是工艺尾气和炭黑尘。将尾气中没有完全燃烧的炭黑和 CO 进一步高温处理转变成 CO_2，将 H_2S 和 C_2S 转变成 SO_2。在炉法炭黑工艺生产炭黑的过程中产生的污染物可利用工业尾气附带着的热值进行供热和发电，使用之后再进行脱硫处理。

1.6.2 有机颜料的清洁生产和源头减排

有机染（颜）料具有颜色鲜艳、色谱齐全且着色力高等优点，已被广泛应用于油墨、涂料和塑料等领域。根据美国颜色索引（Color Index，C.I.）记载，目前染（颜）料产品已有数万种之多。与无机颜料不同，有机颜料不含重金属，毒性相对较低，但是有机颜料生产、使用过程中仍会造成新的环境问题。

1. 偶氮颜料的致癌性和环保偶氮颜料

偶氮颜料（azo pigment）是指化学结构中含有偶氮基（—N═N—）的有机颜料，主要包括红、橙、黄三种色系，颜料色泽亮丽且着色力强，是工业上使用最广泛的颜料，占据有机颜料总产量的一半以上。20 世纪中期德国的科学家发现，在颜料生产企业中工作的工人患癌症的概率比一般的生产工人要高得多，经过一系列的研究后他们发现罪魁祸首正是某些制造偶氮颜料的中间体芳香胺。偶氮颜料本身不会对人体产生有害的影响，但含有致癌芳香胺的偶氮颜料通过与人体长期接触并被皮肤吸收后，通过一系列的化学反应后会使人体细胞的 DNA 发生结构和功能上的改变，最终形成癌细胞。当时很多偶氮颜料都是以致癌芳香胺作为合成中间体的，其中就包括 3,3′-二氯联苯胺（DCB）。当这一研究结果公之于世后，很多偶氮颜料的生产和应用马上被欧美国家禁止，其中包括性能优良的 C.I. 颜料黄 12 和颜料红 22。

值得一提的是，并非所有的偶氮颜料都是洪水猛兽，只有使用致癌芳香胺（表 1-6）合成的偶氮颜料才会对人体产生致癌作用。除此之外的偶氮颜料大多仍属于环保颜料，如 C.I.颜料红 146、颜料红 170 等。目前环保颜料尚无明确定义，一般认为环保颜料与普通颜料的差异就在于环保颜料成分中不含重金属成分，自然条件下不能分解出有毒物质，不会对人体健康及环境造成危害，或者此类物质含量符合安全标准要求。含致癌芳香胺的偶氮颜料并非完全被禁用，如 C.I.颜料黄 14、颜料黄 83 和颜料橙 13 等，但致癌芳香胺的成分在纺织品产品中必须低于欧盟标准的限定值（20 mg/kg）的要求，因此相应的涂料产品在纺织品用量上受到了一定程度的限制（一般要求不高于 8%）。

表 1-6　欧盟禁止的 24 种致癌芳香胺

致癌芳香胺	
4-氨基联苯	3,3′-二甲基-4,4′-二氨基二苯甲烷
联苯胺	2-甲氧基-5-甲基苯胺
4-氯-2-甲基苯胺	4,4′-亚甲基-二（2-氯苯胺）
2-萘胺	4,4′-二氨基二苯醚
4-氨基-3,2′-二甲基偶氮苯	4,4′-二氨基二苯硫醚
2-氨基-4-硝基甲苯	2-甲基苯胺
2,4-二氢基苯甲醚	2,4-二氢基甲苯
4-氯苯胺	2,4,5-三甲基苯胺
4,4′-二氨基二苯甲烷	2-甲氧基苯胺
3,3′-二氯联苯胺	4-氨基偶氮苯
3,3′-二甲氧基联苯胺	2,4-二甲基苯胺
3,3′-二甲基联苯胺	2,6′-二甲基苯胺

和偶氮涂料一样，偶氮染料在应用上也受到了极大的限制。在 20 世纪 90 年代中后期，欧盟就提出了相关法案，如通过《禁用偶氮类染料指令》来禁止纺织品和皮革制品在生产中使用偶氮染料，同时也禁止该类产品在欧盟市场销售和进口。与此同时，我国也颁布了强制性国家标准《国家纺织产品基本安全技术规范》（GB 18401—2010）及推荐性国家标准《生态纺织品技术要求》（GB/T 18885—2020），对禁用偶氮染料都提出了明确的要求，纺织品中禁止使用能够分解出 23 种禁用芳香胺的偶氮染料，其限定值同样设定在 20 mg/kg 以下。

致癌芳香胺的发现促使颜料品种的研发朝着环保的方向发展，从 20 世纪 50 年代到 80 年代，新面世的颜料品种大部分都属于高环保、高牢度的产品。苯并咪唑酮颜料被称为“特殊偶氮类颜料”，因为它同样是通过重氮和偶合反应制备的，颜料分子中含有偶氮基（—N═N—），只是由于它含有 5-酰胺基苯并咪唑酮基团（图 1-31），因此习惯上一直都称为苯并咪唑酮颜料。

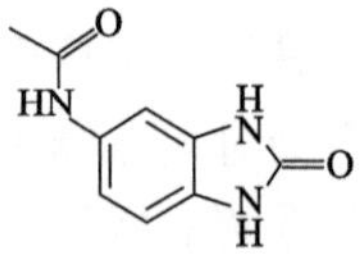

图 1-31　5-酰胺基苯并咪唑酮基团

和普通偶氮颜料一样，苯并咪唑酮颜料的色谱主要有红、黄、橙三种，但它属于高性能有机颜料，具有很高的耐晒和耐热牢度，没有迁移现象，而且不存在环保方面的问题（表 1-7），这点是一般偶氮颜料无法比拟的。不少印花涂料生产厂家也开始选用这种高级颜料制备新产品。但由于高牢度、高环保型颜料制备成本较高，相应的印花涂料产品的价位在 150～200 元/kg，是普通印花涂料价格的 2 倍以上，如此高昂的价格令不少中小型的印花厂望而却步，尽管在用量上有所限制，但他们也宁愿去购买用传统的非环保型偶氮颜料制成的涂料，因此非环保型偶氮颜料在市场上仍然占有一定份额。随着全世界对生态环保的日益重视，以及高性能有机颜料的制作工艺日趋完善，非环保型的偶氮颜料被全面取代只是时间上的问题。

表 1-7 20 世纪中后期研发出来的环保型高牢度颜料品种

时间	颜料种类	代表产品
60 年代	喹吖啶酮颜料	颜料红 122，颜料紫 19
60 年代	异吲哚啉酮颜料	颜料黄 139，颜料黄 109，颜料黄 151，颜料橙 36
70 年代	苯并咪唑酮颜料	颜料黄 154，颜料红 176
80 年代	吡咯并吡咯二酮颜料	颜料红 254，颜料橙 73

2. 中间体生产及染（颜）料合成中的环境问题

在传统的染料生产过程中如磺化、硝化、重氮化、还原、氧化以及酸（盐）析等工序中都有大量的污染物产生。据估计，在染料生产中有 90%的无机原料和 10%～30%的有机原料转移至水体中，造成染料废水污染物浓度高，成分复杂，含有大量的有机物和盐分，对生态环境造成很大的破坏风险，同时也造成了资源的极大浪费。废水中的染料能吸收光线，降低水体的透明度，大量消耗水中的氧，造成水体缺氧，影响水生生物和微生物的生长，破坏了水体自净能力，同时也造成视觉上的污染；染料是有机芳香族化合物苯环上的氢被卤素、硝基、氨基取代后生成的芳香族卤化物、芳香族硝基化合物、芳香族胺类化合物和联苯等多苯环取代化合物，生物毒性都较大，有的还是“三致”物质；我国发布的《水污染防治行动计划》中也将染料企业作为专项整治的重点行业之一。因此，如何通过清洁生产工艺的开发，实现有机染（颜）料生产过程的绿色化，实现节能减排，与染（颜）料行业生存与发展具有重要关系。

清洁生产是指一种资源和能量消耗最少，并可保护环境的生产活动和措施，其实质是物料和能耗最少，并将废物减量化、资源化和无害化处理，或循环用于生产过程中（图 1-32）。清洁生产技术从源头上控制废物的产生，是一种积极的治理观念，它既是技术上的可行性和经济上的可营利性的综合体现，又是发展循环经济在环境与发展问题上双重意义的充分体现。

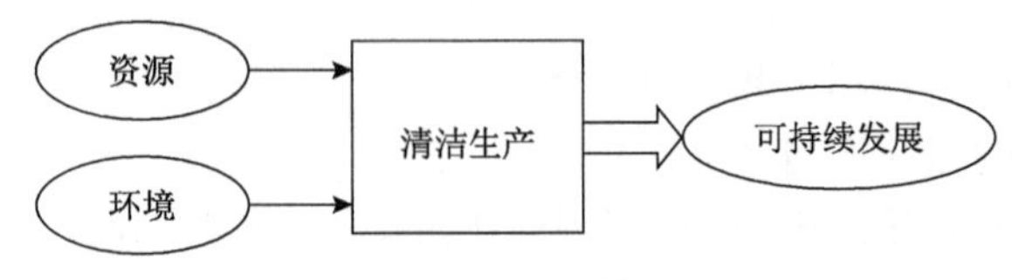

图 1-32　资源环境与可持续发展关系

染（颜）料的清洁生产和源头减排包括以下几个方面：①开发新的合成工艺路线和催化剂，优化原有染（颜）料及其中间体合成工艺，实现清洁生产过程，从生产源头减少污染物排放；②颜料化清洁技术优化：减少挥发性有毒有害溶剂的使用和污染物排放；③复合颜料制备技术开发：简化染（颜）料合成及颜料化工艺，减少化石原料的用量，提高颜料性能和资源利用率；④新的废水处理工艺：以最低能耗使污染物得到充分再利用。在这些原则指导下，著者课题组开展了相关研究工作，如下所示。

（1）研究了 TiO_2 光催化方法还原硝基化合物制备芳香胺的方法，该法可在常温常压下进行，具有反应条件温和、设备简单、无二次污染且催化剂可重复使用等优点，是一种具有较高的研究价值和潜在应用前景的清洁生产工艺。本课题组还研究了采用光催化还原及废水降解一体化制备苯胺技术，与传统工艺相比，其“三废”排放量明显降低。可从源头上消减了污染物的排放，具有很好的环境效益。

（2）针对现有 C.I.颜料红 53:1 的制备工艺，重氮化反应中使用易挥发的氨水溶解重氮组分，在生产过程中对环境和人体均造成了不利影响。著者课题组在 2-氨基-5-氯-4-甲基苯磺酸的溶解过程中，使用表面活性剂替代易挥发的氨水，避免了传统工艺中氨水挥发对环境和人体带来的不利影响。

（3）针对高档有机颜料永固红 A3B 的重要中间体 4,4′-二氨基-1,1′-二蒽醌-3,3′-二磺酸钠合成工艺，以浓硫酸-水为反应介质，在 80℃和铜粉催化作用下，以溴氨酸为原料经 Ullmann 缩合反应后，通过盐析得到缩合产物，产生了大量高含盐强酸性废水。针对这一问题，著者课题组采用强酸性离子交换树脂-乙醇-铜粉催化体系，以及以制备的 SO_4^{2-}/TiO_2 固体酸催化剂代替硫酸合成 4,4′-二氨基-1,1′-二蒽醌-3,3′-二磺酸钠，实现溴氨酸 Ullmann 缩合反应废水的最小排放和避免酸性废水的排放，也避免了无机盐的大量使用。

（4）如何在降低颜料成本的同时提高颜料性能对于拓宽现有颜料应用领域具有重要的意义。著者课题组以海泡石、白炭黑以及固体废弃物微硅粉等为无机核，在 C.I.颜料红 21、颜料红 170 和颜料黄 12 等偶氮颜料制备过程中对其进行包核改性，将偶氮颜料的制备和改性“同步化”。其中，无机核添加比例可达 15%～

20%，可显著降低有机原料用量和生产成本。同时产品性能也得到提升，耐热性提高 5～20℃，光稳定性明显提高。

（5）颜料的合成及颜料化过程一般会在有毒有害的有机溶剂中进行，生产过程会导致挥发性有机物（VOC）的大量排放，造成资源浪费并对环境造成严重污染。宇虹科技股份有限公司研发了在水介质压力下进行 C.I.颜料红 188 和颜料黄 139 的颜料化的清洁工艺。该颜料化新技术替代通常颜料化工序中所用的溶剂，无溶剂挥发气味，既改善生产工人的操作环境，又降低了三废治理成本，也可获得满意的颜料化处理效果。生产的塑料用 C.I.颜料黄 139 达到了德国科莱恩公司生产的 Graphtol Yellow H2R 的标准要求，涂料用 C.I.颜料黄 139 达到了德国巴斯夫公司生产的 PaliotolGelb L2140HD 的标准要求，均可完全替代进口产品，且具有良好的性价比优势。

（6）传统的染（颜）料生产过程，磺化、硝化、重氮化、还原、氧化以及酸/盐析等工序中都有大量高含盐难降解有机废水，极难处理。为此，我国 2015 年发布的《水污染防治行动计划》中也将染料企业作为专项整治的重点行业之一。著者课题组将电渗析技术与太阳能-电能耦合技术集成对颜料生产浓盐废水（如 NaCl、$NaNO_3$ 浓盐废水）进行处理。首先采用电渗析技术将浓盐废水浓缩至适宜太阳能-电能耦合技术处理的盐水浓度，经分离回收淡水后，浓缩液进入太阳能-电能耦合系统，采用介观喷雾蒸发分离技术，进一步回收淡水和无机盐，从而实现染（颜）料生产废水的资源化，工艺流程图如图 1-33 所示。

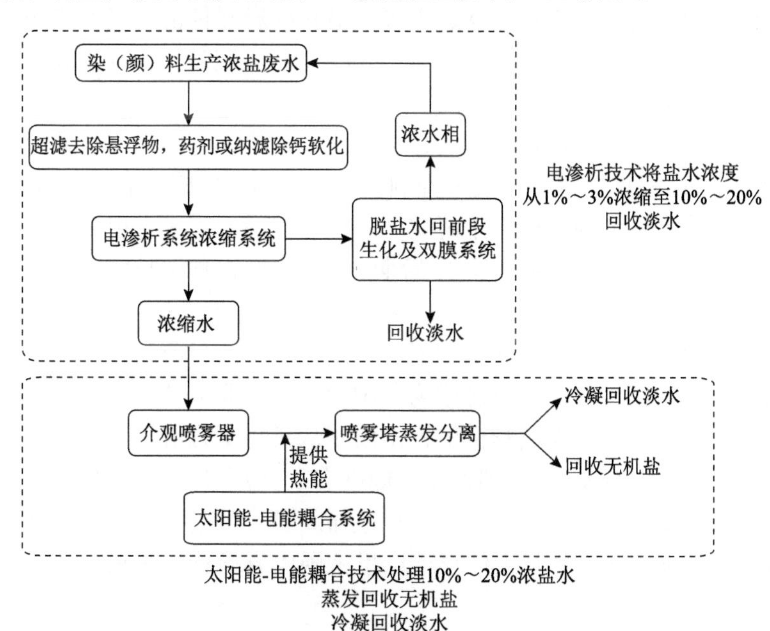

图 1-33 电渗析和太阳能-电能耦合系统联合处理染（颜）料浓盐废水示意图

1.7 天然染（颜）料与彩棉

彩棉与天然染（颜）料以一种新的姿态走入人们的视野。据考证，人类种植棉花的历史至少也有数千年了，早在3700年前的古埃及人就利用这种神奇美妙的植物来获得温暖。那时的棉花和其他的动植物一样并不是千篇一律的同一种颜色，而是有着多种色彩，并非只有我们今天所看到的白色。彩色是棉花本身的一种生物学特性。在棉花纤维细胞形成与生长过程中，单纤维的中腔细胞内沉积了某种色素体形成了棉花的颜色。随着人类文明的不断进步，人们对纺织品的需求大增，同时对其颜色的要求也日益提高，但天然棉花色彩的种类有限且偏淡，不够明亮浓重，所以人们发明了染色技术以使纤维具有了人们想要的颜色，从而生产出花色繁多、鲜亮明快、更加符合需求的纺织品。而在这个过程中，白色的纤维当然是染色的最佳选择，从而导致了人们大量地种植白棉，而不再培育、种植其他色彩的棉花，渐渐地其他色彩的棉花被人类抛弃、遗忘，消失在人们的记忆中。进入20世纪，人类的历史翻开了新的篇章，文明的进程前所未有地加快了步伐，环境污染问题也日益凸显，成为困扰人类发展的重大隐患，这时人们对彩色棉花又有了新的认识，发现它具有白棉所不可替代的环保"属性"。

苏联于20世纪50年代初开始研究彩棉，美国从60年代加入利用彩棉的行列。当时世界上研究种植彩棉的国家主要有美国、埃及、阿根廷、印度等。彩棉的主要颜色为棕、绿、红、鸭蛋青、蓝、黑等。最初的彩棉种植研究主要还是从自然界中寻找上古繁衍的彩棉活体作为亲本，进行驯化、改良，同时运用转基因技术、航天育种技术等高科技手段进行新品种开发。

我国也具有悠久的彩棉种植历史，从古代到现代都有彩棉种植的记录。在抗战期间，陕北革命根据地曾种植过一种颜色发紫蓝的野生棉。进入70年代，河南、安徽等地也种植过少量的彩棉用于研究。彩棉在我国的正式大规模研究种植还是在20世纪90年代，特别是90年代中后期，我国将彩棉种植与应用推到了世界领先的地位。

中国彩棉的研究与开发虽起步较迟，但发展很快。目前我国已成为世界上最大的天然彩棉生产国，彩棉产业已成为中国棉纺织行业最具有竞争力的新的增长点。1998～2007年，中国天然彩色棉种植面积从每年1万亩[①]扩大到每年20多万亩，皮棉产量从每年800 t增加到每年20000多t，10年间，彩棉种植面积和皮棉产量分别增长了20倍和25倍。彩棉种植遍布新疆、甘肃、湖南、安徽、四川、山西、浙江等宜棉产区。新疆天然彩棉产量占国内彩棉总量的95%和世界彩棉总

① 1亩≈666.67m^2。

量的50%，已成为中国乃至世界重要的天然彩棉生产加工与供应基地。

1856年，苯胺紫的发明开启了现代染（颜）料合成的新篇章，石油化工的发展丰富了有机染料的谱系，种类繁多的颜色，低廉的价格，良好的染色性能使其一经诞生就备受关注。但同时，有机染（颜）料生产需要消耗大量的化石资源（不可再生资源），产生大量废水，使之成为高消耗、高污染的代名词。为摆脱这一困境，寻找有机染料的替代方案，天然植物染（颜）料再次走入人们的视野。天然植物染料由来已久，新石器时代的人们在使用矿物颜料的同时，也开始使用天然的植物染料。人们发现，漫山遍野花果的根、茎、叶、皮都可以用温水浸渍来提取染液。丹依公司（Dunoon）是英国重大节日纪念马克杯的授权生产商，其所生产的丹依Dunoon骨瓷（图1-34），使用的颜料就是天然植物中提取的颜料，釉料使用的是食品级环保釉料，不含铅、镉等有害物质，安全可靠。我国古代使用天然植物染（颜）料的记载非常丰富，其中主要植物染料包括：红色类的茜草、红花、苏枋；黄色类的荩草、栀子、姜金和槐米；蓝色类的鼠李；黑色类的皂斗和乌桕等。按化学性质和染色方法来分，天然植物染料可以分为直接染料、碱性染料、媒染染料和还原氧化染料等。

图1-34　英国丹依Dunoon骨瓷咖啡杯

栀子是我国古代中原地区应用最广泛的直接染料，《史记》中就有“及名国万家之城，带郭千亩亩钟之田，若千亩卮茜，千畦姜韭：此其人皆与千户侯等”的记载，可见秦汉时期采用栀子染色是很盛行的。栀子中主要成分是栀子苷。这是一种黄色素，可以直接染着于天然纤维上，染成的黄色微泛红光。富含小檗碱的黄檗树的芯材，经过煎煮以后，也可以直接染丝帛。《齐民要术》中就曾经记述黄檗的栽培和印染用途。小檗碱属碱性染料，用来染丝绢、羊毛等动物纤维很适宜，南北朝时期的鲍照（414—466）曾经写出“剉檗染黄丝”的诗句，表明当时用黄檗染丝很受青睐（图 1-35），这不仅由于它染色方便，也由于小檗碱具有杀虫防蠹的效果。南北朝以后，黄色染料又有地黄、槐米、姜黄、柘黄等。

图 1-35　天然染料黄檗及其所染丝绸

红花（又称红蓝草）可直接在纤维上染色，故在红色染料中占有极为重要的地位。红色曾是隋唐时期的流行色，“红花颜色掩千花，任是猩猩血未加”形象地概括了当时红花非同凡响的艳丽效果。现代科学分析，红花中含有黄色和红色两种色素，其中黄色素溶于水和酸性溶液，无染料价值；而红色素易溶解于碱性水溶液，在中性或弱酸性水溶液中可产生沉淀，形成鲜红的色淀。古人采用红花炮制红色染料的过程如下：将带露水的红花摘回后，经“碓捣”成浆后，加清水浸渍，用布袋绞去黄色素（即黄汁），浓汁中剩下的大部分为红色素。再用已发酸的酸粟等酸汁冲洗，除去残留的黄色素，得到鲜红的红色素。此方法在隋唐时期已传到日本等国。若要长期使用红花，只须使用青蒿（抑菌）盖上一夜，捏成薄饼状，再阴干处理，制成“红花饼”存放（图 1-36）。使用时，用乌梅水煎出，再用碱水或稻草灰澄清几次，即可进行染色。“红花饼”在宋元之后才得到了普及推广。

图 1-36　红花及天然色素染料

茜草是我国古代文字记载中最早出现的媒染植物染料之一，《诗经》曾经描述茜草种植的情况（《郑风·东门之墠》：“茹藘在阪”，“茹”就是茜草），并且讲到用茜染的衣物（《郑风·出其东门》：“缟衣茹藘”）。茜根中含有呈红色的茜素，它不能直接在纤维上着色，必须用媒染剂才可以生成不溶性色淀而固着于纤维上（图1-37）。古代所用媒染剂大多是含钙铝的明矾（白矾），它和茜素会产生鲜亮绯红的色淀，具有良好的耐洗性。在长沙马王堆一号汉墓中出土的深红绢和长寿绣袍底色，都是用茜素和含铝钙的媒染剂染的。可以媒染染红的除茜草外，还有《唐本草》记载的苏枋木，也是古代主要媒染植物染料。这种在我国古代两广等地盛产的乔木树材中，含有“巴西苏木精”红色素，它和茜素一样用铝盐发色就呈赤红色。例如，荩草中含有木樨草素，可以媒染出带绿光的亮黄色，古代专用荩草[古时称作盭（lì）草]染成的“盭绶”，作为官员的佩饰物，又如栌和柘，“其木染黄赤色，谓之柘黄”（《本草纲目》）。槐树的花蕾——槐米，也是古代染黄的重要媒染染料。桑树皮“煮汁可染褐色，久不落”（《食疗本草》《雷公炮炙论》）。栌和柘木中含的色素称为非瑟酮，染出的织物在日光下呈带红光黄色，在烛光下呈光辉赤色，这种神秘性光照色差，使它成为古代最高贵的服色染料，自隋代以来便成为皇帝的服色。我国古代所用铝媒染剂除天然明矾外，也利用富含铝盐的柃木、椿木灰作媒染剂，在宋代还有利用溶有铝盐的大庾岭河水媒染苏枋的。

图1-37 茜草及所染织物

栎树（就是橡树，在《诗经》中称为“朴樕”，见《召南·野有死麕》）和我国特产的五倍子都含有焦棓酚单宁质；柿子、冬青叶等含有儿茶酚单宁质。单宁质直接用来染织物呈淡黄色，但是和铁盐作用呈黑色。《荀子·劝学》中所说的“白沙在涅，与之俱黑”，涅就是硫酸亚铁（古时又称青矾、绿矾、皂矾），用单宁染过的织物再用青矾媒染，就会“与之俱黑”。黑色在古代大多作为平民服色，到秦汉时期“衣服旄旌节旗皆上黑”（《史记·秦始皇本纪》）。以后对染黑所需的铁媒染剂数量越来越多，到公元 6 世纪前后，我国劳动人民便开始人工制造铁媒染剂。含单宁的植物还有鼠尾草、乌柏叶等，也是古代有文字记载可以染黑的原料。其他如柞、石榴皮等虽未有记载，但是一直到 20 世纪中叶都是我国广大农村所使用的染黑染料（图 1-38）。

图 1-38　古代几种常作染料的植物

靛蓝是一种具有上千年历史的还原染料。战国时期荀况的千古名句“青出于蓝而胜于蓝”中青就源于当时的染蓝技术。“青”指青色，“蓝”指制取靛蓝的蓝草。在秦汉以前，靛蓝的应用已经相当普遍了（图 1-39）。在长期实践中我国人民已经摸索出制取靛蓝的关键技术，从而打破了蓝草染色的季节性限制。古人造靛方法如下：先将刈蓝倒竖于坑中，加水过滤，将滤液置于瓮中，按比例加入石灰，再用木棍急剧击水，加快溶解于水中的靛苷与空气中氧气的接触、氧化成为靛蓝，沉淀后，除去水，盛到容器内得到靛蓝。靛蓝还有一种不加石灰的制取工艺：秋天采集“蓼蓝”或“大蓝”的叶，一层一层地铺在木板上，喷上水，上面盖上麻袋，使它发热发酵，然后取下麻袋，等待干燥，再上下搅和，喷水，再次发酵。这样反复多次，至不发酵为止，制得天然靛蓝，此法比石灰法干净。画家把制成的靛蓝放于乳钵中去擂，四两蓝靛需擂 8 h。擂研以后，兑上胶水放置澄清。澄清后把上面的浮沫撇出，撇出部分即是华青。

图 1-39 蓼蓝及蓝靛染料

与红花一样，蓝草也可制成固体染料：先制成泥状的靛蓝，染色时，先用酒糟发酵，发酵过程中产生的氢气、二氧化碳可将靛蓝还原成靛白。用靛白染色的白布，经空气氧化，又可显现出蓝色。靛蓝的这种发酵还原技术在春秋战国已开始使用，而且沿用至今。大约公元前 100 年，印度开始采用尿发酵法制备染蓝。

草木染原料来源丰富，无毒无害，且大部分是中药材或者瓜果树叶，甚至很多品种还具有一定的医疗保健作用，对一些病症可以起到辅助治疗的作用。在日益提倡环保、可持续发展的今天，草木染重新以一种新的姿态走进人们的视野，但是其成本高、提取工艺复杂、缺乏标准色谱、色牢度与稳定性有待加强等限制了其应用。

染（颜）料在人类历史中扮演着重要的角色，它伴随人类文明诞生，对文明进程的发展发挥了重要的作用，成为人类文化发展重要的载体之一，也代表着人们对美的追求及对美好生活的向往。世间的事物都具有两面性，颜料促进了人类文明的发展，却也使我们付出了沉重的代价，颜料的生产和使用也给人们带来了环境污染的困扰。如今可持续发展的理念已深入人心，人们对美好生活的需要也包含了更为广泛的内涵，其中既有对丰富物质的要求，也有对绿水青山的渴求。颜料及颜料产业对实现美好生活是必不可少的，这就要求我们必须能够用更为清洁的方式获得更安全的颜料，以减少颜料生产对资源和生态环境的影响，降低甚至消除颜料使用对人类健康的威胁。在探索新的合成颜料的同时，也应注重天然色素的利用；颜料生产环节中原料的选择，生产工艺的优化，副产物的资源化利用和无害化处理，也是颜料产业未来的发展重点。

只要人类不停止对美的追求，染（颜）料必将继续伴随人类社会发展不断进步，环保染（颜）料及绿色生产的发展也将不会停歇！

参 考 文 献

[1] 张晓波, 郑水林, 刘杰, 等. 金红石型钛白粉/白色矿粉复合无机颜料的性能研究[J]. 非金属矿, 2008, 31(6): 33-34.
[2] 李和平. 精细化工工艺学[M]. 北京: 科学出版社, 2005.
[3] Lu Y S, Dong W K, Wang W B, et al. A comparative study of different natural palygorskite clays for fabricating cost-efficient and eco-friendly ironred composite pigments[J]. Applied Clay Science, 2019, 167: 50-59.
[4] Zhuang G Z, Li L, Li M Y, et al. Influences of micropores and water molecules in the palygorskite structure on the color and stability of Maya blue pigment[J]. Microporous and Mesoprous Materials, 2022, 330: 111615.
[5] 美国国家环境保护局. 有毒物质控制法[Z]. 1976.
[6] 美国国家环境保护局. 美国联邦法规[Z]. 2016.
[7] 美国国家环境保护局. 消费品安全改进法[Z]. 2008.
[8] ASTM F963. 消费者安全规范——玩具安全[J]. 中国标准化, 2017, 11: 150-151.
[9] Eu-Directive. Restriction of the use of certain hazardous substances in electrical and electronic equipment（RoHS）[S]. 2003.
[10] Health Canada. Lead Information Package-Some Commonly Asked Questions About Lead and Human Health [EB/OL]. https://www.canada.ca/en/health-canada/services/environmental-workplace-health/environmental-contaminants/lead/lead-information-package-some-commonly-asked-questions-about-lead-human-health.html. 2002-12-03.
[11] 中国涂料工业协会. 2017 年上半年中国涂料行业经济运行情况及环保政策分析[J]. 中国涂料, 2017, 32 (8): 1-5.
[12] 申桂英.《国家鼓励的有毒有害原料(产品)替代品目录(2016 年版)》发布[J]. 精细与专用化学品, 2017, 25(1): 32.
[13] 魏仁华. 新版“双高产品目录”再次增加部分涂料产品[J]. 涂料技术与文摘, 2015, 36 (1): 2.
[14] 张合杰. 涂料无铅着色可能性及局限性的探讨[J]. 涂料技术与文摘, 2012, 33(9): 14-18.
[15] 王文强, 吕晋茹, 贺修明, 等. 中国铅铬颜料替代技术最新进展[J]. 涂层与防护, 2018, 39(2): 35-41.
[16] 湖南巨发科技有限公司. 响应 2017 南南合作绿色号召湖南巨发引领颜料“去铅”大业[EB/OL]. http://news.ifeng.com/a/20170412/50927868-0.shtml. 2018-01-30.

第2章

有机颜料清洁生产工艺

我国是世界上最主要的有机颜料生产国，2015～2019年我国有机颜料年产量均超过21万t，在全球占比达到60%左右，见表2-1。我国生产的有机颜料除满足每年11万t左右的国内需求外，还有10万吨以上出口量，这也使我国成为全球有机颜料出口第一大国。在2018年美国对我国发起贸易战，对我国出口美国的有机颜料征收高额关税，造成出口量大幅下滑的背景下，2019年我国出口有机颜料仍然达到12.6万t[1]。

表2-1　中国有机颜料生产及出口情况（2015～2019年）

年份	有机颜料产量/万t	有机颜料出口量/万t
2015	22.80	—
2016	23.50	—
2017	24.50	15.45
2018	22.20	13.07
2019	21.50	12.60

有机颜料生产与我国国民经济发展密切相关，中国染料工业协会的统计数据显示，2017年我国有机颜料产量为24.5万t，较前一年同期增长4.3%，有机颜料出口量达15.45万t，较前一年度同期增长6.7%，出口金额达11.1亿美元，较前一年同期增长6.1%。有机颜料行业的经济运行稳中向好，各项经济指标、生产量、销售量和出口量走势平稳，增长后劲十足。有机颜料可满足人们对美好生活的多样性追求和国家经济建设需要，服务于国防军工和特殊行业的功能化需求，是与国计民生密切相关的重要产业。近年来，我国有机颜料工业在技术上不断创新，在突破国外技术壁垒不断实现技术进步的同时，与之伴生的环境污染问题却越来越突出地显现出来。第二次工业革命以来，随着科学技术的高速发展，新概念、新理论、新技术的不断涌现，极大地促进了社会生产力的发展，有机颜料工业也迎来重要发展阶段，有机颜料主体色系产品也陆续开发出来。

偶氮和酞菁是在颜料发展史中出现较早的两类重要的有机颜料发色母体，

1910～1911 年偶氮颜料汉沙黄就已经进入市场，酞菁蓝有机颜料也于 1935 年问世，如今此类结构的颜料已经发展成庞大的家族。随着对有机颜料化学结构了解的深入，研究者们认识到从分子量大小、极性基团种类、分子平面性及对称性等方面调整、改变有机颜料分子结构可以有效提高颜料应用性能，可优化改进其颜色的鲜艳度及着色强度。以汉沙黄类颜料为例，通过引入$—NO_2$、$—OCH_3$、$—OC_2H_5$、$—CONH_2$、—CONHR、$—SO_2NH_2$、SO_2NHR、—Cl、$—CF_3$、$—SO_3H$等极性基团，可有效地调整颜料的色调，明显地提高了颜料的表面极性，改进了颜料的耐光牢度、耐溶剂性能和耐热稳定性与耐迁移性能，形成了一系列的汉沙黄类有机颜料。

至今，许多有机颜料品种和工艺虽经不断改进优化，但很大程度上仍保留着原有技术核心。人类在发展有机颜料新技术和新品种的同时，也开始从使用清洁能源、节约资源和保护环境的角度去思考社会发展与人类生存、环境保护之间的关系。传统的经济理论曾经长期忽视自然资源对经济增长的作用，经济增长长期被认为仅是资本、技术、储蓄率和就业等因素的函数，而自然资源的作用则相对有限，它的地位能够相互替代或被“其他生产要素”所替代。在这种观念的影响下，从 18 世纪中期兴起的工业化进程使工业体系达到高度发展水平，人造资本在得到极大积累的同时，也造成了支撑经济繁荣的自然资本的巨大消耗，这种消耗速率与物质财富的增长同步。经济发展过程中巨大的资源消耗所引起的环境问题开始变得日益突出，已经不能被人们所忽视。1995 年美国学者保罗·霍肯（Paul Hawken）等出版了《自然资本论》一书，全面论述了自然环境、资源与社会经济增长的关系。自此，自然环境也是资本，对经济增长同样发挥着重要作用的自然资本观念开始被广泛接受，并得到了高度重视。人们开始意识到，与其他形式资本一样，在利用自然资本时也应该做到尽可能的经济，消耗最少的自然资本获得最大的经济回报。自然资本理念还强调在经济过程和生产过程中对自然环境要进行再投资，以保证自然资本再生，甚至扩大其存量，持续为人类生存和经济发展服务。20 世纪 80 年代可持续发展理念开始被提出，并逐渐被人们所认同，使人类重新冷静地审视和思考社会发展和保护人类生存环境之间的关系。近几十年来，人类在环境治理过程中积累了丰富的经验，相关技术取得了长足的进步。但是，工业三废处理问题是一个相当复杂的技术体系，处理成本通常很高，对生产单位造成了沉重的经济负担，以至于出现未经处理偷排偷放工业废水的现象，严重破坏了生态环境，这种破坏经过很长时间都难以恢复。这种现象在颜料工业中尤其严重，传统的有机颜料及中间体生产工艺存在着源头污废水排放量大、成分复杂难以处理和资源化难等问题；工艺生产过程中多类别污废水混杂排放，给后期水处理过程造成技术上的困难和生产成本的压力，同时存在着末端水处理工艺管理混乱等问题。在实践过程中，人们逐渐认识到实现清洁生产的重要性，治理工业污废水的本质要从源头减排开始。有机颜料产业发展的最佳模式应是“清洁生产+末端控制”，从源头抓起，以防为主，综合治理，实现高污染生产废水的减量化、资源化和无害化处理。

1972 年由罗马俱乐部发表的报告《增长的极限》向人们揭示了一个残酷的现实，人类社会的发展与地球资源以及环境承载能力的有限性之间的矛盾是难以调和的。人类在现有的技术基础上，不得不面临一项两难的抉择：减缓经济发展、抑制自身对物质的需求，以减少对资源的消耗，保护环境；或者不计代价，牺牲环境，大量消耗有限资源换取经济暂时的增长。显然无论是哪一种选择都是令人沮丧的，唯有寻找一条可持续发展的道路才是人类光明未来所在。德国学者魏茨察克（Ernst Ulrich von Weizsäcker）等撰写了《四倍跃进》一书为人类走向可持续发展道路指明了方向，书中作者通过从超级汽车到低能牛肉、从地下滴灌技术到新型材料制备的各个经济领域实施效率革命的 50 个生动实例,描述了依靠现有技术即可实现“以一半的资源消耗创造双倍的物质财富”，即所谓“四倍跃进”的这一新颖概念，让人们意识到，通过发挥自身的主观能动性，开发新的技术来提高资源的利用效率，人类是可以在充分利用有限资源基础上，实现环境友好的可持续发展的。然而，可持续发展也并非一条坦途，人类必须发展出与之匹配的新技术。绿色化学就是在化工生产领域发展起来的符合“四倍跃进”理念的新兴技术。美国斯坦福大学的特罗斯特（B.M.Trost）教授最早提出原子经济性是绿色化学反应原理核心的概念。该原理要求从化学原理层面设计开发合理途径和反应模型，充分利用反应物，使反应物原子全部转化成产物，减少副产物生成，降低排放，实现零污染。

有机颜料具有品种繁多、色泽鲜艳、色谱齐全、着色力高等优点，已被广泛应用于建筑、油墨、涂料、塑料等领域。有机颜料行业作为传统精细化工产业，三废排放量大，特别是废水的产生量大，是制约行业发展的关键所在。随着环保要求的不断提升，各国政府对于结构有害、污染较大的有机颜料已经采取了限制措施。因此，开发清洁工艺生产环保型高档着色剂，替代传统产品，是一项需要长期努力的艰巨任务。对于一些由于现实原因仍在使用的传统颜料品种和生产工艺，需要运用先进的催化理论、合成技术以及清洁集成技术进行改造优化，实现有机颜料行业清洁生产是亟待解决的问题。本书介绍了偶氮类、蒽醌类、喹吖啶酮类、异吲哚啉和异吲哚啉酮类、苝类、酞菁类、吡咯并吡咯二酮类和二噁嗪类等有机颜料，在制备合成及后处理工艺中进行清洁生产的技术研发概况。重点介绍了高纯度、低多氯联苯颜料制备，低钡量色淀颜料生产，重氮组分氨水溶解替代，合成过程碱控和 C.I.颜料红 177 清洁生产过程，以及喹吖啶酮生产工艺改进实例；还介绍了有机碱中的碱熔和微反应器在有机颜料合成中的应用等颜料制备的清洁工艺，以及预分散有机颜料制备，捏合处理和清洁颜料化处理技术。探索了传统有机颜料的合成减排工艺、传统工艺的污染物减排工艺、颜料化减排增效工艺的技术原理和优化路径。以生产环保型有机颜料为目标，发展循环经济，从源头减少废水的大量产生，降低生产成本和治理成本的同时，节约了大量的水资源，使有机颜料生产工艺和产品逐渐满足环保要求。

2.1　高纯度、低多氯联苯颜料的合成

某些以二氯苯胺或三氯苯胺为重氮盐的颜料在合成时很容易产生多氯联苯（PCBs）副产物。涉及的颜料品种主要有 C.I.颜料黄 81、C.I.颜料黄 113、C.I.颜料黄 156、C.I.颜料橙 22、C.I.颜料红 2、C.I.颜料红 9、C.I.颜料红 10、C.I.颜料红 112、C.I.颜料棕 1 及 C.I.颜料棕 25 等。PCBs 的毒性与致癌性早已广为人知，由于其不容易裂解和易生物积累的特性，已成为环保安全的管控物质，各国的法律法规不断地对这一类的化学品加以严格限制。大多数国家要求颜料产品中 PCBs 含量必须控制在 25 ppm 以内。

生产过程中减少有机颜料中 PCBs 的形成：由二氯或多氯代苯胺衍生物作为重氮组分，与不同的偶合组分进行偶合反应，制备出多种黄色、橙色、红色及棕色的偶氮颜料品种。由于所用中间体结构中含有多个氯取代基，在有机颜料制备过程中，产生的多氯苯自由基发生偶联反应，使最终颜料产物中含有一定量的PCBs。

PCBs 的反应机理如下：

$$\text{Cl}_2\text{C}_6\text{H}_3\text{–}N_2^{\oplus}Cl^{\ominus} \xrightarrow{\text{NaOH}} \text{Cl}_2\text{C}_6\text{H}_3\text{–}N_2^{\oplus}OH^{\ominus} \rightleftharpoons \text{Cl}_2\text{C}_6\text{H}_3\text{–N=N–OH} \longrightarrow \text{Cl–C}_6\text{H}_4\text{–Cl} \longrightarrow \text{Cl}_2\text{C}_6\text{H}_3\text{–C}_6\text{H}_3\text{Cl}_2$$

PCBs 是一类很稳定的化合物，溶剂萃取是去除 PCBs 的常用方法。有文献报道可利用化学反应改变分子结构，再通过分子裂解的方式除去 PCBs。但该方法也会对有机颜料的结构造成一定程度的破坏。

科莱恩公司里佩尔（Rieper）在 1992 年的专利中提供了一些控制反应条件降低 PCBs 的方法。

（1）使用正偶合法或并流偶合法进行偶合反应，避免逆偶合或其他偶合方法。

（2）控制酸值，酸值越低，重氮盐越稳定。当偶合反应在 pH 为 4～7 之间进行时，过量的重氮盐必须小于 0.02 mol%（mol%表示摩尔分数），过量存在的时间不可超过 8 h，当偶合反应在 pH 为 2～4 之间进行时，过量的重氮盐必须小于 0.05 mol%，过量存在的时间不可超过 4 h。在 pH 小于 2 时，过量的重氮盐必

须小于 5 mol%，存在时间不可超过 2 h。

（3）偶合反应的温度要控制在 20～40℃。

（4）偶合反应前，要先除去过量的亚硝酸。

根据该专利提出的方法，通过控制偶合反应的 pH 和温度，PCBs 含量可以控制在 25 ppm 以内[2]。偶合过程中应始终保持反应体系中无过量的重氮盐存在。反应体系中偶合物充分分散，有利于重氮盐与之发生充分的反应。几种典型的偶氮颜料偶合反应条件及颜料产物中 PCBs 含量如表 2-2 所示。

表 2-2 偶合反应条件及颜料产物中 PCBs 含量

颜料品种	偶合方式	偶合 pH	偶合温度/℃	PCBs 含量/ppm
P.O.22	正偶合	5.5～3.6	30	<20
P.R.2	并流偶合	4.5±0.3	35～45	12～21
P.R.9	正偶合	5.5～3.6	30	<10
P.R.10	正偶合	5.5～4.0	30	20
P.Br.25	并流偶合	5.1～5.8	30～40	20

除需控制偶合反应条件外，重氮盐溶液的温度控制也很重要。重氮盐溶液的温度高于 5℃并停留时间太长是 PCBs 产生的最主要的原因。当温度接近 5℃，PCBs 含量在 0.5 ppm 以内；当温度升至 20℃时，PCBs 含量可增加到 2 ppm，如果在 20℃停留 3h，多氯联苯含量会增加到 3 ppm。因此，重氮盐溶液必须保持在 0℃以下。

有文献报道，有的颜料品种虽控制了颜料制备的关键影响因素，但产物中 PCBs 含量仍超过限制值（25 ppm）；专利中也报道在偶合反应中添加烯烃衍生物，可有效地阻止 PCBs 副反应发生[4]，降低产物中 PCBs 含量。烯烃衍生物加入可降低颜料产品中的 PCBs 含量，这主要是由于其对多氯苯自由基具有猝灭作用。正如前文所述，二氯或多氯代苯胺衍生物作为原料，在通过偶合反应合成颜料的过程中，重氮盐形成的多氯苯自由基之间的结合导致了具有毒性的副产品 PCBs 的生成。由于自由基可引发烯烃衍生物聚合反应，合成颜料的过程中加入烯烃衍生物可以起到消耗多氯苯自由基的作用。专利中丙烯酰胺、甲基丙烯酸等具有水溶性的烯烃衍生物的使用，一方面增加了烯烃衍生物在反应体系中的含量，另一方面氨基、羧基可以使烯烃衍生物拥有更高的聚合反应活性。烯烃衍生物含量和活性的同步增加，使聚合反应与多氯苯自由基之间偶联反应形成了有效的竞争，起到了大量消耗多氯苯自由基的目的，从源头上减少了有毒有害副产品的生成，显著减少了颜料中 PCBs 含量。

采用添加烯烃衍生物方法制备 C.I.颜料棕 25，所得到的颜料 PCBs 的含量较低，其实验结果如表 2-3 所示。

表 2-3　添加烯烃衍生物制备的 C.I.颜料棕 25 中 PCBs 含量

实验号	偶合反应 pH 及偶合方式	添加剂	PCBs 含量/ppm
实例 1	5～5.5，逆法偶合	丙烯酰胺	20
实例 2	5～5.2，逆法偶合	羟甲基化丙烯酰胺	25
对比实例 3	逆法偶合	—	150

同样，向装有 32.2 份 2,2′,5,5′-四氯联苯胺（TCB）制备的重氮盐溶液的反应器中加入 3 份 2,2-双丙烯酰胺基乙酸（溶于 20 份水），与含 42 份 2,4-二甲基乙酰基乙酰苯胺的偶合液在 pH 4.5～5.5 下并流偶合制得 C.I.颜料黄 81，PCBs 含量为 23 ppm。

向装有 47 份 2-甲基-4-氯-乙酰基乙酰苯胺的反应器中，加 400 份水和 20 份氢氧化钠溶液（33%），溶解得澄清溶液，冷至 10℃，加入 1 份仲烷基磺酸盐，搅拌下加入 14 份乙酸，其中含 1 份二甲基二丙烯基氯化铵盐及 3 份 2-羟乙基甲基丙烯酸盐，制得偶合液。在 10～15℃下，2h 内将 32.2 份 2,2′,5,5′-四氯联苯胺制备的重氮盐溶液加至偶合组分悬浮体中（正法偶合），pH 从 5.5 降低至 4～3.5，用氢氧化钠溶液维持在 4～3.5，偶合完将悬浮体加热至 90℃，继续搅拌 1 h，过滤、水洗除去盐，干燥得 C.I.颜料黄 113，PCBs 含量为 22 ppm。

2.2　低游离芳香胺颜料的制备

1994 年 7 月 15 日德国政府颁布了《食品及日用消费品法》第二修正案中注明了 22 种具有致癌作用的芳香胺，其中包括该法案提出的 20 种和欧共体指令 67P1548 附录 C2 级中的 2 种。奥克-特克斯标准 100（Oeko-Tex Standard 100）的 2000 年版又对致癌芳香胺清单作了进一步修订，除去了其中的一种，又新加入两种，形成了共计 23 种的致癌芳香胺清单。如果计入 2000 年版修订过程中排除的一种，全面考虑则总共 24 个芳香胺是对人体有害的。这些有害芳香胺涉及的有机颜料见表 2-4[5]。列于该表中的有机颜料系根据染料索引给出的，总计有 56 个颜料品种受有害芳香胺的影响，其中涉及双氯联苯胺（DCB）的共 25 种（占 44.6%），国内生产的有 19 种（占 33.9%）。在偶氮类有机颜料中，大多数品种不可避免会存在未反应的痕量致癌芳香胺，各国法规对此有相应的含量限制规定。一般情况下认为致癌芳香胺主要是在合成和检测过程中产生的。

表 2-4　有害芳香胺涉及的有机颜料

颜料品种	有害芳香胺
C.I.颜料黄 12，13，14，17，55，63，83，87，106，114，121，124，126，127，136，152，170，171，172，174，176，188 C.I.颜料橙 13，31，34	DCB
C.I.颜料黄 16，77，107 C.I.颜料橙 15，47	3,3′-二甲基联苯胺
C.I.颜料黄 25，49，90 C.I.颜料红 7	2-甲基-4-氯苯胺
C.I.颜料黄 194 C.I.颜料红 67	邻氨基苯甲醚
C.I.颜料橙 3 C.I.颜料红 8，17，114，162	2-甲基-5-硝基苯胺
C.I.颜料橙 14，16，44，63 C.I.颜料红 237，41，42 C.I.颜料蓝 25，26	3,3′-二甲氧基联苯胺
C.I.颜料橙 42，50 C.I.颜料红 39	联苯胺
C.I.颜料红 22	2-甲基-4-硝基苯胺
C.I.颜料红 178	对氨基偶氮苯
C.I.颜料绿 10	对氯苯胺

2.2.1　合成过程中产生致癌芳香胺

一直以来一些传统品种染（颜）料品种的合成工艺仍沿用着 20 世纪中叶开发的生产工艺。随着人类科技水平的高速发展，有机颜料的新产品和新技术成果的不断涌现，极大地满足了人类生产生活的需求。人们也开始考虑，在颜料合成过程中如何对产生致癌芳香胺过程采取有效的抑制手段。一般认为这些副反应是偶氮染（颜）料在重氮化反应过程中发生的。芳香胺重氮化后得到重氮化合物，可以通过下式表示：

$$\left(\text{Ar}\,\underset{\times}{\dot{}}\,\text{N}^{+}\vdots\equiv\vdots\text{N:}\right)\text{Cl}^{-} \rightleftharpoons \left(\text{Ar}\,\underset{\times}{\dot{}}\,\ddot{\text{N}}\text{:}=\text{:}\underset{\cdot\cdot}{\text{N}^{+}}\right)\text{Cl}^{-}$$

（Ⅰ）　　　　（Ⅱ）

(Ⅰ)式和(Ⅱ)式是互变异构体，pH 低时为(Ⅰ)式，pH 较高时以(Ⅱ)式存在。

一般而言，(Ⅰ)式较稳定，(Ⅱ)式较活泼。

重氮化反应中的副反应是指 C—N 键之间的一对电子发生裂解。裂解过程存在着异裂和均裂两种方式，如下式所示：

$$C_6H_5-\overset{+}{N}\equiv N \rightleftharpoons C_6H_5-N=\overset{+}{N}$$

$$C_6H_5-\overset{+}{N}\equiv N \xrightarrow{\text{异裂}} C_6H_5^{+} + N_2 \xrightarrow[Nu^-]{\text{亲核反应}} C_6H_5-Nu$$

$$C_6H_5-N=\overset{+}{N} \xrightarrow{\text{均裂}} C_6H_5\bullet + N_2 \xrightarrow{\text{自由基反应}} C_6H_5-C_6H_5$$

异裂时产生芳烃基阳离子，具有高反应活性，能与亲核基团反应；均裂时产生芳烃基自由基，通过自偶生成联苯衍生物。例如，苯胺重氮化时有可能因异裂而生成 4-氨基联苯：

$$C_6H_5-NH_2 \xrightarrow{\text{重氮化}} 2\left[O_2N-C_6H_4-N^{+}\equiv N\right] \xrightarrow[-N_2]{\text{异裂}}$$

$$2\left[C_6H_5^{+}\right] \xrightarrow{C_6H_5-\ddot{N}H_2} C_6H_5-C_6H_4-NH_2$$

对硝基苯胺重氮化时有可能因发生均裂并在还原状态下生成联苯胺：

$$2\ O_2N-C_6H_4-NH_2 \xrightarrow{\text{重氮化}} 2\left[O_2N-C_6H_4-N=N^{+}\right]$$

$$\xrightarrow[-2N_2]{OH^-} 2\left[O_2N-C_6H_4\bullet\right] \xrightarrow{\text{自偶}} O_2N-C_6H_4-C_6H_4-NO_2$$

$$\xrightarrow{[H]} NH_2-C_6H_4-C_6H_4-NH_2$$

2.2.2　检测时产生致癌芳香胺

有些有机颜料虽没采用致癌芳香胺合成，但检测时受强碱性介质中还原物质影响，除偶氮键断裂外，芳香胺的其他基团也发生一系列反应，导致致癌芳香胺的产生。例如，吐氏酸脱磺酸基时会产生 β-萘胺。

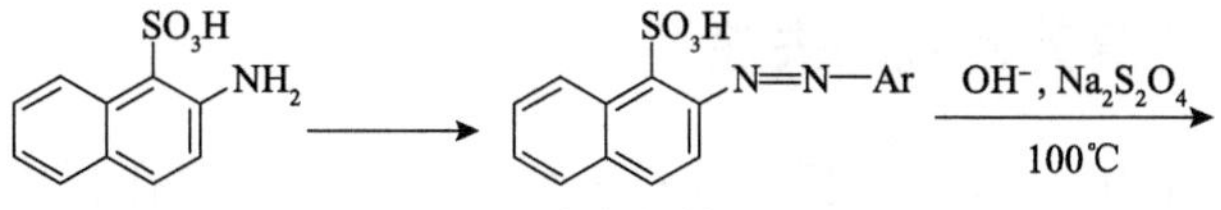

SO_3H NH_2 → SO_3H N=N—Ar $\xrightarrow[100℃]{OH^-, Na_2S_2O_4}$

吐氏酸　　偶氮颜料

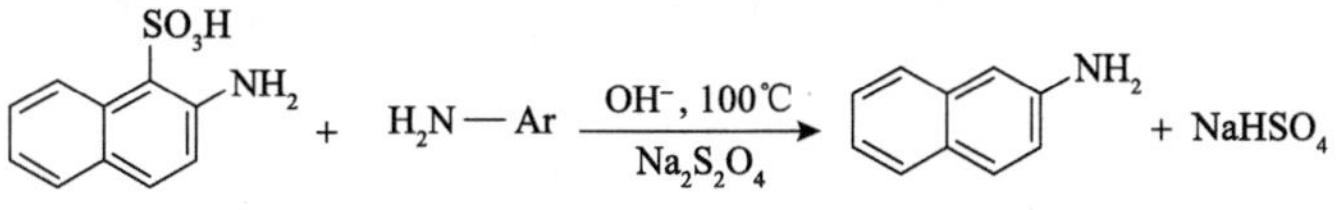

SO_3H NH_2 + H_2N—Ar $\xrightarrow[Na_2S_2O_4]{OH^-, 100℃}$ NH_2 + $NaHSO_4$

β-萘胺

2-羟基-3-萘酰胺水解产生致癌芳香胺，表 2-5 所示为以 2-羟基-3-萘羧酰胺为偶合组分合成的苯基偶氮-2-羟基-3-萘甲酰苯胺类有机颜料品种以及合成过程中 2-羟基-3-萘羧酰胺可能水解产生的致癌芳香胺。

表 2-5　2-羟基-3-萘羧酰胺可能水解为致癌芳香胺的颜料

偶合组分	分子结构式	可能产生的致癌芳香胺	涉及的有机颜料
色酚 AS-D	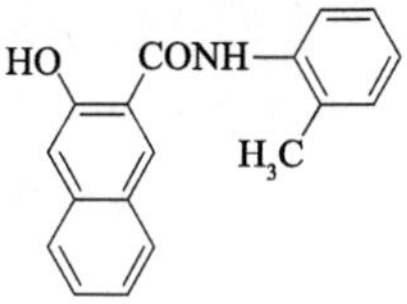 HO, CONH—, H_3C	邻甲苯胺	C.I.颜料红 12，13，14，17，112，136，148 C.I.颜料紫 44
色酚 AS-E	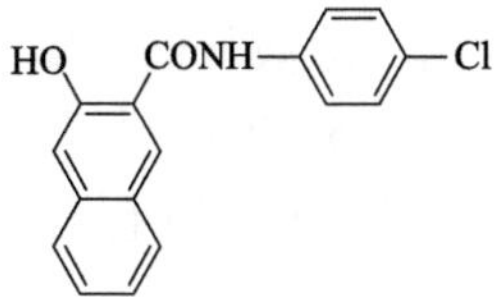 HO, CONH—, —Cl	对氯苯胺	C.I.颜料红 8 C.I.颜料紫 43
色酚 AS-OL	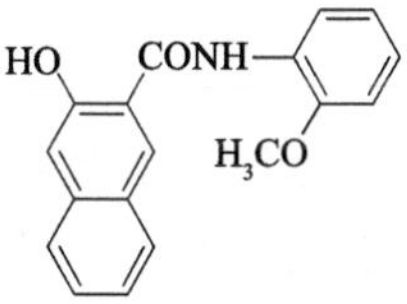 HO, CONH—, H_3CO	邻氨基苯甲醚	C.I.颜料红 9，15，110，243，251
色酚 AS-TR	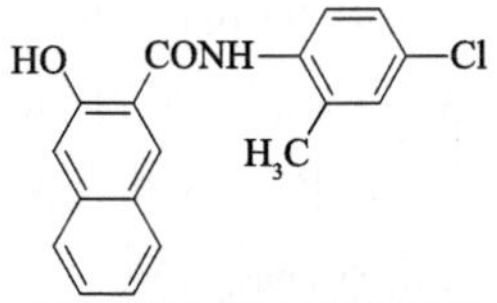 HO, CONH—, —Cl, H_3C	4-氯-2-甲基苯胺	C.I.颜料红 7，11

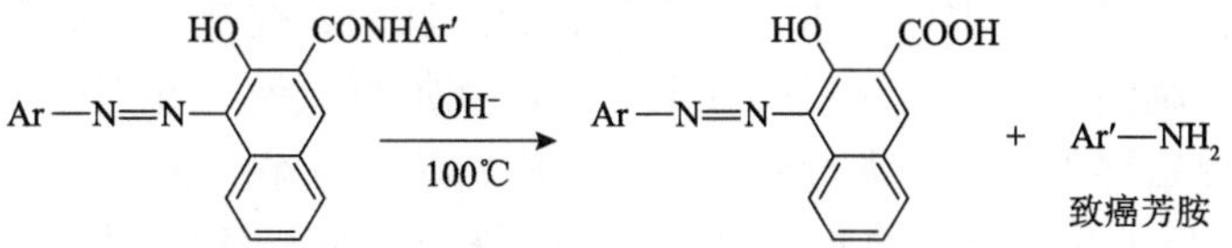

Ar—N=N— (HO, CONHAr′) $\xrightarrow[100℃]{OH^-}$ Ar—N=N— (HO, COOH) + Ar′—NH_2

致癌芳胺

表 2-5 所列的有机颜料在碱性介质中，在 100℃高温下有可能水解出致癌芳香胺。同时合成这些颜料的偶合组分 2-羟基-3-萘羧酰胺产品中也不能有上述致癌芳香胺残留。

2.2.3　颜料中游离芳香胺的去除

偶氮颜料产品中不可避免存在少量未反应的芳香胺，在合成过程中严格控制反应条件使反应完全，可降低游离芳香胺偶合物的含量，也可加入合适的表面活性剂促进偶合反应完全。文献报道可采取如下工艺除去颜料中游离芳香胺的实例。

1. 有机溶剂萃取法

日本精化株式会社专利中颜料产物用有机溶剂（甲醇）萃取处理，除去杂质得高纯度产物。提纯前后 C.I.颜料红 146 纯度从 89%提高至 97.5%，C.I.颜料红 269 纯度可从 88%提高至 96.3%，C.I.颜料黄 74 纯度从 88%提高至 95.5%[6]。

2. 微反应器偶合法与添加分散剂去除芳香胺

日本东洋公司（TOYO）专利提供了一种生产多种色酚 AS 类偶氮颜料的制备方法，可以减少颜料中芳香胺的含量，颜料中芳香胺含量可控制在 40～200 ppm 范围内（常规合成工艺芳香胺含量可达 1200 ppm），并具有优异的着色力和光泽度[7]。

采用连续式微反应器制备偶氮颜料，偶合组分溶液从偶合槽到偶合反应釜输送过程中进行加热，添加分散剂和颜料衍生物后，0.25～2 min 加热到 70℃，可有效去除芳香胺化合物。温度高于 100℃时，颜料中残余芳香胺有增加的趋势。

3. 控制偶合条件及溶剂处理制备低游离芳香胺颜料

对于 C.I.颜料橙 13，通常用 3,3′-二氯联苯胺重氮盐与 1-苯基-3-甲基-5-吡唑啉酮偶合反应制得。通常将 3,3′-二氯联苯胺制备的重氮盐加入 1-苯基-3-甲基-5-吡唑啉酮中，逆偶合反应得到。由于反应完毕时偶合介质的 pH 较低，反应速率较慢，重氮组分容易过量，导致产品中致癌芳香胺 3,3′-二氯联苯胺超标，所得到的 C.I.颜料橙 13 在环境中能还原降解为致癌芳香胺类化合物。为此在制造偶氮颜料时，应优化颜料合成及后处理工艺，使最终颜料中致癌芳香胺含量小于 150 ppm。本课题组采用在偶合反应釜中加入水、乙酸和表面活性剂，搅拌下将偶合液滴加入偶合反应釜中，调整至 pH 为 4.5～5.0 时，同时滴加重氮液，并控制两者的滴加速度保证重氮液始终不过量，进行并流偶合反应，反应中保持 pH 为 4.5～5.0；偶合反应结束后，后处理得到偶合反应产物；将所得产物加入表面活性剂和有机溶剂，回流处理 3 h，后处理得 C.I.颜料橙 13。所得颜料成品按照 EN 14362-1：2012（E）方法经气质联用仪测量芳香胺含量为 39.8 ppm。

2.3　低钡量色淀颜料的制备方法

偶氮色淀颜料通常是由偶合反应得到水溶性色素，在沉淀剂的作用下沉淀出非水溶性有色物质。沉淀剂主要包括 Ca^{2+}、Ba^{2+}、Mn^{2+}、Fe^{2+}、Pb^{2+}、Sn^{2+}、Sr^{2+}及 Al^{3+}、Cr^{3+}等盐，也可以是有机碱（如二苯胍）、有机酸（如单宁酸）和无机杂元酸（如磷钨酸、磷钨钼酸）等。钡盐是一种常见的色淀化剂，但所得颜料可溶性重金属的含量很容易超标。为制备低钡量的色淀颜料，在色淀化时加入第二色淀化剂以避免过量氯化钡的加入，从而控制可溶性钡的含量。

色淀是阴离子染料与金属离子形成不溶于水的络合物附着在载体上而形成共沉淀色料的过程。色淀颜料则是指水溶性染料在不同类型的沉淀剂的作用下，经过色淀化过程所形成的非水溶性有色物质。色淀颜料多为单偶氮结构，分子中具有磺酸基、羧酸基等阴离子基团，可与 Ca^{2+}、Ba^{2+}、Sr^{2+}等金属离子络合色淀。金属离子加入不仅可以促进色淀生成，还可以满足颜料不同色光的要求，色淀颜料普遍具有较好的耐热性和耐晒性。此类颜料分子中通常带有羟基、硝基及卤素等极性基团或分子，可使色淀颜料晶体极性更强，降低其在非极性溶剂中的溶解度，使其具备较好的耐溶剂性能。黄色色淀颜料、*β*-萘酚色淀颜料、2,3-酸类色淀颜料、色酚 AS 色淀颜料以及含磺酸基的萘系色淀颜料等是目前常见的色淀颜料。不同的金属盐及不同的色淀条件对色淀颜料的晶型具有显著的影响，如色淀红 C 钠盐与钡盐在叔胺溶剂下色淀化，可以获得比 α-晶型颜色更黄的 β-晶型。采用多种金属盐共同作为色淀化剂，也可以形成不同金属盐匹配的颜料，从而改善颜料性能。颜料在进行色淀化过程中使用混合色淀化剂，还可以减少有毒金属的用量以降低产品毒性。例如，在氨基苯磺酸或氨基萘磺酸重氮盐与 *β*-萘酚或其衍生物偶合时需要使用毒性高的钡离子作为颜料色淀化剂，可以先用低化学计量的钡盐进行色淀化，不足者再以无毒钙盐补充，可得到没有钡离子吸附的颜料，能够有效降低颜料毒性[8]。但第二色淀化剂的引入也会导致颜料色光、着色力发生改变，因此要特别注意第二色淀化剂的用量。本课题组[9]在研究金光红 C 的合成条件及其对颜料性能的影响的过程中，为降低钡离子含量，使用氯化钙作为第二色淀化剂，研究发现当氯化钡与氯化钙物质的量比为 5.35 时，颜料性能最佳，色光鲜艳、着色力较高，且游离钡含量仅为 65 ppm。但随着氯化钙用量增加，颜料色光会变黄，着色力也随之降低。

低钡量 C.I.颜料红 53:1 的制备方法包括如下步骤：重氮液的制备、偶合液的制备、偶合、色淀化反应和后处理。采用如下方法所制备的颜料色光鲜艳，易分散，颜料粒子松软，产品中可溶性重金属钡的含量在 80 ppm 以下。

（1）重氮液的制备：将 2-氨基-5-氯-4-甲基苯磺酸、2-氨基-1-萘磺酸、水和盐酸置于反应器中混合，再向混合液中加入表面活性剂，充分搅拌溶解，降温至 0～5℃，然后加入 30%亚硝酸钠溶液进行重氮化反应，反应 90 min 后，得到重氮液。

（2）偶合液的制备：将氢氧化钠与 2-萘酚溶于水中，升温搅拌使其完全溶解，得到偶合液。

（3）偶合：将步骤（1）制得的重氮液加入上述的偶合液中进行偶合反应，时间为 10～60min，温度低于 30℃，偶合完毕，用氢氧化钠溶液调节 pH 至 8～11，再用盐酸调节 pH 至 4～9，从而得到颜料悬浮液。

（4）色淀化反应：向上述颜料悬浮液中加入色淀化剂氯化钡、第二色淀化剂氯化钙，搅拌并升温至 80～100℃，保温 30～120min。

此色淀化过程中，悬浮液中的颜料分子中所带有的磺酸基与色淀化剂解离的 Ba^{2+}和 Ca^{2+}结合形成难溶的磺酸盐，从而沉淀形成色淀颜料。通过与有机磺酸盐性质接近的无机硫酸盐 $BaSO_4$ 和 $CaSO_4$ 的溶度积可以估算 Ba^{2+}和 Ca^{2+}两种离子的沉淀情况。在室温下，$BaSO_4$ 和 $CaSO_4$ 的溶度积分别为 1.1×10^{-10}、9.1×10^{-6}[10]，经过计算，可以看出在溶解平衡条件下，同一溶液中 Ca^{2+}浓度为 Ba^{2+}浓度的八万倍，可以实现钡离子优先沉淀，并保证体系中无游离钡存在。

$$K_{sp}^{\ominus} = c(Ba^{2+}) \times c(SO_4^{2-})$$

$$K_{sp}^{\ominus} = c(Ca^{2+}) \times c(SO_4^{2-})$$

$$\frac{c(Ca^{2+})}{c(Ba^{2+})} = \frac{c(Ca^{2+}) \times c(SO_4^{2-})}{c(Ba^{2+}) \times c(SO_4^{2-})} = \frac{K_{sp}^{\ominus}(CaSO_4)}{K_{sp}^{\ominus}(BaSO_4)} = \frac{9.1\times10^{-6}}{1.1\times10^{-10}} = 8.3\times10^{4}$$

（5）后处理：将步骤（4）得到的产物降温压滤，得到滤饼，用纯净水充分洗涤滤饼，将滤饼在 80～100℃烘干，经超细粉碎，即得所述 C.I.颜料红 53:1 成品。

氯化钡与氯化钙的添加量对颜料的性能影响尤其重要，既不能使颜料中的游离钡含量超标，又不能影响颜料的色光及着色力。实验中加入不同量的氯化钡及氯化钙，所得颜料的性能如表 2-6 所示。

表 2-6　氯化钡与氯化钙的添加量对颜料性能的影响

实验号	氯化钡：氯化钙（物质的量比）	ΔL	Δc	Δh	色光	着色力/%	游离钡含量/ppm	流动度/mm
5-1	无氯化钙	标准	标准	标准	标准	100	1500	30
5-2	1.87	0.65	2.39	1.09	稍黄	99.97	50	30
5-3	1.90	1.80	2.77	2.11	较黄	97.09	50	30

续表

实验号	氯化钡：氯化钙（物质的量比）	ΔL	Δc	Δh	色光	着色力/%	游离钡含量/ppm	流动度/mm
5-4	3.37	−0.12	0.19	0.63	微黄	100.53	60	32
5-5	5.35	0.22	0.66	−0.30	近似	101.90	65	31
5-6	5.73	−0.71	0.27	0.02	近似	101.09	70	31
5-7	5.82	−0.03	0.16	−0.79	微蓝	99.48	80	30
5-8	11.88	−0.49	0.47	−0.35	近似	98.71	300	30.5
5-9	24.97	0.10	0.03	0.34	近似	100.22	600	30

由表2-6可以看出，当氯化钡与氯化钙物质的量比为5.35时，制备的颜料色光鲜艳，着色力较高，游离钡含量为65 ppm。如果氯化钡的量降低，氯化钙量再增加，会使颜料色光变黄，着色力有所降低；如果钡量再增加，会使颜料中的重金属游离钡量增加。

与现有技术相比，本方法在色淀反应中，采用适量配比的色淀化剂氯化钡和少量的第二色淀化剂氯化钙，从而保证色淀化反应更完全且产品中可溶性重金属不超标，使成品中可溶性金属钡含量控制在 80 ppm 以下，同时也满足颜料对色光、着色力、鲜艳度等的要求。

颜料的晶型是影响其色光的重要因素，颜料在色淀化过程中，色淀化剂中的金属离子与颜料阴离子结合形成难溶晶体从溶剂体系中析出完成色淀。色淀化过程中结晶行为会遵循热力学原理，阴阳离子会按照能量最低原理紧密堆叠形成晶体。半径相对较大的阴离子堆积会形成间隙，金属阳离子则会根据自身半径的大小，在尽可能与更多负离子接触的前提下填充到合适的间隙中。金属离子与颜料阴离子半径之比（r_+/r_-）能够通过决定金属离子的配位多面体构型调控离子晶体的构型。色淀化剂氯化钡、氯化钙中 Ba^{2+}和 Ca^{2+}同属于ⅡA 族元素，但分属第五和第三周期，两者外层电子相同，但离子半径差别明显，分别为135pm 和 99 pm，与相同颜料阴离子形成颜料结晶时，两种晶体中离子半径之比（r_+/r_-）为 1.36，极易造成配位型式的差异，导致形成不同结构的晶体（表 2-7），最终导致颜料色光的差异。

表2-7 金属离子的配位型式及配位数与颜料晶体离子半径的关系比[11]

r_+/r_-	−0.155	0.155～0.225	0.225～0.414	0.414～0.732
配位数	2	3	4	6
配位型式	线形	平面三角形	正四面体	正八面体

2.4 有机颜料生产过程清洁工艺改进

2.4.1 色淀颜料重氮组分避免用氨水溶解

色淀颜料制备的经典方法为：将重氮组分溶于氨水中，再加入盐酸酸析，加冰降温后投入亚硝酸钠溶液进行重氮化反应，然后与偶合组分在一定条件下进行偶合反应，最后用色淀化剂发生色淀化反应制得。现有工艺在重氮化反应中使用易挥发的氨水溶解重氮组分，在生产过程中对环境和人体均造成了不利影响；为了解决这一问题，在重氮液的制备中，如重氮组分 2-氨基-5-氯-4-甲基苯磺酸（CLT 酸）、4-氨基-2-氯甲苯-5-磺酸（2B 酸）、4-甲苯胺-2-磺酸（4B 酸）等的溶解过程中，加入表面活性剂搅拌溶解或用氢氧化钠碱溶，避免氨水的使用，从而减少了生产工艺对环境的影响。

2.4.2 实施碱控工艺

在联苯胺系偶氮颜料的偶合反应阶段，需要使用乙酸及氢氧化钠和乙酸钠来维持偶合反应的 pH，这就导致高化学需氧量（COD）、高含盐生产污水的产生。为此改进偶合反应工艺，当偶合反应体系的 pH 降至 4.0～4.4 时，可加入稀碱液调至 pH 5.0～5.5，继续偶合，当偶合反应体系 pH 降至 4.0 时，再加入稀碱液调至 pH 5.0～5.5，并继续偶合至反应结束，这样既减少了酸碱的用量，又减少了污水 COD 的排放。采用分段加稀碱液调 pH 可控制酸度，并可由自动滴加装置来实现。

2.4.3 采用分阶段偶合工艺使反应完全

对于不溶性色酚类颜料及苯并咪唑酮类颜料来说，偶合组分色酚类及苯并咪唑酮衍生物的溶解特性，使其与重氮盐溶液反应后易形成包芯现象，阻碍了重氮盐进一步与其进行偶合反应，最终导致偶合反应不完全或重氮盐不能全部参与偶合反应，影响产物收率与颜料纯度，造成着色强度和鲜艳度等方面的质量问题。

通常偶合工艺在析出偶合组分时添加特定的表面活性剂，以获得粒子微细的悬浮体，促进偶合反应的顺利完成。分阶段偶合工艺可以分阶段地调整偶合反应介质的酸/碱性，即偶合反应进行到一定阶段，暂停加入重氮盐，并将偶合反应物的 pH 调整为 10～14，以溶解尚未反应的偶合组分，再降低 pH，以重新使溶解的未反应的偶合组分吸附或包覆在颜料粒子表面上，再恢复滴加重氮盐溶液，边加重氮盐边进行偶合直至偶合反应完成[12]。

2.4.4　利用固体颗粒一锅法合成偶氮颜料

有学者提出一种利用固体颗粒一锅法合成偶氮化合物的方法，该方法需向反应容器内加入固体颗粒，再加入无机酸、芳香伯胺、亚硝酸钠、水和偶合组分并机械搅拌，监测反应完成后，过滤并漂洗滤饼获得产品；或者向反应容器内加入固体颗粒，再加入无机酸、芳香伯胺、亚硝酸钠和水并机械搅拌，芳香伯胺完全转化后再加入偶合组分，继续机械搅拌监测反应完成后，过滤并漂洗滤饼获得产品。固体颗粒优选聚四氟乙烯颗粒、山楂籽或不锈钢砂。该方法通过向反应体系中加入固体颗粒来促进反应进行，无须预热溶解或加碱溶解重氮组分或偶合组分。大多数反应在 1 h 内完成，反应时间短，产品纯度高，反应滤液及过量的无机酸可多次循环利用[13]。

该方法向反应体系内添加的固体颗粒聚四氟乙烯颗粒、山楂籽或不锈钢砂具有颗粒较大、坚硬耐磨且化学性质稳定的特点，将其加入偶合反应体系内起到了辅助搅拌、研磨的作用，见图 2-1。传统偶合反应由于偶合组分色酚类及苯并咪唑酮衍生物难溶的特性，导致其在反应体系中会以微小固体颗粒的形态存在，重氮盐与其偶联反应只能发生在固体颗粒的表面，偶氮颜料一旦形成会附着在其上阻碍反应继续发生，形成包夹现象导致反应难以完全。山楂籽等研磨助剂加入后，在机械搅拌下会不断与偶合组分的固体颗粒摩擦，有助于剥离在其表面形成的偶氮颜料，保持偶合组分始终暴露在重氮盐环境中，这能够促进反应的充分完成。并且此类固体颗粒物粒径较大，易于在反应完成后通过简单的过滤的方式加以分离。

不锈钢砂

山楂籽

聚四氟乙烯颗粒

图 2-1　反应中加入的固体颗粒

2.4.5　永固红 A3B 的清洁生产工艺

永固红 A3B（C.I.颜料红 177），化学名称为 4,4′-二氨基-1,1′-联蒽醌，是一种高档有机颜料，具有优良的耐候性、耐溶性、耐化学性，着色力高，同时具有良好的耐迁移性，耐塑料成型温度，是合成树脂和塑料着色的主要红色有机颜料品种，同时也广泛用于油漆、油墨、涂料、合成纤维、液晶等。

传统制备 C.I.颜料红 177 的主流工艺采用硫酸进行脱磺酸基反应，该制备工艺中脱磺酸基反应需要使用大量的浓硫酸，导致产生大量色度深且腐蚀性强的含酸废水，这类含酸废水浓度相对低、排放量大，回收困难，资源浪费严重，对生态环境存在直接或间接的破坏风险。因此，需要对传统的合成方法进行改进，实现资源合理利用，减少环境污染，从而达到清洁生产的目的。

传统的 C.I.颜料红 177 合成方法主要分为两步：溴氨酸乌尔曼（Ullmann）缩合反应和溴氨酸缩合产物脱磺酸基反应。前者工艺条件是以 1-氨基-4-溴蒽醌-2-磺酸（简称溴氨酸）为原料，在硫酸-水溶液介质中，温度为 80℃时，在铜粉催化作用下进行 Ullmann 缩合反应，得到溴氨酸缩合产物（DAS），收率为 90%以上。该制备工艺反应物分离难，反应中硫酸的使用以及盐析法分离缩合产物的过程中，产生大量的高含盐、色度深的酸性有机废水。DAS 在 10 倍 $w(H_2SO_4)$= 78%～85%的硫酸水溶液中进行脱磺酸基反应后，加入到冰水混合物中，过滤沉淀后滤饼水洗至中性得到产物。使用该工艺生产 1 t C.I.颜料红 177 要排放高含盐酸性有机废水 40～80 t。

1. 固体酸催化溴氨酸 Ullmann 缩合

著者课题组采用固体酸-乙醇-铜粉催化系统代替硫酸水解 4,4′-二氨基-1,1′-二蒽醌-3,3′-二磺酸钠，实现了溴氨酸 Ullmann 缩合反应废水的最小量排放，反应收率达 92%以上，反应结束后，催化剂和固体酸容易过滤分离再利用。反应介质乙醇可蒸馏回收循环使用，简化了 DAS 后处理过程，大大降低了能源消耗。研究过程中，本课题组采用 1-氨基-4-溴蒽醌-2-磺酸钠为原料制备 4,4′-二氨基-1,1′-二蒽醌-3,3′-二磺酸钠，充分考察了溶剂用量、反应温度和强酸离子交换树脂用量等因素对产品收率的影响，最终经过条件优化获得了最高 94.0%的产品收率。具体操作如下：称取 1-氨基-4-溴蒽醌-2-磺酸钠 2.19 g，溶解在 50 mL 乙醇水溶液（$V_{乙醇}$：$V_{水}$= 9：1）中，再按 16 g/L 的用量向体系内加入强酸离子交换树脂和 2.08 g 铜粉，加热搅拌反应 180 min 后趁热滤除树脂和铜粉，蒸馏回收乙醇，产物可用于下一步脱磺酸基反应制备 C.I.颜料红 177 粗颜料。

1）水溶剂用量对缩合反应的影响

本课题组在研究过程中选择水溶剂构成“强酸阳离子交换树脂-水-铜粉体系”，探究了水溶剂用量对 DAS 收率的影响，结果如图 2-2 所示。固定树脂用量，升温到 60℃，取一定量的溴氨酸钠分别投加到体积为 40 mL、50 mL、60 mL、70 mL、80 mL 的水溶剂中，试验结果表明，当水溶剂体积为 60 mL，初始 pH 为

2.35 时，DAS 的收率最高，为 93.21%。

2）反应时间对缩合反应的影响

在强酸阳离子交换树脂-水-铜粉体系中，随着反应时间的延长，DAS 收率逐渐增加，在反应 90 min 时，缩合产物的收率达到 93.21%，继续延长反应时间至 2 h，DAS 收率不再明显升高，见图 2-3。因此，最佳的反应时间确定为 90 min。

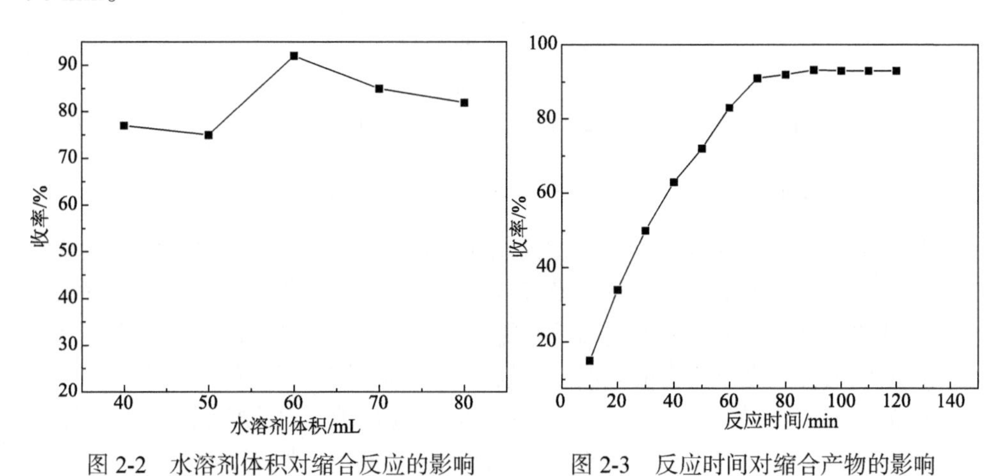

图 2-2　水溶剂体积对缩合反应的影响　　图 2-3　反应时间对缩合产物的影响

3）催化剂铜粉用量对缩合反应的影响

铜粉作为催化剂是影响催化溴氨酸 Ullmann 缩合反应的一个重要因素，本课题组研究了强酸阳离子交换树脂-水-铜粉体系中铜粉用量对 DAS 收率的影响，结果如图 2-4 所示。铜粉用量低于 0.9 g 情况下，铜粉用量的增加会使 DAS 的收率上升。铜粉用量的增加使得原料与铜粉接触增加，有利于反应的进行。在铜粉用量超过 0.9 g 后 DAS 收率趋势平缓，即铜粉与原料溴氨酸钠的比例在该体系下达到最佳，再增加铜粉用量反应速率不再增加，DAS 收率几乎不变。因此，选择铜粉的用量为 0.9 g。

4）树脂用量对缩合反应的影响

强酸阳离子交换树脂作为溴氨酸 Ullmann 缩合反应的固体催化剂，其用量也是影响反应收率的重要因素，树脂用量对 DAS 收率的影响如图 2-5 所示。当强酸阳离子交换树脂用量由 8 g/L 提高到 16 g/L 时，缩合产物收率从 30.8%上升至 71%；当树脂用量达到 20 g/L 时，缩合产物收率最高可达 93.21%。当树脂用量为 24 g/L 时，缩合产物收率为 92.5%，并且基本不再增加。因此，选择树脂最适用量为 20 g/L。

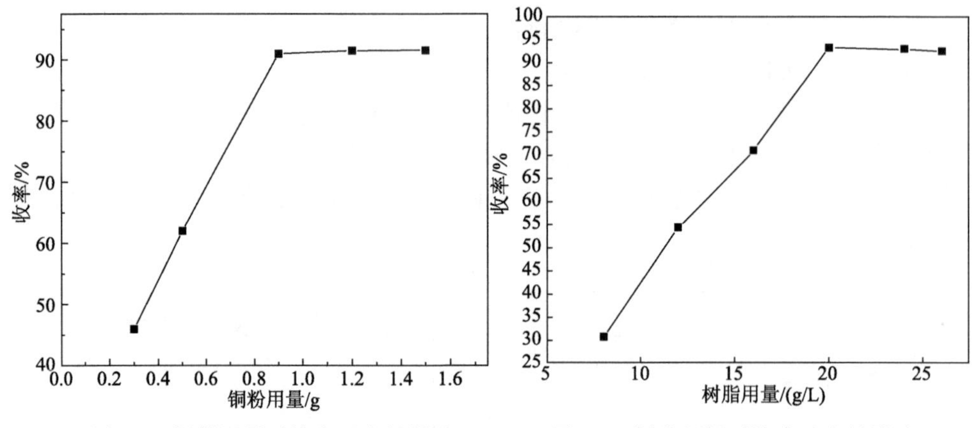

图 2-4　铜粉用量对缩合反应的影响　　图 2-5　树脂用量对缩合反应的影响

强酸阳离子交换树脂母体为苯乙烯单体与二苯乙烯交联剂共聚成的网状骨架，在骨架上连有大量的磺酸基。磺酸基固定在树脂网状骨架上不能自由移动，但其所带的氢离子在水环境下电离后却能自由移动，可与周围的其他阳离子互相交换。强酸阳离子交换树脂催化溴氨酸发生 Ullmann 缩合反应的过程中，溴氨酸盐上的钠离子扩散到树脂表面并穿过树脂表面静止的液膜进入树脂内部与树脂所带氢离子进行交换，氢离子再以相反的方向回到溶液中，如图 2-6 所示。

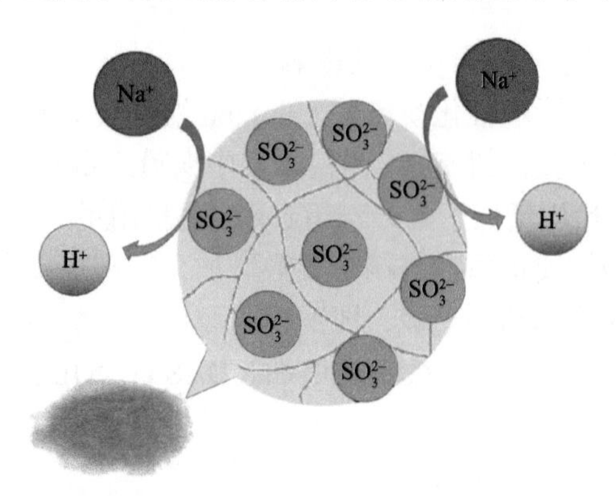

图 2-6　阳离子交换树脂离子交换示意图

（1）树脂在水溶液中与氯化钠交换离子的释放特性。

强酸阳离子交换树脂在水介质中分散后，加入 NaCl 使 Na^+与树脂中 H^+发生交换，通过测定水溶液 pH 可以判定离子交换效果。分别向 50 mL 含有等量强酸阳离子交换树脂去离子水中投加 0.01 g、0.02 g、0.03 g、0.04 g、0.05 g 的 NaCl，交换过程达到平衡后测定 pH，结果如图 2-7 所示。由图可知实际 pH 与理论 pH 非常接近，说明树脂在 NaCl 溶液中存在 Na^+与 H^+的等量交换。

（2）树脂在水溶液中与溴氨酸的交换离子释放特性。

反应原料溴氨酸钠与作为催化剂的强酸阳离子交换树脂之间同样存在离子交换。为进一步研究反应物与树脂之间的离子交换行为，分别将 0.004 g、0.0099 g、0.0113 g、0.0159 g、0.0205 g 溴氨酸投加到 100 mL 含有等量强酸阳离子交换树脂的去离子水中，搅拌 5 min，交换过程达到平衡后测量 pH，结果如图 2-8 所示。由图可知，理论 pH 与实际 pH 相近，说明溴氨酸钠中的 Na^+与树脂中的 H^+存在等量交换行为，可以通过控制树脂用量来控制反应体系的 H^+的释放，使整个反应体系处于微酸环境，使反应液中尽可能少地存在游离酸。依据此方法进行的溴氨酸 Ullmann 缩合反应完成后，反应体系 pH 为 5.27，小于传统工艺中以硫酸-水-铜粉作为催化体系的 pH 值（pH=3.2）。

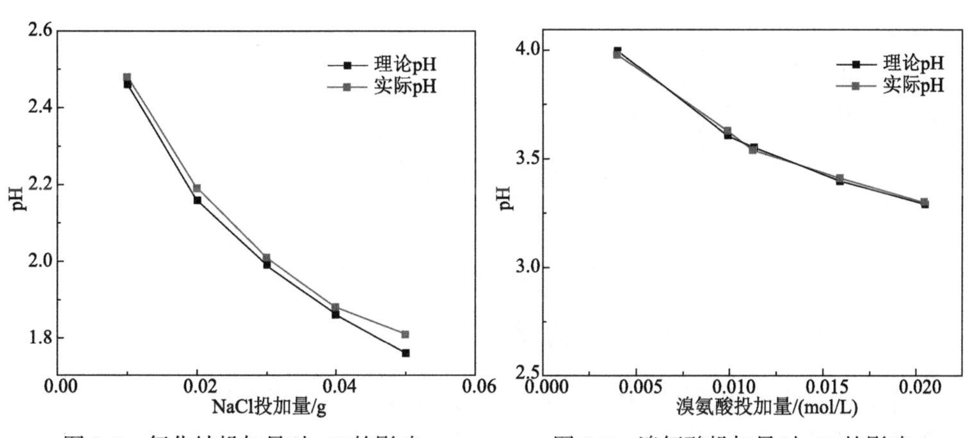

图 2-7　氯化钠投加量对 pH 的影响　　图 2-8　溴氨酸投加量对 pH 的影响

5）反应温度对缩合反应的影响

著者课题组还研究了强酸阳离子树脂-铜粉-水作为催化体系下，反应温度对 DAS 收率的影响，结果如图 2-9 所示。随着反应温度升高，DAS 的收率逐渐升高，当温度达到 75℃后，DAS 的收率达到较高水平且不再随温度升高而发生明显改变。这一现象可能与反应物溴氨酸溶解度随温度变化有关，较低温度下溴氨酸在水中溶解度低，参与 Ullmann 缩合反应比例较小，导致以溴氨酸总投加量为基础计算的收率偏低。随反应温度升高，溴氨酸溶解度升高，更多的反应物参与反应，总收率不断提高，直到 75℃后溴氨酸基本溶解完全，产品收率不再升高。研究结果表明，在反应温度为 60℃的收率为 92.4%，75℃时 DAS 收率为 93.23%，两种温度下的缩合产物收率仅相差 0.83%。从节约能源和收率方面考虑，确定该反应最佳反应温度是 60℃。在该温度下进行 Ullmann 缩合反应，反应初期原料溴氨酸不能完全溶解，试验过程中发现，随着反应的进行，反应液表面漂浮的未溶解的溴氨酸逐渐溶解，反应系统中存在着溴氨酸“边反应边溶解的现象”直至反应完成，反应速率及收率保持稳定。这样的反应条件降低了反应温度，节约了能源；减少了溶剂用量，降低了废水排放量。此外，由于反应温度仅为 60℃，在以太阳能为热源进行的 Ullmann 缩合反应也取得了成功，表明该工艺具有进一步节能的潜力。

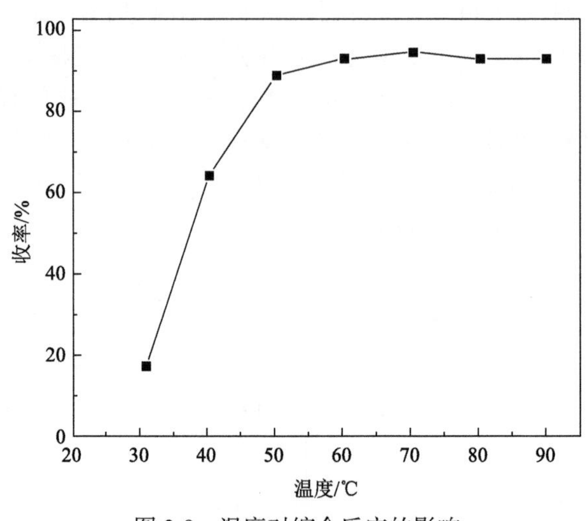

图 2-9　温度对缩合反应的影响

2. 离子液体介质下 DAS 的脱磺酸基

张天永教授采用离子液体作为反应介质的 DAS 的脱磺酸基的方法，可避免含硫酸废水排放，且 C.I.颜料红 177 收率可达 95%以上。所开发的工艺中，使用的固体酸催化剂、离子液体以及溶剂都可回收，使废水排放量实现最小化。该工艺的操作流程如图 2-10 所示。

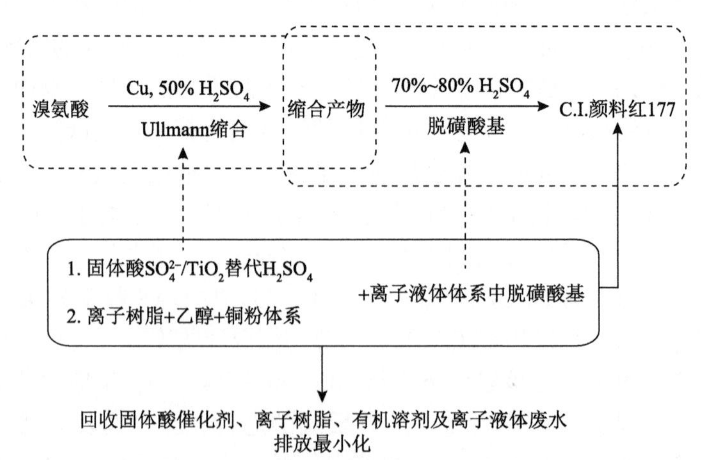

图 2-10　C.I.颜料红 177 清洁生产工艺示意图

离子液体也称低温熔融盐，本质上是有机阳离子和有机/无机阴离子构成的有机盐，其特殊之处是其在室温下以液态形式存在。离子液体具有蒸气压低、热稳定性好、溶解性高、可燃性低和可循环利用等优点，很多研究都将离子液体作为反应介质[14]。离子液体可设计性强，通过对阴阳离子结构的化学修饰可以赋予离子液体特定的功能，也可以通过优化阴阳离子的搭配调控其性质。另外，不同于一般的分子溶剂，离子液体内存在强静电场、特殊的氢键作用和可控的酸碱性等特性，这些特性所构成的“离子微环境”在化学反应中能发挥出优异的催化和选择作用。

离子液体中制备 C.I.颜料红 177 的方法[15]：称取 2.0g DAS，加入一定量的酸性离子液体，加热至指定温度，反应一段时间后，将反应混合物冷却至室温，缓慢倾倒入 100 mL 甲醇溶剂，搅拌均匀后抽滤，80℃下干燥得到 C.I.颜料红 177 粗品。C.I.颜料红 177 的粗品采用乙醇和二氯甲烷提纯得到较纯的 C.I.颜料红 177。反应过程中，采用薄层色谱（TLC）监测 DAS 脱磺酸基反应过程。反应结束后，将滤液中的甲醇抽干，剩余的离子液体回收套用，并且每次套用补加一定量的离子液体，反应方程式如下：

DAS $\xrightarrow[\triangle]{离子液体}$ C.I.颜料红177

1）离子液体的循环套用

将 2.0 g DAS 和 10 g [BSMIm]OTF 酸性离子液体在 250 mL 四口烧瓶中混合，加热至 150℃，反应 5 h 后，反应混合物冷却至室温，倾倒入 100 mL 甲醇，抽滤，分离出 C.I.颜料红 177 粗品。将滤液中的甲醇抽干，将反应后所得离子液体回收套用于下一次 DAS 的脱磺酸基反应。由于后处理过程中的机械损失，需要每次套用补加 1.0 g [BSMIm]OTF 离子液体，重复上述步骤，并继续进行下一次 DAS 的脱磺酸基反应。

2）离子液体加入量对 C.I.颜料红 177 收率的影响

[BSMIm]OTF 和[BSMIm]HSO_4的脱磺酸基反应温度为 150℃，反应时间为 5 h，考察[BSMIm]OTF 和[BSMIm]HSO_4的加入量（5 g、10 g、20 g、30 g、40 g）对 C.I.颜料红 177 收率的影响，实验结果见图 2-11。在[BSMIm]HSO_4和[BSMIm]OTF 的加入量相同，离子液体有机阳离子相同的条件下，不同阴离子对反应结果有很

大影响，[BSMIm]OTF 的脱磺酸基效果明显好于[BSMIm]HSO_4。在上述反应体系中离子液体加入量较少的情况下，DAS 溶解力低，导致收率较低。当[BSMIm]OTF 的加入量达到 10 g 时，C.I.颜料红 177 收率达到 94.6%，[BSMIm]HSO_4 的加入量达到 20 g 时，C.I.颜料红 177 收率达到 90.3%。两种离子液体的加入量过多时，收率都呈下降趋势，这是由于脱磺酸基反应是磺化反应的逆反应，离子液体加入量过多，会抑制脱磺酸基反应的进行，导致收率大幅度下降。因此结合工业成本和收率双重因素，较适宜的[BSMIm]OTF 的加入量为 10 g，[BSMIm]HSO_4 投入量为 20 g。

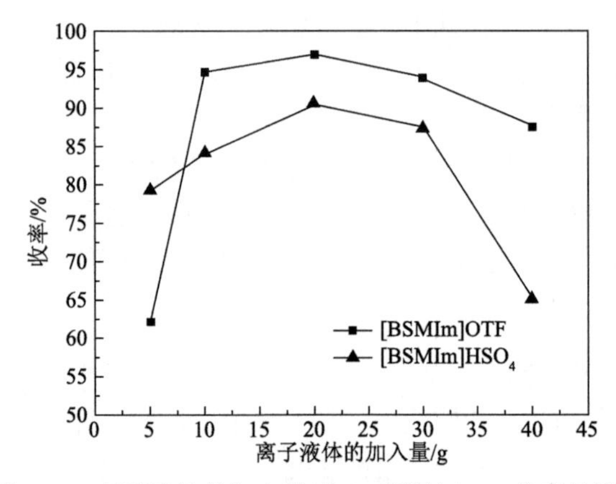

图 2-11　离子液体的加入量对 C.I.颜料红 177 收率的影响

3）反应温度对 C.I.颜料红 177 收率的影响

[BSMIm]OTF 和[BSMIm]HSO_4 的加入量分别为 10 g、20 g，脱磺酸基反应时间为 5 h，考察反应温度（100℃、120℃、140℃、150℃、170℃）对 C.I.颜料红 177 收率的影响，实验结果见图 2-12。由于[BSMIm]OTF 比[BSMIm]HSO_4 的酸度更适宜，相同反应温度下[BSMIm]OTF 的脱磺酸基效果好。在[BSMIm]OT 和[BSMIm]HSO_4 反应体系中，反应温度在 100～110℃之间，反应速率较缓慢，且温度过低时，离子液体较黏稠，阻碍了搅拌，且低温不利于脱磺酸基反应的进行，通过 TLC 分析可以看到 DAS 原料点仍然存在。[BSMIm]OTF 反应体系中，温度在 140～150℃之间，C.I.颜料红 177 的收率较高，可以达到 94.6%，在[BSMIm]HSO_4 反应体系中，当反应温度达 150℃时，C.I.颜料红 177 的收率达到了 90.3%，再升高反应温度，反应收率开始下降，通过 TLC 分析可以明显看到副产物点，高温可能会导致副反应增加，因此[BSMIm]OTF 反应体系中，较适宜的反应温度为 140～150℃，[BSMIm]HSO_4 反应体系中，较适宜的反应温度为 150℃。

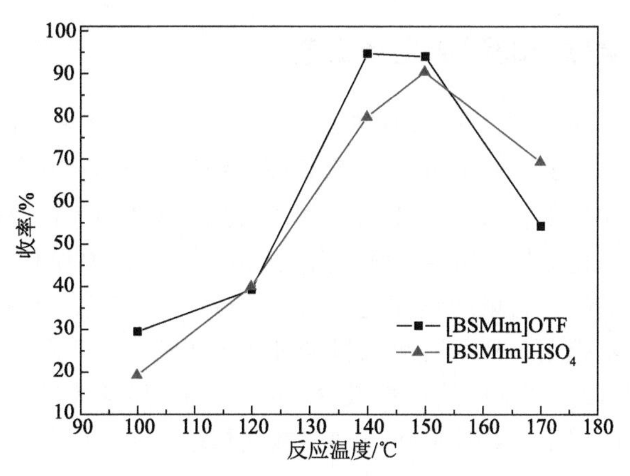

图2-12　反应温度对C.I.颜料红177收率的影响

4）反应时间对C.I.颜料红177收率的影响

固定其他条件，考察反应时间（1 h、3 h、5 h、7 h、10 h）对脱磺酸基反应的影响，实验结果见图2-13。由于[BSMIm]OTF比[BSMIm]HSO_4的酸度更为适宜，相同反应时间下[BSMIm]OTF 的脱磺酸基效果较好。随反应时间的延长，C.I.颜料红177的收率呈逐渐上升趋势，5 h时反应已经比较完全，[BSMIm]OTF反应体系中，C.I.颜料红177收率达到94.6%，[BSMIm]HSO_4反应体系中，C.I.颜料红177的收率达到90.3%。继续延长反应时间至10 h，[BSMIm]OTF反应体系中，C.I.颜料红177收率最高可达97.9%，[BSMIm]HSO_4反应体系中，C.I.颜料红177收率最高可达到94.1%，这和TLC跟踪反应进程结果一致。随着反应时间的延长，可以看到原料DAS在薄层板上的样点逐渐变浅直至基本消失，而C.I.颜料红177的样点逐渐加深，表明随着反应时间的延长，DAS脱磺酸基反应进行完全，且基本转化为C.I.颜料红177。

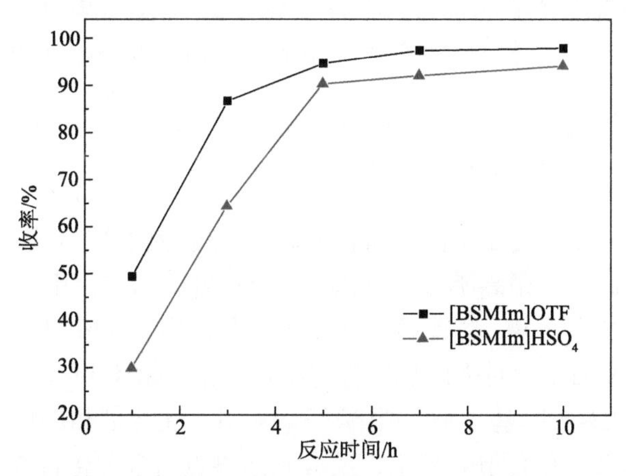

图2-13　反应时间对C.I.颜料红177收率的影响

2.4.6　喹吖啶酮颜料的清洁生产工艺

喹吖啶酮（喹啉并[2,3-*b*]-吖啶-5,12-二氢-7,14-二酮，图 2.14）于 1935 年由汉泽·利伯曼（Hanse Libermann）首次合成。1955 年美国杜邦公司发现了喹吖啶酮具有颜料的应用性能，并于三年后将其作为颜料（PV9）投放市场，开始了喹吖啶酮颜料的商品化进程。此类颜料具有色光鲜艳、着色力强和牢度优异等优点，在涂料、塑料、油墨、熔融纺丝和化妆品等领域得到了广泛应用，拥有着广阔的市场前景。在此基础上，喹吖啶酮颜料经过几十年的发展，现今已经衍生出 2,9-二甲基喹吖啶酮、2,9-二氯喹吖啶酮及 3,10-二氯喹吖啶酮等数十个品种，年生产量已经达到 3000 t 以上，相比此类颜料投放之初增长了 30 倍。

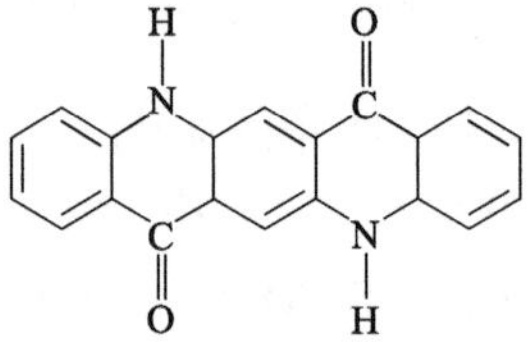

图 2-14　喹吖啶酮分子结构

喹吖啶酮颜料的合成方法主要有热闭环法、酸闭环法、二卤素对苯二甲酸工艺和对苯二酚工艺，其中热闭环法和酸闭环法已经实现工业化，并得到广泛应用。热闭环法使用高纯度丁二酰丁二酸二甲酯（DMSS）为原料，将其溶解在硫酸酯、联苯醚或联苯醚与联苯的混合物等惰性溶剂中，反应需在氮气保护下进行。DMSS 在无催化剂条件下，经过 250～280℃高温，发生闭环反应，生成 6,13-二氢喹吖啶酮或其取代衍生物。此反应机理尚不明确，但在控制适合条件下可获得较高产率。酸闭环法同样使用 DMSS 作为原料，合成过程中使用甲醇或乙醇作溶剂，在酸催化下使 DMSS 与芳香胺缩合。之后可不经过分离，在碱性条件下直接将缩合物氧化并水解成 2,5-二芳香胺基对苯二甲酸二钠盐，而后酸化析出 2,5-二芳香胺基对苯二甲酸。

1. 颜料中间体丁二酰丁二酸二甲酯的合成

DMSS 是制备喹吖啶酮类高档有机颜料的关键中间体。合成 DMSS 反应中（反应式见图 2-15）通常采用高沸点惰性溶剂。早期曾先后选用甲苯、二甲苯、氯苯、正己烷和低碳醇的混合物、芳香烃和低碳醇的混合物等为溶剂，为促进反应进行，提高收率，还要添加少量对强碱稳定性好的助溶剂，如环丁砜、二甲基亚砜、*N,N*-二甲基甲酰胺、1,3-二甲基-2-咪唑啉酮等。采用上述溶剂和助溶剂有利于反应进行，但是反应体系存在着组分复杂，反应到达终点后多种化合物分离困难，反应溶剂回收和提纯成本高，循环利用率低等缺点。

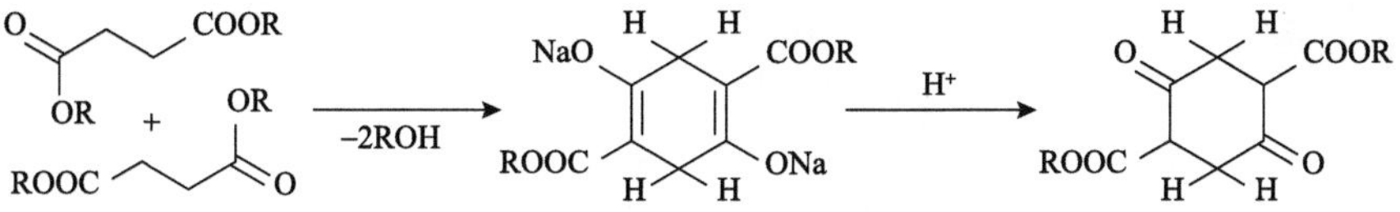

图 2-15　DMSS 的合成路线

针对上述问题，有学者提出以过量的丁二酸二甲酯作为反应原料和溶剂，甲醇作助溶剂，甲醇钠作为强碱保持反应体系的碱性，合成丁二酸二甲酯的新方法，并从反应物料的配比、反应温度、反应时间和分离技术等方面优化了合成工艺[16]。该方法产品分离和提纯相对容易，溶剂的回收利用简单，在降低原料消耗的同时，有效减少了三废排放，并且产品收率可达 84%（纯度≥99%）。因此，该方法被认为是一种清洁生产工艺，目前已经在工业上得到比较普遍的应用。

2. 过氧化氢氧化制备中间体2,5-二（对甲苯胺基）-对苯二甲酸

目前 C.I.颜料红 122 中间体 2,5-二（对甲苯胺基）-对苯二甲酸（DTTA）一般采用间硝基苯磺酸钠氧化的方式制备。间硝基苯磺酸钠具有毒性、刺激性和易吸湿性，溶于水和热的乙醇水溶液，但在水溶液中易分解，导致该反应副产物多，耗时长，能耗高。采用过氧化氢进行氧化反应，可减少污染，节省原料和生产成本。

专利中[17]采用过氧化氢作为氧化剂制备中间产物 DTTA 的工艺实例：将 22 g 对甲苯胺、28 g DMSS、118 g 乙醇和 44g 盐酸（31%）混合后，加热回流反应 8 h 后，降至室温，加入 70 g 氢氧化钠水溶液（50%），加热至回流，6 h 内滴加 30 g 工业双氧水（20.5%）与 40 g 水的混合物，保温 2 h，降温到 50℃，加入 400 mL 水和 5 g 硅藻土，搅拌 30min，过滤，加入盐酸调节 pH 到 5，搅拌 30 min，过滤、水洗得到中间体 DTTA。

3. 利用生物质为原料，简化喹吖啶酮颜料的生产工艺

以可再生材料为原料制成喹吖啶酮颜料（图 2-16），能降低化石原料的消耗，减少碳排放，以此可突出整体下游价值链的可持续发展。

由玉米经过多级反应制得生物级的琥珀酸，进一步合成得到 DMSS，DMSS 与对甲苯胺经缩合、氧化及闭环反应得到喹吖啶酮类有机颜料。

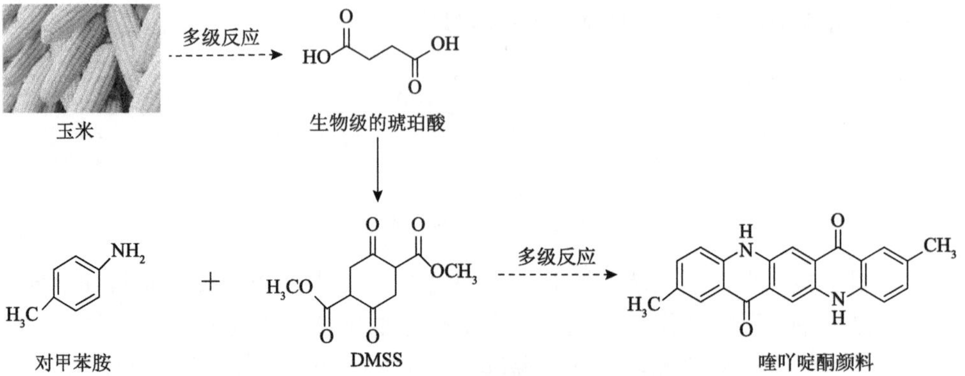

图 2-16　可再生材料制备喹吖啶酮颜料

2.4.7　有机颜料生产过程中主要清洁生产技术

1. 密闭的生产过程

有机颜料密闭的生产过程，要求生产时所用的液体原料经精确计量后由管道输送到反应釜，易挥发液体原料采用液下加入，固体原料由提升机或传送带进行输送，反应釜采用密闭式，配有可变频的自动搅拌器，以便于反应原料在反应介质中充分溶解，严格控制反应条件，提高反应效率，减少挥发性气体的产生。

2. 尾气集中收集及处理

重氮化、酰氯化、酰胺化反应过程中产生的 HCl、SO_2、NO_2 等酸性气体，设置尾气吸收装置集中收集和处理，保证酸性气体吸收后达标排放。尾气吸收工艺分为水吸收和碱液吸收两个步骤：由于 HCl 在水中的溶解度较大，酸性气体经水吸收后能够副产盐酸，可回用于生产中酸化工序进行 pH 调节；其他酸性气体经碱吸收后产生高含盐废水，该部分废水可使用多效蒸发加工成固体盐副产品，如 SO_2 碱吸收后，经加工后制成亚硫酸钠。

3. 过滤废水回收套用节约用水

有机颜料产品水洗压滤工序设备采用隔膜板框压滤机实现。隔膜板框压滤机与普通板框、厢式压滤机的区别在于隔膜板框压滤机的隔膜滤板有两个可前后移动的过滤面——隔膜，当隔膜后侧通入压榨介质时，这些可移动的隔膜就会向过滤腔室的方向鼓出，过滤过程结束以后，能够对滤饼进行再次高压挤压，如图 2-17 所示。隔膜板框压滤机压榨的滤饼含水率比普通板框、厢式压滤机低 10%～40%；

洗涤滤饼时，可以用少量的水达到较好的洗涤效果。

有机颜料产品水洗压滤工序采用梯度洗涤方案，流程图如图 2-18 所示。重氮组分和偶合组分经偶合反应后生成有机偶氮颜料，用水冲洗以达到去除其中盐分和杂质的目的。此工序采用梯度洗涤方案，可达到节水减排的目的。以五级梯度洗涤方案为例，设置五级梯度洗涤水箱，经压滤机滤出母液的湿滤饼先用一级水箱水冲洗，滤出的污水进入污水处理系统；用二级水箱水冲洗，滤出的污水作为一级水箱补充水；然后用三级水箱水冲洗，滤出的污水作为二级水箱补充水；用四级水箱水冲洗，滤出的污水作为三级水箱补充水；然后用五级水箱水冲洗，滤出的污水作为四级水箱补充水；五级水箱补充新鲜水。

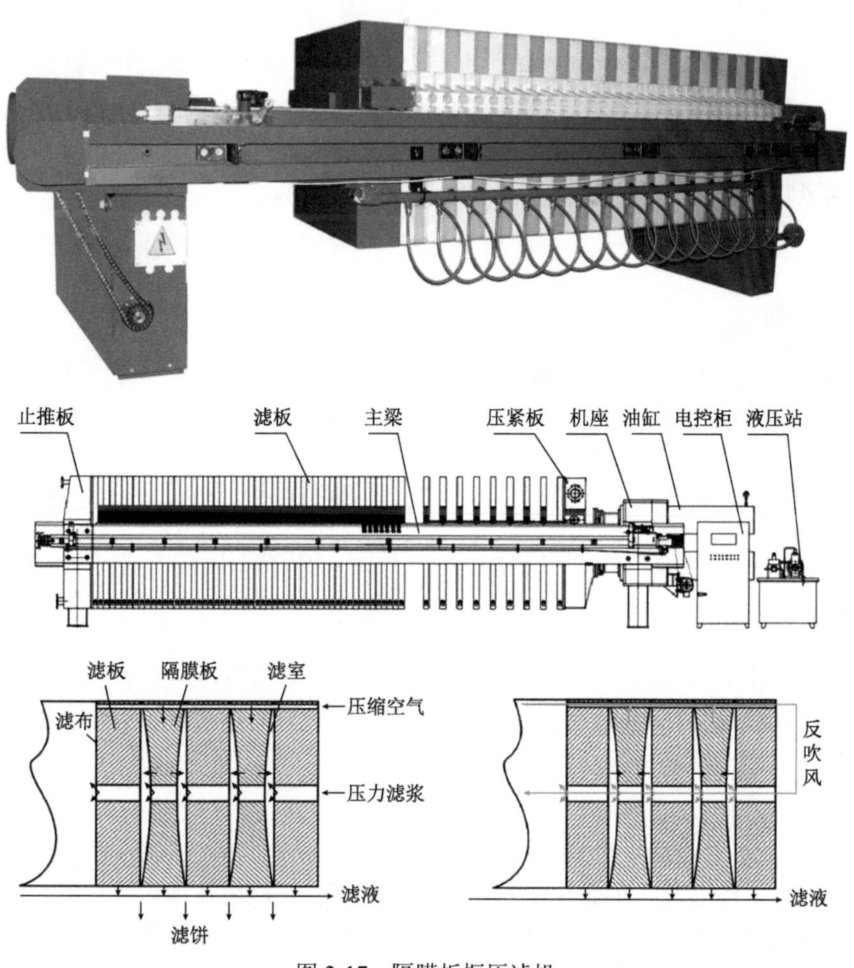

图 2-17　隔膜板框压滤机

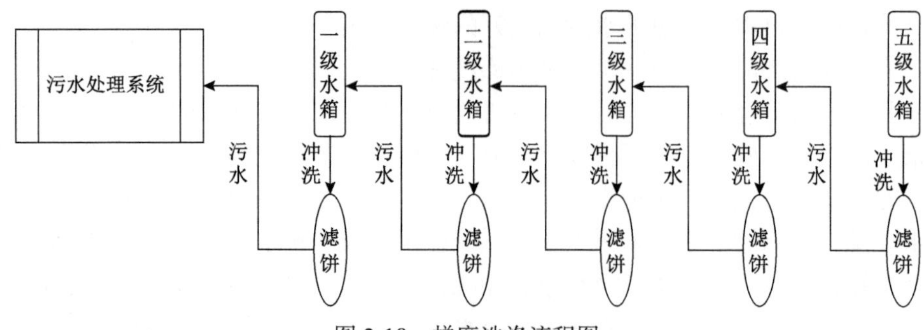

图 2-18　梯度洗涤流程图

4. 热风穿流干燥

热风穿流带式干燥机已应用于颜料行业，其原理与热风循环烘箱基本一致（图 2-19），物料表面都有循环热风干燥，区别在于物料在带式输送机上输送，其优点在于自动化程度高、劳动强度低、烘干速度快且受热均匀、产品质量稳定等，热风穿流带式干燥机能耗要比传统烘箱降低 40%。

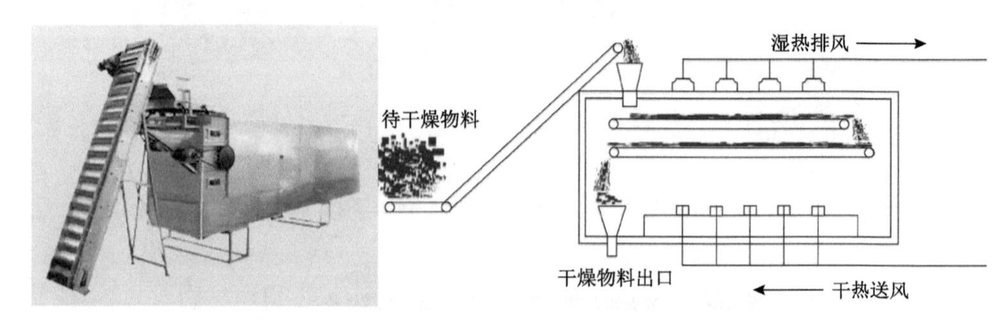

图 2-19　热风穿流带式干燥机及其工作原理示意图

5. 加强资源、能源回收利用

对颜料化溶剂回收，尽可能做到 100%回收。对蒸汽冷凝水和真空冷却水回收，部分回收水可作为压滤漂洗水循环使用，不但节约用水量，而且可以明显降低颜料产品中水溶盐含量，提高产品应用性能。

6. 真空干燥

酰氯化、酰胺化、缩合反应均在溶剂中进行，反应后还须用溶剂对物料进行反复洗涤压滤，然后用真空干燥箱进行干燥分离。干燥工序及溶剂回收系统均为真空操作，这不仅使溶剂得到有效回收，而且使溶剂的蒸发温度降低，减少了蒸汽消耗；同时，干燥时间短、速度快，产品分散性好。水环真空泵的优点是低真空时抽气量大，可以直接抽吸可凝性气体；缺点是真空度低，不能抽吸带有颗粒状的介质。有机颜料生产使用真空泵主要是在干燥、蒸发、精馏步骤进行负压操作，对真空度要求不高，抽吸的气体为溶剂类物质，选择水环真空泵较为合适（图 2-20）。与喷射式真空泵相比，水环真空泵的物料损失量小、废水排放量小，降低了环境污染。

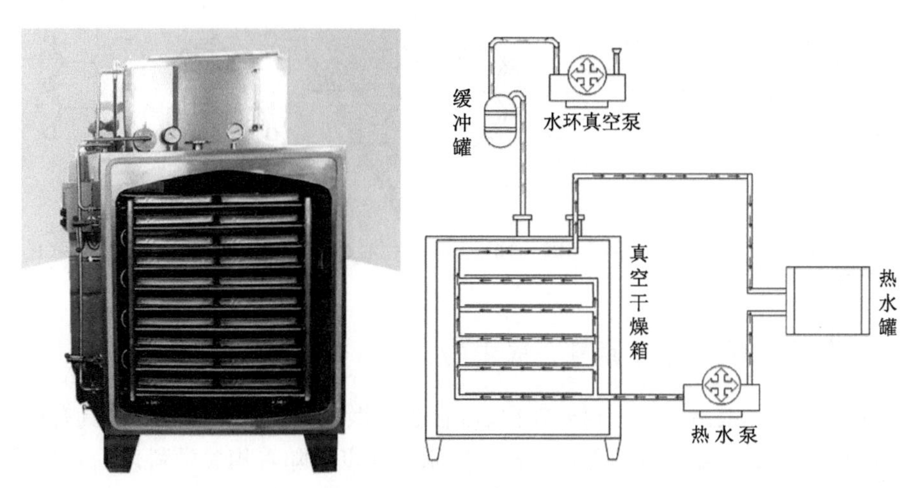

图 2-20　水加热真空干燥箱

7. 有机碱中进行碱熔反应

传统的碱熔反应在固体苛性碱的熔体中反应，碱的用量是反应物的 5 倍以上。反应结束以后，加水稀释碱的熔体，使之成为稀溶液，反应产物析出。产生的生产废水含大量的无机盐，处理比较困难。此外，高温熔融碱液通常会对反应容器产生严重腐蚀，增加了生产成本。

在寻找碱熔反应替代方案的研究中，有机碱代替高温熔融碱液成为人们关注的重点。研究发现，在有机碱中进行 1,8-萘酰亚胺碱熔反应，可获得与无机碱中碱熔反应同样的产物——3,4,9,10-苝酰亚胺[18]。该法还可用于 C.I.颜料红 179 的合成，简化了该颜料的生产过程，减少了高含盐生产废水的产生。典型的做法是：将 9 mmol 叔丁醇钾、12 mmol 的 1,5-二氮杂双环[4.3.0]壬-5-烯（DBN）溶解于 3 mL 二甘醇中，充氮气保护后，在 130℃条件下剧烈搅拌 1 h，然后加入 3 mmol 1,8-萘酰亚胺，在同样的温度下搅拌 3 h。反应结束后，混合物冷却至室温，过滤得到固体，用 10 mL 二甘醇洗涤三次，洗液经减压蒸馏回收二甘醇和 DBN；固体再依次经过 10 mL 水、10 mL 丙酮、10 mL 二氯甲烷洗涤（每种溶剂连续洗涤三次），120℃减压干燥 6 h，得到纯度大于 95%的 3,4,9,10-苝酰亚胺。

新方法采用一步反应，反应温度低，碱可回收使用。

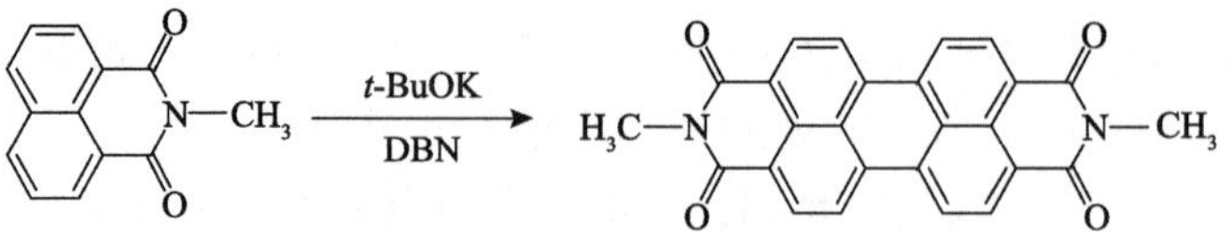

传统反应的步骤多，碱需要过量使用，反应温度高。

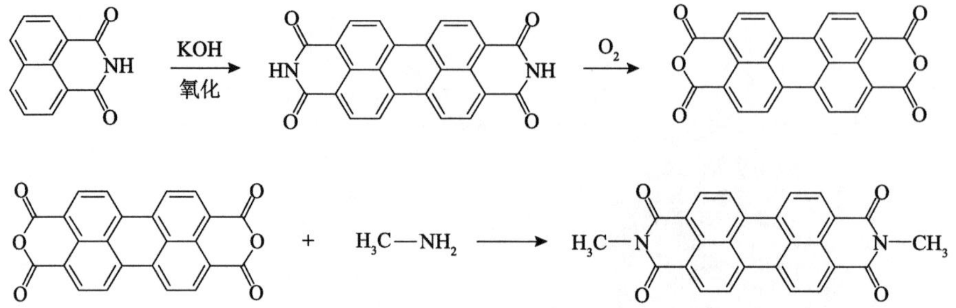

8. 微反应器在有机颜料合成中的应用

微反应器（microreactor）指特征尺度在数百微米以下的微型设备，具有传质、传热效率高、反应温度和保留时间容易控制等优点。随着相关学科理论和技术的快速发展，微反应器已成为一个更为宽泛的概念，且发展出很多种应用形式，既包括传统的微量反应器（积分反应器），也包括反相胶束微反应器、固体模板微反应器、聚合物微反应器、微条纹反应器和微聚合反应器等形式。各种类型的微反应器限制反应空间的作用相同，但实现这一作用的方式及用于进行化学反应的三维结构元件又是多样的，这使其能够适应更多的反应，并且越来越多地被用于精细化工及中间体的合成反应。近年来，微通道尺寸由原来的微米拓展到毫米-厘米以提升流体通量，“微反应器”不再是微通量反应器，而是高通量反应器。

微反应器（也称微通道反应器）特点如下：

（1）微通道比表面积大，极大地增加了反应物料的相对接触面积，缩短了扩散反应时间，可实现瞬时微量反应下的宏观控制和高通量的工业化生产。

（2）物料在反应通道中连续流动，反应条件稳定可控，副产物少，得到的产品质量稳定，收率高。

（3）组合式结构的微反应器，可改变一些功能单元数目以实现产能调节；通过改变管线的连接方式实时调节反应过程。

微反应器系统中反应区间的几何尺寸非常小，对于连续流动反应器，可以保证反应在一个很小的区间和很短的时间内均匀混合并完成反应，最大限度地避免了副反应的发生，提高了产品品质。科莱恩公司利用微反应器技术进行偶氮颜料产品的合成反应[22]。该工艺包括重氮化、偶合和颜料化等反应。两种反应物液体在一个微反应器中发生重氮化反应，重氮盐溶液在第二个微反应器中与偶合组分进行偶合反应生成粗颜料后，进入第三个微反应器中进行颜料化处理，得到偶氮颜料产品。用微反应器得到的颜料粒子平均粒径为 90 nm，而常规反应器得到的颜料粒子粒径为 598 nm，并且微反应器得到的颜料粒子粒径分布明显变窄。使用微反应器得到的产品比常规反应器得到的产品的着色力提高了 19%～39%，光亮度提高了 5～6 级，透明度提高了 5～6 级。专利中关于 2,5-二氯苯胺在微反应器中的重氮化的实施案例：将 2,5-二氯苯胺的盐酸盐溶液和亚硝酸钠溶液经校准活塞泵各以 12 mL/min 的流速泵送到微反应器的相应反应剂进口，进行重氮化反应，微反应器的热交换回路与恒温器连接，调解反应温度在 5℃左右。专利中关于 C.I. 颜料红 2 的偶合反应：在微反应器中通过重氮化制备的重氮盐溶液以及色酚 AS 经校准活塞泵各以 6 mL/min 的流速泵送到微反应器的各反应剂进口，完成偶合反应。微反应器的热交换回路与恒温器连接，反应温度控制在 40℃左右。反应器出口的产物悬浮液 pH 为 3。产物的悬浮液经抽滤、水洗至中性，湿颜料在 65℃下干燥得到产物。此外，该专利还列举了 C.I.颜料黄 191、颜料红 53:1、活性橙 107 的微反应器合成。

另外一件专利报道了利用微反应器技术进行酰化反应和缩合反应[23]。在实施例中，介绍了 C.I.颜料红 214 和颜料黄 93 的酰化和缩合反应。

2005 年，Pennemann 等[24]所使用的通道尺寸为 25 μm 和 40 μm 的两种微反应器（示意图如图 2-21 所示）进行偶氮颜料黄 12 的重氮化、偶合等反应。研究表明，使用微反应器得到的偶氮颜料黄 12 粒子的平均粒径比常规工艺得到的产品要小很多，而且粒径分布明显变窄。除此之外，颜料亮度提高了 73%，透明度提高了 66%。

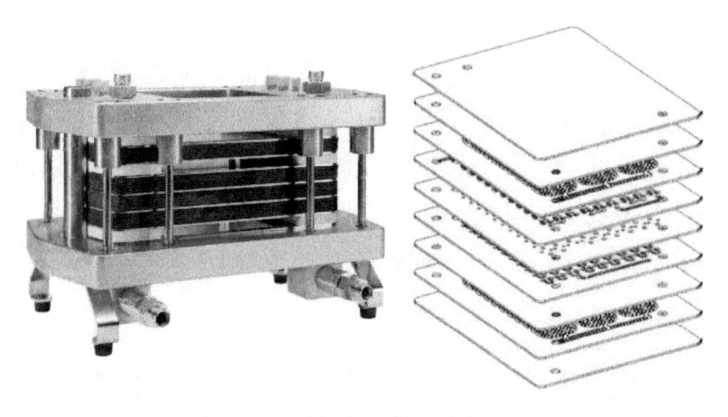

图 2-21　微反应器示意图

微反应器应用于颜料生产对节能降耗也有明显作用。用一般的偶合方法制备 C.I.颜料红 112，需要大量的物理机械操作，耗能很高。使用微反应器进行偶合反应，先将偶合组分在微反应器中沉淀，再将偶合组分与重氮盐溶液在微反应器中进行偶合反应，生成易分散的C.I.颜料红112，避免了生产环节的大量机械操作，节约了能源，而且PCBs的含量也低于25 ppm[25]。该颜料的合成应使用三个微反应器，分别用于沉淀偶合溶液、重氮化及偶合反应。重氮化反应的温度在0～15℃，pH在−1～1之间。在偶合前，偶合组分应为均匀分散状态，然后与重氮盐反应，偶合物可以通过砂磨或球磨的方法将粒径降低至1 μm以下。

近年来，微反应器应用于颜料的合成报道呈现逐年增加的趋势，利用微反应器生产的颜料往往具有分散性能优越、着色力强的特点，如在微反应器中合成C.I.颜料红254，反应器热交换器保持在106℃，得到的吡咯并吡咯二酮颜料在丙烯酸树脂漆中具有高遮盖力和高着色强度。

微反应器中高物料流速可以进一步增强反应的混合效果，随着反应器物料的流速加快，得到的产品性能可进一步提高。在微反应器系统中，换热、混合及控制等辅助操作可以和反应过程实现良好的融合，克服了传统化工反应设备的工艺局限，在大生产工艺中具有潜在的优势[27]。利用微反应器进行大规模生产时，实现工艺放大不必增大反应器尺寸，只需增加微通道的数量。因此，可以直接在小试最佳反应条件下进行生产，很好地解决了小试反应器放大的难题，大幅度缩短了产品由实验室到市场的时间。微反应器在化工生产连续化操作方面也具有独特优势，可以通过调节反应物流速和微通道的长度的方式，应对反应速率较快的化学反应，精确控制物料在反应器微通道中的反应时间[28]。微反应器还能够使某些间歇反应工艺实现连续化，有效减少操作步骤，减少副产物的数量，满足大批量的生产要求[29]。

9. 挤水转相技术在有机颜料生产中应用

有机颜料挤水转相技术是采用合成的颜料滤饼（或颜料浆液）与树脂连接料，在强剪切力作用下，使有机颜料从水相转移至油性树脂中。在水介质中合成的颜料沉淀粒子不需经过干燥、粉碎步骤，可直接将水性滤饼或浆液转移到非水连接料中，滤饼与非水连接料或展色料一起通过搅拌或捏合，完成在水相中的颜料沉淀粒子向溶剂介质中的转移。其制作流程框图如图2-22所示。

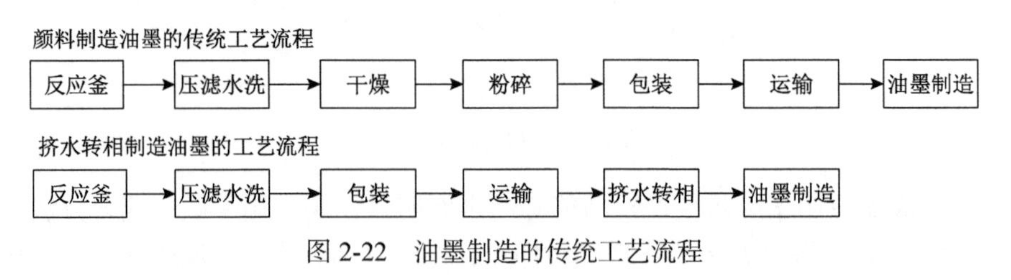

图2-22　油墨制造的传统工艺流程

用于胶印墨的挤水转相色膏，即将水相滤饼不经过干燥转相至树脂连接料中，制备的基墨具有较高的鲜艳度、着色力及透明度。同时减少了干燥、粉碎等环节，也避免了粉尘的产生，改善了劳动环境且降低了能耗，节省了大量用于研磨、分散及润湿过程的动力能源消耗。挤水转相工艺的操作比较简单，即将滤饼（含20%～40%的颜料固体）置于捏合（挤水）机中，再分步加入一定量的连接料，然后开动捏合机，进行搅拌、挤捏，使颜料与连接料结合，并将水挤（排）出，其工作原理图如图2-23所示。挤捏过程至少要进行三次以上，以使水充分挤出，剩下的少量水则采用加热真空减压抽滤法去除。最后再加入一部分连接料，以调节油墨至所需的流变性。挤水转相工艺对油墨的质量影响很大，挤水转相工艺制作的油墨印品光密度值更高，色彩更艳丽，印刷水墨平衡更稳定，印品墨层干燥更快，光泽度更高，耐摩擦性提高。挤水转相工艺带来的不仅是高品质的油墨，而且也符合当下绿色印刷、低碳环保的要求。

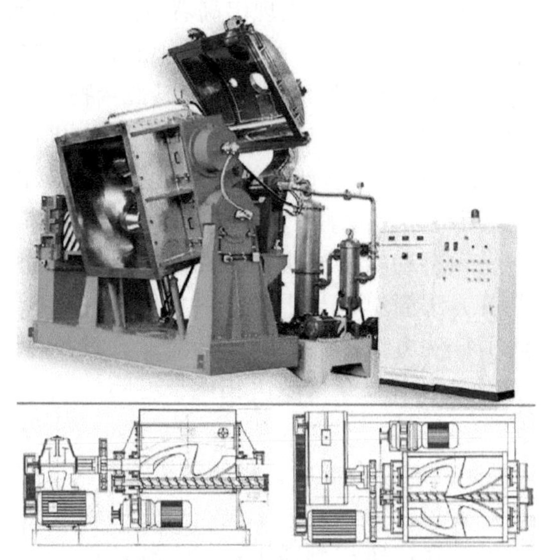

图2-23 捏合机及其工作原理图

10. 预分散颜料制备技术在有机颜料合成中的应用

将粗品颜料粉末或滤饼与特定树脂进行分散混合，除去水分，可以获得易分散颜料（颜料制备物）。预分散颜料制备技术是在有机颜料合成过程中提前加入树脂直接生产分散性良好的颜料产品，如在有机颜料偶合反应过程中加入树脂，生成的浆料物进行转相至树脂物中，生成微细树脂粒子状制备物。

巴斯夫公司专利推荐将有机颜料与分散剂在水介质中搅拌，采用喷雾干燥方法制备有机颜料制备物的技术。由于颜料及分散剂在水介质中搅拌混合，制备出含20%酞菁颜料，8%乙烯/丙烯酸共聚物Primacor®59801（Dow Chem.公司），

2%环氧乙烷-环氧丙烷嵌段共聚物 Pluronic 25R2（BASF 公司）及 70%水的分散体，然后借助 Dyno Mill（直径 1 mm 玻璃珠）研磨，制备微细粒子分散体，粒径大于 2 μm 的只占 2%。将水性分散体通过 Niro 公司生产的喷雾干燥设备，在进口温度为 220℃、出口温度为 90℃的条件下，制备出含 66.7%酞菁颜料的产物[30]。

德国赫斯特公司（Hoecht AG 公司）推荐在添加剂如聚烯烃蜡存在下，采用干、湿研磨制备微细粒径的铜酞菁（CuPc）：30 份粗品 CuPc 与 1.5 份聚乙烯蜡（分子量 2000，熔点 104℃）与 1400 份棒状滑石（直径 12 mm，长度 12 mm）在振动磨中研磨 4 h，分离出研磨介质。再将预分散的颜料 10 份 CuPc，89 份水与 1 份二甲苯，用 336 份氧化锆珠（直径 0.3～0.4 mm）研磨 10 min，分出氧化锆珠，悬浮体用水蒸气蒸出二甲苯，过滤、水洗、干燥得到 9.5 份 CuPc（β-型），在聚氯乙烯 PVC 中具有优异的易分散性，表现出高着色强度与透明度[31]。

美国太阳化学公司专利[32]报道了一种制备油墨的方法，将非水溶性油墨助剂（油、清漆、醇酸树脂、非水的疏水性油墨载体及其混合物）加入到水性颜料浆液中，冲洗滤饼，形成印刷油墨。该方法可直接在反应罐中进行，在搅拌下冲洗滤饼，制备印刷油墨，在高速搅拌下将印刷油墨的全部载体与冲洗滤饼混合，真空干燥除去水分。该方法所得印刷油墨质量与通常制备的印刷油墨质量相同。该方法中冲洗滤饼具有干燥颜料和颜料滤饼两方面的优点，无粉尘、更透明、光泽和着色强度更高，制备方法简单，与干燥颜料相似。材料可直接从冲洗滤饼到达印刷油墨槽，节约了冲洗方法消耗的时间和能量，且没有降低透明性、光泽和着色强度。与传统压滤器中洗涤压滤饼相比，可明显减少洗涤冲洗滤饼的用水量。

目前有机颜料产品是在颜料合成后，将颜料浆液泵入压滤机压滤，进行充分水洗才能满足下游客户要求，或再经过干燥、粉碎得到满足下游客户应用的颜料干粉。下游客户再将颜料滤饼或颜料干粉经后续处理后，应用于油墨、涂料和塑料等。从环保、卫生健康以及节水耗能方面考虑，上述生产过程存在以下问题。

（1）颜料浆液中存在着一定量的无机盐，在压滤过程中需要水洗除去。用水量大，增加了废水排放量，加大了废水处理难度，提高了废水处理成本。

（2）经过压滤后得到的滤饼仍然含有 60%～80%的水分，在干燥成粉状颜料的过程中，颜料细颗粒聚集严重且能耗高，颜料的透明度和着色力降低。

（3）经压滤干燥后的颜料，要经过粉碎处理，增加了能耗和粉尘污染。

（4）用滤饼通过挤水转相的方式制备油墨过程中，增加了用水量和生产废水的排放量。

据报道，有学者提出一种胶印油墨用预分散颜料的制备方法，将重氮化反应得到的重氮盐与偶合组分在水中进行偶合反应，合成的偶氮颜料浆液在搅拌下加热至 55～95℃，加入非水溶性的油性介质或高温熔融的介质，搅拌混合 30～135 min，形成沙豆状预分散颜料。所用的油性介质或熔融的介质包含松香改性酚醛树脂、醇酸树脂和无色透明的矿物油。制备的胶印油墨预分散处理后易于过滤和水洗，水洗用水量减少 38%。胶印油墨用预分散颜料着色力可达 114%。

水性墨用预分散颜料的制备过程也可在颜料偶合反应完毕后的颜料液中进行。将合成后的偶氮颜料浆液，在搅拌下加入脂肪酸，调整浆液 pH 至碱性，加入丙烯酸树脂液，调整 pH 至酸性，搅拌形成沙豆状预分散颜料。添加丙烯酸树脂液前调整 pH 至 8.5～9.0，保持温度为 90℃；添加丙烯酸树脂的质量是预分散颜料质量的 25%～35%；添加丙烯酸树脂液后用稀盐酸调整浆液 pH 至 4.5～5.0。制备水性预分散颜料和制备颜料干粉测试结果如表 2-8 所示。

表 2-8　实验结果汇总表

	水洗时间/min	水洗用水减少量	干燥时间/h	粉尘污染	着色力/%	黏度/cP	透明度
预分散颜料黄 14	10	35.3%	0	无粉尘	105	26.7	+1
颜料黄 14 干粉	50		14	有粉尘	100	61.6	0
预分散颜料橙 13	12	30%	0	无粉尘	110	27.9	+1.5
颜料橙 13 干粉	60		14	有粉尘	100	52.3	0
预分散颜料红 31	11	32%	0	无粉尘	105	46.6	+1
颜料红 31 干粉	50		14	有粉尘	100	62.3	0

从表 2-8 中可见，预分散颜料的制备方法可缩短水洗时间，节约用水并减少了生产废水排放；不用干燥，节约能耗，无粉尘污染；使颜料产品的着色强度及透明度也得到提高，且在水性墨体系应用中降低了体系的黏度。

塑料用预分散颜料的制备方法：制备颜料黄 14 的偶合反应结束后，在颜料黄 14 的水相悬浮液中，添加硬脂酸钙，搅拌混合；然后在添加硬脂酸钙后的水相悬浮液中再添加 40～60 目颗粒状聚乙烯蜡，可以制备直径为 1～2 mm、粒径均一且具有核/壳结构的预分散颜料黄 14。预分散颜料易于从水相过滤分离，滤饼含水量从颜料黄 14 颜料标样的 79.29%降低到预分散颜料黄 14 的 59.85%，过滤时间为普通颜料黄 14 颜料（标样）的 1/20；分散过滤值从颜料黄 14 标样的 0.75 MPa/g 降低至预分散颜料黄 14 的 0.06 MPa/g，分散性大大提高，在保持与原颜料相近的色光、饱和度、鲜艳度等性能的前提下，提升了颜料的着色力。

预分散颜料用于胶印墨中不用烘干、粉碎环节，简化了工艺步骤；水洗方便，可节约水洗水 30%～50%以上；减少了粉尘污染并减少了有机颜料生产到下游客户应用的时间和成本；应用于涂料和塑料中大大节约了烘干时间，节约了能源。

11. 酞菁绿颜料的氯磺酸法清洁生产工艺

在传统的酞菁绿合成生产中，溶剂、未反应物、副产物以及颜料化中助剂的使用都会增加生产废水的处理难度和处理成本，造成了一定程度的资源浪费。

针对氯磺酸法合成、溶剂法颜料化的酞菁绿颜料生产工艺特点，通过消减污染源、资源化循环利用和末端处理等措施，对酞菁绿颜料的氯磺酸法生产工艺进行清洁生产改造，生产废水排放量可减少 83.64%，剩余污染物降低 94.60%，取得了较好的污染防治效果。文献报道以液态氯化硫为反应主催化剂替代硫磺后，催化效果明显提高。以液态氯化硫为主催化剂的反应中，通过增加主催化剂加入量，能够取消三氯化铁、三氯化锑这两种较难溶解且低效的固体辅助催化剂的使用；增大反应压力，降低反应温度，调整通入氯气流量，可提高氯气利用率，使氯气与 CuPc 质量比由 2.3 下降至 2.1，溶剂氯磺酸与铜酞菁质量比由 6.0 下降至 5.0[33]。

12. CuPc 循环用洗涤水及乙二醇回收

在 CuPc 生产中，采用循环使用洗涤水技术可减少用水近 30%以上。捏合机颜料化处理 CuPc 的不同晶型颜料蓝 15（颜料蓝 15:1，颜料蓝 15:2，颜料蓝 15:3，颜料蓝 15:4）物料中含有乙二醇、氯化钠与水，采用离心机分离乙二醇和氯化钠，回收再利用乙二醇，降低了污水中 COD 含量。

将旋转导热干燥与旋转闪蒸干燥结合而成的组合干燥方法，可以用于 CuPc 的干燥，并可替代惰性气体循环的干燥工艺。组合干燥热效率可达 62.5%，是旋转闪蒸干燥的 1.3 倍，节能效果显著。

CuPc 生产废水主要来自粗品纯化过程中产生的压滤母液及滤饼洗涤水。该类废水中铜离子和氨氮含量较高、酸性强，可生化性差，属于高浓度难降解废水。从资源化的角度考虑，采用铁粉置换法回收铜，投加镁盐和磷酸盐与废水中的氨氮反应制得磷酸铵镁肥料，起到了较好的效果，实现了环境效益和经济效益的统一。

参考文献

[1] 张水鹤，张燕深，陈信华. 2019 年有机颜料行业年度报告[Z]. 中国涂料工业年鉴，2019: 170-176.

[2] Rieper W. Monoazo pigments derived from diazotized di- or trichloroanilines, preparation thereof and their use: US5086168[P]. 1992-02-04.

[3] Schneider L, Reif M. Pigment red 112 with enhanced dispersibility: US8062416[P]. 2011-11-22.

[4] Rieper W. Preparation of azo pigments with low PCB content by coupling in the presence of olefins: US5243032[P]. 1993-09-07.
[5] 陈荣圻. 有机颜料的生态环保问题探讨(一)[J]. 印染, 2003, 2: 36-41, 55.
[6] Abe T, Takami H. Azo pigment for inkjet ink, inkjet ink and their manufacturing processes: JP2004123866[P]. 2004-04-22.
[7] Hayashi S, Nagata Y, Tateishi K, et al. Method for producing azo pigment: JP2013049827[P]. 2013-03-14.
[8] 庄莆, 陈焕林. 红色偶氮色淀颜料主要品种的性能改进[J]. 染料与染色, 1993, 3: 6-11.
[9] 吕东军, 陈都民, 张子龙, 等. 低钡量金光红 C 的合成研究[J]. 染料与染色, 2021, 58(2): 10-13, 34.
[10] 迪安 J A. 兰氏化学手册[M]. 15 版. 北京: 世界图书出版公司, 1999.
[11] 李国英. 离子半径比规则与离子晶体的构型[J]. 承德民族师专学报, 1997, 17(2): 36-37.
[12] 潘大伟, 董志军, 刘斐. 一种 C.I.颜料红 176, C.I.颜料红 185 和 C.I.颜料黄 83 的制备方法: CN100503735C[P]. 2009-06-24.
[13] 李春葆, 冯光原. 利用固体颗粒一锅法合成偶氮化合物的方法: CN108912723A[P]. 2018-11-30.
[14] 赵燕飞, 刘志敏. 离子液体调控化学反应研究进展[J]. 中国科学: 化学, 2021, 51(10): 1355-1364.
[15] 李威. 颜料红 177 的制备工艺研究[D]. 天津: 天津大学, 2014.
[16] 戈建华, 程德文. 制备喹吖啶酮类高级有机颜料的关键中间体——丁二酰丁二酸二甲酯[J]. 精细与专用化学品, 2009, 14: 24-26.
[17] 赵觉新, 何勇恒. 颜料红 122 中间体 DTTA 的生产工艺: CN101717334A[P]. 2010-06-02.
[18] Sakamoto T, Pac C. A “green” route to perylene dyes: direct coupling reactions of 1,8-naphthalimide and related compounds under mild conditions using a “new” base complex reagent, *t*-BuOK/DBN[J]. Journal of Organic Chemistry, 2001, 66(1): 94-98.
[19] Hamilton A, Nelson C. Continuous diazotization process, wherein the rate of addition of inorganic nitrite is automatically controlled by polarovoltric: US4246171[P]. 1981-1-20.
[20] Breig K, Dehmel G, Hamm N. Process for the continuous indirect diazotization of aromatic amines: DE2860197D1[P]. 1981-01-08.
[21] Ferenc R, Bruno F. Method of eliminating excess nitrite in diazotisation solutions: US4845638[P]. 1989-07-04.
[22] Kim H,Saitmacher K, Unverdorben L, et al. Pigments with improved properties-microreaction technology as a new approach for synthesis of pigments[J]. Macromolecular Symposia, 2002, 187: 631-640.
[23] 克拉里安特. 微型反应器内制备双偶氮缩合颜料的方法: CN01121867.3[P]. 2001-06-29.
[24] Pennemann H, Forster S, Kinkel J, et al. Improvement of dye properties of the azo pigment yellow 12 using a micromixer-based process[J]. Organic Process Research & Development, 2005, 9(2): 188-192.
[25] Schneider L, Reif M. Pigment red 112 with enhanced dispersibility: US8062416[P]. 2011-11-22.
[26] Hoellein V, Kim H, Schneider L, et al. Process for producing high-purity azo dyes:

US2007213516[P]. 2007-09-13.

[27] 朱梅, 漆亚云, 甘宜远, 等. 微通道反应器在合成工艺改进中的应用研究进展[J]. 合成化学, 2019, 27(11): 923-929.

[28] 何伟, 方正, 陈克涛, 等. 微反应器在合成化学中的应用[J]. 应用化学, 2013, 30(12): 1375-1385.

[29] 申志伟, 刘烨, 王静静, 等. 微通道反应器中制备 2-溴噻吩的工艺研究[J]. 现代化工, 2018, 38(6):114-116, 118.

[30] Jones F R, Mcintosh S A, Shore G W. Alternate dispersants for spray-dried concentrate components: US7019050[P]. 2006-03-28.

[31] Urban M. Fine division in the preparation of organic pigments: US5626662[P]. 1997-05-06.

[32] 埃里克 · 哈博格德 · 比约恩, 罗伯特 · 佩德森, 斯特芬 · 卡罗克, 等. 制备印刷油墨的方法: CN101283057[P]. 2008-10-08.

[33] 张丹, 刘静, 胡厚峰. 酞菁绿颜料的氯磺酸法清洁生产工艺[J]. 化工环保, 2009, 29(3): 4.

第3章

有机颜料表面改性及颜料化

颜料粒子是具有一定晶型的有色结晶物质，其分子结构特征决定着颜料粒子的颜色基本属性，当颜料分子结构确定后，就确定了颜料所属色系，如红色颜料或黄色颜料等。而颜料粒子的性状、粒径分布和晶型又决定着颜料粒子受光照射后，颜料粒子反射、折射和衍射等光学行为所表现出的色光、遮盖力等颜料的应用特性。颜料粒子的形状、大小、晶型和表面状态等物理构造和使用介质的不同，都会影响入射光的反射、吸收和散射的比例，从而使颜料表现出不同色光和性能[1]。

着色强度是颜料的重要性能指标。对具有确定化学结构的颜料粒子，粒径的大小与分布都将影响该颜料的着色强度，在一定范围内，平均粒径降低可使着色强度增加。除此之外，颜料的着色强度还与粒子的形状有关，通常薄片状或细长的颜料粒子，比表面积相对较大，具有较多的悬键和晶格缺陷，能更好地吸收光线，显示出较高的摩尔消光系数和着色强度；反之，呈厚层形态的聚集粒子，不利于对光线的吸收，颜料的着色强度较差[2]。

有机颜料的着色性能、着色强度、透明度、遮盖力、光泽度和鲜艳度等物理性能，以及耐光牢度、耐溶剂性、耐热稳定性、耐迁移性和抗乳化性等应用性能均与颜料分子化学结构密切相关，同时也受到颜料粒径分布、晶体形态、颜料粒子表面极性等特性的制约[3]。

因此，在制备有机颜料过程中，除制备出正确的目标颜料分子结构外，还要通过颜料粗品的颜料化和表面处理过程，赋予颜料粒子合适的粒径分布、晶型形态和表面极性等物理特性，以满足颜料光学性能的需要。

3.1 颜色发色原理

自然光是由不同波长单色光组成的复合光，人眼能感知的可见光波长范围为380～780 nm。物质根据自身的结构和特性可吸收不同波长的光，物质吸收了可见光区域外的光，该物质就是无色的，吸收了可见光区域内的光，这些物质就呈现出被吸收光的补色光颜色。在可见光范围内，两种不同颜色的光按一定比例混合后成为白光（自然光）的就称为互补光，而这两种光的颜色就称为互补色。因此，人们所观察到的不发光物质的颜色，实际是与该物质吸收光的颜色互为补色。物质能够呈现各种不同的颜色是因为在光源（太阳光或其他光源）提供的光能作用下，组成物质的粒子（原子、离子或分子）中的外层电子会从低能级轨道跃迁到高能级轨道，两种轨道之间的能量差决定了电子跃迁需要吸收的光的波长，从而使物质形成对光的选择性吸收。而光源发射的光中没有被物质吸收的部分会被反射，这部分光呈现出的颜色即被感知为该物质的颜色。由于物质粒子的电子能级和振-转能级特征的差异性，造成了物质对可见光中不同波长光的选择性吸收就决定了物质的颜色[4]。

人眼所看到的颜色主要包括光源色和表面色。

光源色是来自发光体的颜色（如太阳光，灯泡和 LED 光线等），光源能量分布决定光源色的特征[5]。

表面色为非自发光的物体颜色。物体本身不发光，但能看到物体的颜色是因为物体对来自发光体的光的吸收和反射。产生表面色的三要素：光源色、物体色和观察者视觉能力[6]。

从颜色的成因来说，表面色可以分为化学色和物理色[7]。

化学色（色素色）是由物质分子结构中某类化学键中电子跃迁能对特定波长光的吸收所产生的颜色[8]。颜色的产生是由物质分子结构成键电子跃迁的激发能量决定的。当物质对可见光中的某一特定波长的光选择性吸收时，物体则显现出吸收光的补色光。有机物共轭结构分子都可吸收一定程度的光波，而其选择性与化合物的分子结构密切相关，当某一波长的可见光能量与物质分子的电子跃迁激发能相等时，才能被该物质所吸收。

物理色是由物质光学尺度的微纳结构粒子与光能量相互作用形成干涉、衍射或散射现象而产生颜色的物理生色效应[9]。颜料粒子通过分散到使用介质中，实现物体着色，颜料色彩不仅像染料那样呈现化学色，还根据颜料粒子的晶型、大小和粒径分布等物理形态与光能量作用而表现出物理色。

人的感官颜色视觉原理：19 世纪初期，托马斯·杨（T. Young）与赫尔曼·赫姆霍兹（H. Helmholtz）提出了视觉的三原色学说，认为在视网膜上分布着三种不同的视锥细胞，它们含有不同的感光色素，分别对红、蓝、绿光刺激敏感。当某一波长的光线作用于视网膜时，可以一定的比例使三种视锥细胞分别产生不同程度的兴奋，这样的信息传至中枢，就产生某一种颜色的感受[10]。

正常色觉者的视锥细胞中，感红色素对 570 nm 的红光吸收，感绿色素对 535 nm 的绿光吸收，感蓝色素对 445 nm 的蓝光吸收，三种色素对其他波长光线可重叠吸收，从而形成各种色觉，这使人的眼睛就能辨别出各种不同的色彩。

人类对光的感知和分辨颜色的能力都是依靠视网膜（图 3-1）细胞完成的，其中视锥细胞负责感知光度（较强光）和色彩，视杆细胞仅能感知光度，不能感知颜色，但对光的敏感度是视锥细胞的一万倍。在微弱光环境下视杆细胞起主要作用，因此我们不能在暗环境中分辨颜色，即所谓“夜不观色”[11]。

眼睛分辨颜色主要依赖视网膜上视锥细胞，视锥细胞除感应强光外，还有色觉及形觉的功能。视网膜黄斑部及其中心凹的色觉敏感度最高，越向周边部，色觉敏感度越低，这与视锥细胞在视网膜上的分布是一致的。视杆细胞（约含一亿个）主要负责昏暗光线下的视物，而视锥细胞（含 700 万个）则负责处理色彩和细节[12]。

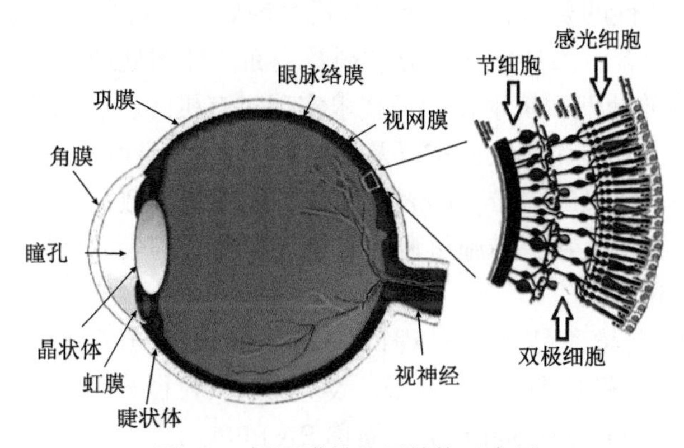

图 3-1　视网膜的分层结构示意图

锥体细胞有 S、M、L 型三类视锥细胞。研究人员研究了视锥细胞对每一波长光的响应情况。可以看出这三种锥体细胞的响应特征取决于刺激它的光的波长。视锥细胞的光谱响应曲线如图 3-2 所示。三条曲线分别对应三种视锥细胞，它们的峰值分别出现在短波长（S）、中波长（M）和长波长（L）处，峰值强度基本相当[13]。

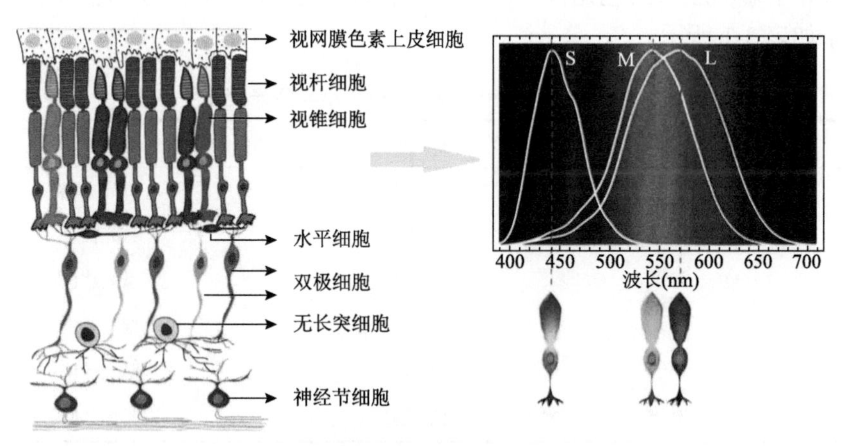

图 3-2　三种视锥细胞对不同波长光的响应

3.2　有机颜料粒径、形状、晶型及表面特性

有机颜料的粒径大小、晶型、形状与粒径分布等特性决定着应用性能，关系到颜料的分散度、色光、着色强度、流动性和耐气候牢度等性质；有机颜料的粒子表面极性关系到它在分散介质中的稳定性、亲水/亲油性、耐酸/耐碱性、耐迁移性和耐热稳定性等性质。制备的颜料粗品，在性能上还不能满足应用要求，大多数需要进行颜料化改性，以得到符合性能要求的颜料成品。针对实际应用需求对有机颜料粒子特性的要求，可以通过有机溶剂处理、晶体生长抑制、捏合处理、松香处理、混合偶合、添加助剂、分散剂及表面活性剂处理、固态溶液合成、酸溶-析出、研磨分散处理和挤水转相等技术实现对有机颜料表面改性，可对颜料粒子的形状、晶型、大小和粒径分布以及颜料粒子表面极性进行调控，满足实际应用的要求。此外，通过颜料粒子的表面磺化，使用超分散剂处理，添加有机胺、有机酸和有机颜料衍生物等措施可调控有机颜料粒子的表面极性，改善有机颜料的聚集状态和亲介质性。

有机颜料合成与商品加工过程的关键技术包括分子化学结构（chemical structure）、粒径大小和形状（particle size & shape）、粒径分布（particle distribution）与粒子表面极性（surface polarity），简称 S & PPP[2]。

3.2.1　有机颜料粒径与性能关系

色光是指在染色深度一致的条件下，待测染料染色物的颜色与标准染料染色物颜色的偏差程度，包括色相、明度、饱和度等方面的差异。有机颜料的粒径大小和分布会影响颜料的色光特性，不同色谱的有机颜料粒径大小与色光变化之间的关系如表 3-1 所示。

表 3-1　不同色谱颜料粒径大小与色光变化

颜料色谱	粒径小	粒径大
黄色	绿光黄色	红光黄色
橙色	黄光橙色	红光橙色
红色	黄光红色	蓝光红色
蓝色	红光蓝色	绿光蓝色
绿色	蓝光绿色	黄光绿色
黑色	乌黑度高	乌黑度低

实用色彩坐标系（practical color coordinate system，PCCS）色彩体系是色调系列色彩组织系统的基础。PCCS 色相环以红、橙、黄、绿、蓝、紫六色作为基本色，并在 6 个基本色之间插入 3 种间色（图 3-3）。在 PCCS 色相环中，基本色与两侧间色之间形成的夹角被称为色相角。色相角可以表达每一个色相在色调系列中的位置，通过它所在位置就能够准确地分析出色相的明度、纯度的成分含量。颜料粒径变化时影响色相角，从而影响颜料显色，即粒径变小时色相角变大，颜料显示图 3-3 中顺时针下一个主色，当粒径变大时色相角变小，颜料本身显示图中逆时针主色。

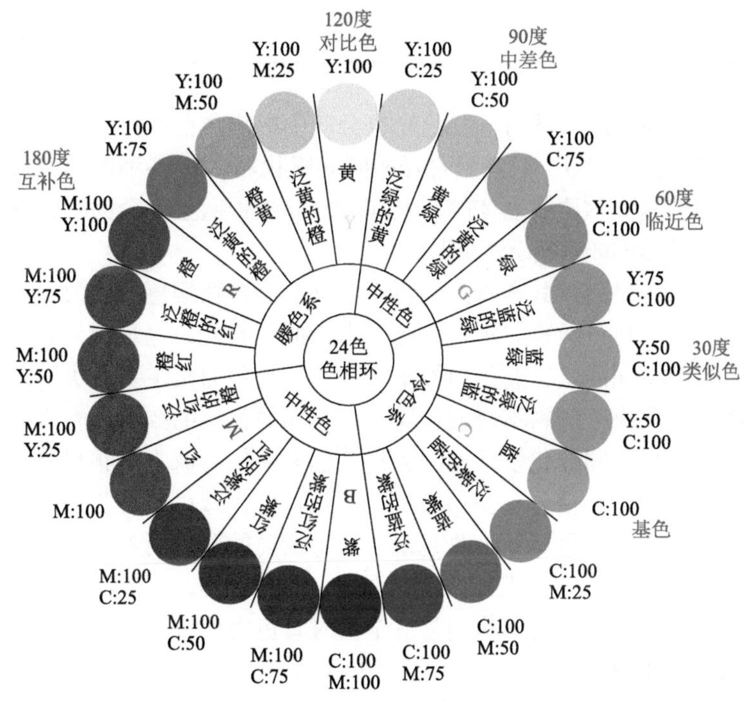

图 3-3　PCCS 色相环

同一化学结构颜料的色相和色光还会受到颜料粒径大小的影响（表 3-2），如黄色颜料粒径微细则显示绿光黄色，而粒径较粗则可显示红光黄色；红色颜料粒径变小时，色相角增大，显示更强黄光，粒径变大，色相角变小，显示更强蓝光；蓝色颜料粒径变小，色相角加大，显示更强红光，粒径变大，色相角变小，显示更强绿光；同样，绿色颜料粒径变小时，相对应的色相角增大，显示更强蓝光，粒径变大，色相角变小，显示更强黄光。

表 3-2　颜料粒径与色相变化规律

颜料色谱	粒径微细	粒径微粗
白色	蓝光白色	黄光白色
黄色	绿光黄色	红光黄色
橙色	黄光橙色	红光橙色
红色	黄光红色	蓝光红色
蓝色	红光蓝色	绿光蓝色
绿色	蓝光绿色	黄光绿色
黑色	乌黑度高	乌黑度低

此外，颜料粒子的形状对颜料色光也会产生影响。在涂料中等轴晶体的 β-型酞菁蓝（C.I.颜料蓝 15:3）被当量直径相同的棒状晶体的 β-型酞菁蓝代替时，色光偏红。当等轴晶体和棒状晶体的互型同质异晶酞菁蓝呈混合物时，其颜料色光往往不如均一晶体的颜料色光鲜艳[14]。

着色力是指着色剂以其本身的颜色影响整个混合物颜色的能力。一般是用其相当于标准样品的百分数来表示。与遮盖力相似，着色力也是颜料对光线吸收和散射的结果。但不同的是，遮盖力侧重于散射，着色力则主要取决于吸收。着色力性能优劣一般取决于颜料本身的性质，对于相似色调的颜料，有机颜料比无机颜料的着色力要强。同样化学结构的颜料着色力的优劣取决于颜料粒子的大小、形状以及颜料粒子的粒径分布和晶型结构。颜料粒径减小，着色强度增加，薄片状或细长的颜料粒子能更好地吸收光线，显示较高的摩尔消光系数；反之，厚层聚集颜料粒子，不利于对光线的吸收[14-16]。一般情况下，细小的颜料粒子呈现出比较高的着色力，当颜料粒子达到某一个值时着色力出现极大值，但是颜料的粒子如果太细时，颜料遮盖力反而会下降[17]。

耐光性是指在规定的光源下，颜料保持原有性能，不发生褪色、变色或粉化的能力，又称光牢度（或耐光坚牢度）。若光源为日光，则称颜料耐晒性或耐晒牢度，提高耐光性的主要途径是采用颜料的表面处理技术。决定着色剂的耐光性能的主要因素是颜料的化学结构和取代基类型。有机颜料的粒径大小和分布、晶型种类以及粒子的聚集状态也影响其耐光性能。有机颜料在光照下的褪色过程被认为是受激发的氧攻击基态着色剂分子，从而发生氧化-降解过程，这是一个非均相反应，反应速率与比表面积有关。当着色剂与氧接触的面积增加时，会加快其褪色过程。粒径小的颜料粒子，有较大的比表面积，因此耐光性就比较差。着色剂经光照后颜料粒径较大时，其褪色速度与粒子直径的平方成反比，而粒径较小时其褪色速度与粒子直径成反比。

流动度是指颜料在液相介质中受到剪切力时能产生流动的性质。流动度需按照化工行业标准《颜料流动度测定法》（HG/T 3854—2006）测定：将颜料与调墨油经过研磨过后形成的颜料色浆在一定的压力与温度环境下压成圆形，测量圆的直径（单位为毫米），以此表示流动度。有机颜料粒径大小和粒径分布将影响颜料在使用介质中的分散性及应用性能，可通过颜料粒子表面处理或添加有机颜料衍生物等措施改善分散性。通常颜料初级粒子粒径很小，比表面积很大，表面能相对较高，颜料粒子会通过形成聚集体的方式降低其表面能，颜料聚集体一旦形成就很难再次分散，会严重影响颜料的分散性。当颜料粒径分布较宽且不均匀时，小的颜料粒子会嵌入颜料聚集体的孔隙中，表面则更难被周围介质润湿，也会造成颜料分散困难的情况。因此，粒径分布较窄的颜料比粒径分布宽的颜料更易分散。相同分散条件下，颜料粒径大小与分布在一定程度上可调控颜料的分散性。

透明度是指颜料介质层隐藏底材颜色差异的能力，可以用确定数量的颜料着色的涂料完全遮盖的面积，或者用遮盖一个底材需要的涂层的最小厚度来描述。有机颜料的粒径大小是影响其透明性的重要因素，欲使应用介质呈现非透明性，分散介质与颜料粒子之间的折射指数需要有明显差异。此外，颜料粒子对光线的散射作用也与介质透明性有关。当颜料粒径大小为光线波长的一半，即颜料粒子直径为 0.2～0.5 μm 时，对光的散射能力最强，可使颜料遮盖力提高，透明性降低；而当颜料分散体的平均粒径小于此数值，处于 0.015～0.025 μm 范围内时，颜料会呈透明性，着色力也会升高。

遮盖力是指着色剂涂于物体表面，遮盖物体表面底色，阻止光线穿透着色制品的能力。遮盖力可以用单位表面积底色完全被遮盖时所需的颜料质量（g/m^2）或 1 g 颜料所能遮盖的表面积表示。有机颜料的遮盖力与涂料介质（展色料）的折射率或折射系数以及颜料晶体本身的折射率有关。两者相差越大，光线在其界面处发生明显反射现象，即颜料粒子反射光线的比例大，其遮盖力就越强。有机颜料的遮盖力与颜料吸光能力有关。颜料本身的吸收光线遮盖力高，则遮盖能力也强。有机颜料的遮盖力还会受到颜料粒子尺寸的影响。颜料粒子大小能够影响其光学性能，通常粒径大的颜料遮盖力强；粒径过小的颜料透明度高。颜料粒子的晶体形状也影响遮盖能力，粒子结晶度高的片状结晶体，比结晶度高的棒状体具有更强的遮盖力。

颜料耐溶剂性主要是指颜料作为着色剂对涂料（油漆）、合成树脂等着色时，遇到具有强溶解能力的溶剂所显示出的溶解性能，以及颜料在着色物不同相（展色料、增塑剂）之间，由于溶解性能不同而产生的渗色及浮色现象。有机颜料粒子为晶体结构的堆积体，依照 Ostwald 理论晶体粒子的溶解度与粒径大小存在如下关系：

$$\ln\frac{C}{C_{\infty}}=\frac{2\sigma V}{rRT} \tag{3-1}$$

式中，V 为晶体的摩尔体积；R 为摩尔气体常量；T 为热力学温度；r 为晶体粒子的半径；σ 为粒子与溶液之间的表面张力；C 为半径为 r 的物质溶解度；C_{∞} 为很大晶体的溶解度。

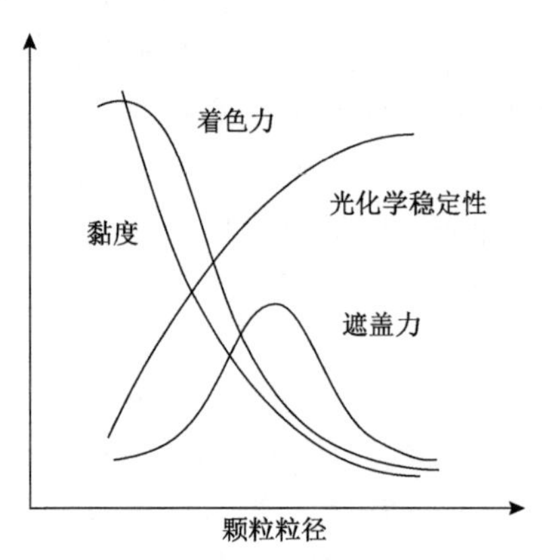

图 3-4　颜料粒径与性能参数间的关系

从 Ostwald 理论公式中可以看出，颜料粒径越小，其溶解度越大，耐溶剂性能降低。颜料粒径大小与颜料的着色力、遮盖力、黏度、光化学稳定性的关系如图 3-4 所示[18]。

3.2.2　粒子表面极性及分散

1. 颜料粒子表面极性

颜料粒子表面极性表现出颜料粒子表面亲介质能力，即亲水或亲油特性。颜料的表面极性对颜料的色光、着色强度和透明度等光学特性以及耐热性、耐迁移稳定性和着色介质相容性等应用性能有重要影响。结合有机颜料应用介质的特性要求，通过对颜料实施表面改性处理，调整颜料粒子的表面极性，使之与介质具有良好的匹配性，从而改进颜料的流动性、分散性及体系的稳定性。

2. 分散稳定机制

众多关于分散稳定机制的研究表明，有机颜料粒子之间主要通过电荷斥力及空间位阻作用保持分散稳定状态。

1）电荷斥力稳定机制

胶体稳定性（DLVO 理论）是解释电荷斥力稳定机制的经典理论，主要依据粒子的双电层模型解释了分散体系的稳定性。带电粒子分散于水中，在水合作用下在粒子周围形成双电层，如图 3-5 所示。当两个粒子相距较远时，粒子间的引力占据优势；粒子逐渐靠近时，离子层发生重叠，则斥力开始逐渐增大。粒子的分散状

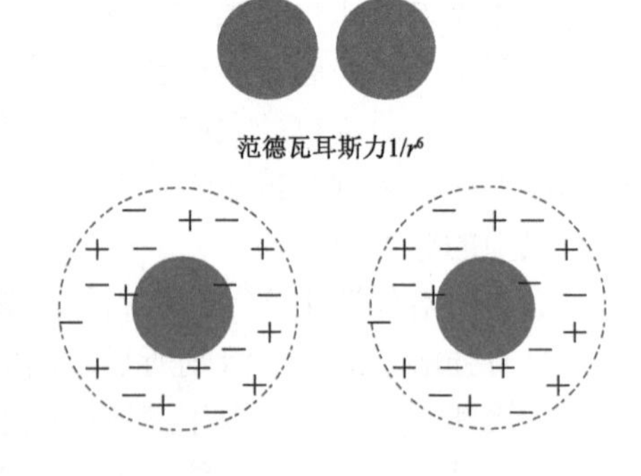

图 3-5　粒子表面粒子层

态由静电斥力（VR）和范德瓦耳斯力（VA）共同决定，体系平衡时的总能量（VT）为二者之和。离子层产生的斥力可以有效避免粒子的团聚，其大小取决于双电层厚度。通过调节 pH 使粒子表面带上一定的表面电荷，形成双电层，借着双电层之间的排斥力使粒子之间的吸引力大大降低，从而实现粒子的分散。

Verwey[19]提出依据粒子的大小和双电层的厚度，可用下式计算斥力位能（V_R）：

$$V_R = \frac{\varepsilon \cdot \alpha^2 \psi^2}{R} \tag{3-2}$$

式中，V_R 为斥力位能，J；ε 为介质的介电常数，F/m；ψ 为粒子表面能（约等于界面电位 ξ），V；R 为粒子间的距离，m；α 为粒子的半径。

该式可以计算出双电层厚度和斥力位能之间的关系，这对于电荷斥力稳定机制的应用具有重要的理论指导价值。但按照 DLVO 理论，为保证粒子间足够的斥力，粒子表面要具有一定双电层厚度，粒子之间也要求保持足够的距离。也就是说，只有在较低固体浓度的分散体系中，电荷斥力才起作用。实际上颜料分散体系中颜料粒子表面双电层厚度很难达到 DLVO 理论适用的厚度，而且为了满足颜料其他应用性能要求，颜料分散体系中经常需要添加分散剂及表面活性剂等具有不同界面电位的助剂。因此，颜料分散体系的稳定并不单纯依靠电荷斥力实现。

2）空间位阻稳定机制

空间位阻稳定（steric stabilization）机制，即在分散溶液中加入不带电的高分子化合物，或者表面活性剂，使之吸附在粒子的表面，促使粒子之间产生排斥，从而达到分散目的。

如图 3-6 所示，吸附有高分子化合物的两颜料粒子在接近时，吸附层被压缩或吸附层发生渗透重叠。当吸附层被压缩时，高分子层失去结构熵后产生熵斥力位能；当吸附层发生渗透重叠时，该区域浓度升高，产生渗透斥力位能。可见，吸附了高分子化合物的颜料粒子由于空间位阻作用不易发生团聚，从而保证良好的分散稳定性。

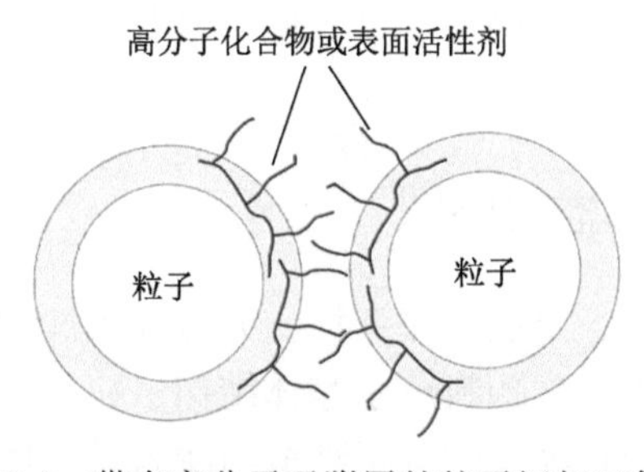

图 3-6　带有高分子吸附层的粒子间相互作用

空间位阻最为成熟的理论是熵稳定理论和渗透斥力理论。熵稳定理论以统计学为依据，将聚合物分子理解为一个刚性棒状结构，运算得到粒子间的熵斥力能。Fischer 于 20 世纪 50 年代末提出了渗透稳定理论，该理论以统计热力学为依据，认为吸附层靠近时，由于间距减小而产生斥力位能（V_R），它与吸附聚合物在溶剂中的第二维利系数（B）成正比。对于球形粒子，V_R 与 B 的计算关系如下：

$$V_{\mathrm{R}}=\frac{4}{3}\pi kTBC_{\mathrm{i}}^{2}\left(\delta-\frac{h}{2}\right)^{2}\left(3\alpha+2\delta+\frac{h}{2}\right) \tag{3-3}$$

式中，V_R 为斥力位能，J；k 为玻尔兹曼（Boltzmann）常数，J/K；T 为热力学温度，K；C_i 为吸附层中的链段浓度，mol/L；δ 为吸附层的厚度，m；h 为两粒子间的距离，m；α 为粒子半径，m。

熵稳定理论和渗透斥力理论以统计学为基础，分析了粒子在相互靠近时的物理化学作用，对于粒子吸附层厚度与斥力位能之间的关系也做出了定量的计算。颜料表面的包覆改性、超分散剂的设计等都基于颜料粒子表面吸附上高分子化合物的空间位阻稳定机制。

3.3 颜料的颜料化及表面处理

颜料由直径为 0.02～0.5μm 的细小晶粒组成。由于颜料粒子小，比表面积大，其界面能量高，因而该不稳定体系的晶体粒子之间具有聚集、凝聚的强烈趋势。通常在制备颜料时，尤其是从水溶液介质中得到高分散度粒子，在干燥过程中，水分从粒子之间毛细管移出，毛细作用进一步促使粒子黏结，形成能量较低的大粒子，因此颜料粒子的聚集作用是不可避免的。有机颜料的颜料化，通过适当的方法改变颜料粒子的聚集状态（如对于粒子过小的可以用有机溶剂处理使其结晶进一步生长，加大粒子直径；而对于粒子过大的则需要进行粉碎、分散，或者加入添加剂来减少聚集作用）或调整晶型，使之具有所需要的应用性能，如色光、着色力和透明度等。

3.3.1 有机颜料晶体形态特性[20]

有机颜料的颜色特性、牢度、流变性、分散性等性能均与有机颜料分子结构及晶体状态等参数密切相关。颜料分子晶体结构、粒子形态也能影响颜料的着色强度和遮盖力等特性；颜料固有的分子结构与颜料晶体性质决定着颜料的耐光牢度；颜料的化学结构发生降解或颜料晶型转变会影响颜料的耐热稳定性和耐溶剂性能等。

商业化颜料的晶体形态多呈现粒子状、长/宽比较小的棒状形貌，这样的晶体结构可以使颜料具备较高的着色强度、光泽度与透明度。颜料的晶体结构也可以依据应用领域的不同需求进行改进，制备成片状、针状、球状等特殊形态。

3.3.2　酸溶与酸胀处理有机颜料

酸溶与酸胀是在酸性介质中调整有机颜料的粒径、晶型及表面状态的处理方法。典型的酸溶操作是将颜料粗品在适量的酸中完全溶解，溶解产物倒入水中析出沉淀。常用的酸有硫酸、氯磺酸和聚磷酸等。用来沉淀的介质除了水以外，也可用有机溶剂或混合溶剂。在高速搅拌的情况下，将酸溶物在高速高压状态下打入高速搅拌的介质中，实现溶解产物析出。如果使用的介质是硫酸溶液，浓度必须大于 96%，用量是粗品的 8～12 倍。

酸胀是将颜料粗品在较稀的酸中分散，酸的浓度必须足以与粗颜料形成盐，却不会将它溶解。通常用作酸胀的硫酸浓度为 70%～80%，使用量是颜料粗品的 10～15 倍，酸胀的温度随颜料的不同有所不同，通常在 40～80℃之间。酸胀时，颜料与硫酸形成硫酸盐。根据颜料分子结构中的氮原子数量决定硫酸盐的数量。所形成的盐由于不溶于酸，反应物状态逐渐黏稠，颜色也由深变浅。酸胀时可适量添加苯磺酸衍生物等分散剂帮助产品分散。酸胀形成的盐倒入水中析出，过滤后得到颜料。水解时搅拌速度、酸胀产品倒入水中的速度、温度与表面活性剂的种类以及加入量都是决定粒径大小的重要参数。由于析出的颜料粒径非常细小，必须先做热处理，调整粒径后再做表面处理使之成为可使用的颜料。

3.3.3　有机溶剂处理有机颜料

有机溶剂处理有机颜料，可以对其粒径大小与分布进行调整获得期望的遮盖力/透明度的有机颜料产品。溶剂处理是将粉状或膏状颜料在特定溶剂中溶解后，再经结晶析出或重结晶处理的工艺过程，可应用该处理方法的颜料包括苯并咪唑酮颜料、偶氮颜料及偶氮缩合类颜料、稠环酮（还原染料类）颜料、苝系颜料、杂环颜料、酞菁颜料等。在有机溶剂中，颜料的晶型得以成长、调整和转变，改善结晶状态，调整粒径大小，促使晶型从热力学不稳定型转变为稳定型产品。使用有机溶剂处理颜料粗品，颜料会经历“溶解-析出”的重结晶过程，颜料分子在结晶过程中会将杂质排出在自身晶格之外而得以纯化；重结晶过程还能够提高无定形的颜料粒子结晶度，降低表面自由能，脱除溶剂后，使颜料粒子稳定分布在较小的粒径范围内。因此，经过溶剂化处理的粗品颜料可以转化为高着色力、易分散且性能稳定的纯颜料商品[21, 22]。

处理有机颜料可选择的溶剂分为两类：一类是极性强的有机溶剂，如甲醇、乙醇、丙醇、异丙醇、甲酰胺、二甲基甲酰胺（DMF）、*N*-甲基吡咯烷酮；另一类是非极性或极性低的溶剂，如氯苯、二氯苯、甲苯、二甲苯等。

采用有机溶剂处理方式进行颜料化的实例较多，现就几个具有代表性的实例加以介绍。

1. 溶剂处理 P.Y.83 提高遮盖力

C. I. 颜料黄 83（P.Y.83），又称永固黄 HR，可以作为颜料铬黄的替代品，应用在软质聚氯乙烯产品中，较低含量也不会发生迁移与渗色问题，而且耐光牢度能够达到 7～8 级。但是，P.Y.83 涂层对 520～700 nm 范围内的可见光表现出高反射率（＞90%），通过添加 TiO_2 难以提高遮盖力，只能通过 P.Y.83 的粒径分布优化来增加颜料对光的散射率，进而提高涂层遮盖力[23]。

将 3,3-二氯联苯胺盐酸盐（DCB）重氮化之后与色酚 AS-IRG 偶合得到的滤饼 200 g（固含量为 20%）悬浮于 250 mL 水中，加入 400 mL 氯苯，于压热釜中在 120℃加热 1 h，冷却至 90℃，水蒸气蒸出氯苯，过滤、干燥、研磨得比表面积为 17.8 m^2/g 的产物。47%的颜料粒子平均粒径为 500～1000 nm。醇酸三聚氰胺树脂制得的涂料具有很高的遮盖力、光泽度及流动性，且该颜料的耐光牢度与耐罩光漆性能十分优异[24]。

2. 采用甲醇颜料化溶剂处理制备 γ-晶型的 C.I.颜料红 170

4-氨基苯甲酰胺重氮化后，再与色酚 AS-PH 偶合，制备的颜料悬浮体于 80～85℃加热 1 h，经过滤得到的滤饼（固含量约 25%）在甲醇中于 67℃加热 3 h，得黄光红色 γ-晶型的 C.I.颜料红 170（P.R.170），其 X 射线衍射（XRD）图如图 3-7 所示[25]。

3. 溶剂处理制备 β-晶型 C.I.颜料红 170

4-氨基苯甲酰胺 1.36 kg 重氮化后，与 3.07 kg 色酚 AS-PH 偶合，制备得到 120 L 颜料悬浮体，向其中加入 22 L 乙醇/甲苯混合溶液（其中含 0.42～1.05 L 甲苯）和 10～15 L 松香酸钠（浓度为 10%），搅拌下，加热至回流，保持到全部 α-晶型转变为 β-晶型，其 XRD 图如图 3-8 所示。过滤、水洗除去无机盐，于 55℃干燥[26]。

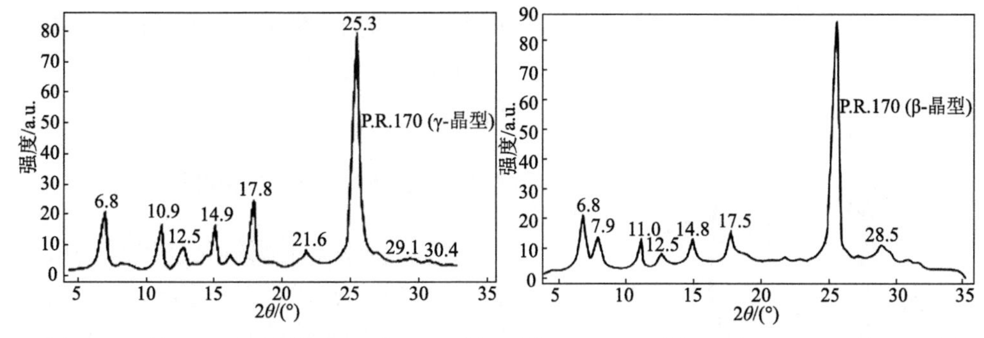

图 3-7　γ-晶型的 C.I.颜料红 170 的 XRD 图　　图 3-8　β-晶型的 C.I.颜料红 170 的 XRD 图

4. 采用 DMF 溶剂处理 C.I.颜料黄 180

粗品颜料试样与颜料化后的颜料试样的 XRD 图如图 3-9 所示。

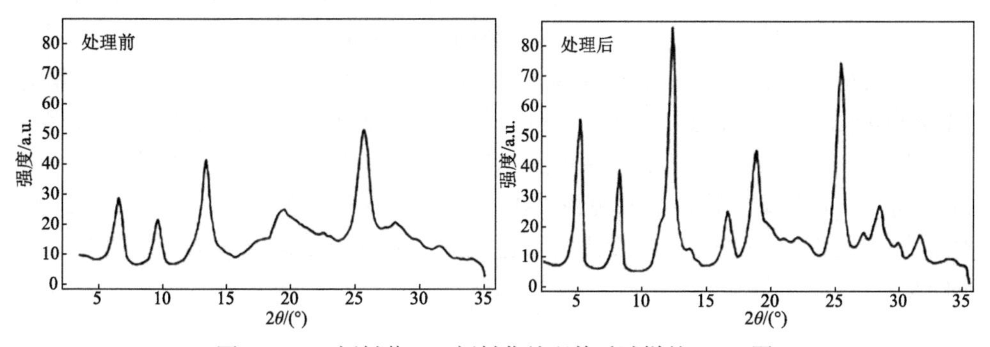

图 3-9　C.I.颜料黄 180 颜料化处理前后试样的 XRD 图

从图中可看出通过 DMF 溶剂处理的 C.I.颜料黄 180，颜料衍射峰更锐利，颜料的结晶度得到明显提高。改性后的颜料色光鲜艳，着色力更强。

5. 溶剂处理稠环酮类颜料 C.I.颜料蓝 60

粗品颜料通过溶剂处理，由 δ-晶型转变为色光鲜艳、质地松软、高着色强度的 α-晶型产品，适用于高档汽车漆和塑料的着色。有机溶剂的极性变化（如环已烷、氯苯、二甲苯、DMSO、DMF 等）、处理温度和处理时间的选择，都会对颜料晶型转变产生影响。以二甲苯为溶剂处理 δ-晶型的粗品颜料转变为稳定的 α-晶型，室温下需要 25 h，90～95℃下处理时间可缩短至 30 min。当在 139℃回馏条件下进行溶剂处理时，粗品颜料中 δ-晶型组分在 10 min 内可完全转化为稳定的 α-晶型。在溶剂处理过程中，随时间的延长，颜料中 α-晶型含量逐渐增加、遮盖力提高、流动性加大、红光加强且鲜艳度提高。在晶型转变过

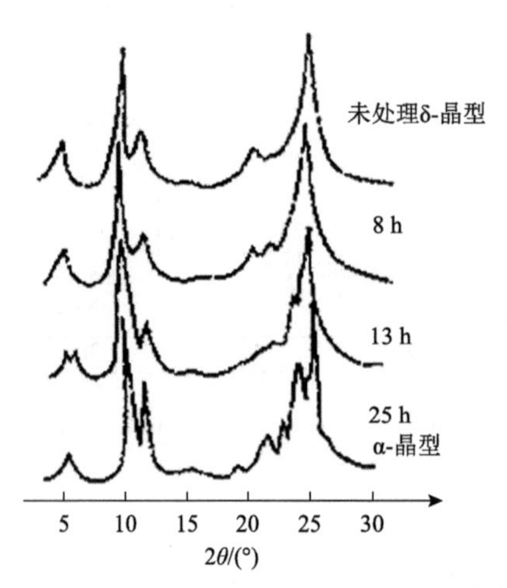

图 3-10　二甲苯处理 δ-晶型的 C.I.颜料蓝 60 XRD 图

程中，由 XRD 图的变化可以看出，相应的 2θ 角下的衍射强度逐渐加强，如图 3-10 所示。

3.3.4　水介质压力下的颜料化

水介质压力下颜料化技术是一项颜料商品化清洁技术。在一定压力下，粗颜料在水介质中加热处理，可实现颜料晶型转变。该颜料化新技术采用水介质替代常规颜料化中所用的有机溶剂，避免了大量的有机溶剂的使用，改善了工人的操作环境，减少了 VOC 的排放，并且降低了颜料的生产成本。

为获得高遮盖力的 C.I.颜料黄 139，可将装有粗颜料和水介质的高压釜升温至 110～160℃，保温反应 0.5～5 h，经过滤、热水洗涤、烘干和粉碎过程得到成品。经过高压水蒸气处理后的颜料粒径减小，粒径分布更加集中。处理时间不同时，所得颜料粒径分布见图 3-11。实验结果表明在 130℃处理 15～20 h，颜料粒径大小及分布均比较理想，考虑节省能源因素，最优条件选择 130℃处理 15 h。

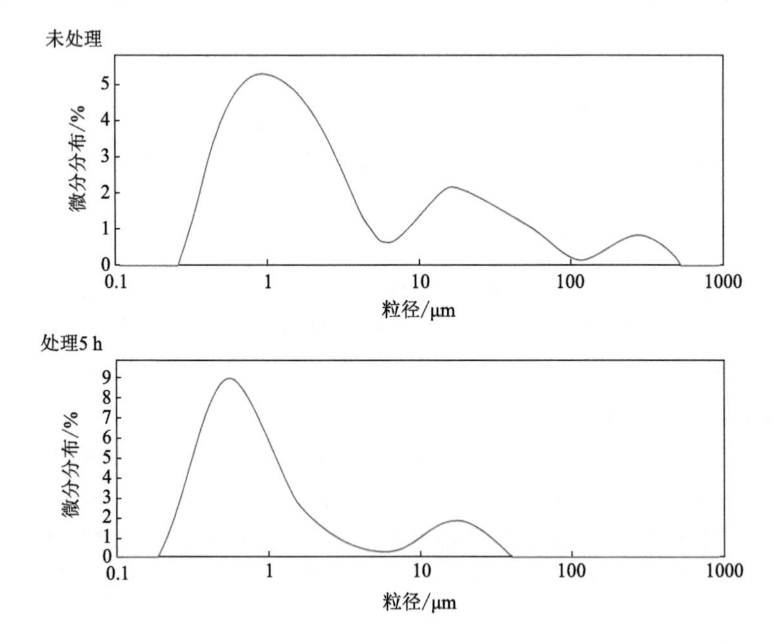

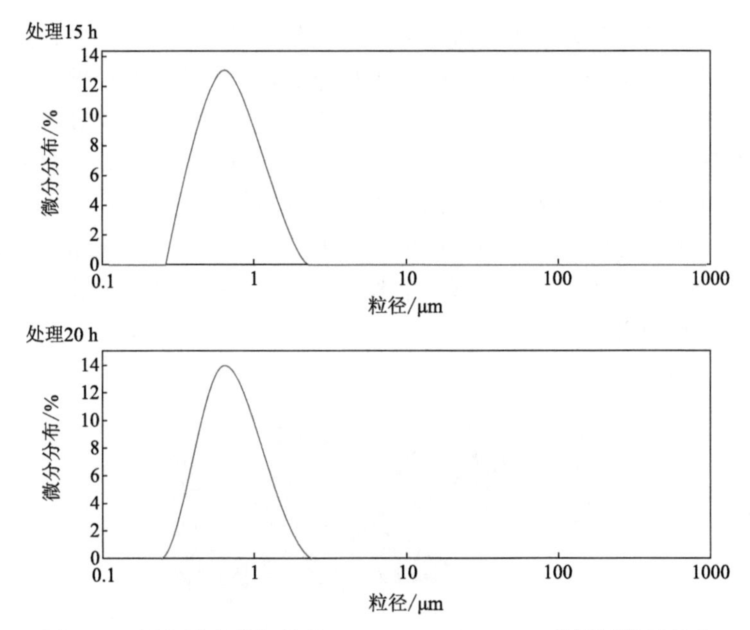

图 3-11　经高压水蒸气处理 0 h、5 h、15 h、20 h 的颜料粒径分布

德国赫斯特公司（Hoecht AG）专利描述了一种将对硝基苯胺重氮化后与 5-乙酰乙酰氨基苯并咪唑酮偶联合成色素，并在溶剂存在下直接热处理实现颜料化的方法。所得的水性颜料悬浮液热处理可在温度为 80～150℃的水中进行，也可在高压下和有机溶剂存在下进行，常用的有机溶剂包括醇、羧酸、烷基酯、芳香烃、氯化芳烃等非质子溶剂。该专利的实施例之一中介绍道，向对硝基苯胺重氮盐溶液与 5-乙酰乙酰氨基苯并咪唑酮溶液中加入缓冲溶液，再加入硬脂醇和环氧乙烷后，在 95℃下加热搅拌 1 h，抽滤获得滤饼。取 125 g 湿滤饼分散到 200 mL 水中，在高压下加热至 125℃，并在此温度下持续加热 1 h，最终混合物经抽滤、水清洗、干燥后即可得到牢度性能良好的橙红色颜料[27]。

水介质压力下处理颜料的方法中，在水介质中加入异丁醇、油醇等高沸点有机溶剂，在保证介质主体成分为水的前提下，增强了介质对颜料粗品的溶解性，且由于所添加有机溶剂沸点较高，也避免了整体介质沸点降低、操作压力升高的情况发生。水介质压力下处理不同颜料时，向水介质中添加的有机溶剂要求其应具有较高沸点，同时还应对相应的颜料具有适当的溶解能力。

3.3.5　球磨、砂磨研磨处理有机颜料

球磨、砂磨研磨处理是通过物理研磨的方式直接改变颜料粒子粒径和晶型状态的颜料化常用手段,此类方法由于简单有效而在颜料工业化生产中被广泛应用。

球磨机是一种对破碎后物料进行粉碎的设备，是工业生产中常使用的高细磨机械之一，可应用于选矿、建材及化工等行业。球磨机由水平的筒体、进出料空心轴及磨头等部分组成，见图 3-12。筒体为钢板制的圆筒，筒内镶有耐磨衬板，并装有研磨体。研磨体一般为钢制圆球，并按不同直径和一定比例装入筒中。物料由球磨机进料端空心轴装入筒体内，当球磨机筒体转动时，研磨体由于惯性和离心力作用、摩擦力的作用，附在筒体衬板上被筒体带走，当被带到一定的高度时，由于本身的重力作用而被抛落，下落的研磨体像抛射体一样将筒体内的物料击碎，达到研磨的目的。

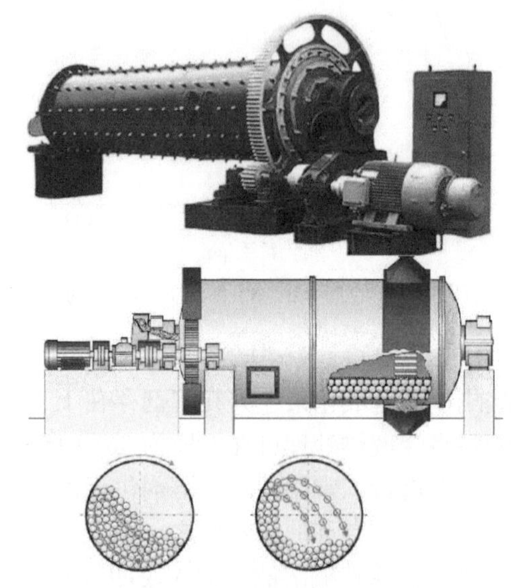

图 3-12　球磨机及工作原理示意图

在机械研磨的情况下，颜料粒子因受到强烈的剪切作用力，使较大的颜料粒子被细化。由于在研磨过程中，存在着助磨剂，可阻止细小的粒子再次聚集，达到了减小颜料粒径的目的，赋予颜料较高的着色力和鲜艳度。同时，在此过程中由于获得了外界的能量，固体粒子的晶体构型克服了势能障碍，可由高内能的晶型状态转变成低内能的晶型状态，达到了调整颜料晶型的目的。颜料在球磨机研磨的过程中，有时需要加入适当的助剂辅助研磨，加入无机盐可以帮助细化颜料粒子，加入适当的溶剂有助于颜料晶型转换。

砂磨机又称珠磨机，主要用于化工液体预分散产品的湿式研磨，大致可分为立式砂磨机、卧式砂磨机、篮式砂磨机和棒式砂磨机等。砂磨机一般由机体、磨筒、分散器、底阀、电机和送料泵组成，见图 3-13。颜料砂磨处理是将颜料与钢珠、锆珠、玻璃珠等细微的研磨介质混合，在砂磨机内反复研磨的过程。颜料粒径的细度与使用的介质大小成正比，常用的介质在 1 μm 左右。颜料可先用水或溶剂预分散后再加入砂磨机，颜料与介质借此高速旋转所产生的碰撞、摩擦、剪切作用达到分散细化的目的。研磨后的物料用泵打出，经过分离器分离研磨介质后，再送回砂磨机，反复研磨。砂磨机的物料流量和研磨介质尺寸、密度及填充率等工作参数会对研磨物料的产品细度、产量以及粒径分布等产生影响。

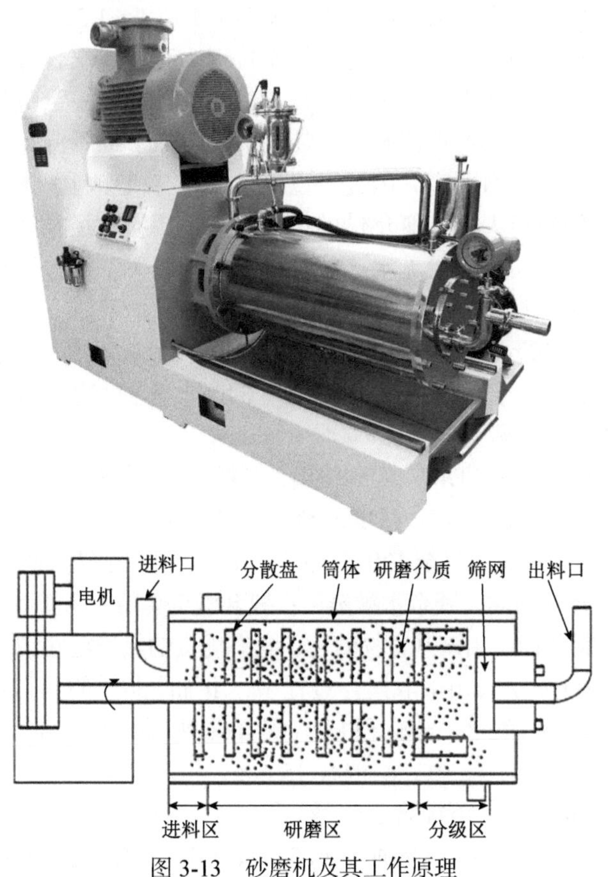

图 3-13　砂磨机及其工作原理

德国赫斯特公司（Hoecht AG）推荐在添加剂聚乙烯蜡等存在下，采用干、湿研磨制备微细粒径的 CuPc 树脂制备物：①预分散：30 份粗品 CuPc、1.5 份聚乙烯蜡（分子量 2000）与 1400 份棒状滑石（直径 12 mm，长度 12 mm）在振动磨中研磨 4 h，分离出研磨介质；②湿研磨：再将预分散的 CuPc 颜料 10 份，89 份水与 1 份二甲苯，用 336 份氧化锆珠（直径 0.3～0.4 mm）研磨 10 min，分出氧化锆珠，悬浮体用水蒸气蒸出二甲苯，过滤、水洗、干燥，得 9.5 份 CuPc（β-型）树脂制备物；该制备物在 PVC 中具有优异的易分散性，给出高的着色强度与透明度[28]。

3.3.6 捏合处理

捏合法是将颜料的粗品、无水氯化钠和乙二醇类有机溶剂在捏合机中捏合处理。捏合时物料黏结成黏稠块，黏稠块的软硬程度可以用乙二醇来调节。研磨后，将黏稠块加入水中，用水打成浆状，加酸调整 pH 到 1～1.5，保持温度在 80℃以上，然后过滤，清洗到滤液电导率与洗涤水接近为止。在捏合过程中，捏合机会产生热量，需要采用冷水在夹套进行冷却，将温度控制在一定范围内，以保证产品质量。其中，食盐和溶剂可回收循环使用，可有效节约资源，降低成本。无水氯化钠的硬度比有机颜料要高，因此可以用来辗碎有机颜料。调整盐与粗品的比例，可控制产品的粒径大小，氯化钠的比例越高，颜料粒径越细。氯化钠本身的质量也非常重要，必须是干燥无水，粒径在 44 μm 以下。捏合过程中使用的乙二醇类溶剂也有要求，常用的有乙二醇、二乙二醇和甘油等。

文献中报道将 50 g ε-晶型 CuPc 颜料粗品、500 g 氯化钠、少量表面活性剂及乙二醇加到捏合机中，于 90～100℃捏合 5～6 h，水洗、过滤、干燥得 ε-晶型 CuPc 成品颜料，即 C.I.颜料蓝 15:6[29]。

大日本油墨化学公司（DIC）专利提出，颜料与聚乙烯蜡捏合处理，可生产颜料制备物。将 1 kg 含 50%的 CuPc（C.I.颜料蓝 15:3）湿滤饼和 1 kg 分子量为 3500 的聚乙烯蜡加至捏合机中，加热至 120℃，搅拌 1 h，颜料完全转入树脂相中分离出水，在减压下继续捏合 30 min，残余水被蒸出；捏合机夹套用水冷却下再捏合 30 min，得球状粒子颜料制备物。用该制备物着色，具有优良的热稳定性和易分散性[30]。

德国拜耳（Bayer）公司采取捏合过程中，添加脂肪酸的颜料化技术，制备出在 PVC 中具有优良分散性的杂环颜料。在捏合机中，将 160 g 细粉碎的食盐、32 g 粗品 C.I.颜料红 149 与 30 g 丙二醇混合 15 min，再添加 13.5 g 丙二醇，得到均匀黏稠膏状物，在 50～55℃下捏合 3 h，然后添加 3.2 g（10%）新癸酸继续于 50～55℃下捏合 30 min；得到的物料加至 600 mL 水中，用稀盐酸酸化，得到的浆料在 90℃下搅拌 1 h，过滤，干燥，制备 C.I.颜料红 149 产物[31]。

3.3.7 固态溶液改性颜料技术

固态溶液技术，是具有不同 X 射线衍射特性、不同分子结构的两种或两种以上的组分，以特定物质的量比或质量比，采取不同方法形成混晶产物。

有机颜料固态溶液技术的主要功能如下：

（1）通过改变组分的相对比例，使混晶产物显示不同的色光，扩展颜料产物的颜色范围。

（2）调整粒径大小与分布，提高混晶颜料的着色强度、透明度和流动性，改进了颜料耐光牢度和光泽度等性能。

（3）调整颜料粒子表面极性，改进颜料与使用介质的匹配性，提高了混晶产物的易分散性和分散稳定性、耐溶剂、耐迁移性及耐热稳定性。

（4）固态溶液产物充分发挥各组分优点，具有加和增效作用，改进混晶有机颜料的各种牢度及应用性能。

有机颜料固态溶液技术的实施方法如下：

（1）共同混合研磨，研磨时可添加溶剂或无机碱，形成固态溶液产物。

（2）在低温下溶解于浓硫酸，再稀释于水或有机溶剂中，过滤析出固态溶液。

（3）溶解于强极性溶剂中，冷却析出，过滤得到固态溶液。

（4）将合成固态溶液产物的中间体混合，通过共合成化学反应生成固态溶液。

（5）在合成某颜料反应中加入另一类颜料，继续反应生成固态溶液。

3.3.8 混合偶合固态溶液技术处理偶氮类有机颜料

混合偶合固态溶液技术是将特定物质的量比的两种或两种以上的偶合组分或重氮组分，与一种重氮组分或偶合组分进行偶合反应制备改性的混晶颜料；由于不需要改变工艺流程和条件便能改进并提高颜料性能，方法简单，因而具有较高的经济效益。

混合偶合不同于两种结构产物的机械混合，产品具有颜料合金的性能，也称固态溶液。混合偶合工艺具有如下作用[32]。

（1）通过改变最终产物的组成，使颜料色光发生变化，并符合预期要求。日本相关专利[33]指出：3-氯-4-甲基苯胺-6-磺酸和对甲氧基苯胺邻磺酸的混合物重氮化后与2,3-酸偶合，用氯化锶在50℃色淀化，捏合后的油墨显示蓝光洋红色且有较好的牢度。欧洲相关专利[34]指出：在颜料的偶合组分中添加联萘酚可提高色相角和遮盖力。

（2）由于产物是不同结构衍生物的混合晶体，反应生成的初级粒子成长发育受到抑制，晶体成长缓慢，粒径减小，比表面积增大，颜料的着色力和透明度得到进一步提高。日本东洋油墨发表的专利[35]报道，由96.9份1-氨基-4-甲基-5-氯苯-2-磺酸和3.6份2-氨基萘胺-1,5-二磺酸重氮化后与76份2,3-酸偶合，用氯化钡色淀化，所得颜料较没有添加第二组分制成的颜料具有更高的光泽度、透明度和着色力。科莱恩专利中用1-（4′-磺酸苯基）-3-甲基-5-吡唑酮作为第二偶合组分，对C.I.颜料黄191进行改性，制得纯净的、强绿光黄色颜料，该颜料具有高着色强度和透明度[36]。

（3）制备有机颜料包覆无机核的包核颜料，在颜料粒子表面原位生成固溶体改性颜料特性。著者课题组开展了如下相关工作。

a. 在对C.I.颜料红57:1进行改性的研究中，选用硅微粉、海泡石、高岭土和

层析硅胶等以 SiO_2 为主要成分的无机物作核，通过氢键将 2-羟基 3-萘甲酸修饰到 SiO_2 表面，再以席夫碱钠盐、吐氏酸与磺化吐氏酸作为第二组分在偶合时直接在无机核表面原位生成固溶体颜料[37]。结果显示，以硅胶为无机核，添加 3%磺化吐氏酸所制备的核/壳双改性颜料显现出蓝红光，色彩鲜艳度高，粒径分布范围小且均匀。

b. 利用白炭黑、微硅粉和坡缕石三种不同无机材料作为核，在其表面包覆颜料黄 12（P.Y.12）制备了一系列无机-有机混合颜料[38]。与单纯有机颜料相比，三种包核颜料的粒径更小，粒径分布也更窄。这些包核颜料在水介质中的分散性和流动性也有所提高。热和紫外-可见光谱分析表明，包核颜料具有更好的热和光电稳定性。此外，包核颜料的着色力、亮度和黄色色调指数的性能也得到了改善，其中以白炭黑为核的改性色素具有最好的着色性能，并且热稳定性比单纯颜料黄 12 更好。

c. 利用微硅粉改性 C.I.颜料红 170（P.R.170）的过程中，将微硅粉添加到酸性重氮盐溶液中进行活化后，滴加偶氮组分使有机颜料在微硅粉表面均匀形成，以获得核/壳结构改性颜料[39]。该方法制备的改性有机颜料的形态和粒径可以通过微硅粉粒径进行调控，颜料的着色力、热稳定性、流动性、水溶性和抗紫外线性能也得到了明显改善。利用微硅粉对有机颜料进行改性，可以实现固体废弃物的资源化利用，并且有效降低颜料的生产成本。

d. 通过在硅胶表面沉积颜料黄 12（P.Y.12）成功制备了改性颜料，颜料与硅胶之间的相互作用，阻止了颜料粒子的聚集，使颜料粒径分布更好，有效地提高了改性颜料在色度和着色力方面的性能[40]。该研究表明，无机核限制了颜料粒子的聚集，并且颜料粒子的分散程度可以决定颜料的应用性能。

（4）多组分固溶体的引入使产品粒子松软，增加填充体积且不易聚集，改进了颜料在研磨介质中的色光、着色力的稳定性。

3.3.9　固态溶液技术处理喹吖啶酮类颜料

采用固态溶液技术制备的喹吖啶酮类颜料品种，有橙色、红色及紫色，如表 3-3 所示。

表 3-3　喹吖啶酮类的固态溶液颜料[41]

C.I.通用名	CAS 号	结构组成	颜色
颜料橙 48	71819-74-4	喹吖啶酮（QA）+喹吖啶酮醌（QAQ）	黄光橙色
颜料橙 49	71819-75-5	喹吖啶酮（QA）+喹吖啶酮醌（QAQ）	黄光橙色
颜料红 206	71819-76-6	喹吖啶酮（QA）+喹吖啶酮醌（QAQ）	红褐色
颜料红 207	71819-77-7	喹吖啶酮（QA）+ 4,11-二氯喹吖啶酮	黄光红色
颜料紫 42	71819-79-9	喹吖啶酮（QA）+2,9-二氯喹吖啶酮	红光紫色
颜料紫 55	1126076-86-5	2,9-二氯喹吖啶酮+2,9-二甲氧基喹吖啶酮	蓝光紫色

科莱恩公司的专利中介绍了由三种不同结构的中间产物：2,5-二苯氨基对苯二甲酸（DATA）、2,5-二对甲苯氨基对苯二甲酸（DpMeTA）、2,5-二对氯苯氨基对苯二甲酸（DpCTA），进行混合闭环反应制备 QA 类三元固态溶液颜料。三种不同结构和比例的中间产物，在不同闭环反应条件下进行混合闭环反应，伴随着粗品颜料处理条件的变化，固态溶液颜料的饱和度及色相角均会发生变化[42]。

3.3.10 固态溶液技术处理吡咯并吡咯二酮类颜料[43]

固态溶液技术也被应用于吡咯并吡咯二酮（DPP）类颜料制备固态溶液产品。生成的固态溶液通常可改善颜料的应用性能：X 射线衍射曲线会发生变化，颜色可发生向紫效应（紫移）或向红效应（红移）。

文献报道可由 C.I.颜料红 255（AA）、颜料红 254（BB）及非对称 DPP 红（AB）（三者结构式如图 3-14 所示）生成二元和三元固态溶液。

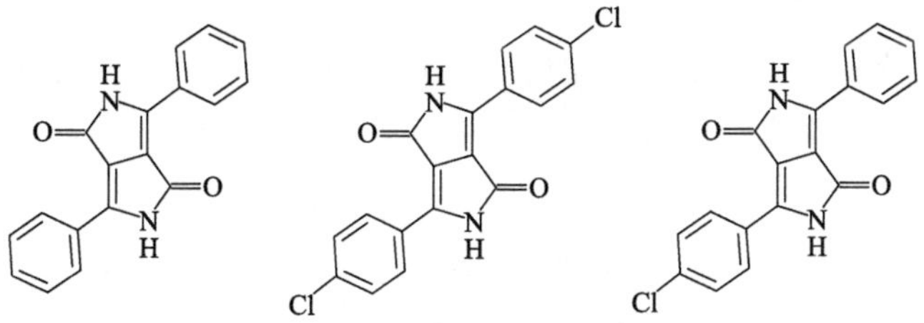

图 3-14　C.I.颜料红 255、颜料红 254 及非对称 DPP 红的结构式

也可由等量的 C.I.颜料红 255 与 C.I.颜料橙 73（B′B′，结构式如图 3-15 所示）生成二元固态溶液。

早年瑞士汽巴（CI-BA）精细化工有限公司专利中由吡咯并吡咯二酮颜料 1,4-3-（4′-叔丁基苯基）-6-（4-氯苯基）与喹吖啶酮颜料 C.I.颜料红 122 以 4∶1（物质的量比）制备固态溶液红色产物[44]。由吡咯并吡咯二酮颜料 C.I.颜料橙 73、C.I.颜料红 254 与 C.I.颜料红 122 制备三元体系固态溶液产品[45]。

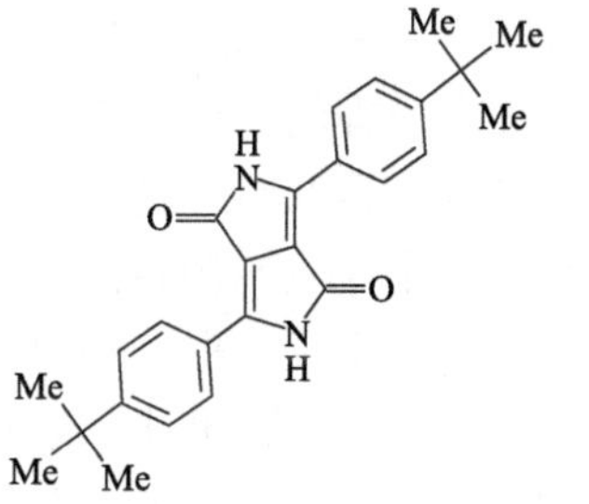

B′B′

图 3-15　C.I.颜料橙 73 的结构式

3.4　颜料的表面处理

有机颜料的表面处理（surface treatment）是指在生成的颜料粒子表面沉积适

当的物质，并以单分子层或多分子层包覆颜料粒子表面的活性区域（中心）或全部粒子。依据所用的表面处理剂的属性，实现对颜料粒子表面的改性。改进颜料的分散性和润湿性，增强颜料与介质的相容性。

对有机颜料进行表面处理，可抑制颜料晶体粒子的成长，降低粒子之间的聚集作用，改进产品的分散性，获得软质结构的颜料产品；可借助剪切力使产生一定程度的聚集或絮凝作用的颜料粒子容易再分散；可选择颜料粒子表面涂层（覆盖剂）的性能，赋予颜料粒子亲油性或亲水特性，提高颜料粒子与使用介质的相容性；可使颜料粒子更易被展色剂润湿，防止颜料粒子的再聚集；而且可屏蔽光照氧化作用，提高其耐光和耐气候牢度；颜料粒径分布的均匀性、微粒化以及润湿性均得到增强，同时也改进了颜料的流变性，提高了颜料的使用性能。

常用的方法有：①松香及松香衍生物处理；②有机胺类化合物处理；③表面活性剂处理；④有机颜料的衍生物处理[46]。

3.4.1　添加松香及其衍生物的改性

添加松香及其衍生物是有机颜料经典的改性工艺，至今仍具有重要的实际应用价值。松香的主要成分是松香酸，结构式如图 3-16 所示。

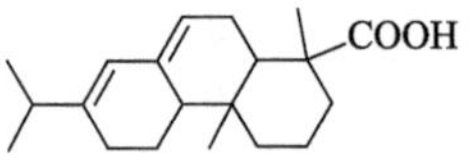

COOH

图 3-16　松香酸的结构式

添加松香一般是将松香的钠盐或钾盐水溶液加入颜料浆中，再加入碱土金属盐生成松香的不溶性金属盐并沉淀在颜料表面。添加松香的作用和产生的效果与其加入时机有关，偶氮颜料偶合前将松香加入偶合液中可以得到细微的产品粒子，偶合后添加松香能够有效地控制颜料晶体生长，合成完毕后的滤饼中添入松香则主要是降低干燥及研磨过程中颜料粒子的聚集作用，增加颜料的鲜艳度及着色力，改进其与使用介质的相容性、润湿性和分散性。松香的加入降低了颜料粒子的表面极性以适应于胶印墨、塑料着色，如添加足够质量松香皂，在提高着色强度、光泽度、易分散性的同时，增加了粒子的亲水亲油性，有助于进行挤水转相过程。

为克服松香酸熔点低、对氧化剂较敏感及储存稳定性差等缺点，人们越来越多地采用松香的各种衍生物对颜料进行改性，如氢化松香、歧化松香和聚合松香等（图 3-17）[47]。研究者对 C.I.颜料红 31 进行改性处理，在偶合过程中加入松香酸可使颜料晶体形貌由长条状转变为圆片状，增强了颜料粒子的表面极性。当用量为总反应物质量的 3%时，可使颜料与水之间的接触角由 68.5°降至 52.8°，Zeta 电位绝对值由 14.6 mV 升至 20.7 mV，粒径及粒径分布明显变窄，具有较好的亲水性能。

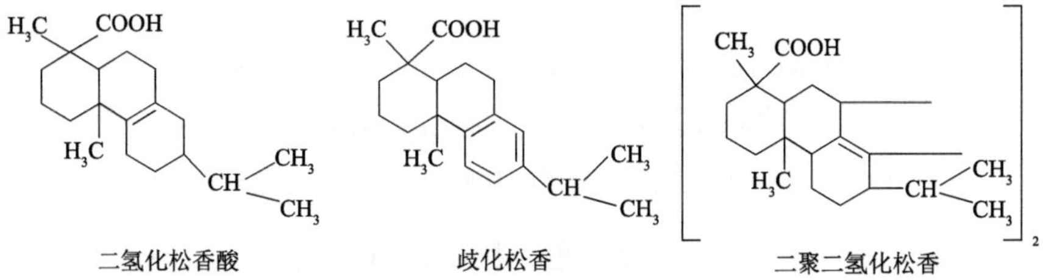

二氢化松香酸　　歧化松香　　二聚二氢化松香

图 3-17　部分松香衍生物的结构式

此外，美国、日本等国家开发了用马来松香和歧化松香处理偶氮色淀颜料的方法[48]，研究结果表明可提高印墨的储存稳定性。

由松香酸和树枝状低聚物反应得到松香衍生物，结构式如图 3-18 所示。该松香衍生物可改善色淀类、联苯胺类、酞菁类有机颜料在胶印墨体系的流变性，并进一步提高了分散性能[49]。

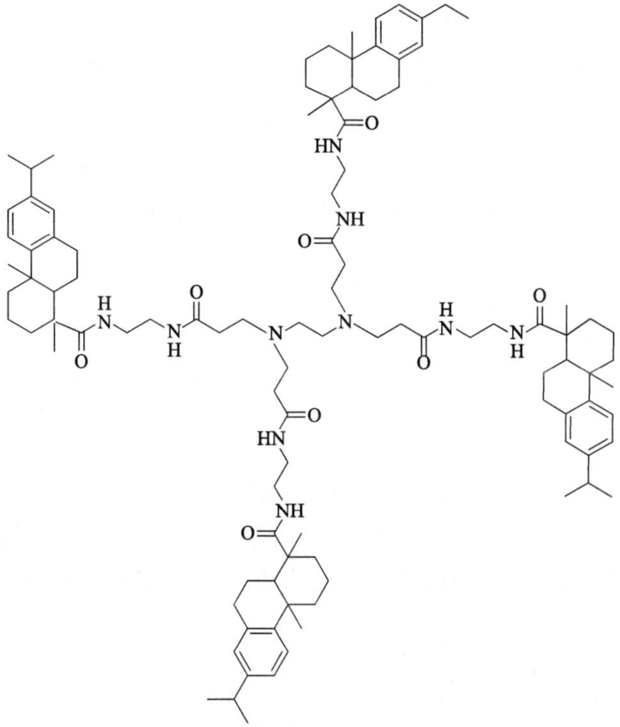

图 3-18　由松香酸和树枝状低聚物反应得到的松香衍生物结构式

将松香或其衍生物与环氧乙烷进行乙氧基化反应，再与马来酸酐酯化反应，然后与亚硫酸钠发生加成反应制得松香基聚氧乙烯醚磺酸基琥珀单酯二钠盐，反应方程式如图 3-19 所示，所得产物可应用于颜料分散领域[50]。

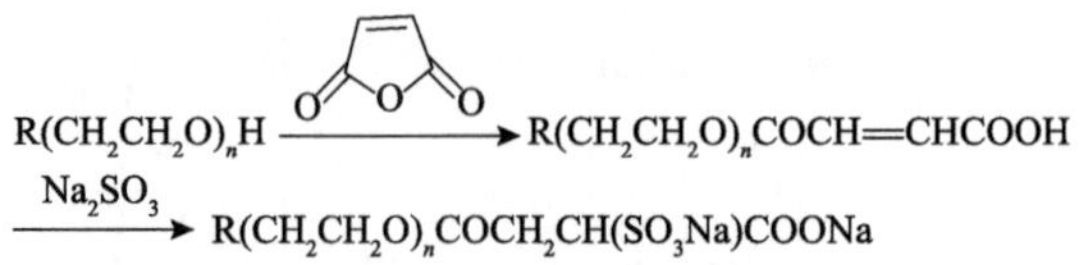

$$R(CH_2CH_2O)_nH \longrightarrow R(CH_2CH_2O)_nCOCH{=}CHCOOH \xrightarrow{Na_2SO_3} R(CH_2CH_2O)_nCOCH_2CH(SO_3Na)COONa$$

图 3-19　松香基聚氧乙烯醚磺酸基琥珀单酯二钠盐的合成路线

科莱恩公司发明了一种二芳基黄色颜料制剂，其中包含如图 3-20 所示的松香衍生物，所得颜料制剂既具有高的流动性，又具有高的 Laray 黏度，适用于制备印刷油墨[51]。

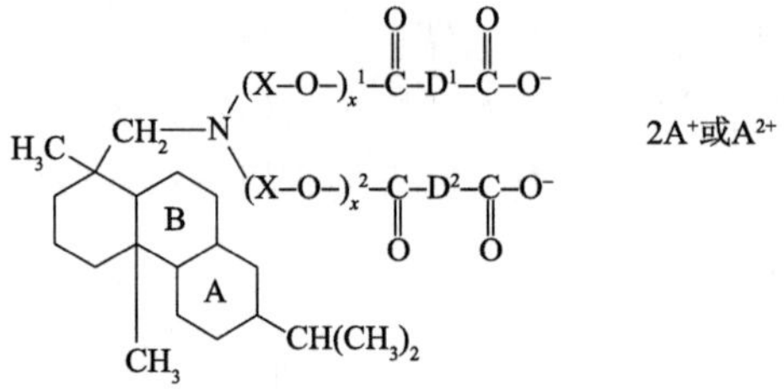

$2A^+$或A^{2+}

图 3-20　适于二芳基黄色颜料改性的松香衍生物结构式

在松香中加入烷基苯酚二硫化物在 260～280℃进行歧化反应（图 3-21），反应结束后降温在 160～180℃加入单宁酸搅拌反应，得到松香衍生物。该产物能够提高颜料的着色力，有更高的透明度，特别适合制造高添加量的联苯胺黄颜料[52]。

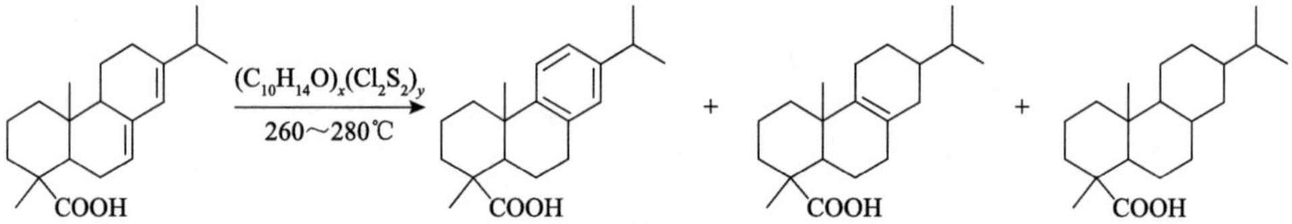

$(C_{10}H_{14}O)_x(Cl_2S_2)_y$，260～280℃

图 3-21　松香歧化反应

以松香和聚羟基酸酯合成松香改性溶剂化链，再与高分支聚乙烯亚胺反应合成聚乙烯亚胺-松香改性聚羟基酸酯类超分散剂，结构如图 3-22 所示。此分散剂应用于高固体颜料浓缩物在有机溶剂中的分散，取得了很好的效果[53]。

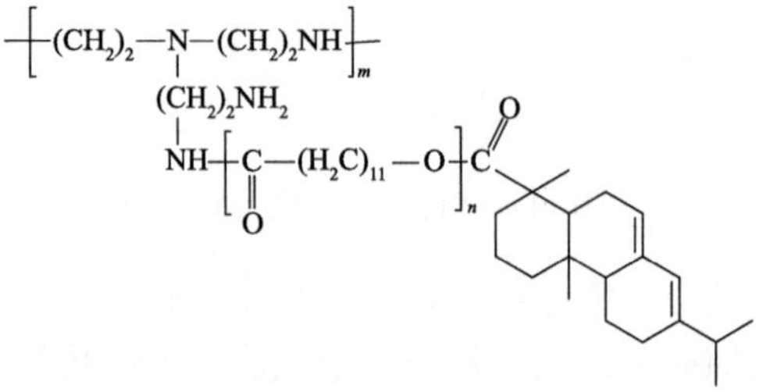

图 3-22　聚乙烯亚胺-松香改性聚羟基酸酯类超分散剂的结构式

脱氢松香胺（amine D，结构式见图 3-23）是以松香酸在高温下与氨气作用，在催化剂存在下脱水转变为松香腈，再在压力下加氢还原制备。以脱氢松香胺处理色淀颜料，制备非铜光型红色淀颜料，具有良好的流动性[54]。

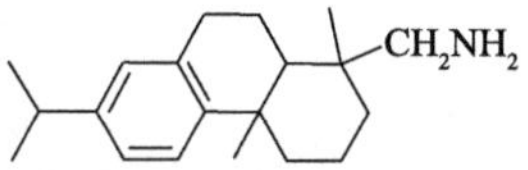

图 3-23　脱氢松香胺的结构式

有学者研究了添加松香、聚合磺化松香（*S*-松香）和松香胺对颜料红 48:2 进行改性，对颜料色光、着色力、流动性、透明度及分散性等性能影响显著[55]。

（1）松香及衍生物的作用和改性。松香酸能够在颜料晶体生成时吸附于晶核上，抑制晶核的成长，且使晶核生成速度大于晶核生长的速度，可使颜料粒子粒径变小，分布变得更为均匀[56]。

松香本身具有防潮、绝缘、乳化、黏合和防腐等性能，早期直接应用于造纸、涂料和油墨等领域。但由于结构中羧基和碳碳双键两个活性基团的存在影响了松香的稳定性，并且松香还有质脆、软化点低等缺点，这些都限制了松香在颜料表面处理中的应用。天然松香应用中存在的问题促进了松香改性研究的发展。松香的改性主要围绕松香树脂酸中碳碳双键和羧基两类活性基团进行的，松香树脂酸经自身加成或者与其他分子加成可形成高分子化合物；经酯化可得到软化点高且酸度低的松香酯类化合物，经过加氢还原可以制得化学性质更稳定的氢化松香，经过去氢处理可以得到脱氢松香，经过与亲烯体发生双烯合成反应后，再引入其他活性基团可得到松香基酰氯、酰胺、酰腙、酰肼以及硫脲等化合物[57]。

（2）添加松香改性对颜料红 48:2 性能的影响。课题组采用松香为改性剂对颜料红 48:2 进行改性，以提高颜料的着色力、分散性等应用性能。试验采用在颜料制备后期添加松香，使之吸附在颜料晶体表面，阻止干燥过程中因毛细作用而使粒子形成聚集体。松香在粒子之间形成“隔离物”，起到有效的隔离作用，从而改进颜料的分散性。试验采用偶合后添加松香及其衍生物，改变添加量，考察它对颜料色光、着色力、流动性和透明度的影响，结果见表 3-4。

表 3-4　添加松香及其衍生物对颜料红 48:2 的特性的影响

样品序号	添加剂种类	添加量/%	色光	着色力/%	流动性/mm	透明度
3-1	—	—	标准	100	28.0	标准
3-2	松香	5	微蓝	106.32	37.0	稍好
3-3		10	较蓝	113.58	39.0	较好
3-4		15	微黄	111.26	40.5	较好

续表

样品序号	添加剂种类	添加量/%	色光	着色力/%	流动性/mm	透明度
3-5		5	微蓝	109.83	31.5	稍好
3-6	*S*-松香	10	稍蓝	115.56	35.0	较好
3-7		15	蓝	109.21	38.5	稍好
3-8		5	微蓝	116.29	27.0	稍好
3-9	松香胺	10	微蓝	119.84	26.0	较好
3-10		15	稍蓝	129.76	23.5	较好

从表 3-4 中的实验结果可以看出，随着松香添加量的增加，颜料色光逐渐由蓝光红变为黄光红，透明度有所提高，着色力提高显著，松香添加量达到 10%时，性能最优。这是因为加入的松香有效地阻止了颜料粒子的聚集，产物粒径保持较小的状态，从而使透明性得到提高，在印墨中表现出具有良好的分散性。由于颜料粒子表面亲油性的增强，流动性随添加量的增加而逐渐提高。此外，松香是以钙盐形式沉淀在粒子表面，所以随着添加松香量的提高，颜料中含盐量增多，流动性也增加。添加 *S*-松香、松香胺后颜料色光普遍变蓝，透明度和着色力有较大的提高。加入松香同样有效地阻止了颜料粒子的聚集，使产物粒子变小，进而影响色相角。*S*-松香含有—SO_3H 基，分子极性较松香强，改性后的颜料流动性低于松香改性的样品，且随 *S*-松香添加量的增加，流动性逐渐提高。

随松香胺添加量的增加，颜料流动性逐渐降低，由于松香胺在颜料粒子表面形成保护层，阻碍粒子絮凝，使粒径变小。

对添加量同为 10%的松香、*S*-松香、松香胺改性后的颜料性能进行比较，其结果见表 3-5。

表 3-5　松香及其衍生物对颜料性能的影响

添加剂种类	添加量/%	色光	着色力/%	流动性/mm	透明度
松香	10	较蓝	100	39.0	标准
S-松香	10	微蓝	102.0	35.0	相近
松香胺	10	稍蓝	106.3	26.0	相近

可见，以松香改性的颜料表现出较强的蓝色光，流动性最好；以 *S*-松香改性的颜料色光较松香胺改性的更蓝。相同添加量下，以松香胺改性的颜料着色力最高，流动性较差。

将松香及其衍生物（添加量 10%）改性的颜料分散于二甲苯介质中，测定放置后颜料悬浮液的透光度，沉降时间与透光度的关系如图 3-24 所示。

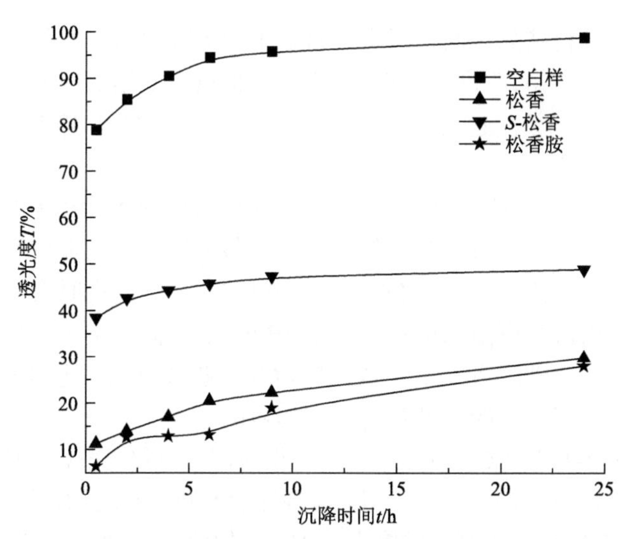

图 3-24　松香及其衍生物改性的颜料在二甲苯中的分散稳定性

由图 3-24 可见，添加松香及其衍生物后，能明显地提高颜料在二甲苯中的分散性。以松香和松香胺改性的颜料在二甲苯中的分散性最好，由于 *S*-松香分子中含有—SO_3H 基，改性后颜料在二甲苯中的分散性低于前两种添加剂改性颜料。

3.4.2　有机胺表面活性剂的改性

由于脂肪胺化合物极性较高的氨基对于颜料分子的极性表面具有较强的亲和力，可吸附在颜料粒子表面上，另一端的长碳链（亲油基团）伸向使用介质中，易被油基印墨介质所润湿，可提高产品的分散性和分散稳定性。

颜料改性中经常使用的是具有以下几种化学结构的有机胺。

（1）脂肪族单胺：如月桂胺、硬脂肪胺、油基胺、牛脂胺、椰子树脂胺。

（2）脂肪族二胺及三胺：如 *N*-硬脂基丙二胺、*N*-牛脂丙二胺、*N*-硬脂基二丙三胺。

（3）脂环取代的胺：如环已胺。

（4）芳环取代的胺：如 *N*-松香丙二胺。

有机胺处理颜料通常在水介质中进行，将其以水溶性的盐溶液、游离胺的水分散液或乳化液的形式加入到颜料悬浮液中。为使铵盐转化为不溶性游离胺吸附在颜料表面，在过滤前需加入碱溶液，也可加入松香酸、长碳链脂肪酸等有机酸，使之与有机胺在颜料表面生成难溶性盐的沉淀，有机胺的用量一般为颜料量的 5%～10%。

用长链脂肪胺处理联苯胺黄类有机颜料，少量胺基物和颜料的羰基形成席夫碱，迅速吸附在颜料结晶表面，减少颜料粒子间的吸引力，起到隔离作用。添加季铵盐及有机胺衍生物,改进了颜料黄 12 和颜料黄 126 用于甲苯凹版印墨的易分散性，提高了着色强度、光泽度与非渗透性；改进了颜料红 48:1 用于溶剂印墨的流动性[58]。

用脂肪胺处理 C.I.颜料红 57:1 可以获得优异的易分散性及高的着色强度，脂肪胺添加到颜料色浆中，可以与颜料分子中的羰基进行亲核加成反应，经过进一步脱水形成席夫碱，该方法可以有效改善颜料的性能。但有时会呈现出强黄光色调，因此专利中用蓝光更强的染料，如用 4B 酸与 R 盐（2-羟基-3,6-二萘磺酸钠）及 1-萘酚-4-磺酸作为偶合组分，生成颜料再与脂肪胺成盐，达到符合要求的蓝光色调，并改进光泽度、透明度及着色强度的目的。

早年瑞士汽巴-嘉基（Ciba-Geigy）公司报道用脂肪胺与染料反应生成的胺盐处理 C.I.颜料红 57:1，处理的颜料用于凹版印刷的溶剂型印墨，具有易分散、高着色力、高光泽的特性。该方法所用脂肪胺多为含 $C_{16\sim18}$ 的伯胺、仲胺、二胺等。汽巴-嘉基公司及美国太阳化学专利中报道的部分脂肪胺商品名称与化学结构如表 3-6 所示。

表 3-6 脂肪胺商品名称与化学结构

胺类商品名	化学结构
Arquad 2HT-75	$R_2N(CH_3)_2Cl$ R= tallow alkyl, HLB 13（0～40）, Akzo Nobel
Arquad 18-50	$RN(CH_3)_3C$ R= tallow alkyl, HLB 21（0～40）, Akzo Nobel
Armeen T	长碳链脂肪伯胺饱和 C_{18} 与不饱和棕榈基胺 C_{16}
Armeen C	RNH_2 R= tallow alkyl, HLB 10.3（0～40）, Akzo Nobel
Armeen O	RNH_2 R= tallow alkyl, HLB 8（0～40）, Akzo Nobel
Armeen Z	$RNHCH(CH_3)CH_2COOH$ R= tallow alkyl
Armeen 2HT	长碳链（C_{18}; C_{16}）脂肪仲胺
Armeen DMHTD	长碳链（C_{18}; C_{16}）脂肪叔胺
Armeen L-PS	芳烷伯胺
Armeen L-2PS	芳烷基仲胺
Armide O	$C_{17}H_{33}CONH_2$ HLB <1（0～40）, Akzo Nobel
Duomeen	*N*-长碳链二胺
Duomeen L 15	环氧乙烷化脂肪胺（ethoxylated fatty amines）
Duomeen L-PS	*N*-芳烷基,芳烯烃基二胺
Duomeen T	$RNH(CH_2)_3NH_2$ R= tallow alkyl *N*-tallow-1,3-diaminopropane（*N*-牛脂基-1,3-二氨基丙烷）HLB 15.6（0～40）, Akzo Nobel
Duomeen TDO	$RNH(CH_2)_3NH_2$ $2C_{17}H_{33}COOH$ HLB 6（0～40）, Akzo Nobel
Duomeen O	*N*-oleyl-1,3-diamino propane（*N*-油酸基-1,3-二氨基丙烷）

续表

胺类商品名	化学结构
Duomeen C	*N*-coco-1,3′-diamino propane（*N*-可可基-1,3′-二氨基丙烷）
Ethomeen S/12	$RN(CH_2CH_2OH)_2$ R= tallow alkyl, HLB 10（0～40）, Akzo Nobel
Ethomeen T/12	$RN(CH_2CH_2OH)_2$ R= tallow alkyl, HLB 10（0～40）, Akzo Nobel
Resin Amine D	松香胺
Triamine T	*N*-tallow-3,3′-diamino bispropylamine（*N*-牛脂基-3,3′-二氨基双丙胺）
Triamine YT	$RN(CH_2CH_2CH_2NH_2)_2$ R= tallow alkyl HLB 32（0～40）, Akzo Nobel
Triamine C	*N*-coco-1,3′-diaminopropane（*N*-可可基-1,3′-二氨基丙烷）

亨斯迈公司（Huntsman）生产的颜料改性剂 SURFONAMINE®胺类产品分为 L 系列和 B 系列产品，L 系列主要用于水性颜料改性，B 系列主要用于溶剂型颜料改性，其结构式为：$R'[OCH_2\text{-}CHR]_x[OCH_2CH(CH_3)]_yNH_2(R=H,CH_3)$，它们是以乙氧基（EO）、丙氧基（PO）为主链，以单胺基封端的聚氧化亚烷基一元胺。其中 SURFONAMINE®L-207、SURFONAMINE®B-200 在有机颜料已经得到广泛的应用，在芳香族（US4946509）、偶氮类（US5024698、US5062894）、酞菁类（US6284816）、蒽醌类（US60229440）有机颜料的改性中起到良好的效果。

3.4.3　表面活性剂改性颜料

表面活性剂是指能显著降低溶液表面张力的物质。其分子常由亲水基团和疏水基团组成。改性有机颜料时，选用表面活性剂主要是依据有机颜料的 HLB 值（亲水亲油平衡值）。使用 HLB 值相近的表面活性剂（或复配型）进行颜料表面改性可以获得理想的效果。大部分有机颜料表面疏水性比较强（即 HLB 值低），可选择两种不同 HLB 值的分散剂复配使用，其中 HLB 值低的分散剂与被处理的颜料有更大的亲和力，两者预先结合后，再与 HLB 值较高的分散剂相结合，可增强颜料表面的亲水特性，最终制得稳定的水溶性分散体系[59]。

在有机颜料制备过程中，首先形成单晶晶核，随后形成具有镶嵌结构的多晶体，称为一次粒子，一次粒子再进一步聚集生成二次粒子。当晶体间以晶棱或晶角相连时，晶体间相互作用力弱，可通过研磨制备易分散颜料产品，但晶体间以晶面接触堆积，晶体间的吸引力比较强，形成不易于研磨分散的聚结体。一次粒子的表面状态对二次粒子的形成有显著影响。当一次粒子的表面层分子排列不规则，表面分子不饱和度比较高时，会促使各粒子之间的力场加强，容易形成粒子坚硬的聚结体。在形成一次粒子时，加入适当的表面活性剂，通过物理或化学吸附占据表面活性部位抑制晶体生长，就会减少二次粒子生成的机会，防止形成大而坚硬的聚结体。表面活性剂的加入还可改变颜料的表面状态，调节颜料粒子表面的亲水、亲油性，提高其在分散介质中的分散稳定性，增强抗絮凝的能力[60]。

选用表面活性剂作为分散剂时，所用表面活性剂应与被处理的颜料粒子表面具有相似特性的疏水基，颜料粒子与分散剂之间的亲和性越高，两者越易结合，添加少量的分散剂即可获得良好的润湿分散效果。例如，吐温 80 和司盘 80 组成的不同 HLB 值复配型表面活性剂对联苯胺黄 G（C.I.P.Y.12）进行表面处理，可以明显改变其流动性及分散度。

表面活性剂具有降低颜料粒子表面张力、改变粒子表面极性特性的功能，作为润湿剂、乳化剂等也被广泛应用于颜料的生产中。其对颜料的改性作用是基于表面活性剂分子中含有的亲水及亲油基团，它们依据自身电荷的特性或极性吸附于颜料粒子表面。在水等极性介质中，表面活性剂亲油基团吸附于颜料的非极性区域，亲水基团则伸展或扩散到水介质中，在粒子周围产生保护壁垒；在油性介质中，表面活性剂极性部分朝向颜料固体，非极性基团伸向粒子外侧，带有吸附层的固体表面裸露出碳氢基团，它被溶剂化形成有效的空间屏障，阻止了粒子的聚集，有助于其分散，如图 3-25 所示。

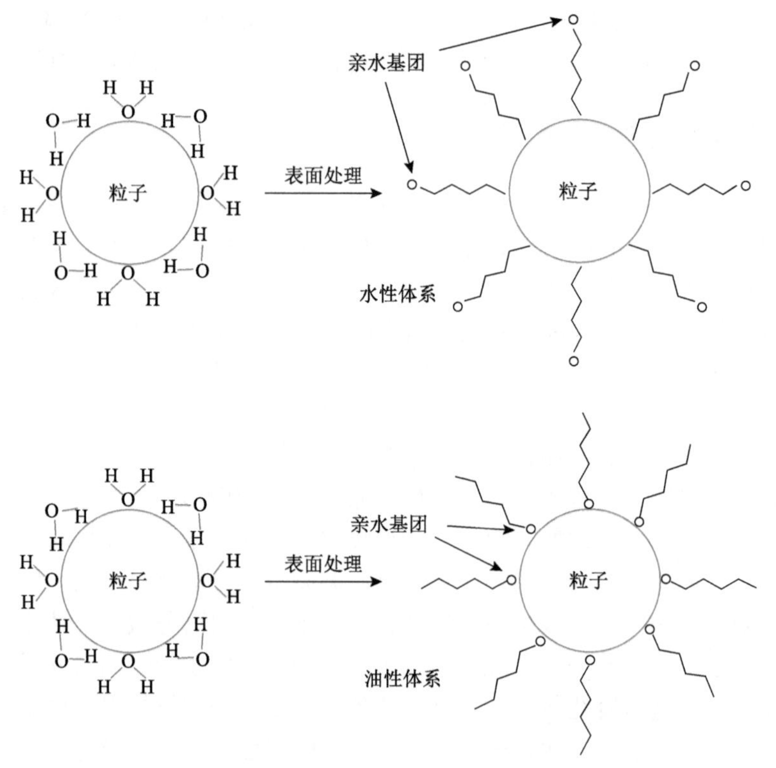

图 3-25　水性介质和油性介质中颜料表面处理模型

表面活性剂有阴离子、阳离子、非离子和两性型四大类。颜料改性一般以非离子、阴离子和阳离子表面活性剂为主，也可采用其中两类表面活性剂的混合物，产生加和增效作用，制备出在水介质或非水介质中具有良好分散性的剂型产品。

1. 添加树枝状化合物和树枝状聚合物改性颜料技术

树枝状化合物（dendrimer）和树枝状聚合物（dendritic polymer）是近 30 年来成功合成的新型大分子聚合物，是由初始引发核的多个反应点与支化单体重复反应组成内腔，以及与支化单体相连接的无数特殊官能团形成的端基外层表面所组成的高度几何对称的三维球形结构。树枝状聚合物具有优良的流变性，独特的黏度、良好的溶解度、低表面张力和玻璃化转变温度（T_g）、容易成膜和不易结晶等物化性质，是线型聚合物不可比拟的。作为药物缓释载体、高效催化剂、纳米材料和分离膜已得到初步应用，在染料、颜料及其下游工业领域的应用还处于起步阶段。近年来此类应用报道正呈现逐步增多的趋势，如在喷墨印花印刷油墨中的应用。

用树枝状聚合物对有机颜料进行表面处理，可以将有机颜料束缚在疏水性的内腔中，而在其外层富集大量极性基团，如马来酸甲酯与乙二胺合成的第五代聚合物有 128 个亲水性氨基以及具有疏水性碳链的外层，非常适合用于制备水性印墨和水性涂料，如图 3-26 所示。树枝状聚合物可使体系的流变性、黏度、表面张力等性能趋于优异化。

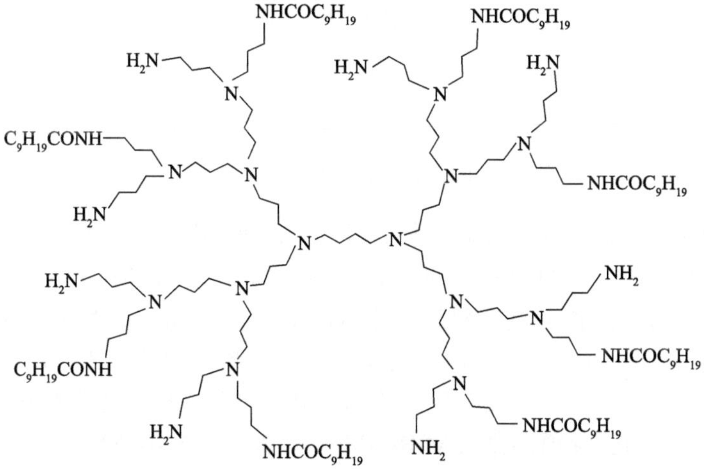

图 3-26　Astramol 系列树枝状聚合物

采用树枝状聚合物作为黏合剂的颜料产品黏度低，粒径小，溶解度大，表面张力低，流变性好，容易成膜，且分散稳定性好，适合喷墨印花的印墨要求，而且可以提高印墨中颜料浓度，解决深浓色印花难题[61]。

2. 添加杯芳烃的改性颜料技术

杯芳烃（calixarene）一般是指由亚甲基桥连苯酚单元所构成的大环化合物，1942 年奥地利人金克（Zinke）首次合成该类型化合物，因其结构像一个酒杯而被古奇（C. D. Gutscht，美国）称为杯芳烃。绝大多数的杯芳烃熔点较高，在 250℃以上。在常用的有机溶剂中的溶解度很小，几乎不溶于水。杯芳烃具有大小可调节的“空腔”，能够形成主客复合物，与环糊精（crown ether）和冠醚（cyclodextrin）相比，是一类更具广泛适应性的模拟酶，杯芳烃包括苯酚杯芳烃以及杂环杯芳烃，如杯吡咯、杯吲哚、杯咔唑等。杯芳烃是继冠醚与环糊精之后的第三代超分子化合物，广泛应用于分子识别、分子组装、相转移催化剂。将杯芳烃衍生物应用于有机颜料的改性，使之与分散介质具有良好的匹配性，适用于制备在水介质分散体稳定性优异的喷绘墨。杯芳烃-*p*-磺酸钠盐是典型的杯芳烃衍生物，其分子外侧含有多个磺酸钠基（—SO_3Na），呈强极性；分子内侧则含有多个羟基（—OH）显示较低的极性特征，如图 3-27 所示。

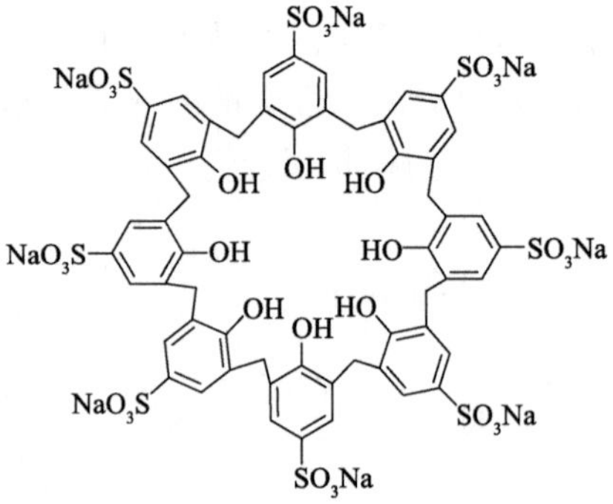

图 3-27　杯芳烃结构式

日本科学家将颜料分散在磺化杯芳烃的水溶液中形成二者的杯芳烃的超分子包合物，利用此种改性颜料制成的墨水具有很好的光牢度和抗氧化性能[62, 63]。

有研究者以醇为酯化剂，对超支化苯乙烯-马来酸酐（BPSMA）进行酯化，考察了反应温度、时间、酯化剂结构及用量等对超支化苯乙烯-马来酸酐酯化物（BPSME）酯化度的影响，在优化实验的基础上制备了以甲醇为酯化剂的超支化苯乙烯-马来酸酐共聚物酯化物（M-BPSME），探讨了 M-BPSME 对颜料红 122 的分散性能的影响。结果表明 BPSMA 与甲醇发生了酯化反应，且最佳反应时间为 6 h，酯化温度为 80℃。分散结果表明，相同条件下线型苯乙烯马来酸酐（LPSMA）BPSMA、M-BPSME 对颜料红 122 的分散效率为 M-BPSME＞BPSMA＞LPSMA，且 M-BPSME 作分散剂的颜料分散体系的离心稳定性和冻融稳定性均在 97%以上[64]。

采用 BPSMA 作为分散剂，在水介质中分散炭黑（CB）。通过测定 BPSMA 分散的炭黑分散体的粒径、Zeta 电位、温度稳定性和离心稳定性，评价了 BPSMA 对炭黑的分散能力的影响。实验结果表明，当炭黑分散体的 pH 为 8 时，当（4-乙烯基）甲醇（VPMT）、苯乙烯（St）和马来酸酐（MA）的物质的量比为 6∶47∶47，过氧化苯甲酰（BPO）和（VPMT+St+MA）的质量比为 1∶50，BPSMA 和 CB 的质量比约为 1∶5 时，制得的 BPSMA 的分散性最好[65]。

采用超支化聚（酰胺-酯）分散剂（HPD）和添加剂平平加 O 协同改性水性颜料分散体系，结果表明，HPD 用量为 15%（相对于颜料质量），颜料用量 2%，平平加 O 添加量小于 5%，超声 40 min 的条件下，颜料粒径可达 217 nm，体系离心稳定性达 83.4%，黏度保持在 1.88 mPa · s。平平加 O 作为润湿剂有助于 HPD 在颜料表面的吸附，使得颜料获得更好的分散稳定性[66]。

采用末端带活性基团的超支化分子作为内核，其外缘可与颜料分子进行化学键合，形成有机颜料，颜料粒子可控制为微米或纳米尺度粒径，颜料分子以较大的密度包覆于微球外层。在这样的超支化结构支撑下，颜料分子间很难产生自发的分子堆砌作用，从而减少或避免了微粒聚集和晶型变化现象的发生，保证了有机颜料粒子的尺寸稳定性和颜色稳定性。此类分散剂适合于喷墨打印的颜料微球制备[67]。

以六亚甲基二异氰酸酯（HMDI）为偶联剂，在氯仿中通过溶液聚合合成了由疏水性超支化聚醚核和分子结构中带有氨基甲酸酯键的亲水性聚（乙二醇）臂组成的两亲性超支化聚酯酰胺（AHPAs）。将 AHPAs 应用于分散有机颜料，对它们的分散性进行研究，结果表明，AHPAs 对有机颜料具有良好的分散效果。当 AHPAs 用量为 12%（相对于颜料质量）时，AHPAs 对酞菁绿的分散效果最好，相对沉降率、黏度和粒径均最低。AHPAs 对有机颜料上的分散性顺序为酞菁绿＞联苯胺黄 G＞颜料红 F5R。AHPAs 具有溶解度高、黏度低、流变性能好、无污染等特点，是作为颜料分散剂的理想材料[68]。

3. 阴离子表面活性剂对颜料的改性

颜料表面改性常使用的阴离子表面活性剂有萘磺酸-甲醛缩合物、硬脂酸钠盐、磺化蓖麻油、琥珀酸酯磺酸盐、胰加漂 T、月桂醇硫酸酯钠盐、烷基（苯）磺酸钠等品种。据日本精化株式会社报道[69]，合成偶氮色淀颜料时，添加芳香族磺酸-甲醛缩合物能改善凹版油墨的光泽及稳定性，印墨不泛稠，不发生凝胶现象。

添加磺化琥珀酸表面活性剂改性 C.I.颜料红 122 以制备水性应用介质中的颜料，合成的颜料在水性体系中更容易分散，颜色鲜艳，着色力更高。著者课题组采用阴离子表面活性剂对 C.I.颜料红 48:2 进行改性以提高颜料的鲜艳度、透明度和分散性，选择偶合后添加阴离子表面活性剂的方式，研究了表面活性剂的种类和用量对颜料性能的影响[70]。

1）添加阴离子表面活性剂对颜料色光的影响

阴离子表面活性剂吸附在颜料粒子表面形成带电荷的屏障层，能够阻止颜料粒子聚集和生长。在体系温度场的作用下，负载有表面活性剂的颜料粒子能够以稳定的小粒径形态存在于系统中，颜料粒径分布较集中，色光也会产生相应变化。

将添加不同种类和用量的阴离子表面活性剂制得的颜料进行色光测量，所得结果列于表 3-7 中。

表 3-7　添加阴离子表面活性剂对颜料色光的影响*

样品序号	活性剂种类	添加量/%	色光	鲜艳度
2-1	—	—	标准	标准
2-2	分散剂 MF	3	稍蓝	微艳
2-3		5	较蓝	较艳
2-4		10	蓝	艳
2-5	扩散剂 NNO	3	微蓝	微艳
2-6		5	微蓝	较艳
2-7		10	微黄	艳
2-8	聚丙烯酸	3	稍蓝	较艳
2-9		5	较蓝	较艳
2-10		10	蓝	较艳
2-11	十二烷基磺酸钠	3	微蓝	微暗
2-12		5	微蓝	微暗
2-13		10	微蓝	较艳
2-14	红油	3	微黄	相近
2-15		5	微黄	微艳
2-16		10	稍黄	较艳

*标准样品为未添加阴离子表面活性剂的颜料。

NNO：亚甲基二萘磺酸钠。

从表 3-7 中数据可看出，添加分散剂 MF、扩散剂 NNO、聚丙烯酸和红油后都使颜料的鲜艳度有了一定程度的提高，且随着表面活性剂添加量的增加，颜料的鲜艳度有所增加。其中添加分散剂 MF 和扩散剂 NNO 对提高颜料鲜艳度效果最佳。有机颜料的着色性能、着色强度、透明度、光泽度和鲜艳度等应用性能与其结构密切相关，颜料微观分子化学结构及宏观粒子结构对这些应用性能都有着显著的影响。其中对颜料鲜艳度影响最为明显的因素是颜料的分子结构和颜料粒子的形状（或形态），此外颜料粒子的粒径分布也发挥着重要作用。分散剂 MF 和扩散剂 NNO 均属于阴离子表面活性剂，分子结构中包含亲油萘核和亲水磺酸结构。作为表面活性剂，颜料研磨过程中加入 MF 和 NNO，可以有效降低表面能，使颜料更容易破碎成微小粒子；在研磨处理后，MF 和 NNO 分子中亲油萘核会吸附到分散染料粒子表面，磺酸则指向水溶剂，分布于颜料粒子表面的—SO_3^{2-}能够使带负电荷的粒子相互排斥，避免颜料粒子聚集沉淀，在水中保持均匀分散状态。分散剂 MF 和扩散剂 NNO 的添加是通过影响研磨形成颜料粒子的形状和大小，以及控制分散介质内的分散状态来决定颜料的鲜艳度的。

添加分散剂 MF、聚丙烯酸和十二烷基磺酸钠后颜料色光变蓝，随分散剂 MF 和聚丙烯酸添加量的增加，颜料蓝光加重，而十二烷基磺酸钠添加量的增加对色光没有明显影响。有机颜料的颜色不能直接通过颜料分子可见吸收光谱来判断，而应用颜料可见光的反射光谱来表示，因为有机颜料的颜色不仅取决于颜料分子的颜色，还取决于结晶粒子的颜色。化学结构完全相同而晶相（晶面间距及排列方向）不同的颜料粒子会对可见光形成不同的吸收与反射，从而造成不同的色光。阴离子表面活性剂添加后会通过离子键、氢键及范德瓦耳斯力等作用吸附在颜料粒子表面，保证颜料粒子在溶剂体系中稳定分散的同时，也会对有机颜料晶相产生一定的影响。不同阴离子表面活性剂与颜料粒子作用不同，对其晶相影响作用也不尽相同，因而也会对颜料色光产生明显的改变。

有机颜料合成工艺过程和后处理过程中添加的表面活性剂主要为阴离子型和非离子型，主要功能是润湿和分散。颜料在使用介质中的分散特性影响着色物的外观颜色、光泽、耐气候牢度，如果分散不佳还会造成着色不均匀等问题。颜料在使用介质中粒子的润湿特性及分散体系的稳定性对颜料的应用性能影响非常显著。颜料在介质中的分散需要经过润湿、分散和稳定三个阶段，颜料粒子在分散介质中分散，首先要被分散剂润湿，颜料粒子固体表面和液体的分散介质相接触，固-气界面消失，固-液界面形成，颜料粒子与分散介质间表面能过高不利于润湿过程实现，阴离子型和非离子型表面活性剂的添加有助于降低新形成的固-液界面表面能，使润湿更容易实现。在颜料生产中通常会遇到需要将疏水性颜料分散到水介质中或将亲水性颜料分散到疏水性溶剂中的情况，并且还需要保持这种分散状态，防止在储存、使用过程中颜料絮凝与沉淀现象的出现，因此颜料分散体的稳定性非常重要。颜料分散体系的稳定特性受到分散介质的性能、粒子表面特性、分布状态等多种因素的影响。添加适当表面活性剂提高分散体系稳定性，适当浓度及类型的表面活性剂会选择性地吸附在颜料粒子表面，通过电荷稳定作用或熵效应阻止颜料粒子因表面能过高而聚集形成沉淀，维持颜料的分散状态。

添加红油后颜料色光偏黄，且添加量越大，黄光越强。此外，添加少量（3%和5%）扩散剂NNO可使颜料蓝光加强，而用量达到10%时偏黄光。

土耳其红油是由蓖麻油和浓硫酸在较低温度下磺化后，再经过氢氧化钠中和而成，是在颜料生产过程中应用广泛的一种阴离子表面活性剂，其自身颜色呈现黄色或棕色。红油磺化程度会影响其作为表面活性剂的性能，并影响使用量，使用量增加会造成颜料色光偏黄[71]。Debye理论指出当质点中某个特征距离和照射该粒子辐射波长在相同数量级时，干涉现象就会变得很明显。一个质点散射中心的数目随质点粒径增大而增多，光的干涉变得严重导致散射光强度减弱，颜色的亮度下降，色光变暗，反之则会增强[72]。扩散剂NNO是一种HLB值较高的阴离子型表面活性剂，在少量添加的情况下可以降低颜料粒子表面能，促进分散使其保持在较小的粒径状态下，因而导致蓝光加强，但当扩散剂NNO添加量进一步增加时，亲水性增强导致破乳现象发生，颜料粒子发生聚集，粒径增加，最终造成色光转向变黄。

分散剂NNO易溶于任何硬度的水中，耐酸、耐碱、耐电解质，HLB值为38.6。其聚合度与磺化度均可对分散效果产生影响。分散剂NNO的聚合度的增加有利于颜料的吸附。但是由于新形成晶体的有机颜料是一种多孔性表面，小分子量缩合物反而容易进入晶体缝隙而达到晶体破碎分割的作用，这可以解释为什么较小分子量分散剂有利于颜料粒子的研磨。基于以上两种相反的原因，分散剂NNO分子量应保持适中，一般控制聚合度n在3～6。分散剂除了最大限度地吸附在颜料表面外，还通过磺酸基的电荷作用产生斥力起到稳定作用。但是分散剂分子量越小，磺化度越大，分散热稳定性越差，分散剂NNO的耐热性也越低，80℃以上时其分散性明显下降[73]。

在颜料粒子形成稳定态过程中，表面活性剂的加入会使颜料粒子的粒径和粒径分布发生变化，导致相应的颜料色光发生变化。对分散剂MF和扩散剂NNO改性后颜料的粒径分布进行检测（表3-8），结果表明改性后的颜料平均粒径减小。在水介质中，活性剂亲油基团吸附于颜料的非极性区域，亲水基团则伸展或扩散到水介质中，在粒子周围产生保护壁垒，它被溶剂化形成有效的空间障碍，阻止了粒子的聚集，改性后生成的颜料粒子粒径显著降低且有助于在体系中分散。

表 3-8　阴离子表面活性剂改性的颜料粒径测定数据

活性剂种类	添加量/%	平均粒径/μm	比表面积/（m^2/g）	小于 0.6 μm 的粒径所占比例/%	小于 0.25 μm 的粒径所占比例/%
—	—	0.32	16.564	85.0	37.5
分散剂 MF	5	0.27	19.052	90.8	46.5
扩散剂 NNO	5	0.29	17.276	89.7	39.7

2）添加阴离子表面活性剂对颜料着色力和透明度的影响

添加选定的几种阴离子表面活性剂，改性颜料的着色力和透明度如表 3-9 所示。

表 3-9　添加阴离子表面活性剂对颜料着色力、透明度的影响

样品序号	活性剂种类	添加量/%	着色力/%	透明度
2-1	—	—	100	标准
2-2	分散剂 MF	3	109.39	较好
2-3		5	104.70	稍好
2-4		10	98.56	稍好
2-5	扩散剂 NNO	3	99.13	稍差
2-6		5	104.13	稍好
2-7		10	107.69	稍好
2-8	聚丙烯酸	3	101.73	稍好
2-9		5	101.00	稍好
2-10		10	100.06	稍好
2-11	十二烷基磺酸钠	3	101.64	稍好
2-12		5	103.62	稍好
2-13		10	103.66	稍好
2-14	红油	3	99.50	相近
2-15		5	102.67	相近
2-16		10	106.53	稍好

从表 3-9 可以看出多数阴离子表面活性剂的添加可以提高颜料的着色力和透明度，可见表面活性剂能够阻止颜料粒子的聚集，使其粒径减小，粒子分布较集中。此外，随着扩散剂 NNO、十二烷基磺酸钠和红油添加量的增加，颜料的着色力逐渐提高；随分散剂 MF 添加量的增加，颜料着色力略有下降；添加聚丙烯酸对颜料着色力影响不明显。综合上述实验结果可以看到，添加 3%的分散剂 MF

改性后，颜料的着色力和透明度最好。一般规律下，颜料粒子研磨得越细，其表面积越大，则透明性和着色力越好。表面活性剂的加入使得颜料粒子变得分散，粒子变得更小，从而提高了颜料的着色力和透明度。从表格中数据呈现出的规律可以看出大体是符合这一规律的，多数表面活性剂添加量的增加，都会使得颜料的着色力和透明度有所增加。而随着分散剂 MF 添加量增加，颜料着色力反而下降，这是因为此类表面活性剂的 HLB 值较高，容易因添加量增加造成亲水性过高而出现破乳现象，进而造成着色能力下降。

选用表面活性剂的主要依据是有机颜料的 HLB 值，选用 HLB 值相近的表面活性剂（或复配型）进行表面改性，可以获得理想的效果。大部分有机颜料的疏水性比较强（即 HLB 值低），可采用复配两种不同 HLB 值的分散剂，其中 HLB 值低的分散剂与被处理的颜料有更强的亲和力，再与 HLB 值较高的分散剂相结合，最终可制得稳定的水溶性分散体系。

按结构可把阴离子表面活性剂分为脂肪酸盐、磺酸盐、硫酸酯盐和磷酸酯盐四大类，是常被采用的几种阴离子表面活性剂。

3）阴离子表面活性剂的添加对颜料流动性的影响

流动性指颜料在液相介质中受到剪切力时能产生流动的性质。阴离子表面活性剂吸附于颜料粒子表面，赋予颜料粒子表面负电荷，粒子之间产生电斥力，阻止颜料粒子间絮凝，拆散了空间网状结构，使原来的结合水变为自由水，结构黏度降低，从而易于分散和流动[74]。

流动性是颜料应用于油墨、涂料着色的重要性能评价指标之一，它与颜料粒子大小、表面处理方法及表面添加剂的品种和用量有关。采用阴离子表面活性剂对颜料改性后，颜料流动性的测定结果如图 3-28 所示。

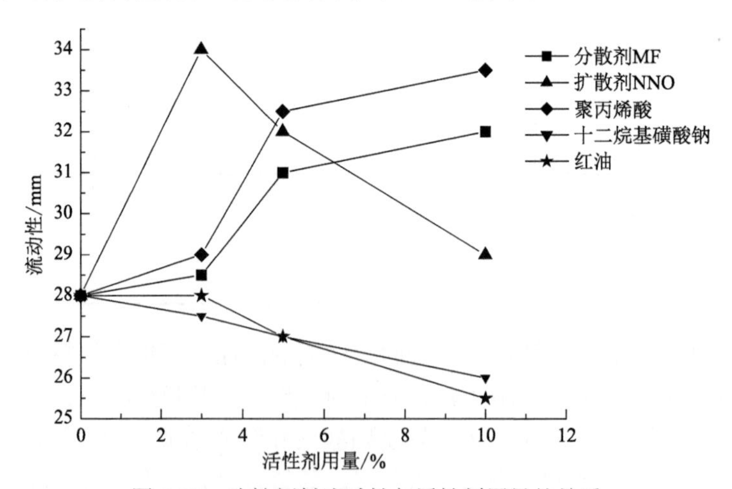

图 3-28　改性颜料流动性与活性剂用量的关系

由图 3-28 可以看出，以分散剂 MF 和聚丙烯酸对颜料进行改性后，颜料的流动性随其用量的增加而增大。采用扩散剂 NNO 对颜料改性时，用量为 3%时流动性达到最大值。添加十二烷基磺酸钠和红油后颜料的流动性下降，而且用量越大，流动性越低。

颜料的流动性与其粒子大小密切相关，粒径越小，比表面积相应地就会越大，所吸附的分散介质的量就会更多，结构黏度上升，流动性就会下降。用非离子和阴离子表面活性剂对颜料进行改性处理，可以有效降低颜料粒子表面的极性，改善它与分散介质的相容性和润湿性，进而改善了颜料的流动性[75]。由图 3-28 中表面活性剂处理后颜料的流动性数据变化情况可以看出，加入分散剂 MF 和聚丙烯酸后，颜料的流动性明显提高，而且随用量的增加而升高，当用表面活性剂的量达到一定程度后，流动性升高幅度变小并趋于稳定，这一现象可以用表面活性剂作用原理加以解释。图中扩散剂 NNO、十二烷基磺酸钠和红油改性后颜料的流动性出现下降的情况，被认为是表面活性剂辅助分散减小颜料粒径的作用和改善流动性作用之间竞争的结果。

分散剂（dispersant）是一种能够提高和改善固体或液体物料分散性能的助剂。在固体颜料研磨时，加入分散剂有助于颜料粒子粉碎并阻止已破碎粒子凝聚而保持分散体稳定状态。不溶于水的油性液体在高剪切力作用下，可分散成很小的液珠，搅拌停止后，在界面张力的作用下很快分层，而加入分散剂后进行搅拌，可形成稳定的乳浊液。其主要作用是降低液-液间和固-液间的界面张力。分散剂也是表面活性剂，种类有阴离子型、阳离子型、非离子型、两性型和高分子型，其中阴离子型最为常用。

扩散剂与分散剂都是助剂，二者在功能上有一定的差别。扩散剂是将某种物质扩散开来的一种添加剂，而分散剂是一种能均一分散难溶解于液体的无机或有机颜料的固体粒子，同时也能防止固体粒子的沉降和凝聚，使颜料形成安定悬浮液的试剂。

聚酯纤维染色需要使用水不溶性染料，如分散染料、还原染料。在染色过程中，这些染料应以细小的粒子均匀地悬浮在水中，加入性能良好的扩散剂可增强染料粒子的分散效果。分散红玉 S2GFL、分散紫 HFGL 等染料采用分散剂 NNO 时，由于染料分散不好，在染色过程中会产生沉淀，使织物染色不均匀、产生色斑，而采用扩散剂 MF 则能很好地解决此问题。

分散剂 NNO 与扩散剂 MF 均属于阴离子表面活性剂，分子结构中均包含疏水基团烃基和亲水基团磺酸基，见图 3-29。表面活性剂的疏水烃基与染料的疏水基团相互吸引，通过范德瓦耳斯力使染料粒子表面附着一层表面活性剂，带负电荷的磺酸基向外舒展，与溶剂形成具有双电层结构的胶体粒子，因此染料粒子的表层带有相同的电荷，在水膜和同种电荷斥力的作用下，染料粒子保持稳定而不凝聚。这两种表面活性剂与染料间的疏水键的结合力较小，在温度较低的情况下能发挥很好的分散作用，但温度的升高，分子的热运动增强，表面活性剂与染料粒子的结合力减弱，造成染料凝聚，进而影响染色效果。聚酯纤维分子结构比较规整且所带有的酯基极性较小，缺少结合染料的结合点，所以在常温常压下无法染色[76]，在高温高压的条件下分散剂 NNO 对染料的分散作用会显著下降。扩散剂 MF 为聚合物，分子量大，且疏水内核相较分散剂 NNO 多了甲基结构，可以增加疏水萘核的极性，增强了高温下表面活性剂与染料粒子的结合力。在聚酯纤维高温染色过程，扩散剂 MF 的应用能提高染料粒子与聚酯纤维结合的稳定性。

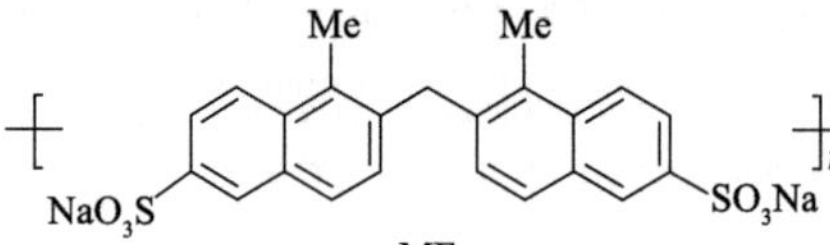

MF

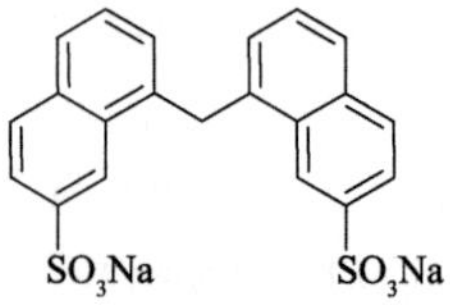

NNO

图 3-29　MF 和 NNO 的结构式

4）阴离子表面活性剂的添加对颜料分散性的影响

添加低磺化度、低 HLB 值和低浊点的阴离子或非离子表面活性剂，能获得粒子较细且分布均匀的颜料色浆，分散性有明显的改善，而且在织物上的亮度和鲜艳度均有所提高。不同结构的阴离子或非离子表面活性剂与乳化剂 EL（聚氧乙烯蓖麻油）组成的二元复配物作分散剂时，所得颜料粒子粒径变细，分散性变化不明显。但三元复配物所得颜料粒子不但未变细，而且分散性却变差，色光变淡[77, 18]。

色浆中颜料粒径大小及分布是决定分散程度的关键因素，颜料在水相中粒径越大，沉降速度越快，色浆分散性越差。反之，颜料粒径越小，色浆稳定性就会越好，而且着色强度、遮盖率和光泽也会增加，此外在水中的溶解性也会得到改善。颜料生产过程中，阴离子表面活性剂的添加会对颜料分散性产生影响。不同结构的阴离子表面活性剂在磺化度、HLB 值、临界胶束浓度（cmc）和表面张力（γ）等重要性能方面的差异会显著影响颜料分散性[78]。磺化度和 HLB 值低的阴离子表面活性剂，疏水性较高，与颜料粒子的疏水结合力强，容易形成阴离子表面活性剂包裹颜料的一次粒子的胶束，阻止粒子二次凝聚，保持颜料在小粒径状态下均匀分布。颜料经过研磨所形成的小粒子的表面张力越小，颜料越容易被破碎成分布均匀的小粒子。表面张力低的阴离子表面活性剂在颜料研磨过程中加入，可以吸附在破碎后的颜料粒子的新生表面，有效降低颜料粒子表面能，使研磨过程更容易进行，形成粒径均匀的颜料粒子。

另外，阴离子表面活性剂与乳化剂 EL 混合使用，组成的二元复配物作分散剂能够使颜料粒子粒径变细，颜料分散效果更好。阴离子表面活性剂中加入 EL 后，两者性能相互补充，可起到良好的消泡、润湿作用，并可降低黏度，易于过滤，使颜料加工过程更为顺利，分散效果进一步改善。

C.I.颜料红 48:2 系列色淀颜料呈蓝光红色，该颜料具有优异的牢度特性，被广泛用于胶印油墨、水性油墨、水性油漆、塑料和橡胶等领域。在 C.I.颜料红 48:2 的合成过程中添加阴离子表面活性剂，考察了表面活性剂结构对该颜料的鲜艳度、着色力、流动性及分散性等性能的影响。分别将使用 5%不同种阴离子表面活性剂的改性颜料分散于二甲苯中，放置一定时间，测定颜料悬浮液的透光度以考察颜料的分散性，悬浮液的透光度越低，表示颜料分散性越好，测试结果如图 3-30 所示。

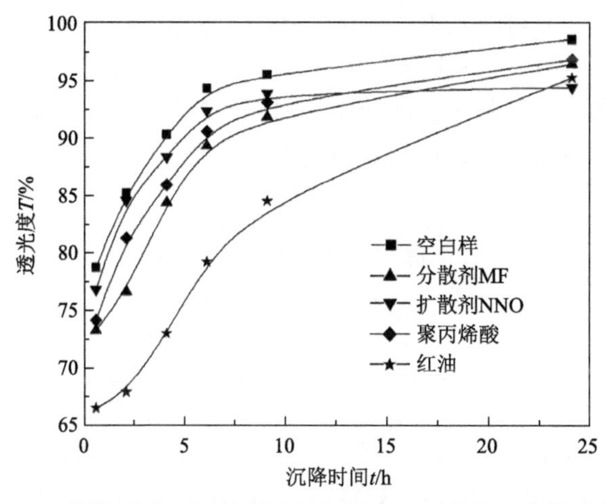

图 3-30　阴离子表面活性剂改性颜料在二甲苯中的分散稳定性

由图 3-30 可见，添加阴离子表面活性剂改性后颜料悬浮液的透光度均低于未添加活性剂的空白样，说明颜料在二甲苯中的分散性有所提高。这可能是由于阴离子表面活性剂分子的极性部分吸附于颜料粒子的极性表面，芳香族或脂肪族碳氢链与非极性溶剂二甲苯的相容性提高，阻止了细小粒子的聚集。

C.I.颜料红 48:2 系列色淀颜料是用 4-氯-6-氨基间甲苯磺酸重氮盐与 2-羟基-3-萘甲酸偶合后用 Ba^{2+}、Ca^{2+}和 Mn^{2+}等离子进行色淀化得到的红色颜料。该颜料分子结构中含有磺酸基，表现出较强的分子极性，在二甲苯分散体系中颜料的分散性较差。添加分散剂 NNO 和扩散剂 MF 等阴离子表面活性剂时，其极性端吸附于颜料的极性表面，表面活性剂的芳香族或脂肪族碳链部分与非极性二甲苯相容，形成空间障碍和熵斥力，起到阻止细小粒子聚集的作用，保持颜料在二甲苯体系中的良好分散状态。

4. 阳离子表面活性剂的改性

在颜料表面吸附阳离子表面活性剂，可使颜料表面带正电荷，从而增大颜料粒子间的静电斥力，使颜料能很好地分散于水中，形成稳定的颜料分散体。

季铵盐型阳离子表面活性剂用于偶氮颜料的表面处理能产生较好的效果，欧洲专利[79]提出用如下结构的表面活性剂（图 3-31）对 C.I.颜料红 48:2 系列色淀颜料进行表面处理，所得颜料分散性良好，且不泛铜光。

铜光现象是指某些有机颜料品种，特别是红色的色淀颜料，在应用于印墨着色时，由于颜料粒子过大或粒径分布不集中，在不同光方向上造成的一种特定的反射现象，在印墨表面上呈现明显铜光现象，或者由颜料制备的印墨刮样纸样片放置一定时间呈现铜光。通过添加特定物质，改变颜料粒径大小和粒径分布，能起到减少光的散射的效果。例如，制备红色色淀颜料 C.I.颜料红 57:1 用作聚酯（PET）油墨时，在硝化纤维/聚氨酯（NC/PU）连接料介质中添加合成树脂 SK，可以充分均匀地包覆颜料粒子，防止由颜料粒子对光的散射，控制颜料粒径大小，不仅避免印墨产生铜光现象，而且具有高的透明度与强的黏合力。

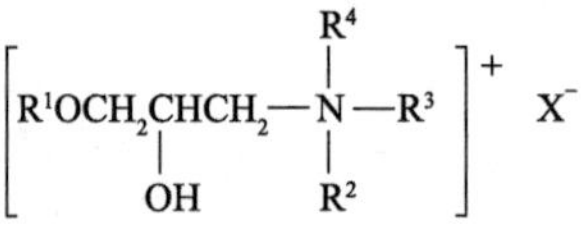

$$\left[R^1OCH_2\underset{OH}{\underset{|}{C}}HCH_2-\overset{R^4}{\overset{|}{\underset{R^2}{\underset{|}{N}}}}-R^3\right]^+ X^-$$

$R^1\sim R^4=C_{1\sim13}$烷基，$X=Cl, SO_3H, COOH$

图 3-31　季铵盐型阳离子表面活性剂结构通式

日本精化株式会社专利指出，在制备色淀类颜料中，加入的 *N*-羟乙基-*N*-月桂基-*N*, *N*-二甲基氯化铵、*N*-羟乙基-*N*-[3-（月桂酰基）丙基]-*N*, *N*-二甲基氯化铵和 *N*-双（羟乙基）-*N*-月桂基-*N*-甲基氯化铵等表面活性剂的结构式如图 3-32 所示[80]。

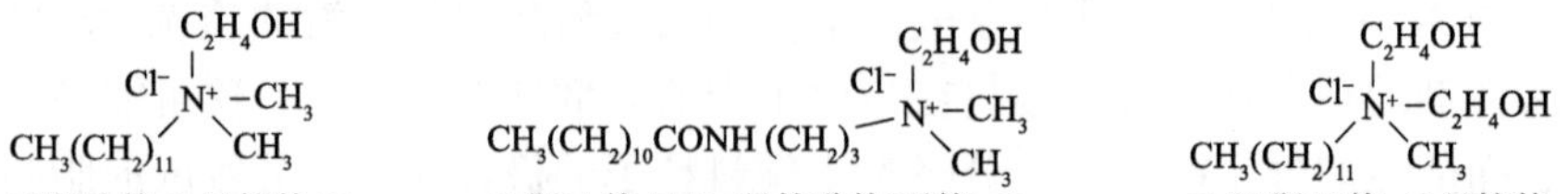

$CH_3(CH_2)_{11}-N^+(C_2H_4OH)(CH_3)_2\ Cl^-$

N-羟乙基-*N*-月桂基-*N*, *N*-二甲基氯化铵

$CH_3(CH_2)_{10}CONH(CH_2)_3-N^+(C_2H_4OH)(CH_3)_2\ Cl^-$

N-羟乙基-*N*-[3-(月桂酰基)丙基]-*N*, *N*-二甲基氯化铵

$CH_3(CH_2)_{11}-N^+(C_2H_4OH)_2(CH_3)\ Cl^-$

N-双(羟乙基)-*N*-月桂基-*N*-甲基氯化铵

图 3-32　色淀颜料用季铵盐型阳离子表面活性剂结构式

对 C.I.颜料红 48:1 及 C.I.颜料红 57:1 添加阳离子表面活性剂改性制备凹版印墨时，可降低印墨黏度，增加光泽度、透明度与颜料分散体储藏稳定性能，如表 3-10 所示。

表 3-10　阳离子表面活性剂对 C.I.颜料红 48:1 及 C.I.颜料红 57:1 改性

颜料例	助剂	40℃，当时黏度/cP	40℃，7 天后黏度/cP	光泽度	透明度（目测）
Ex-1（P.R.48:1）	*N*-羟乙基-*N*-月桂基-*N*, *N*-二甲基氯化铵	2.0	3.0	71	5
比较例-1（P.R.48:1）	—	2.0	胶冻化	60	3
比较例-2（P.R.48:1）	松香皂	3.0	胶冻化	65	4
Ex-2（P.R.57:1）	*N*-羟乙基-*N*-[3-（月桂酰基）丙基]-*N*, *N*-二甲基氯化铵	3.0	4.0	70	5
Ex-2（P.R.57:1）	*N*-双（羟乙基）-*N*-月桂基-*N*-甲基氯化铵	3.2	4.1	68	5
比较例-3（P.R.57:1）	—	3.1	胶冻化	60	3

含有硅氧烷基的新型季铵盐型阳离子表面活性剂的添加，可明显提高有机颜料的流动性、分散稳定性和润湿性[81]。对颜料红 170 进行表面改性后，颜料在水中易分散。该阳离子表面活性剂由 *N*, *N*-二甲基-十六胺与环氧氯丙烷反应制得 3-氯-2-羟丙基-二甲基-十六烷基氯化铵，再与 *N*-（*β*-氨乙基）-*γ*-氨丙基-甲基-二甲氧基硅烷反应制备得到，如图 3-33 所示。

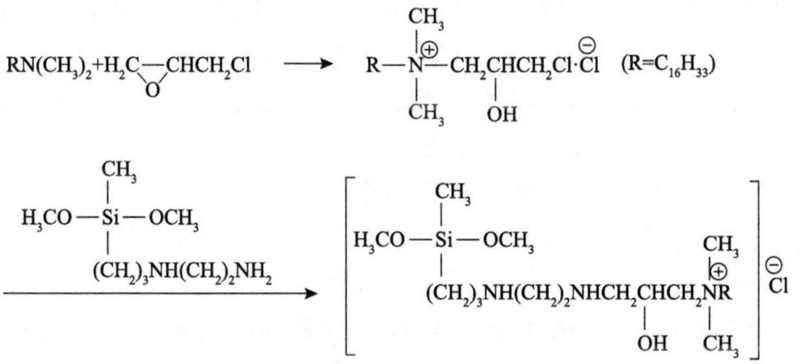

$$RN(CH_3)_2 + H_2C\underset{O}{-}CHCH_2Cl \longrightarrow R-\overset{CH_3}{\underset{CH_3}{N^{\oplus}}}-CH_2\underset{OH}{CH}CH_2Cl \cdot Cl^{\ominus} \quad (R=C_{16}H_{33})$$

$$\xrightarrow{H_3CO-\overset{CH_3}{\underset{(CH_2)_3NH(CH_2)_2NH_2}{Si}}-OCH_3} \left[H_3CO-\overset{CH_3}{\underset{(CH_2)_3NH(CH_2)_2NHCH_2\underset{OH}{CH}CH_2\overset{CH_3}{\underset{CH_3}{N^{\oplus}}}R}{Si}}-OCH_3 \right] Cl^{\ominus}$$

图 3-33　含有硅氧烷基的新型季铵盐型阳离子表面活性剂的合成路线

采用阳离子表面活性剂十二烷基二甲基苄基氯化铵对 C.I.颜料红 22 的分散过程中，该表面活性剂表现出较好的润湿分散性能[82]。

5. 非离子表面活性剂的改性

用于颜料表面改性的非离子表面活性剂，常用的有如下三种类型。

聚乙二醇类型的非离子表面活性剂包括烷基酚聚氧乙烯醚类（烷基酚与环氧

乙烷加成物）、脂肪醇聚氧乙烯醚（高级脂肪醇与环氧乙烷加成物）、脂肪酸聚氧乙烯醚（脂肪酸与环氧乙烷加成物）和脂肪胺聚氧乙烯醚（脂肪胺与环氧乙烷加成物）等。烷基酚聚氧乙烯醚（APEO）由于具有良好的润湿、渗透、乳化、分散、增溶等作用，被广泛应用于有机颜料生产过程。但是由于其本身和原料生物降解代谢物的毒性，欧盟 2003/53/EC 规定从 2005 年 1 月起，在化学品内含量不得超过 0.1%。APEO 主要包括壬基酚聚氧乙烯醚（NPEO）和异辛基酚聚氧乙烯醚（OPEO）。APEO 禁用后的主要代用品为脂肪醇聚氧乙烯醚（FEO），脂肪醇聚氧乙烯醚中的平平加 O、乳化剂 OS-15 和乳化剂 EL 等常用于有机颜料的表面改性。

多元醇类型中典型品种有司盘 20、40、60、65、80 和 85，用于增加有机颜料的亲油性能。司盘与环氧乙烷进行加成反应得到吐温 20、40、60、65、80 和 85，用于增加有机颜料的亲水性能。

烷基多苷或烷基聚葡萄糖苷是由脂肪醇与葡萄糖在催化剂作用下进行醚化反应制备得到的。

目前用得较多的是聚乙二醇类非离子型表面活性剂，用它们进行颜料的表面处理，较多地用于对颜料吸附弱的涂料体系和水性涂料中的颜料改性，如在制造 C.I.颜料黄 12 时,使用具有合适 HLB 值的脂肪醇聚氧乙烯醚对颜料粒子表面进行处理，使表面活性剂的非极性部分被颜料吸附，极性部分向外伸展，制得的颜料润湿性能好、易分散，在涂料体系中可防止颜料粒子的凝聚，不仅提高了颜料的分散性，而且改进了颜料对载体的亲和性。据文献报道，采用表面活性剂 OP-7 和 OS-15 对 C.I.颜料黄 81 进行改性时，随着加入量的增加，改性颜料色光偏绿，透明度降低，着色强度有所提高；同时，由于 NSAA 的加入，颜料与介质间的相容性得到改善，颜料粒径显著减小，流动性呈递增的趋势。表面活性剂 OP-7 和 OS-15 的添加量为 3%～5%（质量分数）时，对颜料的性能有较好的改善效果[75]。

采用非离子表面活性剂对酞菁绿颜料进行处理的过程中，使用介质对处理后颜料表面的亲水亲油性有很大影响。以水为介质得到在水中分散性好的颜料；以有机溶剂为介质可得到在油中分散性好的颜料[60]。

以烷基聚葡萄糖苷（聚配糖物，APG225）处理偶氮颜料，所得颜料在水性柔版印墨中具有很高的光泽度、鲜艳的色光和高着色强度[83]。

6. 高分子表面活性剂的改性

文献报道了国外开发与应用的一类具有高效分散性能的添加剂，称为高分子表面活性剂或超分散剂。其结构特点：一是分子中含多个锚式基团，可增加与颜料粒子的表面结合力，与经典的分散剂相比不易发生解吸附现象，增加了分散体系的稳定性；二是通过调整或选择超分散剂分子中的聚合溶剂化碳链的长度，使之在不同的溶剂或分散介质中有良好的相容性。其基本结构及在介质中与颜料的作用模型图如图 3-34 所示。

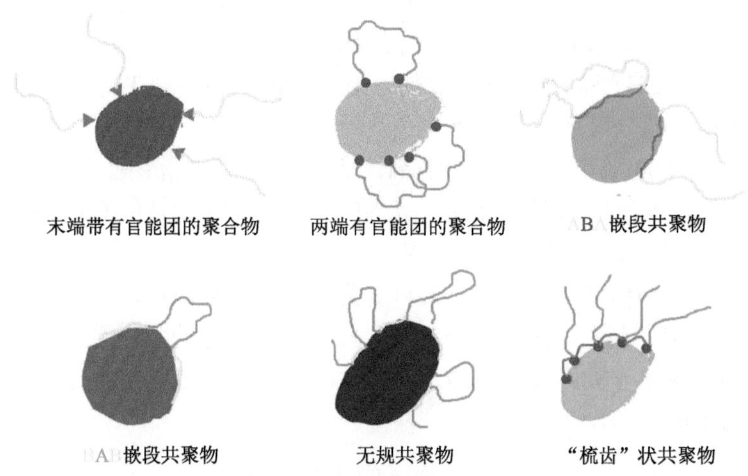

图 3-34　超分散剂结构及在介质中与颜料的作用模型

超分散剂主要适用于制备高颜料浓度的分散体，长时间存放不发生聚集或沉降，同时又可提高颜料的易分散性、着色强度等。

目前使用的超分散剂主要有天然和合成两大类。天然超分散剂主要有羧甲基纤维素和木质素磺酸盐等。合成超分散剂种类较多，从结构上讲，超分散剂主要有以下几类。

（1）马来酸或马来酸酐超分散剂：该类分散剂黏度较低，适用于喷射印刷油墨。由于马来酸或马来酸酐分子中含有两个羧基，由它们制备的超分散剂水溶性和极性均较强。此类分散剂主要结构品种是苯乙烯与马来酸（酐）共聚物。

（2）聚烯烃类超分散剂：这类分散剂主要作用原理是对颜料覆盖、隔离，使之与使用的介质相容。此类分散剂可用于制备微胶囊色淀颜料或色母粒。

（3）聚醚类超分散剂：该类分散剂种类繁多，结构各异，主要是氧化乙烯、氧化丙烯、乙二醇和间甲酚、对甲酚的嵌段共聚物等。据欧洲专利报道[84]，制备颜料时偶合后升温到 70～90℃，加入聚醚型超分散剂可提高颜料的着色力，增加颜料在水基印墨中的分散稳定性。

（4）聚酯类超分散剂：聚（12-羟基硬脂酸）可直接用作颜料分散剂，也可进一步与胺或羟基化合物反应制成酰胺或酯类分散剂，用于颜料改性，适用于凹版印墨，产品具有良好的流动性和储存稳定性[85]。

超分散剂的应用工艺和用量十分关键，文献报道超分散剂在对颜料进行改性之前应加到研磨基料中，全部溶解后才可加至树脂溶液中。超分散剂的添加量应刚好以单分子层包覆颜料粒子表面，如果添加量过多，会造成表面上的超分散剂吸附不牢固。

市售的超分散剂产品包括：Solsperse 产品（ICI/ZENECA）、Hypersol 分散剂（丹麦 KVK）、BYK Chemie 产品（德国毕克化学）、Disperse-AYD 分散剂（美国 DANIEL）、CH 型高分子型分散剂（上海三正）、Y-型/T-型超分散剂（镇江天龙）、WB 系超分散剂（维波斯）。

Solsperse17000 属于非极性超分散剂，是聚 12-羟基硬脂酸酯，极性低，可溶于脂肪烃类溶剂，适合在非极性与低极性介质中使用。用它改性的 C.I.颜料黄 13 具有优异的着色力，适用于胶印及凹版印墨[86]。

Solsperse27000（图 2-35 和表 3-11）为极性的超分散剂，溶于水，属于亲水性的 β-萘酚聚氧乙烯醚。Solsperse27000 分子中非极性的萘环通过分子间范德瓦耳斯力与颜料粒子非极性表面结合，亲水性的醚键通过氢键与水分子结合，促使亲水性能的改进。

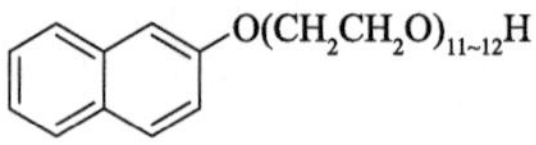

$O(CH_2CH_2O)_{11\sim12}H$

图 3-35　Solsperse27000 结构式

德国毕克化学公司产品可按极性的高低分类，也可以按照适用的分散介质分类。Dispersebyk®161、163、167、168、174、164 属于极性较低的润湿分散剂，而 Dispersebyk®140、182、110、111、142、180 则属于极性较高的润湿分散剂，适用于水介质的 Dispersebyk® 183、191、190、184、180 属于极性较低的润湿分散剂，而 Dispersebyk®192、154、151 则属于极性较高的润湿分散剂（分子量从高至较低）。

表 3-11　Solsperse 产品在溶剂中的溶解特性

溶剂	Solsperse 17000	Solsperse 13940	Solsperse 13240	Solsperse 24000	Solsperse 26000	Solsperse 28000	Solsperse 20000	Solsperse 27000
脂肪烃	易溶	易溶	难溶	不溶	不溶	不溶	难溶	不溶
芳烃	难溶	难溶	易溶	易溶	易溶	易溶	难溶	不溶
醚类	难溶	难溶	难溶			易溶	难溶	不溶
酮类	难溶	难溶	难溶			易溶	难溶	不溶
醇类	不溶	不溶	不溶	不溶	不溶	不溶	易溶	不溶
水	不溶	不溶	不溶	不溶	不溶	不溶	易溶	易溶
极性	低极性							高极性

文献中介绍了一种聚醚胺衍生物型超分散剂[87]，如图 3-36 中式 Ⅰ～Ⅴ 所示。

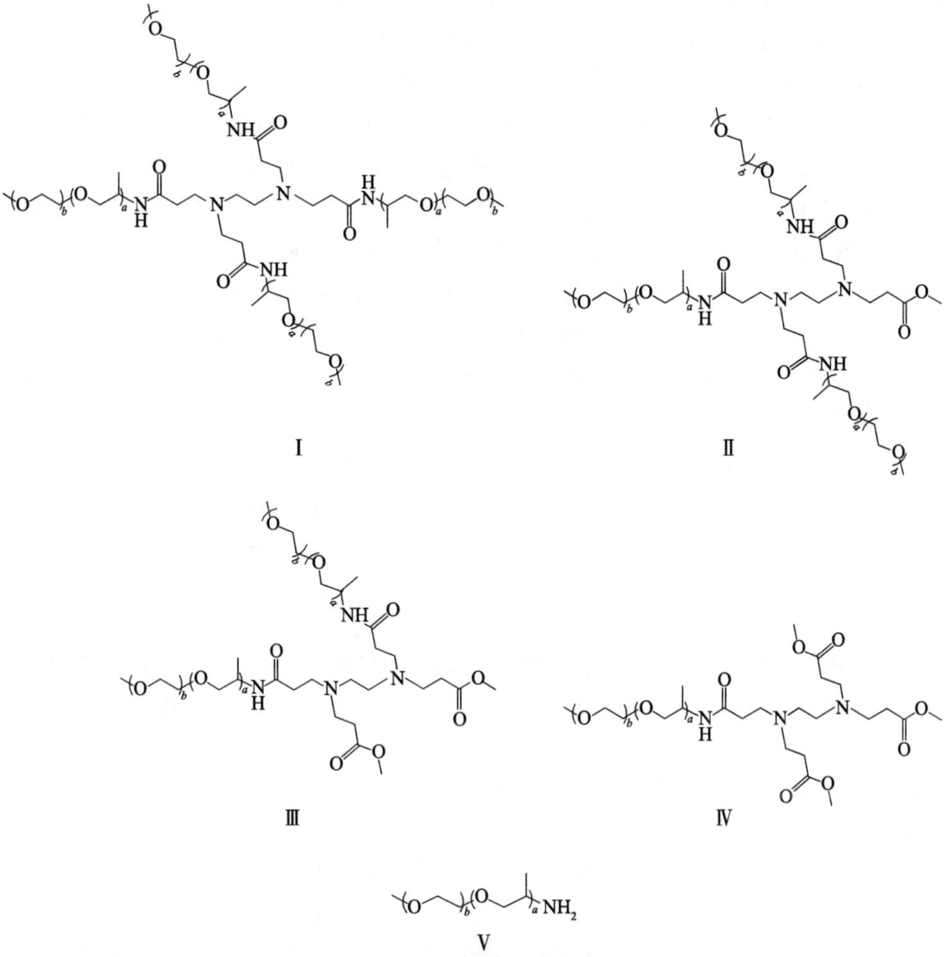

Ⅰ　Ⅱ

Ⅲ　Ⅳ

Ⅴ

图 3-36　聚醚胺衍生物型超分散剂结构

图中聚醚类化合物的 HLB 值均小于 3，在颜料制备完成后加入该类高分子表面活性剂，可以改善偶氮类、酞菁类及三芳甲烷类有机颜料在胶印体系的流变性能和分散性能，同时又不影响有机颜料的色光。

Gemini 表面活性剂具有传统表面活性剂不具备的独特的表面活性，应用范围更为广泛。Gemini 表面活性剂是由两个传统的表面活性剂分子通过特殊的基团以化学键形式连接而成的一种新型表面活性剂。此类表面活性剂分子结构中含有两个亲水基团和两个亲油基团，因而又被称为二聚表面活性剂。Gemini 表面活性剂性能大大超过了传统的表面活性剂，可赋予颜料粒子低表面张力，有利于有机颜料的润湿及分散稳定性。

市售的 Gemini 表面活性剂产品牌号为：美国空气产品公司（Air Product）的 Sorfynol TG Sorfynol 104、420、440、465、485、61 和 82；日本川研精细化工公司（Kawaken Fire Chemicals）的 Acety Cenol EH、El 和 EO。

（1）Gemini 型表面活性剂。与经典表面活性剂的分子结构不同，Gemini 的分子中至少含有两个亲水基团（离子或极性基团）和两条疏水链，在亲水基团或靠近亲水基团处，由连接基团（spacer）通过化学键（共价键或离子键）连接在一起，如图 3-37 所示。Gemini 表面活性剂因特殊结构和优异的表面性能展现出广阔的应用前景。一些经 Gemini 改性的产品在改善涂料性能中已得到应用，如 Degussa 公司的 Tego Twin 4000 就是 Gemini 型硅氧烷表面活性剂，作为润湿分散剂，具有不稳泡和消泡性；Air Products 公司的 Envim Gem D01 属于乙炔二醇类低聚表面活性剂，EnvimGem AE 系列 Gemini 型表面活性剂可以作为环境友好、易生物降解的润湿分散剂。

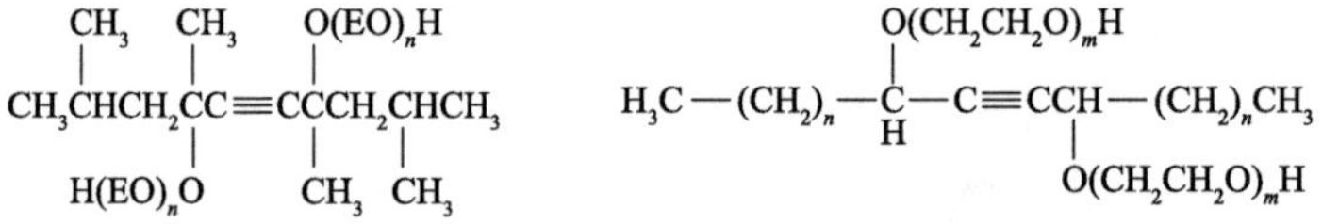

CH_3　CH_3　$O(EO)_nH$
$CH_3CHCH_2CC \equiv CCCH_2CHCH_3$
$H(EO)_nO$　CH_3　CH_3

$O(CH_2CH_2O)_mH$
$H_3C-(CH_2)_n-\underset{H}{C}-C \equiv CCH-(CH_2)_nCH_3$
$O(CH_2CH_2O)_mH$

图 3-37　Gemini 表面活性剂结构

（2）AB 嵌段高分子表面活性剂。该表面活性剂在颜填料表面采取尾型吸附形态，A 嵌段是亲颜料的锚固基团，B 嵌段是亲溶剂的溶剂化尾链。A 嵌段可以是酸、胺、醇、酚等官能团，通过离子键、共价键、配位键、氢键及范德瓦耳斯力等相互作用吸附在颜料粒子表面，由于含有多个吸附点，可以有效地防止分散剂分子脱附，使吸附紧密且持久。B 嵌段可以是聚醚、聚酯、聚烯烃、聚丙烯酸酯等基团，分别适用于极性和非极性溶剂。典型的 AB 嵌段型高分子表面活性剂结构如图 3-38 所示。稳定颜料粒子主要依靠 B 嵌段形成的吸附层产生的空间位阻作用，所以对作为溶剂化尾链的 B 嵌段的长度和均一性有极高的要求，应形成厚度适中且均一的吸附层。如果 B 段过长，可能会出现架桥作用，引起分散体系黏度增加，甚至絮凝沉淀。通常认为位阻层的厚度为 20 nm 时，可以达到最好的稳定效果。

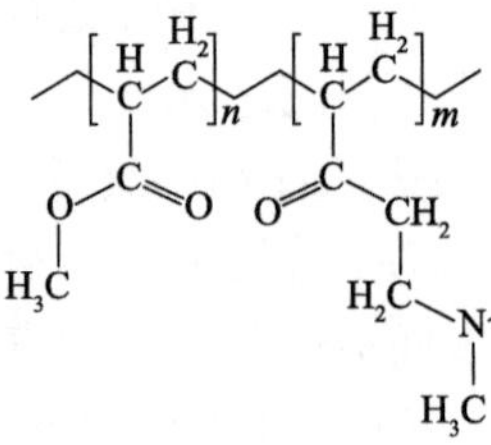

$[\overset{H}{C}-\overset{H_2}{C}]_n[\overset{H}{C}-\overset{H_2}{C}]_m$
$O-C=O$　$O=C-CH_2$
H_3C　$H_2C-N-CH_3$
H_3C

图 3-38　AB 嵌段型高分子表面活性剂

（3）Bola 型表面活性剂。Bola 型表面活性剂是一种功能性表面活性剂，是由两个亲水的极性基团与一条或两条疏水链连接键合成的化合物。由于 Bola 型表面活性剂具有两个亲水基团的特殊结构，决定了它不仅有传统表面活性剂的润湿、乳化、洗涤等基本性能，还具备独特的聚集和自组装特性，以及形成稳定单层类脂膜和囊泡的能力，在生物膜模拟、生物科学、新型材料、信息科学、印染工业等方面具有重要作用。用于织物染色的阳离子超细有机颜料改性颜料与纤维间没有亲和力，通过对织物进行阳离子化改性，依靠颜料中的阴离子分散剂产生库仑引力，增强改性织物与颜料间的静电作用，能够显著提高颜料的上染率，解决颜料染色只能染中浅色的问题，改善耐摩擦色牢度、耐水洗色牢度以及手感[88]。

（4）可聚合阳离子表面活性剂。与阴离子和非离子颜料分散体系相比，用阳离子分散剂改性的颜料分散体系用于纤维素材料的着色时，与纤维素材料的结合力更强、颜色更深和鲜艳度更高，可以节约颜料用量、减少环境污染，同时还可以使纤维素材料具有一定的抗菌性。以甲基丙烯酸二甲胺乙酯和 1-溴代十二烷为原料，吩噻嗪为阻聚剂，在 50℃恒温反应 20 h，可以合成可聚合阳离子表面活性剂——甲基丙烯酰氧乙基十二烷基二甲基溴化铵（DMDB）。以 DMDB 为分散剂，用超声波粉碎制备超细颜料分散体系，当 $w(\text{DMDB}) \geq 0.3\%$时，分散体系的粒径小于 300 nm，Zeta 电位在 25 mV 左右，具有较好的离心稳定性[89]。

采用阳离子型分散剂 SMD 与颜料永固红 F5RK 按 1∶6 配制颜料分散液，通过微射流粉碎机的高压高剪切作用制备阳离子型超细颜料分散体系，并应用于棉针织物浸染工艺。试验结果表明，阳离子超细颜料具有良好的分散稳定性，分散液中颜料粒径可细达 217.7 nm，Zeta 电位为 38.4 mV，在使用、储存和高温下均不发生分层和沉淀等变质现象。在颜料用量为 3.5%、浴比为 1∶50、温度为 80℃、时间为 160 min 的染色条件下，棉织物的上染率为 97.94%，K/S 值为 14.909，干、湿摩擦牢度分别为 2～3 级和 1～2 级[90]。

采用自由基溶液聚合，制备了甲基丙烯酰氧乙基三甲基氯化铵-苯乙烯-甲基丙烯酸甲酯三元共聚物，并以此阳离子聚合物作为分散剂制备超细有机颜料分散体系。聚合物的结构及用量对颜料分散体系的影响较大，当引发剂偶氮二异乙腈和阳离子单体的质量比为 0.010～0.012 时，颜料的粒径最小且体系的稳定性最好，阳离子聚合物质量分数大于 0.004 时，分散体系的分散性能较好[91]。

分别以 3 种阴离子表面活性剂［亚甲基二萘磺酸钠（NNO）、十二烷基硫酸钠（SDS）和十二烷基苯磺酸钠（DBS）］为分散剂，用 M-110EHI 型高压高剪切微流喷射粉碎机制备阴离子型超细有机颜料水性分散体系，在相同粉碎次数下，降低颜料粒径效果的次序为 NNO＞DBS＞SDS。分散剂用量为 12.5%（相对于颜料质量）时，可使颜料粒径减小，体系黏度明显降低；分散剂 NNO 本身具有萘环结构，可以和颜料粒子表面形成更为牢固的吸附，其带电荷数也高于其他两种分散剂，对分散体系的稳定作用也更强。相对于常规颜料体系，超细颜料分散体系可将棉织物的颜色染得更深[92]。

采用细乳液聚合技术制备了包覆铜酞菁颜料的聚苯乙烯乳液水分散体。将有机颜料首先悬浮到单体相中，然后使用不同类型和浓度的疏水剂（共稳定剂）将得到的油状悬浮液转化为稳定的微乳液液滴。以过硫酸钾为引发剂，最终聚合着色单体乳液[93]。通过控制共混颜料分散体颜料中单体微乳液与单体质量比在 80∶20 进行聚合，可以有效地封装不同的有机黄色、品红和蓝色颜料纳米粒子[94]。

3.4.4　有机颜料衍生物改性

有机颜料衍生物改性是利用与待处理颜料结构相似，且含有特定的极性或非极性取代基的衍生物作为改性剂，通过分子间范德瓦耳斯力、偶极-偶极作用力以及离子键等作用，使其结合于颜料粒子表面以达到改性的目的，有机颜料衍生物改性可以使颜料粒子与介质相容性变得更好，更易润湿及分散，进而改进颜料流变特性，提高分散体系的稳定性[22]。

颜料衍生物很少直接作为颜料用，主要用作改性处理剂，它们与被处理的颜料（母体颜料）有相同或相近似的骨架结构，用量为 3%～5%。在非水体系中，颜料衍生物处理也是以颜料的分散稳定化为主要目的。颜料衍生物的改性处理对酞菁类、稠环类及杂环类颜料等难分散的颜料是十分有效的。

经由 DPP、P.V.19、CuPc 与氯磺酸反应，再与氨基丙酸（β-alanine）缩合制备出的颜料衍生物和相应的母体颜料混合制备物（添加硫酸铝沉淀剂）聚氨基甲酸酯水性连接，得到的改性颜料具有优异的透明度、高着色强度和耐水性能[95]。

现将有机颜料生产中添加的衍生物的结构介绍如下。

1. 酞菁类衍生物

依据 CuPc 分子中引入取代基结构不同，酞菁类衍生物可分为两大类型：一类是酸性衍生物，另一类是碱性衍生物。从分子结构上看，主要是 CuPc 的磺酸及其脂肪胺的衍生物，其结构式如图 3-39 所示。

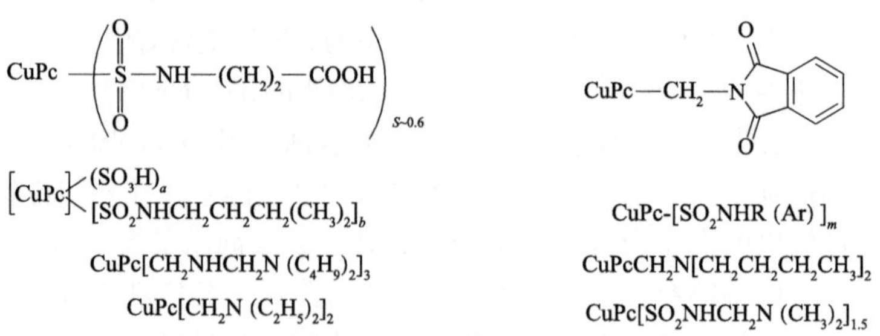

$CuPc-(SO_2-NH-(CH_2)_2-COOH)_{S\sim0.6}$

$CuPc-CH_2-N$(邻苯二甲酰亚胺基)

$[CuPc]\langle^{(SO_3H)_a}_{[SO_2NHCH_2CH_2CH_2(CH_3)_2]_b}$

$CuPc\text{-}[SO_2NHR\ (Ar)\ ]_m$

$CuPc[CH_2NHCH_2N\ (C_4H_9)_2]_3$

$CuPcCH_2N[CH_2CH_2CH_2CH_3]_2$

$CuPc[CH_2N\ (C_2H_5)_2]_2$

$CuPc[SO_2NHCH_2N\ (CH_3)_2]_{1.5}$

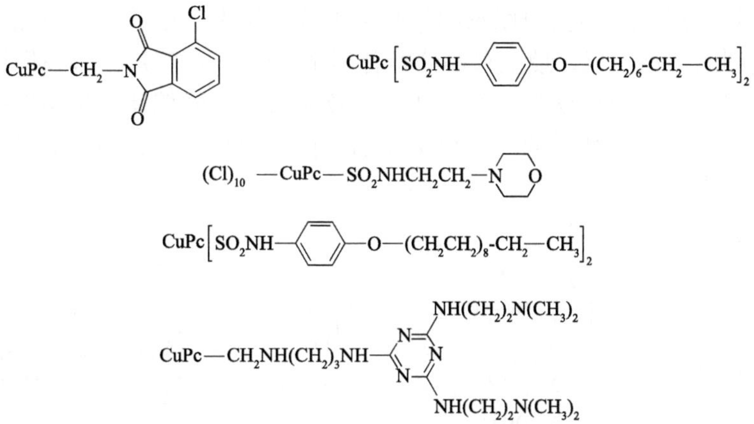

CuPc—CH$_2$—N(phthalimide, Cl)　　CuPc[SO$_2$NH—C$_6$H$_4$—O—(CH$_2$)$_6$-CH$_2$—CH$_3$]$_2$

(Cl)$_{10}$ —CuPc—SO$_2$NHCH$_2$CH$_2$—N(morpholine)O

CuPc[SO$_2$NH—C$_6$H$_4$—O—(CH$_2$CH$_2$)$_8$-CH$_2$—CH$_3$]$_2$

CuPc—CH$_2$NH(CH$_2$)$_3$NH—(triazine)[NH(CH$_2$)$_2$N(CH$_3$)$_2$]$_2$

图 3-39　酞菁类衍生物的结构式

2. 添加第二偶合组分改性

偶氮类有机颜料的生产中，通常添加第二重氮组分取代芳香胺及第二偶合组分进行表面改性。其结构式如图 3-40 所示。

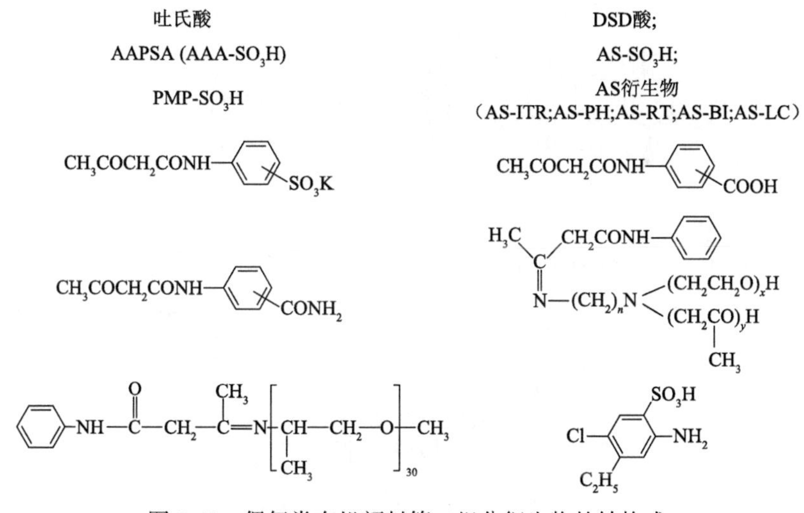

图 3-40　偶氮类有机颜料第二组分衍生物的结构式

3. 稠环类及杂环类颜料衍生物

稠环类及杂环类颜料衍生物（图 3-41）的引入会对母体颜料晶体行为产生影响，可以使颜料性能发生变化。在有机颜料的结晶过程中，颜料衍生物会在体系内形成新相的核，体系中将出现两相的界面，依靠相界面逐步向旧区域推移使新相范围不断扩大；另外，颜料衍生物组分的引入使体系内的不均匀性增加，在促进晶核生长的同时，还会向原来颜料晶格中选择性引入杂质使颜料晶格扩张，破坏了规则的晶格生成，使颜料晶体发育不全，产生晶格缺陷，破坏其完整性，改变了颜料粒子的表面状态。粒子变细导致颜料的色光偏蓝，透明度提高，着色强度显著提高。改性后的颜料粒子变细，比表面积增大，则吸油量增加，而流动性降低[96]。

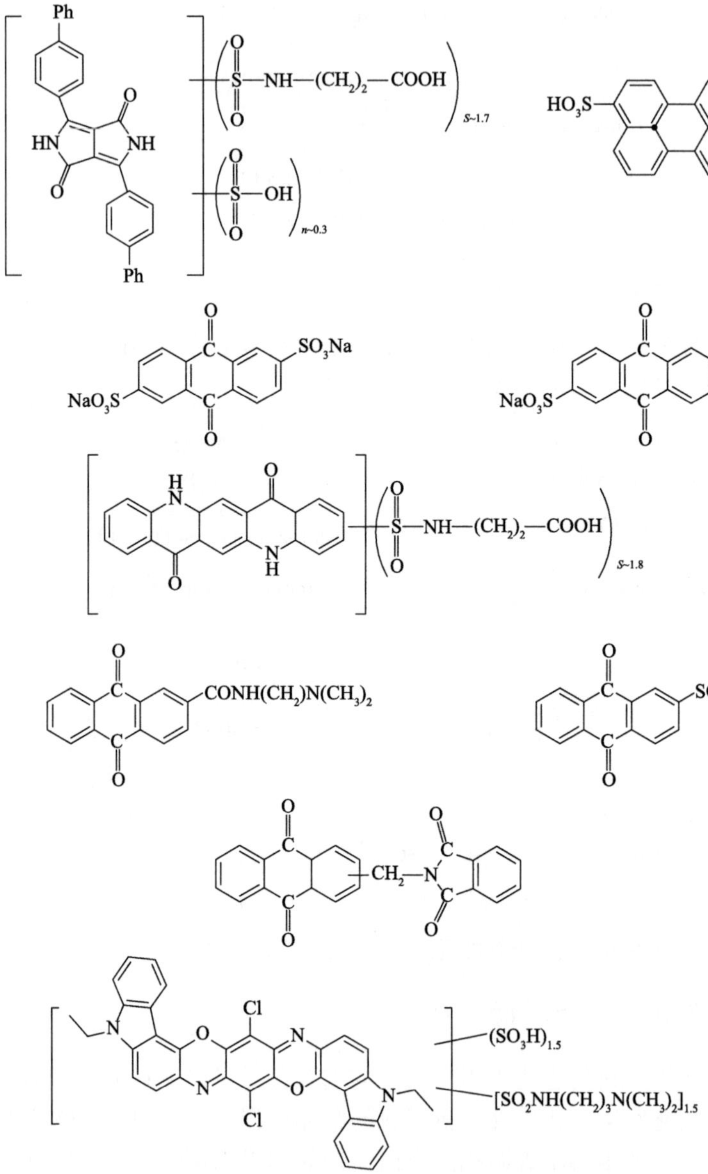

图 3-41　稠环类及杂环类颜料衍生物

3.4.5　等离子体表面改性处理

人们对颜料进行了多种表面物理和化学的改性研究，经改性的有机颜料与使用的介质有良好的匹配性，提高了分散体系的稳定性。但以上处理过程操作复杂。与之相比，等离子体表面改性方法可减少生产废水的排放，安全性高，节能环保，具有明显的优势。此外，等离子体表面处理可在改变惰性颜料表面性质的同时，不影响颜料本体的结构，该方法容易控制改性的区域和程度。

等离子体中包括电子、离子、基态原子或分子、激发分子或原子以及自由基等多种粒子，它是一种具有化学反应活性的特殊气体。处于等离子体状态的气体可与颜料表面发生化学反应，在颜料表面引入羧基、羟基、羰基、酯基等极性基团，从而使颜料粒子在树脂和极性溶剂中容易分散。氧等离子体表面处理，可以在颜料的表面引入含氧官能团，改变颜料的表面极性，从而有利于颜料在水中的分散，改进有机颜料与着色介质的相容性。

为了提高合成颜料在水中的分散稳定性，有研究者[97]采用氧等离子体处理颜料红 122 和颜料蓝 15 在水中的分散体系。研究表明，经氧等离子体处理可以增加上述两种有机颜料在水中的分散稳定性。XPS 分析发现，氧等离子体处理在颜料的表面引入了相当数量的含氧官能团，使得处理后颜料在水中的分散稳定性大大提高。如图 3-42 所示，采用氧等离子体对 CuPc 进行表面处理，可实现 CuPc 在水中的分散。经氧等离子体处理的颜料，涂料印花的干、湿摩擦牢度都提高了 1 级，颜料红 122 的 K/S 值由 6.05 提高到 13.98，颜料蓝 15 的 K/S 值由 12.56 提高到 15.78。

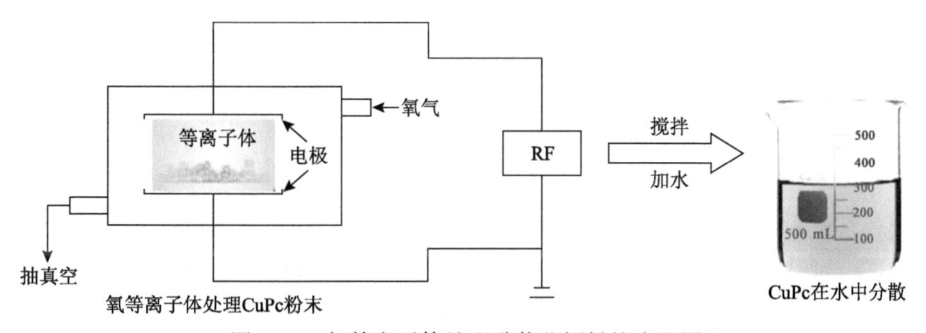

图 3-42　氧等离子体处理酞菁蓝颜料的流程图

Ihara 等[98]采用低温等离子体溅射技术对咔唑紫（DV，颜料紫 23）、喹吖啶酮（QR，颜料紫 19）及 CuPc（颜料蓝 15）有机颜料实施表面改性，颜料表面引入极性—OH、—COOH 基团。等离子体照射后均显示提高了颜料在水中的分散性，其结果如表 3-12 所示。

表 3-12　等离子体处理条件对颜料表面积、pH、润湿热和水中分散状态的影响

颜料	功率/ W	压强/ torr	处理时间/ h	表面积/（m^2/g）	pH	润湿热/（J/m^2）	分散状态
DV	5	1	3	89.8	3.18	0.107	A
	10	1	3	88.7	3.04	0.110	A
	20	1	3	83.9	3.06	0.110	A
	10	3	3	86.7	2.92	0.112	A
	20	3	3	85.1	2.72	0.115	A
	20	5	1	91.4	3.17	0.107	A
	20	5	3	84.6	2.69	0.113	A
	20	5	5	80.1	2.56	0.118	A
	30	5	3	83.3	2.72	0.114	A
	未处理组			91.8	5.43	0.035	C
QR	5	1	3	26.8	4.14	0.296	A
	10	1	3	26.9	4.12	0.299	A
	20	1	3	27.3	4.25	0.289	A
	10	3	3	26.0	3.51	0.314	A
	20	3	3	25.9	3.55	0.311	A
	20	5	1	27.4	4.48	0.272	A
	20	5	3	24.5	3.20	0.320	A
	20	5	5	25.7	3.14	0.322	A
	30	5	3	25.1	3.33	0.318	A
	未处理组			28.5	8.81	0.215	C
CuPc	5	1	3	59.3	4.32	0.101	B
	10	1	3	62.6	4.36	0.100	B
	20	1	3	63.1	4.58	0.104	B
	10	3	3	61.1	4.12	0.099	B
	20	3	3	63.2	4.30	0.101	B
	20	5	1	63.8	4.44	0.104	B
	20	5	3	59.6	4.23	0.101	B
	20	5	5	61.6	4.18	0.103	B
	30	5	3	63.0	4.77	0.098	B
	未处理组			63.2	6.41	0.074	C

A：分散良好，B：稍分散，C：沉积

从表中可见，样品的pH可作为处理效率的指标，随着输入功率的提高，压力的增加，反应时间的延长，氧等离子体处理的颜料紫23的pH变低。但当输入功率达到30 W时，处理样品的pH反而高于输入功率为20 W的情况，因此，优选氧等离子体处理的颜料紫23输入功率为20 W，处理后的颜料具有较好的分散性。同样，氧等离子体处理的颜料紫19及颜料蓝15的pH随处理电压的增加，反应时间的延长而降低。同等电压及反应时间下，输入功率越低，处理的颜料紫19及颜料蓝15的pH越低，处理后的颜料在水介质中的分散性越好。

3.5　有机颜料的应用

3.5.1　有机颜料在塑料中的应用

1. 塑料着色用有机颜料的基本要求

（1）应具有符合要求的颜色及色相、高着色力及鲜艳度、良好的透明度或遮盖力。

（2）应具有优良的耐热稳定性，可防止在塑料受热时，颜料因分解或晶型变化而导致颜色的改变；耐迁移性优异且不发生喷霜现象；与树脂具有良好的相容性及易分散性能，颜料粒径细微、分布集中，具有优良的耐溶剂性。

（3）应具有优良的耐光性、耐候性、耐化学性、耐迁移性和耐热性。食品包装及玩具用颜料应限制重金属含量，颜料毒性应符合安全性要求。

2. 塑料着色用有机颜料的品种

塑料用颜料主要有偶氮类、苯并咪唑酮类、偶氮缩合类、异吲哚啉及异吲哚啉酮类、吡咯并吡咯二酮类，其主要品种如表3-13所示。

表3-13　塑料着色用有机颜料主要品种

塑料用颜料类别	颜料品种
偶氮类颜料	颜料黄14、颜料黄17、颜料黄83、颜料黄183、颜料黄191、颜料橙13、颜料橙16、颜料红38、颜料红48:1、颜料红48:2、颜料红48:3、颜料红48:4、颜料红53:1、颜料红57:1、颜料红170
苯并咪唑酮颜料	颜料黄120、颜料黄151、颜料黄154、颜料黄180、颜料黄181、颜料黄214、颜料橙36、颜料橙64、颜料橙72、颜料红175、颜料红176、颜料红185、颜料棕25
喹吖啶酮颜料	颜料紫19、颜料红122
二噁嗪类颜料	颜料紫23

续表

塑料用颜料类别	颜料品种
苝类颜料	颜料红 149、红 179、颜料紫 29
偶氮缩合类颜料	颜料黄 93、颜料黄 95、颜料黄 128、颜料红 144、红 166、颜料红 214、颜料红 242、颜料红 262、颜料棕 23 和颜料棕 41
异吲哚啉酮系颜料	颜料黄 139、颜料黄 109、颜料黄 110、颜料橙 61
吡咯并吡咯二酮类颜料	颜料橙 71、颜料橙 73、颜料红 254、颜料红 264 和颜料 272
酞菁颜料	颜料蓝 15、颜料蓝 15:1、颜料蓝 15:3、颜料绿 7、颜料绿 36

3. 塑料着色用有机颜料改性方法

有机颜料作为树脂、塑料着色剂，一方面颜料分子要具有足够的极性以使其具有良好的耐迁移性与耐热稳定性；另一方面为了使颜料粒子有效地分散在极性较低的树脂介质中，必须对极性较高的有机颜料粒子表面进行适当处理，通过改性处理设法降低颜料粒子表面极性，最终改进颜料分子与树脂的相容性。塑料着色用有机颜料通常利用以下方法进行改性。

（1）亲油性表面活性剂处理，如油酸二乙醇酰胺，油酸酰胺，可改进塑料用颜料的易分散性。

（2）添加极性低的颜料衍生物或无色反应型第二组分——混合偶合工艺改性处理。

（3）极性低的聚合物吸附改性工艺以及聚合物单体表面包覆工艺。

（4）引入亲油性支链烷烃取代基团以及亲油性脂肪胺、脂肪酸处理工艺。

（5）无机化合物处理和聚合物分散剂处理。

3.5.2 有机颜料在胶印墨中的应用

1. 胶印油墨用有机颜料的基本要求

作为胶印油墨着色剂的有机颜料应具备以下主要应用特性。

（1）颜料的色彩纯正，色光鲜艳，符合彩色印刷所需求的三补色（黄、品红、青）的光谱特性，吸收光谱窄，透明性好。

（2）颜料纯度高且着色力高及光泽度高。

（3）颜料在介质中容易分散，粉体颜料平均粒径要细且粒径分布要窄。

（4）具有较好的耐水性、耐油性、耐酸性和适宜的吸油量。

2. 胶印油墨用有机颜料的主要品种

胶印油墨用黄色颜料通常以联苯胺黄系列品种为主，红色颜料一般采用的是颜料红 57:1，如果需要更加纯正的桃红色时，还可以少量使用由碱性桃红、少量碱性玫瑰红染料的磷钨钼复合酸盐沉淀的颜料红 81 染料色淀颜料。红色颜料品种以色淀颜料为主。蓝色颜料多采用各项物理化学性能优良的颜料蓝 15:3 稳定型（*β*-型）酞菁蓝颜料，由于这类颜料具有典型的同质异晶特征，各种结晶型态有着不同的色光和物理特性。目前用于胶印油墨的酞菁蓝属于稳定的 β-型绿光蓝颜料，除了具有鲜明的色彩外，还具有良好的流变性、鲜明性和耐光性等。绿色颜料品种主要是颜料绿 7。胶印墨常用有机颜料的主要品种如表 3-14 所示。

表 3-14　胶印墨用有机颜料主要品种

胶印墨用有机颜料色系	胶印墨用有机颜料品种
黄色颜料	颜料黄 12、颜料黄 13、颜料黄 14、颜料黄 17、颜料黄 174、颜料黄 176
红色颜料	颜料红 57:1、颜料红 53:1、颜料红 49:1、颜料红 48:1、颜料红 48:2、颜料红 81
蓝色颜料	颜料蓝 15:3
绿色颜料	颜料绿 7

3. 胶印油墨用有机颜料的改性方法

胶印油墨用的树脂多数是松香改性酚醛树脂，多为非极性的，而着色颜料表面具有不同的极性特征，易导致分散体系的重新絮凝。为此必须对颜料粒子实施表面改性处理，以低能的亲油性“尾基”覆盖颜料高能量的亲水（极性）表面，使颜料粒子产生立体隔离效应，并易分散在非极性展色料中。胶印油墨用有机颜料通常通过以下方法进行改性。

（1）采用有机胺表面改性处理。有机胺的氨基与乙酸形成胺盐，吸附于粒子表面，再以碱或酸中和析出，使有机胺包覆在颜料粒子表面。

（2）采用表面活性剂改性处理，可添加亲油性表面活性剂，提高颜料鲜艳度和分散性。

（3）添加超分散剂处理。改变超分散剂碳链的长度、侧链及取代基结构，可调整颜料亲介质性能，降低粒径，且分布集中，可提高着色强度，改进与介质的相容性、流动性。超分散剂 Solsperse 17000 及 Solsperse 18000 处理的颜料用于胶印油墨具有良好的流动性。

（4）采用有机颜料衍生物进行表面处理。添加衍生物以提高颜料透明度，改进颜料流动性。

（5）采用混合偶合改性技术，添加第二重氮组分或偶合组分，提高颜料的着色力，调整颜料的色相及透明度。

（6）采用松香改性处理，提高颜料的耐热性，以及颜料的透明度，改善颜料的分散性。

（7）挤水转相技术，采用合成的颜料水性滤饼与树脂连接料，在强的剪切力作用下，使有机颜料从水相转移至油性树脂中，脱水并形成有机颜料油性膏状体中间产物，最终用于制备印刷油墨。有机颜料挤水转相的最终目的是使颜料以完全分散的形态与油墨制造过程所用的连接料混合，使之具备高着色强度、更高的透明度与更纯净的色调。

3.5.3 有机颜料在溶剂墨中的应用

有机颜料分散于不同极性有机溶剂中，配合相应高分子树脂连接料，制备适用于不同材质的溶剂包装印墨。

1. 溶剂墨用有机颜料的基本要求

作为溶剂墨着色剂的有机颜料应具备以下主要应用特性。

（1）质地柔软且有鲜明的颜色、高着色强度、高光泽度和符合要求的透明度。

（2）与连接料有良好的亲和性，与树脂连接料不发生化学反应，易于分散在连接料中，印刷后不会在印品表面析出。

（3）分散性好，并在储存过程中不会发生凝结及沉淀现象。

（4）分散在连接料中并呈现良好的流动性，储存过程中具有良好的储存稳定性。

（5）在相应的溶剂体系中，不会发生变色、褪色现象，且在体系干燥时具有良好的溶剂释放性。

2. 溶剂墨用有机颜料的主要品种

用于溶剂印墨着色的有机颜料主要品种如表 3-15 所示。

表 3-15 溶剂印墨着色用有机颜料主要品种

溶剂墨用有机颜料色系	溶剂墨用有机颜料品种
黄色颜料	颜料黄 12、颜料黄 13、颜料黄 14、颜料黄 17、颜料黄 83、颜料黄 151、颜料黄 180
红色颜料	颜料红 37、颜料红 38、颜料红 48:1、颜料红 48:2、颜料红 49:1、颜料红 57:1、颜料红 122、颜料红 146、颜料红 149、颜料红 185

续表

溶剂墨用有机颜料色系	溶剂墨用有机颜料品种
蓝色颜料	颜料蓝 15:1、颜料蓝 15:3
绿色颜料	颜料绿 7
紫色颜料	颜料紫 19、颜料紫 23、颜料紫 32

3. 溶剂墨用有机颜料的主要改性方法

依据凹版溶剂印墨中溶剂组成的极性特征，添加极性稍高的改性剂进行改性，改性的主要途径如下：

（1）添加双乙酰基芳香胺衍生物混合偶合工艺，提高颜料着色力，改进颜料在应用体系中流动性。

（2）添加线型长碳链烷胺、二乙烯三胺或三乙烯四胺处理，提高颜料的分散性，降低应用体系中的黏度。

（3）采用阴离子表面活性剂、阳离子表面活性剂、季铵盐类表面活性剂处理，以降低印墨的黏度，增加光泽度、透明度与颜料分散体的储藏稳定性。

（4）采用脂肪胺与染料反应生成的铵盐处理，提高透明度，降低在应用体系中的黏度。

（5）对于酞菁颜料，可采用极性较高的酞菁磺酸金属盐或胺盐或聚乙烯-聚丙烯乙二醇单甲酯（2-丙基）胺等酸性衍生物进行改性处理。此类改性剂对碱性树脂（如聚酰胺类，NC 凹版印墨）非常适用且有效。

（6）通过长碳链的芳香胺 4-十六烷氧基苯胺、4-硬脂氧基苯胺等与铜酞菁的磺酰氯反应生成极性较低的磺酸酰胺衍生物，改性后颜料适用于甲苯型溶剂印墨，其流动性优良。

（7）引入磺酸基的颜料衍生物作为协同增效剂对颜料实施改性，以适应非水溶剂印与涂料着色的需求，在喷绘印墨体系中显示出优异的可滤性、低黏度与稳定性。

3.5.4　有机颜料在水性墨中的应用

传统溶剂型油墨中挥发性有机物（VOCs）质量分数高达 50%～80%，不仅消耗大量的有机溶剂，而且会造成环境污染，严重危害人体健康。发达国家已纷纷出台政策，限制溶剂型油墨在食品和医疗包装等领域使用，水性墨已占据大部分市场份额。水性墨由水性聚合物连接料、颜料、水和助剂等组成。它与溶剂型油墨的本质区别在于以水为溶剂或分散介质。

1. 水性墨用有机颜料的基本要求

作为水性墨着色剂的有机颜料应具备下述主要应用特性：

（1）鲜艳的色光及高的着色力与遮盖力。

（2）良好的耐光、耐气候牢度及耐水、耐皂洗、耐酸碱和耐氯漂性能。

（3）易分散性及分散体系的稳定性，在储存过程中黏度不增加。

（4）耐热（在烘焙固着过程中不变色）稳定性优异。

2. 水性墨用有机颜料的主要品种

用于水性墨着色的有机颜料主要品种如表 3-16 所示。

表 3-16　水性墨着色用有机颜料主要品种

水性墨用有机颜料色系	水性墨用有机颜料品种
黄色颜料	颜料黄 12、颜料黄 13、颜料黄 14、颜料黄 74、颜料黄 83、颜料黄 154、颜料黄 180
橙色颜料	颜料橙 13、颜料橙 34
红色颜料	颜料红 48:1、颜料红 48:3、颜料红 49:1、颜料红 53:1、颜料红 57:1、颜料红 122、颜料红 146、颜料红 176、颜料红 185
蓝色颜料	颜料蓝 15:1、颜料蓝 l5:3、颜料蓝 15:4、颜料蓝 15:6
绿色颜料	颜料绿 7
紫色颜料	颜料紫 23

3. 水性墨用有机颜料的主要改性方法

为使颜料粒子表面与极性强的展色料具有匹配性能，应选择对颜料粒子的非极性表面具有一定亲和力的表面改性处理剂，即非极性的锚基吸附在颜料粒子非极性表面上，覆盖非极性、低能量的表面使高能量的极性端伸向外面，整个颜料粒子显示更强的极性。水性墨用有机颜料改性的方法通常主要有以下几种。

（1）添加带有磺酸基的有机颜料衍生物对颜料进行表面处理。

（2）添加亲水性的表面改性剂对颜料进行表面处理。大多采用含有聚氧乙烯基醚的非离子表面活性剂实施表面改性处理。

（3）采用亲水性的超分散剂处理，可采用 Solsperse 27000 等具有较高极性的超分散剂。

（4）采用无机物包覆改性有机颜料，采用层-层自组装方法将二氧化硅包覆于有机颜料表面，可显著改进有机颜料的润湿性。

（5）利用高分子化合物聚丙烯酸钠、聚乙二醇、甲基纤维素等对铜酞菁颜料进行表面改性，经高分子化合物改性后，颜料表面的极性发生改变，在水性介质中的润湿分散性和稳定性均有明显提升。

3.5.5　有机颜料在涂料中的应用

有机颜料作为着色颜料在涂料中约占 26%，其鲜艳的颜色和特有的功能使之具有独特的地位。随着涂料技术的进步，一些有机颜料应用在涂料中的缺点不断地被克服，且随着颜料自身加工技术的进步，有机颜料在涂饰性涂料、水性涂料等方面的用途将越来越广泛。

1. 涂料用有机颜料的基本要求

适用于涂料着色的有机颜料应具有如下主要特性。

（1）耐久性、耐光与耐气候牢度。

（2）高遮盖力或透明度、高着色强度与光泽度。

（3）与展色料或介质有良好相容（匹配）性与易分散性。

（4）良好的耐溶剂性能，即抗结晶（NC）与抗絮凝（NF），不发生色光与着色强度变化。

（5）颜料具有良好的耐水性。

（6）耐化学试剂，耐酸、碱性能优良。

（7）良好的耐热稳定性与储存稳定性，不发生浮色现象，防止漆膜表面产生颜色条纹。

高档涂料，尤其是汽车漆、建筑涂料，要求作为着色剂的有机颜料具有更优异的使用性能，如耐久性、耐气候牢度、耐热性、抗结晶、抗絮凝以及耐迁移性能。因此，要求选用结构更为复杂的偶氮型、偶氮缩合型、杂环类以及稠环酮类高档有机颜料。

2. 涂料用有机颜料的主要品种

涂料用有机颜料主要品种如表 3-17 所示。

表 3-17　涂料用有机颜料主要品种

涂料用有机颜料色系	涂料用有机颜料品种
黄色有机颜料	颜料黄 1、颜料黄 3、颜料黄 74、颜料黄 13、颜料黄 83、颜料黄 93、颜料黄 94、颜料黄 95、颜料黄 109、颜料黄 110、颜料黄 138、颜料黄 139、颜料黄 147、颜料黄 150、颜料黄 151、颜料黄 154、颜料黄 185

续表

涂料用有机颜料色系	涂料用有机颜料品种
橙色有机颜料	颜料橙 36、颜料橙 43
红色有机颜料	颜料红 112、颜料红 122、颜料红 144、颜料红 149、颜料红 170、颜料红 177、颜料红 179、颜料红 185、颜料红 187、颜料红 190、颜料红 202、颜料红 208、颜料红 210、颜料红 254、颜料红 255
蓝色有机颜料	颜料蓝 15:1、颜料蓝 15:2、颜料蓝 15:3、颜料蓝 15:4、颜料蓝 60
绿色有机颜料	颜料绿 7、颜料绿 36
紫色有机颜料	颜料紫 19、颜料紫 23、颜料紫 42

涂料的发展方向是低污染、无尘害、对环境友好，其中水性涂料和粉末涂料是涂料发展的主要努力方向。

3. 涂料用有机颜料的主要改性方法

有机颜料粒子大多数是以芳香环为骨架的非极性分子积聚的结晶。一般性能越优的有机颜料的结晶性和自身凝聚力也越强，加之极性低且作用力不活泼，往往导致它们与载体的亲和性低，在载体中的分散性差。采用物理化学方法即表面处理技术对有机颜料粒子进行颜料化处理是非常重要的。从理论上分析，有机颜料和载体具有相同程度的极性时容易被润湿和分散，为此对有机颜料进行与载体成分相近的表面处理是最有效的方法。

（1）采用有机颜料衍生物处理剂对颜料进行表面处理。添加具有与被处理的颜料（母体颜料）相同或近似的结构骨架的颜料衍生物，能有效地进行颜料表面处理，不仅能改进颜料的分散稳定性，而且可防止涂料中有机溶剂体系中的有机颜料粒子结晶转移和结晶生长。

（2）添加表面活性剂对颜料进行表面处理。表面活性剂可使颜料表面亲油性化或亲水性化，降低颜料凝集度，从而提高颜料分散性。用阴离子与非离子表面活性剂复配处理以改善颜料的亲介质特性。有机颜料如酞菁类、偶氮类通过阴离子、非离子表面活性剂与甲基纤维素复合处理后，其在水介质中的分散性可得到明显提高。

（3）采用超分散剂处理。用于偶氮色淀颜料的超分散剂，其锚固基团采用强极性基团，该基团能在颜料粒子表面形成离子键，并通过离子键将超分散剂吸附在颜料粒子表面。对于粒子表面弱极性的有机颜料，超分散剂的锚固基团相应选用弱极性基团，通过氢键吸附于颜料粒子表面。由于单个弱极性基团的吸附强度不够，锚固基团的数量应相应增加，这样即使其中个别锚固基团发生脱吸附，其他基团仍可保持吸附状态。对于非极性或极性极低的有机颜料如酞菁、联苯胺黄类，需要与带有极性基团的颜料衍生物配合使用，被称为协同增效剂。

（4）有机溶剂处理。将有机颜料放在二甲苯、*N,N*-二甲基甲酰胺、*N*-甲基吡咯烷酮等有机溶剂中加热，使结晶生长以调整粒径，促使晶型从热力学不稳定型转变为稳定型。采用有机溶剂处理可获得期望的遮盖力及流动性，且可提高颜料的鲜艳度。

（5）水介质压力下颜料化处理。采用水或水/有机溶剂介质，在一定压力下对粗品颜料进行处理，替代通常颜料化工序中所用的溶剂，该颜料化技术可使颜料获得理想的遮盖力及流动性。此外，该方法可以改善生产工人的操作环境并降低三废治理难度。

参 考 文 献

[1] 周春隆, 穆振义. 有机颜料: 结构、特性及应用[M]. 北京: 化学工业出版社, 2002.
[2] 周春隆. 有机颜料工业新技术进展[J]. 染料与染色, 2004, 41(1): 33-42, 24.
[3] Hao Z, Iqbal A. Some aspects of organic pigments[J]. Chemical Society Reviews, 1997, 26(3): 203-213.
[4] 周春隆. 杂环有机颜料结晶形态与调整技术(一)[J]. 染料与染色, 2018, 55(1): 1-10.
[5] 李志杰, 李倩倩. 光源的显色性理论[J]. 光源与照明, 2008, 93(2): 12-15.
[6] 常雁来, 陈向峰, 许林涛, 等. 色彩构成[M]. 重庆: 重庆大学出版社, 2015.
[7] Stavenga, Doekele G. Thin film and multilayer optics cause structural colors of many insects and birds[J]. Materials Today Proceedings, 2014, 1: 109-121.
[8] 宋心远. 结构生色和染整加工(一)[J]. 印染, 2005, 41(17): 1-9.
[9] Tilley R. Colour and the Optical Properties of Materials[M]. 3rd ed. Hoboken: John Wiley & Sons, Inc, 2020: 1-265.
[10] 江友洋. 从生理上谈色盲[J]. 生物学通报, 1958, 6: 30-32.
[11] 徐海松. 颜色技术原理及在印染中的应用(二) 第二篇 物体的光谱光度特性与颜色视觉[J]. 印染, 2005, 19: 40-44.
[12] 齐备. 光视觉(上)[J]. 中国眼镜科技杂志, 2007, 9: 56-57.
[13] 张云熙. 应用光学——光学系统设计指南 第十五章 视觉(续)[J]. 应用光学, 1985, 5: 57-63.
[14] 周春隆. 有机颜料表面处理原理及其新进展[J]. 化工进展, 1992, 2: 12-19.
[15] 周春隆. 关注有机颜料核心(关键)技术[J]. 染料与染色, 2019, 56(1): 1-11.
[16] 陈荣圻. 有机颜料超分散剂表面改性处理[J]. 印染助剂, 2007, 4: 1-8, 16.
[17] 玉渊, 陆强, 赵文斐, 等. 颜料的物化性能对涂料的影响[J]. 现代涂料与涂装, 2018, 21(8): 33-36.
[18] 陈荣圻. 有机颜料表面改性处理(一)[J]. 印染, 2000, 2: 38-40, 4.

[19] Verwey E J W. Theory of the stability of lyophobic colloids[J]. Journal of Physical and Colloid Chemistry, 1947, 51(3): 631-636.
[20] 周春隆. 酞菁颜料结晶形态与调整技术[J]. 染料与染色, 2020, 57(1): 1-14.
[21] 费学宁, 周春隆. 铜酞菁的卤化反应及颜料化技术[J]. 染料工业, 1996, 33(3): 14-23.
[22] 周春隆. 有机颜料商品化及表面改性(修饰)技术[J]. 染料工业, 2002, 39(3): 1-7.
[23] 张合杰. 涂料无铅着色可能性及局限性的探讨[J]. 涂料技术与文摘, 2012, 33(9): 14-18.
[24] Hunger K, Ribka J, Rieper W. Modified form of a disazo pigment: US3974136 A[P]. 1976-08-10.
[25] Jiro A, Keiichiro F. Production of monoazo pigment: JPS63122762A[P]. 1986-10-17.
[26] Ferdinand M, Jana R, Frantisek J. Verfahren zur herstellung von kristallmodifikationen eines wasserunloeslichen monoazofarbstoffs der arylazonaphtholreihe: DE000002441453A1[P]. 1975-03-06.
[27] Friedrich W W, Klaus H, Ernst K. Monoazo pigment derived from acetoacetylamino benzimidazolone: US4370269[P]. 1983-01-25.
[28] Urban M, Ag H. Fine division in the preparation of copper phthalocyanine pigments: US5492563[P]. 1996-02-20.
[29] 杨鸿敏, 丁忆, 陈景宽, 等. ε-型铜酞菁的研究[J]. 染料工业, 1989, 1: 5-8, 23.
[30] Hirotomo I, Isao K, Giampaolo B, et al. Granular colorant and method for preparing the same: DE69124042[P]. 1997-07-03.
[31] Uwe N, Klaus K, Erwin D, et al. Process for conditioning organic pigments: DE50113023[P]. 2007-10-31.
[32] 周春隆. 联苯胺系黄色颜料性能改进及进展[C]. 有机颜料技术研讨会资料集, 1994: 22.
[33] Seishi H, Takayoshi K. Azo lake pigment: JPS61123668A[P]. 1986-06-11.
[34] Ryuzo U, Hiroaki T, Shigeru I. Process for producing azo pigments: EP0074117B2[P]. 1991-01-06.
[35] Yoshitaka O, Hitoshi S. Monoazo lake pigment and printing ink composition: JP03072574[P]. 1991-03-27.
[36] Borchert T, Schmidt M U, Acs A, et al. Pigment composition based on C.I. pigment yellow 191: US2010099039[P]. 2010-04-22.
[37] Ren F, Fei X, Cui L, et al. Preparation and properties of hydrophilic P.R. 57:1 with inorganic core/solid solution shell[J]. Dyes and Pigments, 2020, 183: 108699.
[38] Fei X, Su F, Zhu S, et al. Effect of inorganic cores on dye properties of inorganic-organic hybrid pigments yellow 12[J]. Russian Journal of Applied Chemistry, 2016, 89, (12): 2035-2042.
[39] Zhang B, Zhang Z, Fei X, et al. Preparation and properties of C.I. Pigment Red 170 modified with silica fume[J]. Pigment & Resin Technology, 2016, 45(3): 141-148.
[40] Zhang Y , Fei X , Yu L, et al. Preparation and characterisation of silica supported organic hybrid pigments[J]. Pigment and Resin Technology, 2014, 43(6): 325-331.
[41] 周春隆, 穆振义. 有机颜料品种及应用手册[M]. 北京: 中国石化出版社, 2011.
[42] Ramirez S, Gemma, Ohnsmann, et al. New magenta quinacridone pigments: WO2011124327[P]. 2011-10-13.

[43] Smith H M. High performance pigments, diketopyrrolopyrrole pigments[M]. Weinheim: Wiley-VCH, 2002.
[44] Zhimin H, Iqbal A. Monophase solid solutions containing asymmetric pyrrolo[4,3-*c*] pyrroles as hosts: US5756746[P]. 1998-05-26.
[45] Hao Z, Abul I, Basalingappa H S, et al. Ternary solid solutions of 1,4-diketo-pyrrolopyrroles and quinacridones: EP0794235B1[P]. 2000-02-02.
[46] 项斌、高建荣. 化工产品手册(第五版)颜料[M]. 北京: 化学工业出版社, 2008.
[47] Bjoernson K R, Olsen S C, Arne V, et al. Thermal storage stabilized pigment compositions comprising disproportionated and fumarated or maleinated rosin: WO9923172[P]. 1999-05-14.
[48] Osamu J. Azo pigment composition. Jps 635 1463A[P]. 1988-03-04.
[49] 李武, 李治, 赵汉彬, 等. 一种松香衍生物及其制备方法和用途: CN106699593B[P]. 2018-05-04.
[50] 宋湛谦, 王延, 梁梦兰, 等. 松香基聚氧乙烯醚磺基琥珀单酯二钠盐及其合成方法: CN1093867C[P]. 2002-11-06.
[51] 巴克 H, 奥特 U, 温特 R, 等. 二芳基黄色颜料制剂: CN1215125C[P]. 2005-08-17.
[52] 刘建军, 李炼, 陈伟强, 等. 用于颜料行业的松香衍生物的制备方法: CN103450809B[P]. 2015-01-14.
[53] 孙波, 孙淑珍. 聚乙烯亚胺-松香改性聚羟基酸酯类超分散剂的研发[J]. 染料与染色, 2005, 4: 69-71.
[54] Nagatoshi K, Hiroto A, Zenji T. Red azo lake pigment: JP05255605[P]. 1993-10-05.
[55] 吕东军, 王世荣. C.I.颜料红 48:2 的改性[J]. 化学工业与工程, 2005, 3: 197-201.
[56] 曹瑞春, 魏先福, 王琪, 等. 溶胶-凝胶法制备二氧化硅包覆水性 C.I.PR31[J]. 精细化工, 2018, 35(11): 1817-1824, 1833.
[57] 马晓霖, 胡琳莉, 李水清, 等. 松香及其衍生物的应用研究进展[J]. 广州化工, 2019, 47(24): 37-40.
[58] Juergen G. Azo pigment preparation: DE102005061066[P]. 2007-06-28.
[59] 陈荣圻. 有机颜料表面改性处理(二)[J]. 印染, 2000, 3: 43-44, 4.
[60] 徐燕莉. 非离子表面活性剂在颜料表面处理中的应用[J]. 北京化工大学学报(自然科学版), 1998, 3: 79-84.
[61] 陈荣圻. 树枝状聚合物及其在染颜料工业中的应用初探[J]. 印染助剂, 2013, 30(2): 1-12.
[62] Tomoko I, Takahiro H, Kenjiro W. Recording liquid and method for using the same: JP2001271012[P]. 2001-10-02.
[63] Hideaki N. Ink composition: JP2002220556[P]. 2002-08-09.
[64] 许翠玲, 付少海, 张丽平, 等. 超支化苯乙烯-马来酸酐共聚物酯化物的制备及应用[J]. 精细化工, 2015, 32(3): 322-326, 342.
[65] Xu Y, Liu J, Du C, et al. Preparation of nanoscale carbon black dispersion using hyper-branched poly(styrene-alt-maleic anhydride)[J]. Progress in Organic Coatings, 2012, 75(4): 537-542.
[66] 孙妍, 黄静红, 房宽峻. 水性超支化聚(酰胺-酯)分散剂在颜料分散中的应用[J]. 印染助剂, 2009, 26(11): 10-14.
[67] 孟庆华,黄德音, 王新灵. 用于新一代喷墨打印的以超支化分子为核的颜料微球[J]. 影像技

术, 2007, 2: 38-40.
[68] Xu Q, Long S, Liu G, et al. Synthesis and dispersion of organic pigments by amphiphilic hyperbranched polyesteramides dispersant[C]. Proceedings of 2019 International Conference on Advanced Material Research and Processing Technology(AMRPT 2019), 2019: 243-248.
[69] Hisanori T, Kenichi T, Toshiro M. Azo pigment composition: JPS6218472[P]. 1987-01-27.
[70] 马引民, 胡海涛, 王寒. 用于水性应用体系的色酚 AS-D 系列颜料的合成方法及其产品: CN102093742B[P]. 2013-04-17.
[71] 党光, 邓庭春, 王振英. 在有机颜料合成过程中表面活性剂对其性能的影响[J]. 染料工业, 1994, 2: 12-15.
[72] 钟小先, 柳孝龙, 余一鹗. 印染涂料色浆的粒径及分布关系的研究[J]. 印染, 1995, (1): 11-14, 3.
[73] 陈荣圻. 有机颜料助剂的应用[J]. 染料与染色, 2010, 47(1): 1-13.
[74] 徐燕莉, 郭新华, 杨国武. 新型表面活性剂对酞菁蓝颜料的表面处理及表面性质的研究[J]. 染料与染色, 2003, 2: 65-67.
[75] 胡津昕, 孙多先. 颜料黄 81 改性研究[J]. 化学工业与工程, 2001, 18(6): 336-340.
[76] 孙玉, 郑帼, 周岚. 改性共聚酯纤维的染色性能[J]. 纺织学报, 2011, 32(3): 77-81.
[77] 钱国坻, 赵先丽, 丰文广, 等. 颜料色浆制浆工艺条件与分散性研究[J]. 染料工业, 1998, 2: 33-38.
[78] 钱国坻, 赵先丽, 童克锦, 等. 表面活性剂的表面特性与颜料色浆的分散性研究[J]. 印染助剂, 1998, 5: 7-14.
[79] Hirohito A, Yuko S, Zenji T. Non-bronzing reddish lake pigment: EP0222335[P]. 1987-05-20.
[80] 村松司朗, 青木和孝, 高見尚德. ｱｿﾞﾚｰｷ顔料の製造方法: 日本特開平 2-294363[P]. 1990-12-05.
[81] Wu J, Wang L M, Zhao P, et al. A new type of quaternary ammonium salt containing siloxane group and used as favorable dispersant in the surface treatment of C.I. pigment red 170[J]. Progress in Organic Coatings, 2008, 63(2): 189-194.
[82] 蒋学, 李焕, 王银豪, 等. 季铵盐型表面活性剂对颜料红 C.I. 22 的分散作用研究[J]. 现代化工, 2010, 30(S2): 117-120.
[83] Kammer J, Fischer R. Azo pigment compositions and process for their preparation: US5176750[P]. 1993-01-05.
[84] Krishnan, Ramasamy, Yamat, et al. Process for improving color value of a pigment: EP0717087[P]. 1996-06-19.
[85] Yonosuke. Pigment dispersant: JP61234919[P]. 1986-10-20.
[86] Vinther A, Steffen C. Olsen, et al. Process for the preparation of an organic pigment dispersion: US4765841[P]. 1988-08-23.
[87] 李武, 李治, 陈晓阳, 等. 一种有机颜料超分散剂、其制备方法及其用途: CN107033341B[P]. 2018-12-18.
[88] 陈荣圻. 阳离子超细有机颜料及涂料染色[J]. 染整技术, 2016, 38(2): 39-45.
[89] 郑斗波, 房宽峻, 张霞, 等. 可聚合阳离子表面活性剂 DMDB 的合成及在颜料分散中的应用[J]. 精细化工, 2008, 2: 143-146.

[90] 周海银, 许梅, 房宽峻. 棉织物浸染用阳离子超细颜料的应用性能[J]. 印染, 2009, 35(2): 1-4.

[91] 张霞, 房宽峻, 朱洪敏. 季铵盐型阳离子聚合物的合成及其在超细颜料中的应用[J]. 功能高分子学报, 2007, 1: 68-73.

[92] 郝龙云, 蔡玉青, 房宽峻. 阴离子表面活性剂对超细颜料水性分散体系性能的影响[J]. 印染助剂, 2009, 26(4): 10-13.

[93] Lelu S, Novat C, Graillat C, et al. Encapsulation of an organic phthalocyanine blue pigment into polystyrene latex particles using a miniemulsion polymerization process[J]. Polymer International, 2003, 52(4): 542-547.

[94] Steiert N, Landfester K. Encapsulation of organic pigment particles via miniemulsion polymerization[J]. Macromolecular Materials and Engineering, 2010, 292(10-11): 1111-1125.

[95] Weber J, Wilker G, Brychcy K, et al. Acid pigment dispersants and pigment preparations: EP1362081[P]. 2005-03-16.

[96] 费学宁. 新的色酚 AS 衍生物的合成及对 C.I.颜料红 57:1 的改性研究[J]. 天津城市建设学院学报, 2000, 6(1): 10-12.

[97] Cao S H, Li F H, Shen L. Study on dispersion stability of copper phthalocyanine (CuPc) blue pigment in water improved by plasma treatments[J]. Journal of Dispersion Science and Technology, 2018, 39(10): 1417-1421.

[98] Ihara T, Ito S, Kiboku M. Low temperature plasma oxidation treatment of several organic pigments[J]. Chemistry Letters, 1986, 15(5): 675-678.

第4章

核/壳结构无机-有机复合颜料制备技术及应用

4.1 概 述

有机颜料具有色谱齐全、颜色丰富、高着色强度和鲜艳色光等性能，已被广泛应用于油墨印刷、涂料、塑料等国民经济行业。据统计，2021年世界有机颜料总产量约为45万t，中国有机颜料产量约为26万t，占世界总产量的58%，占亚洲总产量的74%。近年来，随着有机颜料应用领域的不断扩大及相关工业技术的快速发展，对有机颜料的应用性能提出了更高的要求，如涂料制品的高档化，颜料的耐久性、耐热性、耐溶剂性及耐迁移性等。同时，随着“绿色发展”理念的普及，对废水排放量大、有机污染物浓度高的传统有机颜料生产工艺提出了严格的环保要求，生产企业急需提升自主创新能力，积极开发清洁生产工艺，从源头消除或减少“三废”的排放，从而减少企业的环保压力。在此背景下，国内外学者开发了系列高性能有机颜料制备技术、有机颜料改性技术以及有机颜料清洁生产创新工艺，提高有机颜料产品的应用性能，并同时减少传统工艺所带来的环境污染。从目前企业生产情况来看，国内高端颜料品种的产量仅占15%左右，且价格昂贵，仅被应用于高级油墨及汽车涂料等少数领域中，应用范围较窄。有机颜料市场占主导的仍然是以偶氮和酞菁类有机颜料为主，占比达70%，对这些普通有机颜料的改性技术进行创新，提升应用性能以拓展其应用领域，仍然是有机颜料研究领域关注的热点问题。

本章结合国内外最新的有机颜料改性技术和著者课题组多年来在核/壳结构无机-有机复合颜料制备技术创新及应用方面取得的研究成果，对偶氮类普通有机颜料与无机纳米材料的核/壳复合技术及其功能化应用进行了系统介绍。

4.2　有机颜料改性技术研究现状

为提高有机颜料的性能，国内外研究者采用各种办法对有机颜料进行了改性，主要包括：有机颜料包覆改性、无机杂化改性、无机包核法改性、表面活性剂处理、颜料衍生物表面处理、研磨、酸溶、酸胀及有机溶剂处理等。

4.2.1　有机颜料包覆改性

有机颜料包覆改性是将一些无机物质和有机聚合物包覆到颜料颗粒的表面，形成异质包覆层，制得的颜料又称涂层颜料。这种方法可使颜料表面形成特殊包膜层，表面产生光、电、磁和抗菌等功能，在赋予颜料新的物理、化学性能及功能等方面具有特殊的意义[1, 2]。包覆层可以将有机颜料与外界环境隔绝，使颜料的耐溶剂性和耐候性大大提高。有机颜料包覆改性，按照表面包覆物性质的不同，可分为有机包覆和无机包覆两种。

1. 有机包覆改性

这类改性方法主要是通过聚合物吸附[3]、聚合物接枝[4, 5]、乳液聚合和微乳液聚合[6-9]等方式在有机颜料表面形成聚合物包覆层，利用包覆层保护作用及其上的亲/疏水基团提高颜料耐热性、水/油介质中的分散稳定性、流动性和遮盖力。

有研究者[10]以聚乙烯吡烷酮为包覆材料制备微胶囊化耐晒黄 G。包覆后颜料的性能得到明显改善，其中，热稳定性从 238℃提高到 289℃，迁移面积为颜料改性前的 13%，丙酮透光率从 55.7%上升为 95.7%，接触角 θ 从 71.8°变为 4.5°，吸油量从 40%减少至 19.4%。湛雪辉等[11]、荀育军等[12]在机械和分散剂的作用下，将耐晒黄固体粒子均匀悬浮于水溶液中，而后以密胺树脂作为囊材在其表面形成微米级厚度的囊壁。包覆改性后的颜料表面平整光滑、粒子均匀。同时，密胺树脂的包覆使得耐晒黄颜料免受外界环境影响，其分解温度和耐晒性都有所提高。Fu 等[13]采用乳液聚合法在酞菁蓝颜料表面包覆一层聚合物，以提高酞菁蓝颜料对冷冻-融化和离心处理的稳定性，包覆过程示意图如图 4-1 所示。通过对比发现，在所选三种包覆层材料（甲基丙烯酸甲酯、丁基丙烯酸酯和聚苯乙烯）中，选择与酞菁蓝颜料具有相似芳香环结构的聚苯乙烯，可增加聚合物与有机颜料间的吸引力，从而实现苯乙烯在酞菁蓝颜料表面的完全包覆。

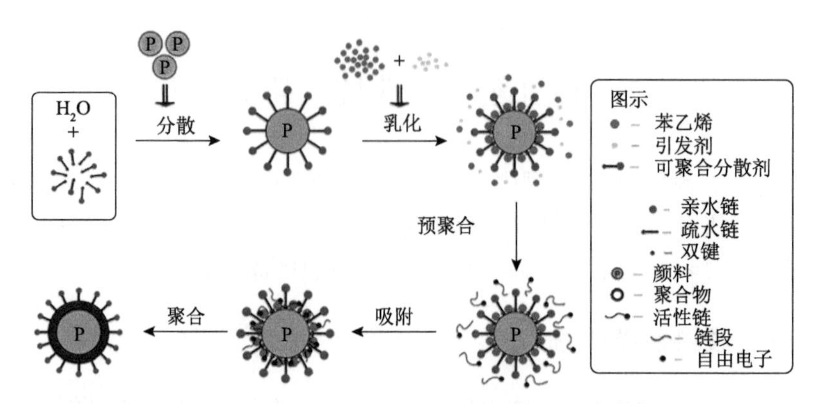

图 4-1　乳液聚合包覆酞菁蓝颜料的示意图[14]

此外，通过聚合物包覆，可减小有机颜料的粒径，改变有机颜料的表面电性，从而使其应用到有机彩色电泳显示液中。Wen 等[14]采用微乳液聚合法在红、绿、蓝三种有机颜料表面包覆聚苯乙烯，并将其制备成彩色墨水粒子；同样，Qin 等[15]采用同步聚合和部分交联的方法，用 P(SMA-St-DMA)对 C.I.颜料红 254、C.I.颜料绿 7 和 C.I.颜料蓝 15:3 进行了改性，如图 4-2 所示。以这两种方法修饰改性得到的三色颜料为显色物质所制得的彩色墨水粒子，具有良好的光稳定性、鲜艳的色彩、窄而小的粒径分布以及高的表面电荷。双粒子电泳显示测试结果表明，在一定的偏压条件下，三色墨水粒子和带不同电荷的白色墨水粒子可快速实现分离。

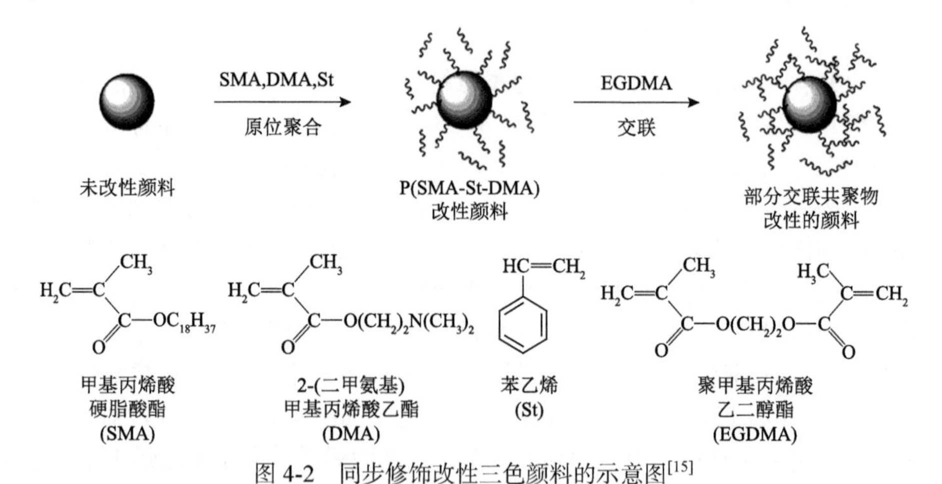

图 4-2　同步修饰改性三色颜料的示意图[15]

2. 无机包覆改性

与有机颜料相比，二氧化硅和二氧化钛等无机纳米材料具有更优异的性能，如热稳定性、光稳定性和在涂料应用中的抗老化性等[16, 17]。基于这些特性，研究者试图采用这些无机纳米材料对有机颜料进行包覆改性，得到既具备有机颜料鲜艳色泽，又具备无机纳米材料优异物理化学性能的无机-有机复合颜料。但是，由于有机颜料粒子表面的化学惰性，它与无机纳米材料之间的牢固结合难以实现。国内外的相关研究也是针对这一关键问题展开。

德国汽巴-嘉基公司的 Bugnon 等[18]提出采用特殊的有机螯合剂赋予金属盐化合物较好的相溶性，使其能扩散、吸附到有机颜料表面。通过改变体系 pH 或加热赋予有机颜料表面一定的化学活性，将一定量的硅酸钠和硫酸加入到该体系中进行化学反应，从而将 SiO_2 包覆到有机颜料表面。同样，有研究者[19]采用静电自组装的方法得到了一种核/壳结构的复合颜料，他们采用表面活性剂十六烷基三甲基溴化铵（CTAB）对双芳基黄色颜料进行表面修饰改性，使之带正电荷。而后在 pH=9～10 的条件下水解 $NaSiO_3$ 得到 SiO_2（反应 1），并将其包覆在有机颜料表面。同时，他们还以 SiO_2 包覆层表面为活性位锚点，在其上分别接枝氨丙基三羟基硅烷（反应 2）和琥珀酸（反应 3），使之分别具有正电荷和负电荷，并在电泳显示中得到应用。有机颜料表面静电包覆 SiO_2 的示意图如图 4-3 所示。

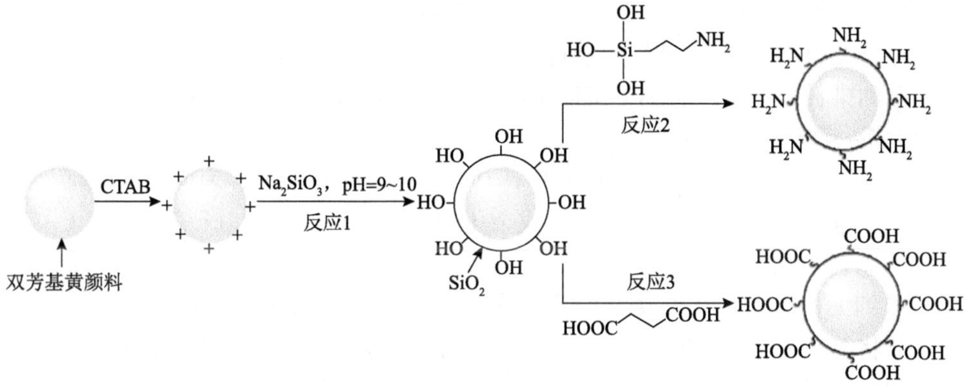

图 4-3　核/壳复合颜料的制备过程示意图[19]

同上述核/壳结构复合颜料的制备方法类似，采用溶胶-凝胶法、层层自组装技术也可在有机颜料表面包覆无机层，且无机层包覆厚度具有可控性。袁俊杰等[20-23]选用有机颜料黄 109 和联苯胺黄 G 作为有机颜料体系，研究了纳米二氧化硅胶体粒子在有机颜料粒子表面的层层自组装包覆、二氧化硅纳米薄膜在有机颜料粒子表面的溶胶-凝胶包覆、二氧化钛纳米薄膜在有机颜料粒子表面的溶胶-凝胶包覆等技术，并系统研究了有机颜料包覆改性后的性能等。研究表明：无机纳米二氧化硅或二氧化钛改性后的联苯胺黄 G 在水中的润湿性得到明显改善，采用层层自组装方法制备的二氧化硅包覆联苯胺黄 G 的润湿性明显优于溶胶-凝胶法制备的二氧化硅、二氧化钛包覆的联苯胺黄 G；无机物包覆改性后的颜料耐酸碱性得到明显增强。

无论是有机包覆还是无机包覆改性有机颜料，它们都在有机颜料表面形成保护层，有效提高了有机颜料的耐热性、耐光性，并减小颜料粒子的粒径，从而增强了颜料着色力[24]。

4.2.2 无机杂化改性

无机杂化改性有机颜料是指将有机颜料或染料与无机物通过一定的方式结合而形成一种杂化结构的颜料[25-28]。杂化颜料可以使得原有有机颜料的热、化学稳定性都得以提高，并保持原来有机颜料的色相、鲜艳度等。

利用无机载体本身的吸附特性，吸附染料而制备有机染料-无机载体复合颜料，是制备无机杂化颜料中较为常见的一种方法。陈铁等[29]采用无定形二氧化硅或无定形硅铝酸盐作吸附载体，采用 5%～10%碱性染料或阳离子染料为着色物质，在高速搅拌下制备出一种有机染料/硅载体复合颜料，该复合颜料色泽鲜明、粒度均匀。其中，有机染料由于附着在无机内核上，且附着能力强，因而具有不易褪色、耐水性好的特点。北京工业大学李殿卿教授课题组[30-33]利用层状双金属氢氧化物（LDHs）的可插层组装性及 LDHs 主体层板对层间阴离子的稳定作用，将一系列染料阴离子组装到 LDHs 层间而制备得到耐热性和耐光性良好的超分子结构无机-有机复合颜料。

对特定的无机载体而言，除本身具有良好的吸附性能外，表面的酸碱活性位也可作为与有机颜（染）料结合而形成杂化颜料的锚点[34, 35]。Lori 等[36]采用了三种不同的制备方法，将靛蓝和坡缕石结合得到玛雅蓝复合颜料，分别为：①靛蓝还原得到无色靛蓝⟶坡缕石吸附无色靛蓝⟶空气氧化、干燥后即得到玛雅蓝；②将靛蓝和坡缕石在水溶液中混合⟶均质混合液干燥即得玛雅蓝；③将硫靛蓝和坡缕石干粉混合⟶低温（100℃）干燥⟶高温（140℃）干燥即得玛雅蓝。这三种方法都是通过坡缕石的吸附作用将染料吸附到它的表面或孔道内，在复合物干燥时，坡缕石表面或孔道内 Al 等金属位或 Si 上形成路易斯位，有机染料上的氧与其结合而形成玛雅蓝颜料。

二氧化硅表面具有—OH 和—O—等基团，也可作为活性位与有机染料通过氢键等作用结合，从而生成无机杂化颜料。波兰学者[37-39]将硅酸钠和硫酸在乳液体系下反应沉淀得到二氧化硅，并采用氨基硅烷偶联剂对它进行表面修饰改性。未改性的二氧化硅可通过氢键等作用将染料蓝 19 吸附至表面而形成包核颜料；偶联剂改性的二氧化硅除可利用氢键作用与染料结合外，还可利用偶联剂上的氨基基团在不同 pH 条件下的电离作用而带正电荷/负电荷，通过电荷吸引作用可分别将碱性染料（碱性红 1 和碱性橙 14）和酸性染料（媒介红 3）吸附在其表面而形成颜料。

在核/壳结构的无机杂化颜料的制备中，二氧化硅等无机核的形状、尺寸及粒径分布直接影响着制得的杂化颜料的性能。有研究者[40]合成了球型二氧化硅并采用 *N*-2-(胺乙氧基)-4-胺丙氧基三甲基硅烷偶联剂对其进行改性，偶联剂改性前 SiO_2 分布极不均匀，平均粒径为 792 nm，分散度为 0.059；改性后 SiO_2 分布均匀，平均粒径为 507 nm，分散度仅为 0.005。分别以二氧化硅和硅烷偶联剂改性 SiO_2 为无机载体吸附酸性红 18 染料分子得到包核颜料，将其放入丙烯酸树脂漆涂料中进行测试，结果发现以硅烷偶联剂改性 SiO_2 为无机载体而制备的杂化颜料显示出更为优异的性能，它可作为涂料配方中极有价值的填料和颜料。

无机杂化颜料由无机载体和有机染料组成，在紫外光或太阳光照射下会发生光敏化或自氧化反应，这就使得以有机染料为着色基质的无机杂化颜料色系种类和应用范围受到限制。

4.2.3 无机包核法改性

该方法是将有机颜料通过物理吸附、静电吸附、化学键合等作用包覆在无机化合物（如性能稳定的氧化铝、二氧化硅；吸附性能良好的高岭土、海泡石、蒙脱土等）上，形成一种以无机物作为内核的无机包核颜料粒子[19,41,42]。这种方法结合了无机颜（填）料的特点，制备的有机颜料粒子既具备有机颜料本身色泽鲜艳、色谱齐全等特点，又具备了无机化合物的耐热、耐光和耐候性；也可通过无机内核的特性来改善有机颜料在水介质中的分散性和无机内核大小及粒径分布来控制颜料粒子的大小及粒径分布，有效防止颜料粒子在制备过程中的聚集，从而改善颜料的遮盖力、色光和着色力等特性；此外，无机内核的添加，降低了颜料的生产成本，也减少了废水中有机污染物的含量。包核法改性是一种极具有应用价值和环境效益的有机颜料改性方法。采用无机包核法所制备的改性有机颜料可应用于橡胶和塑料的着色，以及道路、桥梁和广告中的标志漆等[43-45]。

利用该方法采用不同的无机核（硅藻土、高岭土和海泡石）对颜料绿 8 进行包核改性[46]，测试发现包核颜料色光与未改性颜料相当，且包核颜料的着色力得到一定程度的提高。其中，当海泡石包核量为 20%时，包核颜料着色强度达 110%；此外，包核颜料在水中的分散效果也要明显好于原始颜料。同样，著者课题组[47]在偶氮颜料（808 大红粉）的制备过程中采用 SiO_2 对其进行了无机包核改性。通过将 SiO_2 添加到偶合组分中，色酚 AS 通过氢键作用预吸附在 SiO_2 表面（图 4-4），当重氮盐滴加入反应体系中时，在 SiO_2 表面原位生成有机颜料并将 SiO_2 包覆其中。改性后的有机颜料的着色力、耐热性和水分散性等性能都要优于原始有机颜料。

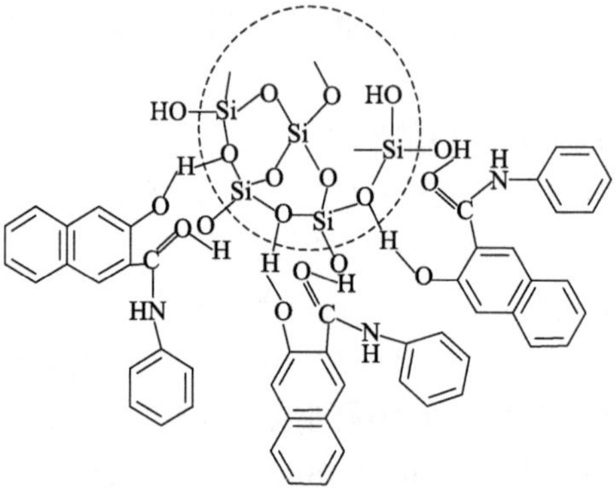

图 4-4　色酚 AS 在 SiO_2 表面氢键吸附示意图[47]

目前工业上常将钛白、立德粉和硫酸钡等无机白色颜（填）料运用于偶氮类有机颜料的包核改性中[48]，其基本工艺流程如图 4-5 所示。性能测试结果表明，无机颜（填）料包核改性可提高有机颜料的耐热性、耐候性等。同时，利用无机颜（填）料和有机颜料在光学特性（如折射率、反射率等）的差异，可调整有机颜料的色光等特性。

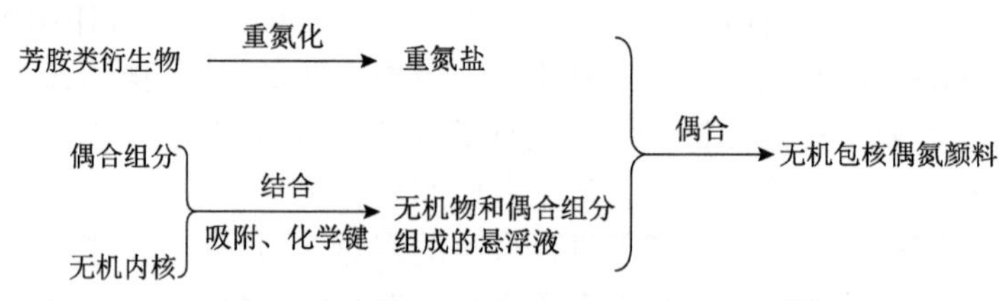

图 4-5　偶氮类颜料包核改性工艺流程图[48]

国外有学者通过将有机颜料和修饰过的 SiO_2 在球磨干磨的条件下也可制得以无机物为内核的核/壳结构颜料粒子，从而实现有机颜料的无机包核改性。日本学者[49, 50]在干磨条件下将酞菁类有机颜料和硅烷偶联剂（甲基氢聚硅氧烷）修饰的纳米 SiO_2（m-SiO_2）进行复合，通过场发射透射电子显微镜（EFTEM）对所得到的复合粒子进行了表征。结果发现，有机颜料很好地包覆在 m-SiO_2 表面，形成具有核/壳结构的复合颜料粒子（图 4-6）。m-SiO_2 在复合颜料粒子的制备过程中起着双重作用：一方面作为纳米粒子将有机颜料粒子细化；另一方面作为无机内核，通过它与有机颜料分子之间的疏水作用而形成纳米颜料碎片，颜料碎片沉积在 m-SiO_2 表面形成复合粒子。研究还发现，采用此种方法得到的复合颜料粒子的粒径和形态受 m-SiO_2 特性控制，制备的复合颜料粒子的形态规整、分布均匀。由于复合颜料粒子的粒径明显减小，有机颜料的着色力得到明显提高。

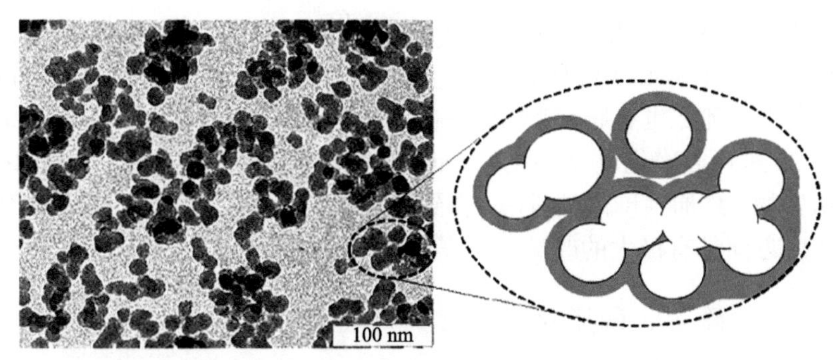

图 4-6　酞菁蓝和 m-SiO_2 核/壳结构的 TEM 图（酞菁蓝与 m-SiO_2 质量比为 1∶1）[49,50]

采用包核法对有机颜料进行改性，这一方法以惰性无机物作为核，将有机颜料通过物理吸附、静电吸附、化学键合或接枝等方式沉积在无机核表面。通过无机核的作用，提高了有机颜料的耐热、耐候性能。此方法操作简便，且有机颜料包覆在外部，可保证其色泽度和鲜艳度。但同时有机颜料暴露在外部，使得有机颜料耐热、耐候等性能改善效果有限。

4.2.4　其他有机颜料改性技术

在实际应用中，为使有机颜料能够均匀地分散到有机溶剂和水等使用介质中，得到分散性和润湿性优异的色浆，或为提高有机颜料的性能而满足工业应用的需求，常常需要对得到的有机颜料粉体进行特定的表面处理或改性深加工，最终得到符合实际要求的商品化剂型。除上述的包覆改性、无机杂化改性和无机包核改性外，有机颜料的改性方法还有以下几种类型。

1. 表面活性剂处理

表面活性剂具有降低有机颜料表面张力、改变颜料粒子表面极性的功能，一般是作为润湿剂、乳化剂等广泛用于有机颜料的生产中。表面活性剂分子一般是通过氢键、离子对、电荷吸附和分子间力作用等吸附在颜料粒子表面，形成定向排列的吸附层，进而改变粒子的表面性质，以改善颜料粒子在介质中的润湿性，提高其分散性和分散稳定性[51, 52]。这类活性剂以非离子表面活性剂和阴离子表面活性剂为主，或双组分混合应用，发挥其增效作用[53, 54]。通过选用不同 HLB 值的活性剂，可分别制备出亲水/亲油的易分散剂型产品。

2. 颜料衍生物表面改性

选取含有特定的极性或非极性取代基，且结构上与有机颜料分子类似的衍生物，依靠分子间作用力如偶极力、离子键等，结合在有机颜料母体上，可以改变有机颜料表面的极性，使其与分散介质相匹配[55]，从而改善有机颜料的分散性、抗絮凝性、流变性和光泽度等性能[56]。根据文献报道，这一技术在铜酞菁颜料上应用较多[57-60]。随之也有研究者将这一技术拓展至其他颜料品种，如 Hiroki 等[61]将颜料紫 23 进行氯磺化反应，引入—SO_2Cl 基团，再与不同的脂肪胺作用，生成相应的衍生物，添加到母体颜料中，得到的改性颜料在抗絮凝性、降低体系黏度、增加光泽度方面都有极大的改进。

3. 研磨、酸溶、酸胀及有机溶剂处理

有机颜料在使用过程中，要求具有微细的粒度和均匀的粒径分布，研磨分散是实现这一目的的有效手段之一[62]。酸溶大致机理为：多数有机颜料在无机浓酸（如硫酸）中有较大的溶解度，且浓酸可在较低温度下与颜料成盐而将颜料溶解其中。加水将酸稀释后，有机颜料在其中的溶解度迅速降低而析出沉淀，在这个过程有机颜料粒子大小和分布得到调整；同时在析出过程中加入特定助剂可改善分散性能。酸胀则采用较低浓度的酸，较少的用量，使颜料部分溶解，然后经稀释析出、过滤、水洗得到新颜料粒子。

有机溶剂处理颜料粒子实际上是利用有机颜料在特定溶剂中溶解、结晶析出或重结晶的特性，促使晶型的转变，从热力学不稳定型转变成热稳定型产品，同时又能去除杂质，起到纯化作用，最终得到颜色鲜艳、粒子质地松软的产品。

4.3　核/壳结构无机-有机复合颜料制备技术理论模型构建

4.3.1　核/壳结构无机-有机复合技术概述

核/壳结构复合材料的组成是二组分体系中最简单的结构构成，其内核中心粒子与表面壳材料通过物理、化学作用结合，使得复合颜料可兼具内部核材料和表面壳层材料的优异性能，并获得单组分材料所不具备的诸多新性能，如优异的光、电、磁和催化性能、大表面积、高稳定性等，进而广泛应用于光子晶体、生物医学、催化等领域。如前所述，无机-有机复合核/壳结构在有机颜料领域也得到了广泛应用，通过核/壳结构的构建实现透明型 TiO_2 和 SiO_2 等无机纳米材料对有机颜料的包覆改性，在不影响有机颜料的颜色性能的前提下，增强有机颜料耐酸、碱性和光、热稳定性。

与文献报道的无机-有机复合改性有机颜料不同，著者课题组以无机纳米材料（SiO_2、海泡石、白炭黑和 TiO_2 等）为无机核，在有机颜料制备过程中与其复合制备得到核/壳结构无机-有机复合颜料。基于核/壳结构复合颜料对光吸收/散射性能与核/壳材料的光学特性（如折射率）间关系，构建了核/壳结构无机-有机复合颜料物理光学模型，对复合颜料的颜色性能（色相、颜色饱和度等）与其对光吸收波长及吸收强度间的关系进行了计算模拟。

4.3.2　核/壳结构无机-有机复合颜料物理光学模型构建

文献报道，对微纳结构复合材料而言，依据电磁波对其粒径大小进行调节，可产生特殊的光学效应，如负折射和强吸收等[63, 64]。同时，对于核/壳结构材料而言，其对光吸收/散射性也可通过粒子大小及核/壳比构成来调节[65, 66]。根据 Mie 散射理论，颗粒的相对折射系数、粒径大小和分布是影响颗粒对光散射效率的三个重要参数[67]。在本书中所述核/壳结构无机-有机复合颜料中，有机颜料壳层（单偶氮、双偶氮和蒽醌类有机颜料）和无机内核（金红石型 TiO_2、微硅粉、海泡石、白炭黑等）的折光系数不同，二者在形成的复合颜料的结构构成中（核/壳比和粒径大小）影响着复合颜料折射率及对光吸收/反射特性。

基于这一特性，著者所在课题组采用时域有限差分法（finite difference time domain, FDTD）数值模拟，构建了核/壳结构无机-有机复合颜料物理光学模型[68]。FDTD 是基于三维麦克斯韦方程求解，将空间网格化，并用 Yee 元胞组成的独立网孔来描述目标结构材料电磁场和光学特性关系的一种分析方法。在模型构建的过程中，通过模拟条件（包括区域、边界条件和光源等）的设置，研究复合颜料的物质特性（结构构成、介电常数及折射率等）对复合颜料对光吸收/散射特性的影响规律。同时，基于 Mie 理论，采用 Matlab 进行编程计算模拟和数值验证，建立复合颜料光学性能与其结构构成（粒径大小及核/壳比）间的定量关系。基本模型设计如图 4-7 所示。

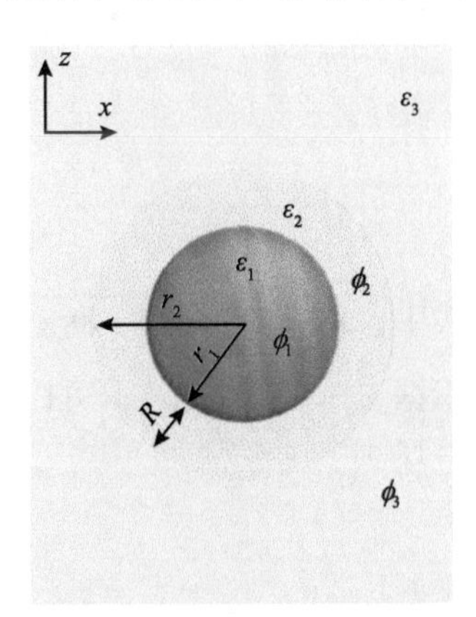

图 4-7　核/壳结构无机-有机复合颜料物理光学模型计算模拟示意图

基本模型中，r_1 为核半径，r_2 为壳层半径，壳层厚度为（$R= r_1-r_2$）。各个区域的介电常数如图 4-7 所示，入射光沿 Z 轴射入，外加电场为 $\overline{E}_0 = E_0\hat{z}$。周围介质环境的介电常数为 ε_3。

在静电条件下，如果自由电荷密度为 ρ，则相应的静电场为 $\overline{E}$，可以表示为

$$\varepsilon\nabla \cdot \overline{E} = \rho \tag{4-1}$$

根据欧姆定律，传导电流密度 $\overline{J}$ 为

$$\overline{J} = \sigma\overline{E} \tag{4-2}$$

式中，σ 为电流传导率，则根据电荷守恒：

$$\nabla \cdot \vec{J} + \frac{\partial \rho}{\partial t} = 0 \tag{4-3}$$

因此，根据以上方程可以得到

$$\rho = \rho_0 \mathrm{e}^{-\frac{\sigma}{\varepsilon}t} \tag{4-4}$$

式中，ρ_0 为在 $t=0$ 的对应值。可以发现随着时间的变化，电荷密度随时间发生衰减，对应的特征时间为 $\tau = \frac{\varepsilon}{\sigma}$。对于 SiO_2 材料，特征时间 τ 的数量级为 10^{-17}s，所以在表面没有积累电荷，入射光的周期时间远大于 10^{-17}s，所以电场没有延迟效应，我们可以将此模型看作准静态近似。

在准静态近似条件下，静电场问题可以根据边界条件通过解拉普拉斯方程求得，定义无机核内部电势为 ϕ_1，有机颜料壳层为 ϕ_2，周围介质环境为 ϕ_3，对应的电势函数为 $\nabla \cdot (\tilde{\varepsilon} \cdot \nabla \phi) = 0$

解方程 $\phi(r,\theta) = \sum_n R_n(r)\Phi(\theta)$，具体可以表示为

$$\phi_1 = -AE_0 r\cos\theta,\ r < r_1 \tag{4-5}$$

$$\phi_2 = \left(Br^{t_1} + Cr^{t_2}\right)E_0\cos\theta,\ r_1 < r < r_2 \tag{4-6}$$

$$\phi_3 = \left(-r + \frac{D}{r^2}\right)E_0\cos\theta,\ r > r_2 \tag{4-7}$$

式中，$t_{1,2} = \left(-1 \pm \sqrt{1 + 8\varepsilon_{\theta\theta} / \varepsilon_{rr}}\right)$，系数 A、B、C 和 D 可以通过解边界条件得到，根据 $\overline{E}_i = -\nabla \phi_i(r,\theta)$，可以进一步得到核层电场 E_1、壳薄层电场 E_2 和周围电介质电场 E_3：

$$E_1 = AE_0\left(\cos\theta\hat{e}_r - \sin\theta\hat{e}_\theta\right),\quad r < r_1 \tag{4-8}$$

$$E_2 = -E_0\left[\left(Bt_1 r^{t_1-1} + Ct_2 r^{t_2-1}\right)\cos\theta\hat{e}_r - \left(Br^{t_1-1} + Cr^{t_2-1}\right)\sin\theta\hat{e}_\theta\right)\right],\quad r_1 < r < r_2 \tag{4-9}$$

$$E_3 = E_0\left[\left(1 + \frac{2D}{r^3}\right)\cos\theta\hat{e}_r + \left(-1 + \frac{D}{r^3}\right)\sin\theta\hat{e}_\theta\right)\right],\quad r > r_2 \tag{4-10}$$

在准静态条件下，纳米球结构在周围介质环境中产生的场可以看作偶极子的作用，偶极子的极化强度为 $\bar{p} = \varepsilon_3 \alpha \bar{E}_0$，则电势 ϕ 可以由极化强度表示为

$$\phi = \frac{\bar{p} \cdot \bar{r}}{2\pi\varepsilon_0\varepsilon_3 r^2} \tag{4-11}$$

球极化率可以表示为 $\alpha = 2\pi\varepsilon_0 D$，纳米粒子对入射光有吸收和散射（即消光），准静态近似条件下根据散射理论，纳米粒子的吸收和散射截面可以表示为

$$\sigma_{\text{abs}} = \frac{k}{\varepsilon_0}\text{Im}(\alpha) \tag{4-12}$$

$$\sigma_{\text{sca}} = \frac{k}{6\pi\varepsilon_0^2}k^4 |\alpha|^2 \tag{4-13}$$

在准静态近似条件下，根据麦克斯韦方程，推导介质界面处边界条件，再解拉普拉斯方程，将核/壳球结构看作偶极子模型，通过散射理论得到了模型结构对光的吸收和散射情况。以著者课题组设计制备的核/壳型微硅粉/颜料红 170 为例，已知微硅粉和 C.I.颜料红 170 的折射率分别为 1.47～1.48 和 2.522。依据介电常数 ε 和折射率 n 之间的关系（$\varepsilon=n^2$）计算得微硅粉和 C.I.颜料红 170 的介电常数。结合上述计算理论，固定微硅粉半径为 100 nm，颜料层厚度变化范围为 0～55 nm，以 5 nm 为颜料层厚度变化步长，而后运用 Matlab 软件进行计算模拟，运用 FDTD 软件进行辅助修正。通过计算得到不同颜料层厚度条件下，包核颜料的电场和远场强度情况，如图 4-8 所示。

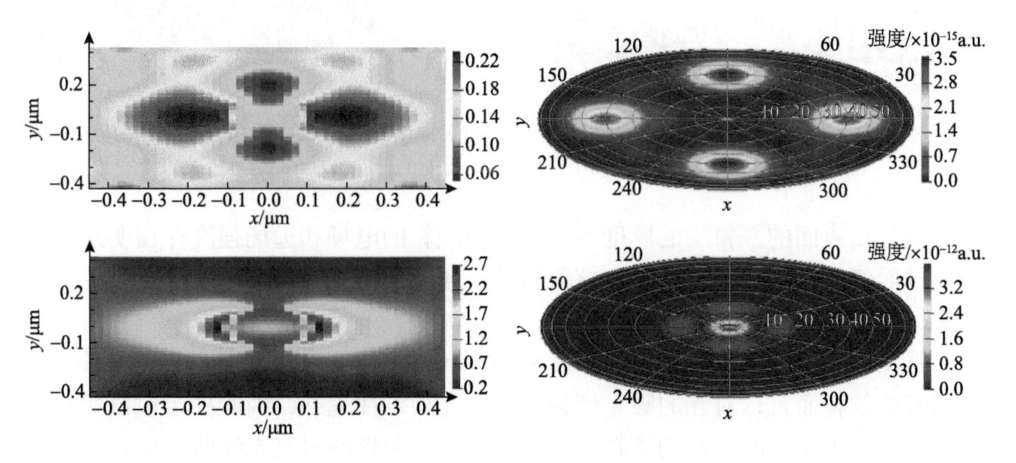

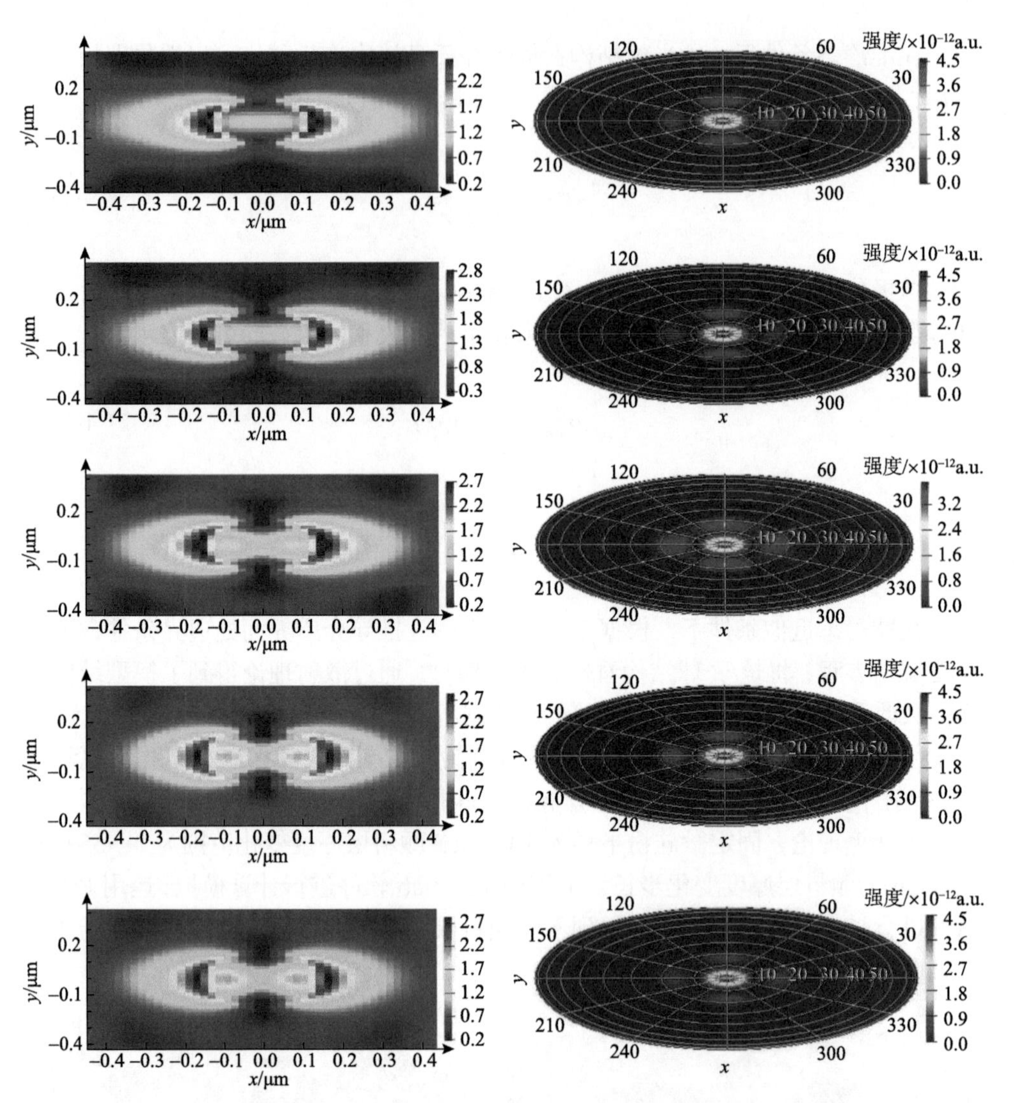

图 4-8　包核颜料电场（左）和远场（右）强度随颜料层厚度变化规律图

从上至下核/壳比为（100 nm/0 nm）～（100 nm/150 nm），以 10 nm 为一个间隔

微硅粉表面的颜料层的厚度不同，包核颜料的电场和远场强度存在明显的差异，进而使得不同颜料层厚度包核颜料的吸收光谱（吸收强度和吸收波长）存在差异，如图 4-9 所示。

从图中可以看出，在颜料层厚度为 40 nm，包核颜料对光吸收的强度最大。而对有机颜料而言，对光的吸光度越低，其光稳定性越好，因而确定包核颜料最佳厚度应小于 40 nm。不同颜料层厚度条件下，包核颜料对光吸收波长存在明显差异。当颜料层厚度小于 15 nm 时，包核颜料波长在 420～600 nm 之间不规则波

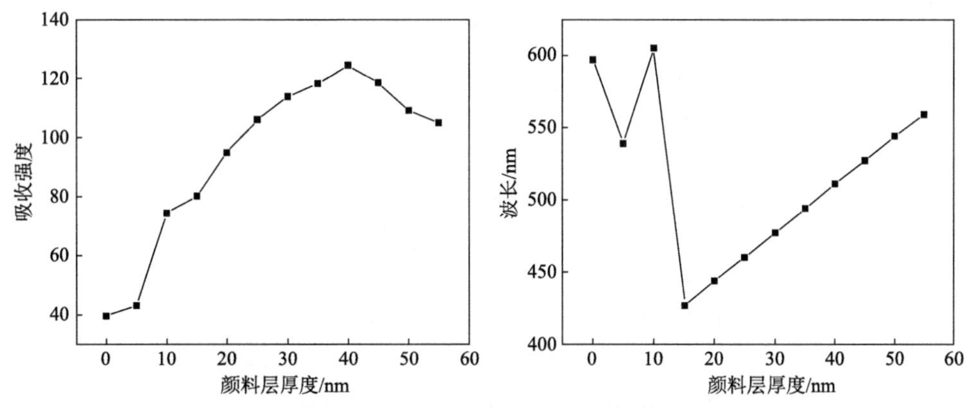

图 4-9　颜料层厚度复合核颜料光吸收强度和吸收波长的影响

动。而当颜料层厚度大于 15 nm 时，包核颜料对光吸收波长和颜料层厚度之间呈现较好的线性关系。

结合计算模拟结果和实验分析测试结果，对二者的匹配度进行了分析。著者课题组在制备核/壳结构微硅粉/C.I.颜料红 170 复合颜料中，采用透射电子显微镜（TEM）对不同微硅粉添加量条件下制备所得复合颜料进行了透射电子显微镜表征，结果如图 4-10 所示。同时，对其光吸收特性也进行了测试，结果如图 4-11 所示。可以看出，不同微硅粉添加量下制备所得复合颜料具有明显不同的颜料壳

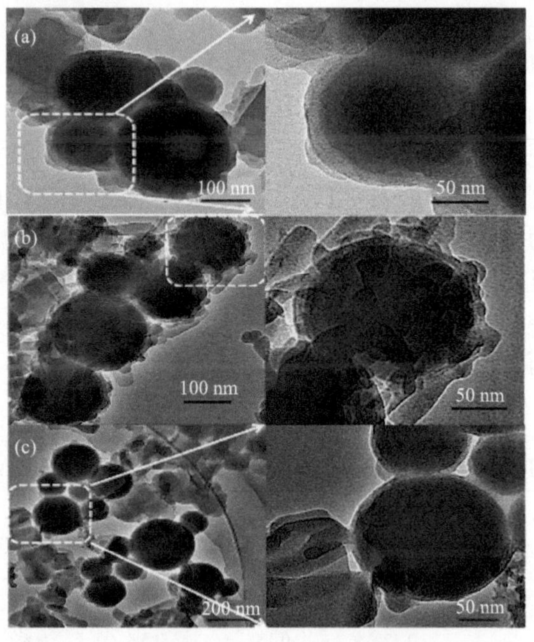

图 4-10　不同微硅粉添加量下复合颜料的 TEM 图

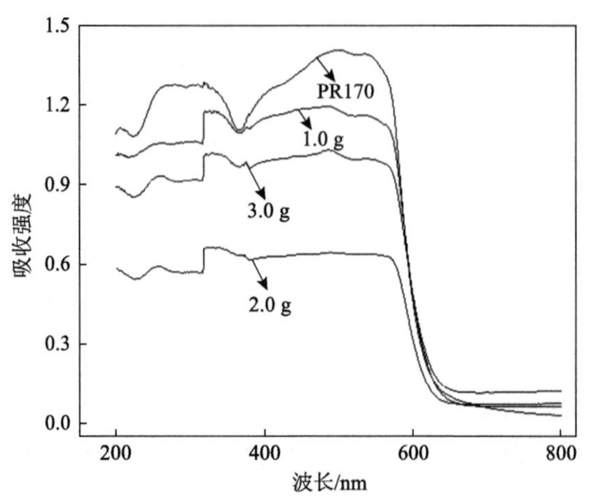

图 4-11　不同微硅粉添加量下复合颜料的吸收光谱图

层厚度，在微硅粉添加量为 1.0 g 时，复合颜料中颜料壳层厚度为 40～50 nm。同时，从其吸收光谱测试结果中可以看出，该复合颜料具有最高的吸光度，这一实验结果与图 4-9 中所示的计算模拟结果相匹配。

就复合颜料的光吸收波长而言，直观地通过复合颜料的颜色色相测试参数来表征。依据有机颜料显色机理，当自然光照射有机颜料时，有机颜料分子结构的特定基团（如偶氮键、蒽醌键等）会对一定波长的光（即补色光）产生吸收作用，而将未能吸收的光（即显色光）反射进入人眼，进而显现颜色。就红色系 C.I.颜料红 170 复合颜料而言，当复合颜料的光吸收波长为 455～490 nm（蓝光）时，复合颜料显现色相为黄光红；而当复合颜料的光吸收波长为 580～595 nm（黄光）时，复合颜料显现色相为蓝光红。同样，我们对不同微硅粉添加量下复合颜料的颜色性能进行了测试，结果如表 4-1 所示。测试结果表明，当微硅粉添加量为 2.0g 时，颜料层厚度为 20～30 nm[图 4-10（b）]，复合颜料色相偏黄相，表现为 Δb 值为正值。从色相上判断，复合颜料的光吸收波长应在 455～490 nm，对应图 4-9 中计算模拟结果中颜料壳层厚度为 25～35 nm，实验与计算模拟结果相匹配。结合上述结果分析可知，构建的核/壳结构无机-有机复合颜料吸收光谱（包括吸收强度和吸收波长）随颜料壳层厚度变化计算模拟结果与实验结果相匹配。

表 4-1　不同微硅粉添加量的改性颜料颜色性能（以 C.I.颜料红 170 为标准）

微硅粉添加量/g	颜色参数值					
	ΔL	Δa	Δb	Δc	ΔH	ΔE
1.0	−0.42	−0.43	−2.09	0.57	2.06	2.18
2.0	0.52	0.15	0.54	0.52	0.74	0.76
3.0	0.51	0.86	0.67	0.92	−0.07	1.20

4.4　核/壳结构无机-有机复合颜料制备技术与应用实例

4.4.1　微硅粉核/壳自组装改性 C.I.颜料红 170 的制备、表征及性能研究

著者课题组以微硅粉为无机添加物，在 C.I.颜料 170（图 4-12）制备过程中，采用正、反偶合两种偶合工艺制备了改性颜料红 170[69]。在反偶合工艺中，微硅粉直接添加到重氮盐溶液中预吸附重氮盐，偶合组分滴加至重氮盐溶液中时，二者在微硅粉表面发生偶合反应，生成有机颜料，进而得到改性颜料。在正偶合工艺中，先采用硅烷偶联剂（KH550、KH560 及 KH570，结构式如图 4-13 所示）对微硅粉进行表面修饰得到改性微硅粉。改性微硅粉添加到偶合组分中，在偶联剂的作用下，改性微硅粉吸附偶合组分，当重氮盐溶液滴加至反应体系时，与偶合组分反应生成 C.I.颜料红 170，并将微硅粉包覆在其内部。采用 SEM、TEM、XRD 和傅里叶变换红外光谱（FT-IR）等表征手段对两种偶合工艺制备所得改性颜料的结构进行了表征分析，也通过紫外-可见漫反射光谱仪、便携式测色仪和热重分析仪分别对改性颜料的光稳定性、颜色性能以及热稳定性进行了分析。

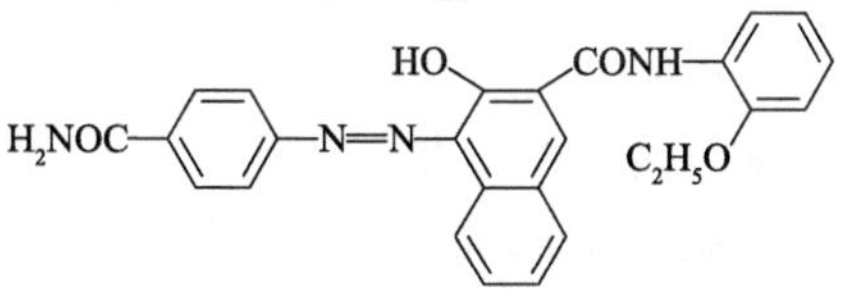

图 4-12　C.I.颜料红 170 结构式

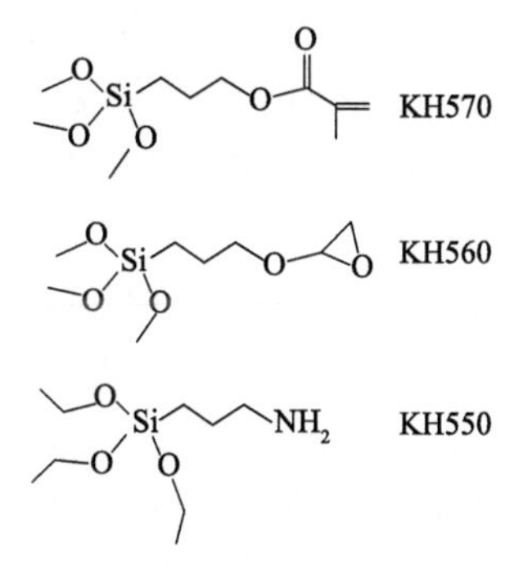

图 4-13　三种硅烷偶联剂的结构式

1. 改性颜料的制备

1）反偶合工艺制备改性颜料

重氮盐的制备：在搅拌条件下向盐酸（40 mL 水与 6.4 mL 浓度为 36%～38% 的浓盐酸形成的溶液）中加入 3.4 g 对氨基苯甲酰胺，搅拌分散后加入碎冰，将溶液冷却至 5℃左右，称取 $NaNO_2$（1.74 g）配制成 5 mol/L 的溶液，逐滴滴加至反应液中进行重氮化反应。$NaNO_2$ 溶液滴加完毕后向反应液中加入 1.4～1.5 g 十二烷基酚聚氧乙烯醚（OP-10）和 20 mL CH_3COOH-CH_3COONa 缓冲溶液，继续

搅拌，并向反应液中加入微硅粉，对重氮组分预吸附 20～30 min。

偶合组分的制备：称取 8.40～8.60 g 色酚 AS-PH，将其溶解在 135 mL 热碱溶液中（2.20 g NaOH，红油 1.05 g，拉开粉 0.12 g），升温搅拌至溶液中只有少量不溶物，将溶液进行抽滤，取滤液待反应。

偶合反应：在 10～15℃条件下，将偶合组分滴加到重氮组分中，滴加时间为 50～60 min，偶合反应完毕后，体系 pH 为 4～5，继续搅拌反应 1 h，之后将其抽滤得湿滤饼。

颜料化：将湿滤饼直接置于四口烧瓶中，并向其中加入 150 mL 二甲苯。在强力机械搅拌条件下，在 85～95℃下处理 1～1.5 h，之后将其抽滤，滤饼在 60～70℃下干燥得颜料成品。

2）正偶合工艺制备改性颜料

微硅粉的修饰改性：将 30 g 微硅粉和 300 mL 水在 500 mL 四口烧瓶中混合，机械搅拌升温至 70～80℃后，加入一定量硅烷偶联剂（KH550、KH560 和 KH570，结构式如图 4-13 所示），继续搅拌并保温 1 h，抽滤，水洗，而后在 85℃下干燥过夜，粉体研磨过 120 目筛即得改性微硅粉。

偶合组分的制备：称取 8.40～8.60 g 色酚 AS-PH，将其溶解在 135 mL 热碱溶液中（2.40 g NaOH，1.05 g 红油，0.12 g 拉开粉，温度为 85℃），升温搅拌至溶液中只有少量不溶物，将溶液进行抽滤，取滤液并将其转移至四口烧瓶中，并在机械搅拌条件下加入改性微硅粉，5～10 min 后，加入溶解有非离子表面活性剂 Triton X-100 的 CH_3COOH-CH_3COONa 缓冲溶液 20 mL，继续搅拌，待反应。

重氮盐的制备：取 40 mL 水、6.40 mL 浓盐酸（36%～38%），在搅拌条件下加入 3.40 g 对氨基苯甲酰胺，搅拌 3 min 左右加入碎冰，将溶液冷却至 0～2℃，称取 1.74 g $NaNO_2$ 并配制成 5 mol/L 的溶液，逐滴滴加进行重氮化。

偶合反应：在 35～40℃条件下，将重氮盐溶液滴加到偶合组分中，滴加时间为 30～40 min，偶合反应完毕后，体系 pH 为 4～5，继续搅拌，反应至体系内无重氮盐。

颜料化：重氮盐滴加完毕后，通过渗圈实验确定反应终点，待重氮盐完全反应，向反应溶液中添加 100 mL 二甲苯，在 90～95℃下回流处理 0.5～1 h，之后抽滤得滤饼，并将其于 85℃下干燥过夜得颜料成品。

2. 改性有机颜料性能测试及表征

热稳定性测试：采用热重分析仪（TG-DTA）对有机颜料改性前后的热稳定性进行分析。测试条件为：温度范围为室温～800℃，升温速率为 10℃/min；N_2

保护。

光稳定性测试：采用配置有 Lambda 35 分光仪的紫外-可见分光光度计，在漫反射模式下对有机颜料改性前后的光稳定性进行分析，测试波长范围为 200～800 nm。

粒径分布测试：分别取少量改性前后有机颜料，并将其置于试管中，以乙醇为分散介质，超声分散 2 h，而后采用激光纳米粒度分析仪（DelsaNano C, Beckman Coulter, America）分析其粒径分布。

形貌及结构表征：①扫描电子显微镜（SEM）：将有机颜料在乙醇中超声分散后，取少量滴加在锡箔纸上，而后将锡箔纸粘贴在导电胶上，喷金制样，而后在扫描电子显微镜（S-4800, HITACHI Corporation, Japan）下观察分析有机颜料的形貌。②透射电子显微镜（TEM）：将有机颜料在乙醇中超声分散后，取少量溶液滴加至超薄碳膜铜网上，30℃下真空干燥，而后用场发射透射电子显微镜（JEM-2100, NEC Corporation, Japan）对有机颜料和微硅粉间结构关系进行观察分析。

3. 改性有机颜料性能测试及表征分析

1）反偶合工艺制备改性颜料性能测试及表征结果分析

（1）SEM 表征结果分析。

采用 SEM 对 C.I.颜料红 170 标准品、微硅粉及改性颜料的形貌特性进行表征，结果如图 4-14 所示。

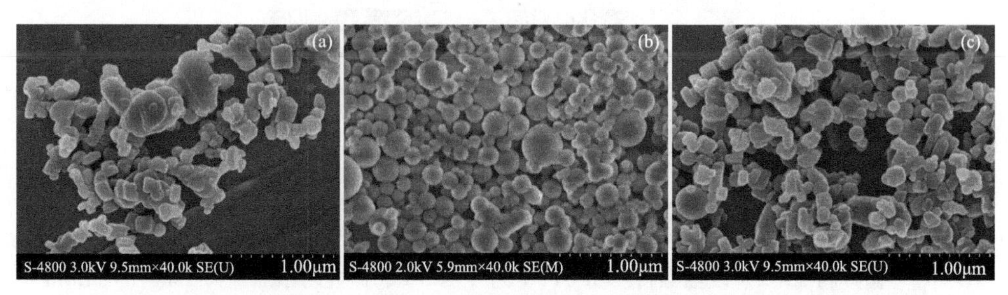

图 4-14　C.I.颜料红 170（a）、微硅粉（b）及改性颜料（c）的 SEM 图

从图中可以明显看出，C.I.颜料红 170 标准品的粒径分布不均匀，明显存在大的聚集粒子。这是因为，在有机颜料制备过程中，在保温、干燥过程中，颜料粒子会因分子间的作用力（如氢键、范德瓦耳斯力等）发生聚集现象。从图 4-14（b）中可以看出，微硅粉为表面光滑的球形颗粒，且粒径分布大多集中在 100～200 nm。如图 4-14（c）所示，与 C.I.颜料红 170 标准品相比，改性颜料的粒径分布明显更加均匀，且粒子大小与微硅粉粒子大小相当。此外，从形貌上看，与 C.I.颜料红

170 相比，改性颜料的形貌更加规则，为近乎球形粒子。上述对比说明，微硅粉的包核改性在一定程度上控制了有机颜料的形貌和粒径大小。

（2）TEM 表征结果分析。

为确定改性颜料中微硅粉与有机颜料之间的结构关系，采用 TEM 对改性颜料进行表征，结果如图 4-15 所示。如图 4-15（a）所示，微硅粉为表面光滑的球形粒子，表征结果与 SEM 图一致。而改性颜料的 TEM 图[图 4-15（b）]中的球形粒子，其表面较为粗糙，说明在微硅粉表面包覆了一层有机颜料。从图 4-15（c）和图 4-15（d）中可以明显看出，有机颜料和微硅粉二者之间构成核/壳结构。此外，还可以明显看出，不同粒径大小的微硅粉与有机颜料结合所构成的改性颜料粒子粒径大小相当，但微硅粉表面的有机颜料层厚度存在明显差别。粒径较小的微硅粉表面的有机颜料包覆层厚度明显要大于粒径较大的微硅粉表面的有机颜料包覆层厚度。这一结果在一定程度上说明，采用无机-有机自组装技术，在偶氮颜料制备过程对其进行改性得到的核/壳结构颜料中，无机核表面的有机颜料层厚度可通过无机核的粒径大小来进行调控。

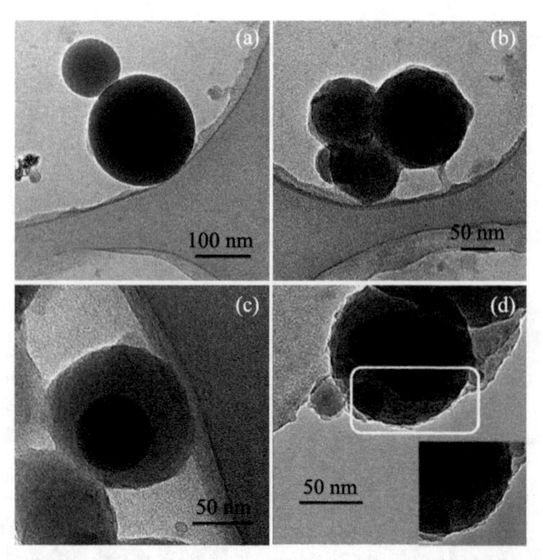

图 4-15　微硅粉（a）、改性颜料[（b），（c），（d），微硅粉添加量为 2.0 g]的 TEM 图

（3）XRD 表征结果分析。

采用 X 射线衍射光谱仪对 C.I.颜料红 170 标准品、改性颜料和微硅粉进行表征，结果如图 4-16 所示。如图 4-16 所示，由于微硅粉为无定形 SiO_2，它仅在 $2\theta=20.89°$处有一个宽衍射峰。而在改性颜料中，微硅粉的这一宽衍射峰消失，这是因为在改性颜料中，有机颜料和微硅粉二者形成核/壳结构，微硅粉的特征衍射峰被包覆在其表面的有机颜料的特征衍射峰所覆盖。此外，对比 C.I.颜料红 170 标准品和改性颜料的特征衍射峰可以发现，二者的衍射峰位置相同，说明为同一

晶型。但是，从衍射强度来看，改性颜料在 2θ=11.34°、12.86°、15.02°和 28.85°处的衍射峰强度要低于颜料红 170 标准品，说明微硅粉这一无机核的存在一定程度上抑制了颜料晶体粒子的生长。

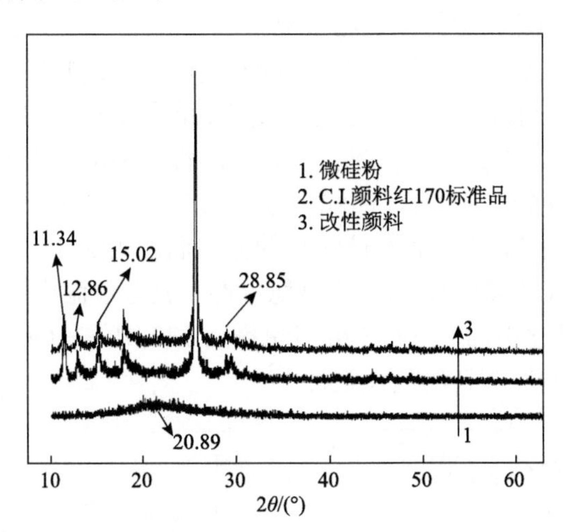

图 4-16　C.I.颜料红 170、改性颜料及微硅粉的 XRD 图

（4）FT-IR 表征结果分析。

采用傅里叶变换红外光谱仪对 C.I.颜料红 170 标准品、改性颜料和微硅粉进行红外表征，结果如图 4-17 所示。如图 4-17（a）所示，改性颜料和 C.I.颜料红 170 标准品的红外光谱图类似。为观察改性颜料中有机颜料和微硅粉二者间的作用关系，将波数在 450～2000 cm^{-1}之间的红外光谱图进行放大处理，结果如图 4-17（b）所示。微硅粉的红外光谱图中，478 cm^{-1}、800 cm^{-1}和 1100 cm^{-1}处的吸收峰，分别归属于 Si—O—Si 摇摆振动吸收峰、Si—O—Si 伸缩振动以及 Si—O 不对称

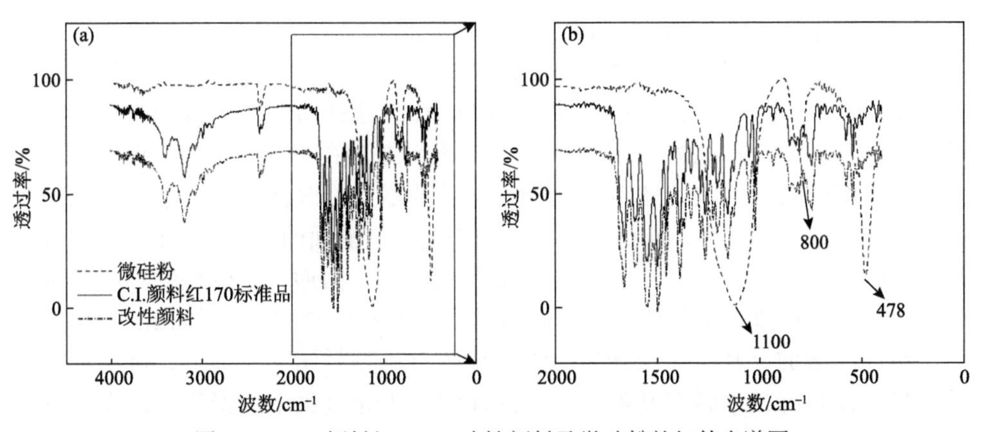

图 4-17　C.I.颜料红 170、改性颜料及微硅粉的红外光谱图

吸收峰。通过对比可以发现，在改性颜料的红外光谱图中，上述三个特征吸收峰消失。这主要是因为微硅粉被 C.I.颜料红 170 所包覆（如 TEM 表征结果所述），从而使得微硅粉的特征吸收峰等被覆盖。

（5）改性颜料的热稳定性测试结果分析。

采用热重分析仪对 C.I.颜料红 170 标准品和改性颜料进行了表征，以分析微硅粉改性前后 C.I.颜料红 170 的热稳定性变化，结果如图 4-18 所示。从图 4-18（a）中可以看出，与 C.I.颜料红 170 标准品相比，改性颜料的失重曲线向高温区移动，且其失重率下降。此外，从 DTG 曲线中[图 4-18（b）]可以看出，C.I.颜料红 170 标准品的分解温度为 346℃，而改性颜料的分解温度为 351℃。这一对比说明，微硅粉的修饰提高了 C.I.颜料红 170 的热稳定性，其分解温度提高 5℃。其原因在于，改性颜料中微硅粉中的 Si—OH 会与颜料红 170 中的—OH 和 C═O 等基团形成氢键，进而提高改性颜料的热稳定性[47]。

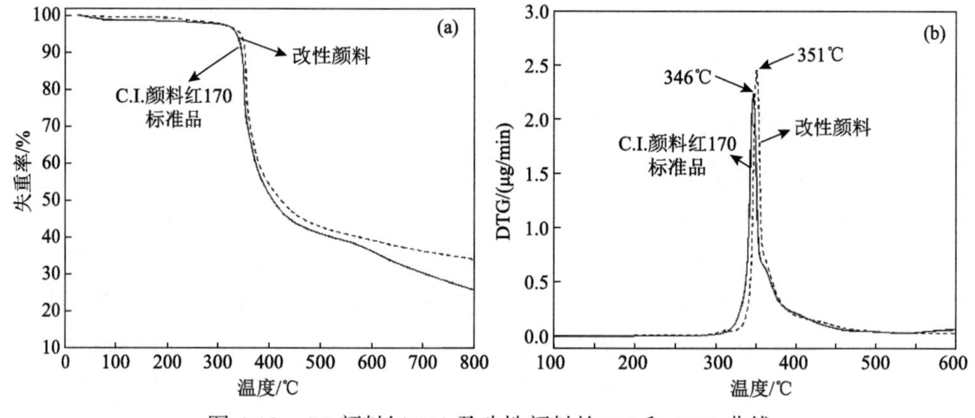

图 4-18　C.I.颜料红 170 及改性颜料的 TG 和 DTG 曲线

（6）微硅粉添加量对改性颜料形貌及性能的影响。

A. 不同微硅粉添加量的改性颜料的 SEM 图

通过添加不同量的微硅粉制备得到不同微硅粉添加量的改性颜料，采用 SEM 对其进行表征，以研究改性颜料形貌随微硅粉添加量的变化规律，结果如图 4-19 所示。从图中可以看出，随着微硅粉添加量的增加，改性颜料中聚集大粒子数量减少，粒径逐渐减小，且粒径分布更加均匀。从前面的 TEM 表征结果中可以看出，微硅粉和有机颜料二者之间形成核/壳结构。因而，在改性颜料制备过程中，随着微硅粉添加量的增加，所制备的改性颜料中具有核/壳结构的复合颜料的比例逐渐增加，其与无微硅粉作为内核的有机颜料属异质颜料，可通过“异质效应”控制有机颜料在制备工艺中的保温、干燥过程中的聚集，进而控制粒径分布。

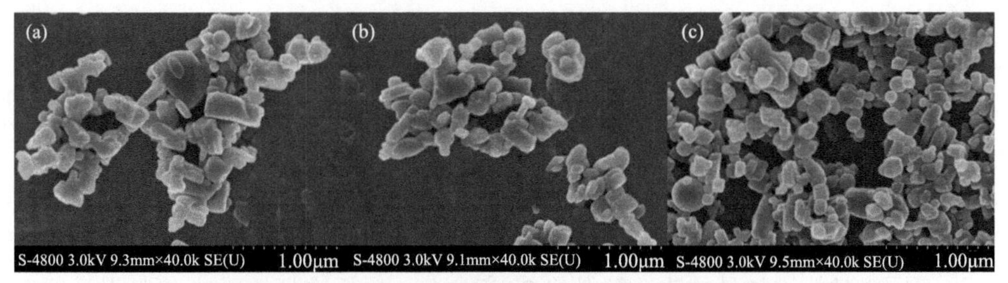

图 4-19　不同微硅粉添加量所得改性颜料的 SEM 图

（a）微硅粉添加量为 0.6 g；（b）微硅粉添加量为 1.1 g；（c）微硅粉添加量为 2.0 g

B. 不同微硅粉添加量的改性颜料的粒径分布

不同微硅粉添加量的改性颜料、微硅粉以及 C.I.颜料红 170 标准品的粒径分布如图 4-20 和表 4-2 所示。可以看出，C.I.颜料红 170 标准品的粒径分布范围较宽，主要分布在 100～430 nm。与之相比，虽然改性颜料的小粒径（D_{10}）和中粒径（D_{50}）有所增大（表 4-2），但粒径分布更为集中，主要分布在 150～400 nm。此外，随着微硅粉添加量的增加，改性颜料的粒径分布范围逐渐变窄。其原因在于，粒径小且分布集中的无机核微硅粉（100～250 nm）在制备过程中与有机颜料二者之间形成核/壳结构，通过核/壳作用抑制了有机颜料粒子在制备过程中的过度生长和聚集，从而实现对有机颜料粒径大小及分布的控制。

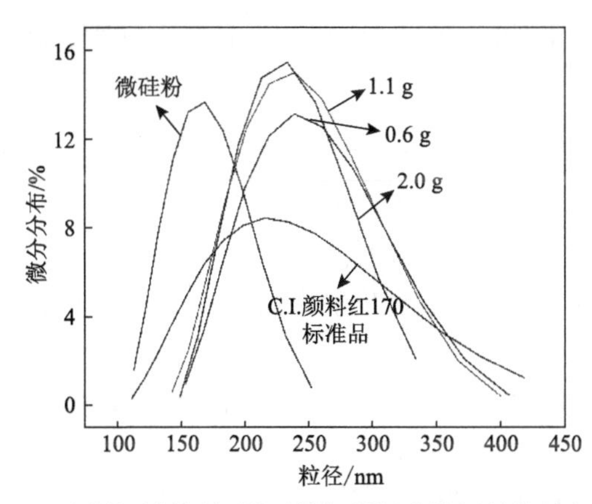

图 4-20　不同微硅粉添加量下制备所得改性颜料的粒径分布图

表 4-2　微硅粉、C.I.颜料红 170 和不同微硅粉添加量改性颜料的粒径分布

颜料		D_{10}/nm	D_{50}/nm	D_{90}/nm	平均粒径/nm
	微硅粉	125.7	159.8	203.7	169.2
微硅粉添加量	C.I.颜料红 170	144.6	214.0	322.3	234.4
	0.6 g	172.2	226.5	300.5	242

续表

颜料		D_{10}/nm	D_{50}/nm	D_{90}/nm	平均粒径/nm
微硅粉添加量	1.1 g	177.3	233.4	308.8	249.8
	2.0 g	173.2	219.8	278.5	233.6

C. 不同微硅粉添加量的改性颜料的紫外-可见漫反射吸收光谱图

不同微硅粉添加量的改性颜料和C.I.颜料红170标准品的紫外-可见漫反射光谱图如图4-21所示。

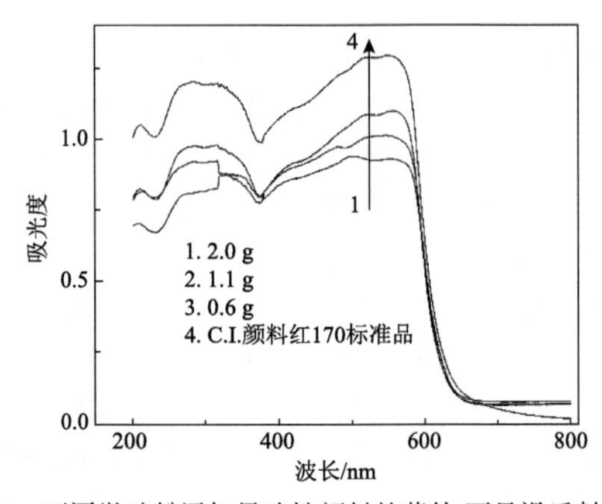

图4-21　不同微硅粉添加量改性颜料的紫外-可见漫反射光谱图

可以看出，经微硅粉改性后，改性颜料在200～600 nm区域内的吸光度明显要低于C.I.颜料红170标准品，说明改性颜料具有更好的光稳定性。此外，随着微硅粉添加量的增加，改性颜料的吸光度呈逐渐下降的趋势。如前所述，随着微硅粉添加量的增加，改性颜料的粒径逐渐减小，粒径分布更加均匀，这就使得改性颜料对光的散射能力增强，其光反射率增大[70]，吸光度下降，进而提高了改性颜料的光稳定性。

2）正偶合工艺制备改性颜料性能测试及表征结果分析

（1）偶联剂修饰改性微硅粉的红外光谱。

采用红外光谱对微硅粉和硅烷偶联剂修饰的微硅粉进行表征，结果如图4-22所示。图中800 cm^{-1}和1118 cm^{-1}处的特征吸收峰分别归属于微硅粉中Si—O—Si伸缩振动吸收峰以及Si—O不对称吸收峰。此外，对比可以发现KH570和KH550修饰微硅粉的红外光谱图中，分别在1714 cm^{-1}和2958 cm^{-1}处出现了新的特征吸收峰，它们分别归属于偶联剂KH570中C═O的伸缩振动吸收峰和偶联剂KH550中C—H的伸缩振动吸收峰。特别地，KH570修饰微硅粉在1118 cm^{-1}处归属于微硅粉中的Si—O不对称吸收峰出现了宽化现象。上述说明，KH550和

KH570 这两种偶联剂完成了对微硅粉的表面修饰。而对 KH560 修饰微硅粉的红外光谱图而言，未观察到偶联剂 KH560 的特征吸收峰（如在 910 cm^{-1} 处归属于 KH560 中环氧基的吸收峰），可能原因是 KH560 偶联剂水解后自聚，使得微硅粉表面接枝的偶联剂量较少，难以被检测到。

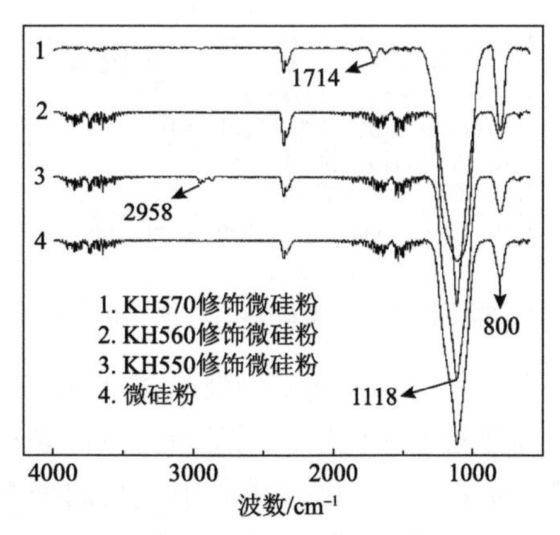

图 4-22　不同偶联剂修饰的微硅粉的红外光谱图

在修饰过程中，偶联剂中的甲氧基或乙氧基水解形成硅醇，而后与微硅粉表面的羟基形成化学键。同时，偶联剂分子的硅醇之间也会相互缩合，形成网状膜而包覆在微硅粉表面，从而实现微硅粉的表面有机化[71, 72]。而偶联剂烷基链中的基团，如 KH570 中的 C═O、KH550 中的—NH_2 可与颜料红 170 中的 C═O 以及—OH 等通过氢键相连[73]。因此，偶联剂在微硅粉和有机颜料之间可起到一定的"架桥作用"。

（2）不同偶联剂修饰的微硅粉改性所得颜料的红外光谱。

以不同偶联剂修饰的微硅粉为无机核，制备得到的改性颜料的红外光谱图如图 4-23 所示。从图中可以看出，以不同偶联剂修饰微硅粉为无机核所制备的改性颜料的红外光谱图与 C.I.颜料红 170 标准品都相近。同时，在所有改性颜料的红外光谱图中，在 800 cm^{-1} 处归属于微硅粉中 Si—O—Si 伸缩振动吸收峰消失，说明有机颜料对微硅粉形成了一定的包覆作用。然而，以不同偶联剂修饰微硅粉为无机核的改性颜料在 1114 cm^{-1} 处特征吸收峰的强度存在明显差异。如前所述，这一特征吸收峰归属于微硅粉的 Si—O 不对称吸收峰，在以 KH560 和 KH570 修饰微硅粉为无机核所制备的改性颜料的红外光谱图中，还可在 1114 cm^{-1} 处观察到明显的特征吸收峰，而以 KH550 修饰微硅粉为无机核所制备的改性颜料中这一吸收峰强度较弱。上述对比说明，改性颜料中，有机颜料在 KH550 修饰微硅粉表面的包覆相比其在 KH560 和 KH570 修饰微硅粉表面的包覆更为完全。

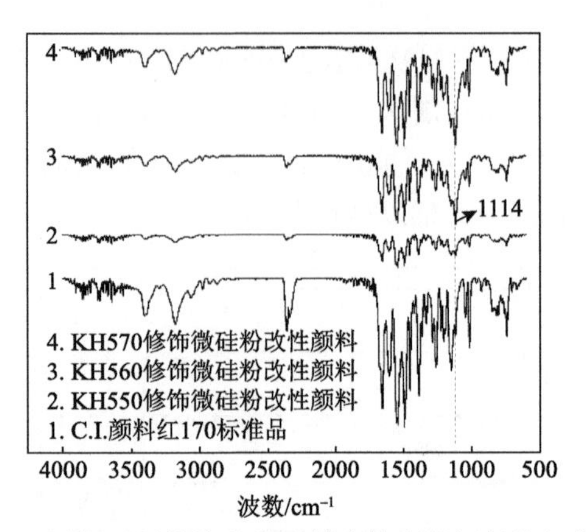

图 4-23　不同偶联剂修饰的微硅粉改性所得颜料的红外光谱图

（3）不同偶联剂修饰微硅粉改性所得颜料的 TEM 表征。

以不同偶联剂修饰微硅粉为无机核，制备得到改性颜料的 TEM 表征结果如图 4-24 所示。如图 4-24 所示，修饰微硅粉所用偶联剂种类不同，有机颜料与微

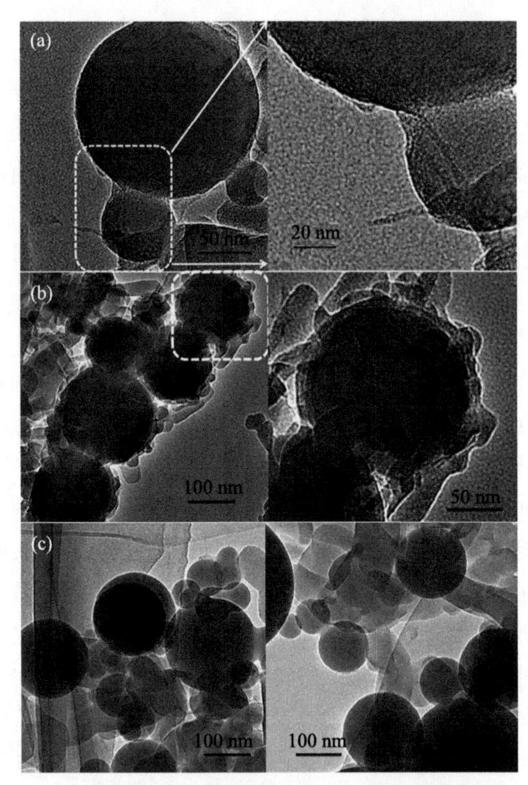

图 4-24　不同偶联剂修饰的微硅粉改性所得颜料的 TEM 图

（a）KH570 修饰改性微硅粉的改性颜料；（b）KH550 修饰改性微硅粉的改性颜料，微硅粉添加量为 2.0 g；（c）KH560 修饰改性微硅粉改性的颜料，微硅粉添加量为 2.0 g

硅粉之间的结构组成及微硅粉表面有机颜料包覆层的厚度存在差异。对比可以发现，如图 4-24（c）所示，以 KH560 修饰微硅粉为无机核对 C.I.颜料红 170 进行改性时，制备所得改性颜料中微硅粉与有机颜料之间以混合物的形式存在，主要原因在于，红外光谱分析结果表明，KH560 对微硅粉的表面修饰作用较差，无法在有机颜料和微硅粉之间起到连接作用。

然而，以其他两种偶联剂修饰微硅粉为无机核对 C.I.颜料红 170 进行改性时，所得改性颜料中，微硅粉和偶氮颜料之间都形成了核/壳结构。而且，以偶联剂 KH550 修饰的微硅粉表面的有机颜料层厚度明显要厚于以偶联剂 KH570 修饰的微硅粉表面的有机颜料层厚度，其原因在于，偶联剂 KH550 中的—NH_2 更容易与 C.I.颜料红 170 中的C═O 以及—OH 等通过氢键相连，使得颜料红 170 更容易实现对微硅粉的包覆。

（4）修饰微硅粉用偶联剂对改性颜料光学性能的影响。

本小节结合改性颜料的紫外-可见漫反射光谱特性测试结果，从修饰微硅粉用偶联剂种类和添加量等两方面考察了偶联剂对改性颜料光学性能的影响。

A. 偶联剂种类对改性颜料光学性能的影响

以不同偶联剂修饰微硅粉为无机核对 C.I.颜料红 170 进行改性得到改性颜料，其中，改性微硅粉添加量为 2.0 g。而后，通过紫外-可见漫反射光谱分别对改性颜料进行表征，以研究偶联剂种类对改性颜料光学性能的影响，结果如图 4-25 所示。从图中可以看出，以不同偶联剂修饰微硅粉为无机核所制备的改性颜料的漫反射光谱存在明显差异。以 KH560 修饰微硅粉为无机核时，所制备的改性颜料在 300～600 nm 的区域内吸光度值要高于 C.I.颜料红 170 标准品；以 KH570 修饰的微硅粉为无机核时，所制备的改性颜料的漫反射光谱与 C.I.颜料红 170 相近；而以 KH550 修饰微硅粉为无机核时，与 C.I.颜料红 170 相比，改性颜料在 200～600 nm 的区域内吸光度明显下降。上述对比说明，以 KH550 修饰微硅粉为无机核所制备的改性颜料的光稳定性最好。

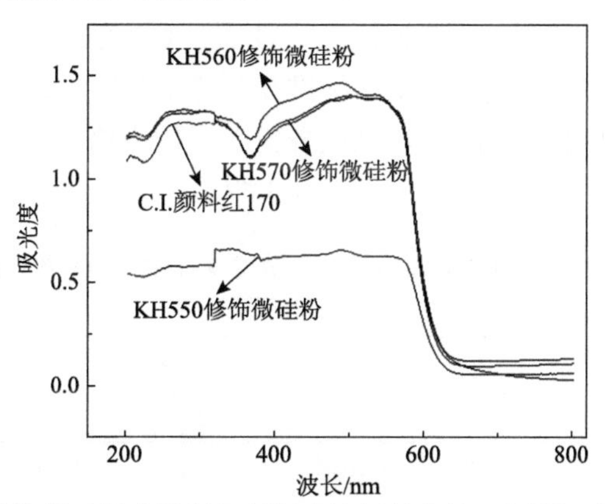

图 4-25 不同偶联剂修饰微硅粉改性制备所得改性颜料紫外-可见漫反射光谱（微硅粉添加量为 2.0 g）

B. 偶联剂添加量对改性颜料光学性能的影响

采用不同量的偶联剂 KH550 对微硅粉进行修饰，而后以其为无机核对 C.I. 颜料红 170 进行改性得到改性颜料，测定改性颜料的漫反射光谱，以研究偶联剂添加量对改性颜料光学性能的影响，结果如图 4-26 所示。可以看出，当修饰微硅粉用偶联剂 KH550 的添加量在 8～16 mL 之间变化时，改性颜料在 200～600 nm 区域内的吸光度呈先减小后增大的趋势，且当 KH550 添加量为 12 mL 时，改性颜料在 200～600 nm 区域内的吸光值最小，即改性颜料具有最好的光稳定性。据此，确定修饰微硅粉时，KH550 的最佳添加量为 12 mL。

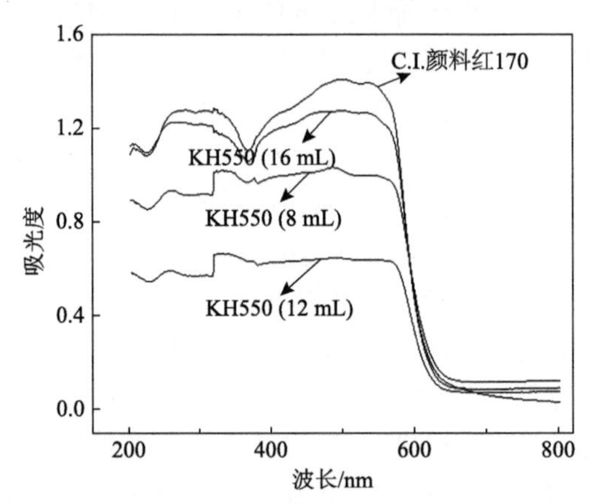

图 4-26　不同量 KH550 修饰微硅粉改性颜料紫外-可见漫反射光谱图（微硅粉用量为 2.0 g）

（5）偶联剂对改性颜料颜色性能的影响。

本小节通过改性颜料的颜色性能测试结果，考察了修饰微硅粉所用偶联剂种类和添加量对改性颜料颜色性能的影响。

A. 偶联剂种类对改性颜料颜色性能的影响

采用不同偶联剂修饰微硅粉为无机核对 C.I.颜料红 170 进行改性，其中，微硅粉用量为 2.0 g。以 C.I.颜料红 170 标准品为基准物，采用便携式分光测色计对制备所得改性颜料的颜色性能进行测试分析，以研究修饰微硅粉用偶联剂的种类对改性颜料颜色性能的影响，结果如表 4-3 所示。

表 4-3　以不同偶联剂修饰微硅粉为无机核制备所得改性颜料的颜色性能（以 C.I.颜料红 170 作为标准品）

硅烷偶联剂种类	颜色参数					
	ΔL	Δa	Δb	Δc	ΔH	ΔE
KH570	0.83	0.65	−0.66	0.30	−0.88	1.24
KH560	−0.09	0.90	0.88	1.20	0.40	1.26
KH550	0.52	0.15	0.54	0.52	0.74	0.76

从表中可以看出，以偶联剂KH550和KH570修饰微硅粉为无机核制备所得改性颜料的色彩亮度、颜色纯净度和颜色饱和度都要明显好于C.I.颜料红170标准品，表现为ΔL值、Δa值和Δc值都为正值。但从色相上看，以KH570修饰微硅粉为无机核制备所得改性颜料的色相偏蓝相（Δb值为负值），而以KH550修饰微硅粉为无机核制备所得改性颜料的色相偏黄相（Δb值为正值），在一定程度上说明改性颜料的粒径更小。虽然，以KH560修饰微硅粉为无机核制备所得改性颜料的颜色纯净度和颜色饱和度都要好于C.I.颜料红170标准品（Δa值和Δc为正值），但其色彩亮度较暗（ΔL值为负值）。综合考虑改性颜料与C.I.颜料红170标准品的颜色性能对比分析及色差值ΔE的大小，确定本实验中修饰微硅粉用偶联剂为KH550。

B. 偶联剂添加量对改性颜料颜色性能的影响

采用不同量偶联剂KH550对微硅粉进行修饰，以其为无机核制备得到改性颜料（微硅粉添加量为2.0 g）。而后以C.I.颜料红170标准品为基准物，采用便携式分光测色计对改性颜料的颜色性能进行测试分析，以研究修饰微硅粉用偶联剂添加量对改性颜料颜色性能的影响，结果如表4-4所示。

表4-4 以不同量KH550修饰微硅粉为无机核制备的改性颜料的颜色性能（以C.I.颜料红170标准品为基准物）

硅烷偶联剂添加量/mL	颜色参数					
	ΔL	Δa	Δb	Δc	ΔH	ΔE
8	−0.06	0.87	1.26	1.34	0.75	1.53
12	0.52	0.15	0.54	0.52	0.74	0.76
16	−0.16	0.13	1.13	0.62	0.95	1.14

从表中可以看出，当修饰微硅粉用KH550添加量在8～16 mL范围内变化时，所制备的复合颜料都表现出比C.I.颜料红170标准品颜色更高的纯净度和颜色饱和度（Δa值和Δc值都为正值）。但是，当KH550添加量过大（16 mL）或过小（8 mL）时，制备所得改性颜料的色彩亮度比颜料红170标准品要暗（ΔL值为负值）；当KH550用量为12 mL时，与C.I.颜料红170标准品相比，改性颜料的色彩更加明亮（ΔL=0.52，为正值），且色差值ΔE值最小。因此，确定改性微硅粉用KH550最佳添加量为12 mL。

（6）改性颜料的表征及性能测试。

A. 不同微硅粉添加量的改性颜料的SEM图

通过添加不同量的改性微硅粉制备得到不同微硅粉添加量的改性颜料，采用SEM对其进行表征，以研究改性颜料形貌随改性微硅粉添加量的变化规律，结果如图 4-27 所示。从图中可以看出，C.I.颜料红 170 标准品中存在较多的聚集粒子，且粒径分布不均匀。经微硅粉改性后，改性颜料中聚集粒子数量明显减少，且粒径逐渐减小。此外，随着微硅粉添加量的增加，改性颜料的形貌逐渐发生变化，由不规则粒子逐渐转变为球形粒子[图 4-27（a）～（c）]。但是，当微硅粉添加量过大时，如图 4-27（d）所示，改性颜料中又开始出现聚集粒子，形貌也开始发生变化。

图 4-27　不同改性微硅粉添加量的改性颜料的 SEM 图

（a）C.I.颜料红 170；（b）微硅粉添加量为 1.0 g；（c）微硅粉添加量为 2.0 g；（d）微硅粉添加量为 3.0 g

结合上述说明，确定以偶联剂 KH550 修饰微硅粉为无机核，采用正偶合工艺制备改性颜料红 170 的工艺中，改性微硅粉的最佳添加量为 2.0 g。

B. 不同微硅粉添加量的改性颜料的紫外-可见漫反射光谱

不同偶联剂 KH550 修饰微硅粉添加量条件下所制备得到的改性颜料的紫外-可见漫反射光谱图如图 4-28 所示。可以明显看出，改性颜料在 200～600 nm 的区域内的吸光度都要低于 C.I.颜料红 170 标准品，说明微硅粉的改性提高了 C.I.颜料红 170 的光稳定性。然而，随着微硅粉添加量的增大，改性颜料在 200～600 nm 区域内的吸光度呈现先减小后增大的趋势。据文献报道[70]，物质对光的反射率与其粒径大小呈反比关系，粒径减小时，样品粒子的散射系数增加，其对光的反射率增加。而从不同微硅粉添加量的改性颜料的 SEM 图中可以看出，改性颜料的粒径大小随改性微硅粉的添加量呈现先减小后增大的趋势。特别地，当微硅粉添加量为 2.0 g 时，改性颜料粒径最小，粒径分布最为均匀。这就使得改性颜料对光的反射率先增大后减小，在微硅粉添加量为 2.0 g 时，改性颜料对光的反射率达到最大。直观表现为：在紫外-可见漫反射光谱中，当微硅粉添加量从 1.0 g 增加到 3.0 g 时，改性颜料的吸光度先减小后增大。当改性微硅粉添加量为 2.0g 时，改性颜料在 200～600 nm 区域内的吸光度最小。

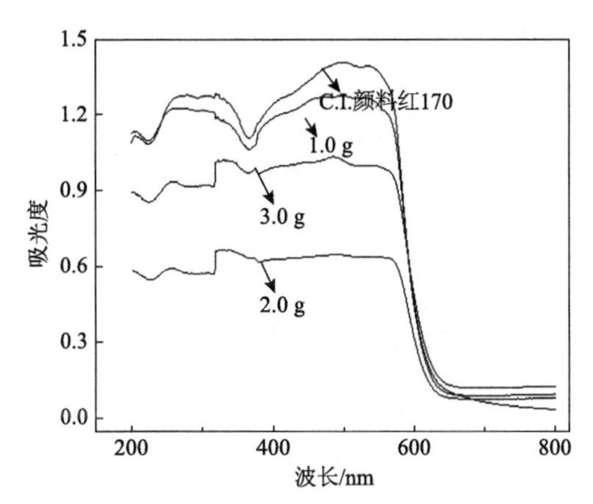

图 4-28　不同 KH550 修饰微硅粉添加量改性颜料的紫外-可见漫反射光谱

4. 小结

本小节分别以微硅粉和硅烷偶联剂修饰微硅粉为无机添加物，分别采用反偶合和正偶合两种工艺对 C.I.颜料红 170 进行了改性，表征了改性颜料的结合方式，并对改性颜料颜色性能和光、热稳定性进行了测试。结果表明，反偶合工艺制备得到的改性颜料具有明显的核/壳结构，且无机核微硅粉的添加有效控制了改性颜料的粒径分布和形貌，并使得改性颜料的分解温度提高 5℃。正偶合工艺制备所得改性颜料中，以偶联剂 KH550 为微硅粉修饰剂、微硅粉添加量为 2 g 时，制备所得改性颜料表现出比 C.I.颜料红 170 标准品更好的色彩亮度、颜色纯净度和颜色饱和度，其与 C.I.颜料红 170 标准品间的色差值 ΔE 最小，仅为 0.76。同时，TEM 表征结果表明，不同微硅粉添加量条件制备所得改性颜料中，微硅粉表面的有机颜料层厚度存在差异，微硅粉添加量越小，其表面有机颜料层越厚。

4.4.2　海泡石与立德粉协同改性 C.I.颜料红 21 的制备、表征及性能研究

著者所在课题组在 C.I.颜料红 21（结构式如图 4-29 所示）的制备过程中，采用海泡石、立德粉对其进行协同改性[74]。以改性颜料的颜色性能为指标，研究了活化海泡石所用盐酸浓度、活化海泡石用量以及立德粉用量对改性颜料性能的影

响。采用扫描电子显微镜（SEM）、透射电子显微镜（TEM）、X 射线衍射光谱（XRD）和傅里叶变换红外光谱（FT-IR）对最佳制备条件下制得的改性颜料的形貌、结构和特性进行了表征。研究结果发现，海泡石活化用盐酸最佳浓度为 8%，活化海泡石和立德粉最佳添加量分别为 0.8 g 和 1.5 g。改性颜料测试表征结果发现，有机颜料将海泡石包覆在其内部，而立德粉则沉积在有机颜料表面，三者构成核-壳-壳结构。粒径分布测试结果发现，改性颜料的粒径大小与 C.I.颜料红 21 标准品相当，但是改性颜料的粒径分布更窄。颜料性能测试结果发现，改性颜料的着色力和流动性等性能都有所提高。特别地，改性颜料的耐热性提高 20℃，耐光牢度提高 1 个等级。同时，热重分析和紫外-可见漫反射光谱测试结果发现,海泡石和立德粉的协同改性作用明显提高了 C.I.颜料红 21 的热稳定性和光稳定性。

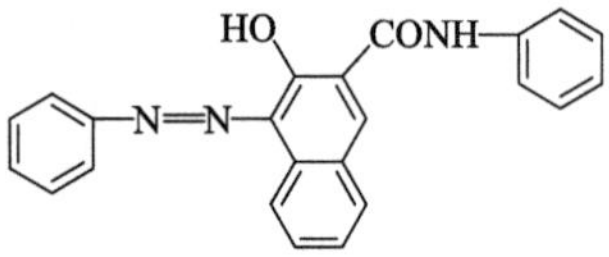

HO　CONH—
—N═N—

图 4-29　C.I.颜料红 21 结构式

1. 改性颜料的制备

1）海泡石的活化

将浓度为 36%～38%的浓盐酸用水进行稀释，配制成不同浓度的盐酸，而后在搅拌条件下,按照固液比为 1∶4 的比例将海泡石原矿加入到酸液中得到海泡石悬浊液，悬浊液在 60～70℃下机械搅拌 1 h 后，抽滤得滤饼，滤饼用水淋洗至中性，而后 105℃下干燥、研磨后得到活化海泡石，备用。

2）改性颜料的制备

偶合组分的制备：依次称量 1.20 g 红油、0.12 g 拉开粉、2.40 g NaOH，将其与 40 mL 水混合，水浴加热至 75～80℃，加入色酚 6.50 g，继续搅拌至溶液温度达到 80～85℃，待色酚 AS 溶解得到澄清溶液后加入酸活化海泡石，继续搅拌 5～10 min，而后将溶液转移至 500 mL 四口瓶中，在 40℃条件下，机械搅拌，完成海泡石对色酚 AS 的预吸附。

重氮盐的制备：量取 35 mL 水置于烧杯中，在磁力搅拌条件下加入 6.5 mL 盐酸（36%～38%）、2.50 mL 苯胺，搅拌 5～10 min 后，称取 1.75 g 亚硝酸钠，并用 10 mL 水将其溶解配制成亚硝酸钠溶液；往烧杯中加入碎冰降温至 0～2℃，而后向其中逐滴滴加亚硝酸钠溶液，滴加时间 12～15 min，反应完毕后用淀粉-碘化钾试纸进行测试，试纸为微蓝色即可进行偶合反应。

偶合反应：偶合反应开始时，偶合组分温度为 38～40℃，将重氮盐溶液滴加至偶合组分中，滴加时间为 20～30 min，滴加过程中控制反应液的 pH 不低于 8，偶合反应终点通过渗圈实验确定。

颜料化：偶合完毕后，向反应液中加入 1.5 mL 盐酸进行酸化，30 min 后向反应液中再添加 2 g 立德粉和 1 mL 盐酸，搅拌 5 min 后，开始加热、升温和保温，保温温度为 100℃，此过程一共历时 1 h。抽滤后，将滤饼于 85℃下进行干燥、研磨得到改性颜料。

改性颜料的制备技术流程图如图 4-30 所示。

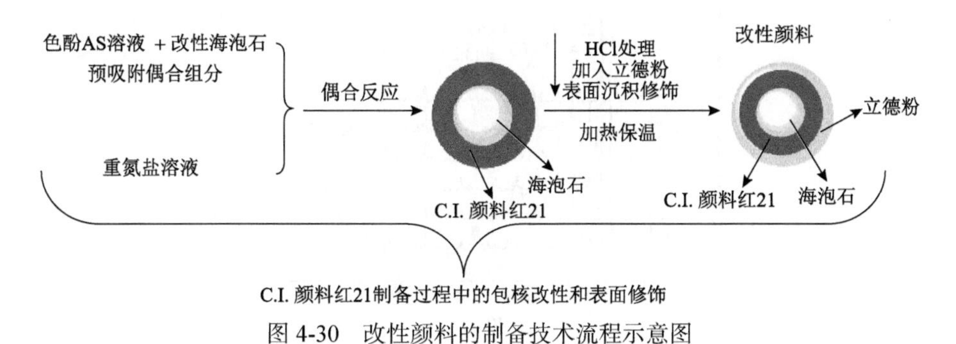

图 4-30　改性颜料的制备技术流程示意图

2. 改性颜料的性能测试及表征

（1）热稳定性测试、光稳定性测试、粒径分布测试和形貌与结构表征方法同 3.1.4 节中 2.。

（2）基本性能测试：颜料改性前后，其着色力和牢度等基本性能分别依据国标 GB/T 1708—1979、GB/T 1719—1979 和 GB/T 1710—2008 进行测试，耐热性依据化工行业标准（HG/T 3854—2006）进行测试。

（3）颜色性能测试：按照国标 GB/T 1708—1979 中的方法进行试样调配，调配完毕后将试样涂抹在刮样纸上，并采用便携式分光测色计[CM-2003d, Konica Minolta (China) Investment LTD]测定颜料的颜色性能。

3. 酸活化海泡石的表征

1）不同浓度酸活化海泡石的 XRD 分析

分别采用不同浓度的盐酸（2%、5%、8%、10%和 20%）对海泡石原矿进行活化得到改性海泡石，并对其进行 XRD 表征，结果如图 4-31 所示。在盐酸活化海泡石过程中，盐酸的浓度影响着海泡石原矿金属离子（Mg^{2+}）与 H^{+}的置换情况，从而影响活化海泡石的组成和结构特性。如图 4-31 所示，随着盐酸浓度的增加，活化海泡石的衍射光谱也逐渐发生变化，可以明显看到，当盐酸浓度为 5%时，海泡石在 2θ=30.92°、36.05°、39.57°和 43.25°处的吸收峰逐渐消失，主要原因在于 H^{+}取代了海泡石中按八面体配位的 Mg^{2+}，使得海泡石由三斜晶型

的 $Mg_4Si_6O_{15}(OH)_2·6H_2O$ 转变为斜方晶型的 $Si_{12}O_{24}$[75]。同时，H^+会与 Si—O 骨架形成 Si—OH 基团[76]。而随着盐酸浓度的继续增加，其衍射峰则无明显变化，说明海泡石中的 Mg^{2+}已被 H^+完全置换。

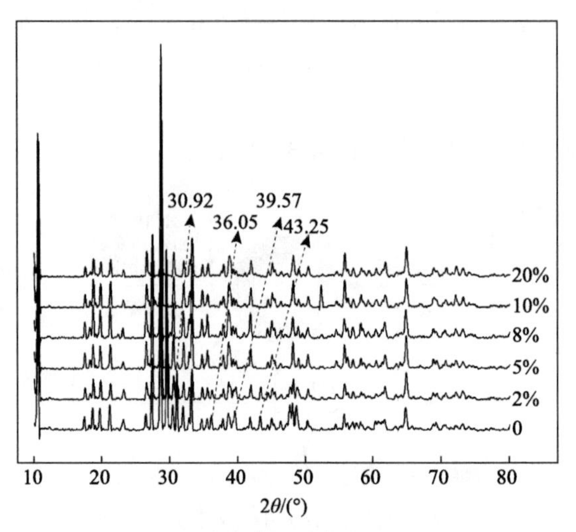

图 4-31　不同浓度酸活化海泡石 XRD 图

2）不同浓度酸活化海泡石的比表面积分析

采用比表面积分析仪对不同浓度酸活化海泡石进行了表征，结果如图 4-32 和表 4-5 所示。从图中可以看出，随着海泡石活化用酸浓度的增加，改性海泡石的

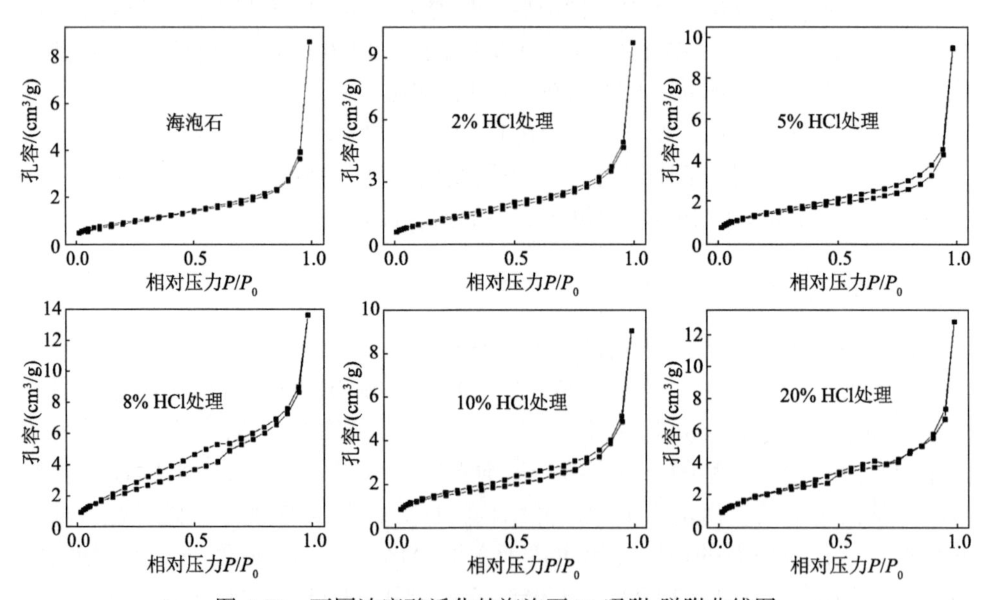

图 4-32　不同浓度酸活化的海泡石 N_2 吸附-脱附曲线图

表 4-5　不同浓度酸活化后的海泡石比表面积

HCl 溶液浓度/%	比表面积/（m^2/g）	HCl 溶液浓度/%	比表面积/（m^2/g）
海泡石原矿	3.51	8	8.64
2	4.38	10	5.33
5	4.80	20	7.59

N_2吸附-脱附曲线中开始出现滞后环，且在盐酸浓度为 8%时，其滞后环最为明显，说明此时改性海泡石的饱和吸附量明显增加，其比表面积也由 3.51 m^2/g 增加到 8.64 m^2/g。继续增加活化用盐酸的浓度，滞后环逐渐消失，其饱和吸附量逐渐减小，同时如表 4-5 中数据所示，活化海泡石比表面积也逐渐下降。这是因为，当活化海泡石所用酸溶液浓度过大时，海泡石的结构会发生较大变化，其孔隙增大，甚至其纤维束结构可能完全解束，失去孔道结构，其本身也可能变为硅胶，从而导致其比表面积下降[77]。

3）不同浓度酸活化海泡石的孔径分布分析

不同浓度酸活化海泡石的孔径分布分析结果如图 4-33 和表 4-6 所示。可以明显看出，海泡石原矿和低盐酸浓度（2%和 5%）热处理得到的活化海泡石几乎检测不到孔径分布，孔径大小和孔容几乎也无明显变化。而当盐酸浓度增加至 8%时，可检测到明显的孔径分布，孔径大小由 3.05 nm 增加至 5.61 nm，孔容由 0.013 cm^3/g 增加至 0.019 cm^3/g。而继续增大盐酸浓度，中孔粒径继续增大，如孔径为 9～10 nm（10%盐酸）和 6～9 nm（20%盐酸）的中孔，但其数量较少。如文献所述，在酸活化海泡石过程中，海泡石的孔道会经历一个由微孔逐渐向中孔，以及大孔扩展的不均匀过程[78]。本文中所采取的测试方法虽并未检测到大孔，但在逐渐增加酸浓度的过程中，微孔和中孔的变化趋势也是不均匀的。此外，还有

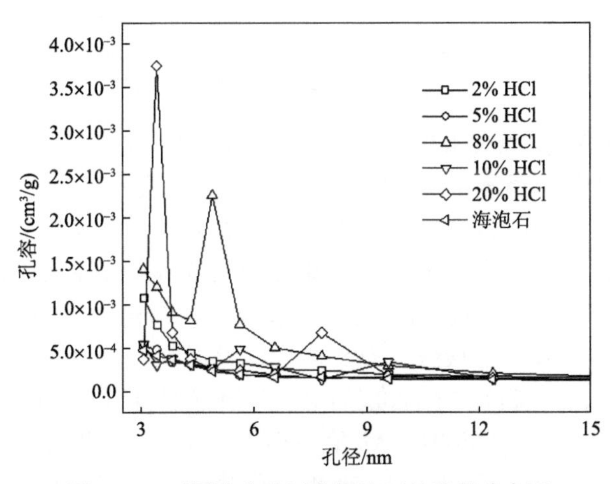

图 4-33　不同浓度酸活化海泡石的孔径分布图

表 4-6　不同浓度盐酸活化海泡石孔容及孔径分析结果

HCl 溶液浓度/%	孔容/（cm^3/g）	孔径/nm
海泡石原矿	0.013	3.06
2	0.014	3.05
5	0.013	3.05
8	0.019	5.61
10	0.013	3.06
20	0.018	3.83

一点需要注意的是，虽然盐酸浓度的增加，增大了海泡石的孔径，使微孔转化为中孔，但微孔比例的减小，在一定程度上也会使得海泡石比表面积下降，如表 4-6 中数据所示。

4）海泡石所用酸浓度对改性颜料性能的影响

从上面的叙述中可以看出，活化海泡石所用酸浓度影响着活化海泡石的结构、组成、比表面积以及孔径分布等特性，而这些因素也影响着改性颜料制备过程中活化海泡石与偶合组分之间的作用关系，进而影响改性颜料的性能。通过添加不同浓度酸活化海泡石，制备所得改性颜料的颜色性能测试结果如表 4-7 所示。

表 4-7　不同酸活化海泡石改性得到的改性颜料的颜色性能测试结果

HCl 溶液浓度/%	ΔL	Δa	Δb	Δc	ΔH	着色力
2	−4.31	7.16	11.01	11.67	6.03	101.61
5	−5.06	8.78	12.72	12.55	4.55	113.60
8	−4.26	7.71	10.05	13.06	7.12	121.04
10	−4.61	6.90	11.76	11.86	6.74	110.12
20	−4.68	7.25	12.24	12.40	6.95	103.63

从表中可以看出，与 C.I.颜料红 21 标准品相比，改性颜料的色光较暗，表现 ΔL 值为负值。但改性颜料的颜色纯净度和颜色饱和度明显要好于 C.I.颜料红 21 标准品，表现为 Δa 值和 Δc 值都为正值，分别在 6.90～8.78 和 11.67～13.06 之间波动，且以 8%盐酸活化海泡石为无机添加物制备所得改性颜料的颜色饱和度最高。从着色力上看，随着活化海泡石用酸溶液浓度的增大，改性颜料着色力呈现先增大后减小的趋势，且盐酸浓度为 8%时，改性颜料着色力最高，达到 121.04%。从色相上看，与 C.I.颜料红 21 标准品相比，改性颜料色相偏黄相，表现为 Δb 值为正值。且当盐酸浓度为 8%时，Δb 值最小。此外，从活化海泡石的比表面积分析结果中可以看出，当盐酸浓度为 8%时，活化海泡石的比表面积和孔径达到最

大，有利于其对偶合组分中色酚 AS 的预吸附，从而有助于其与有机颜料的结合。综上所述，确定活化海泡石所用盐酸最佳浓度为 8%。

5）海泡石添加量对改性颜料颜色性能的影响

在制备过程中添加不同量 8%盐酸活化的海泡石得到不同海泡石添加量的改性颜料，对其进行颜色性能测试，结果如表 4-8 所示。

表 4-8　不同海泡石添加量的改性颜料的颜色性能测试结果

海泡石添加量/g	ΔL	Δa	Δb	Δc	ΔH	着色力/%
0.5	−5.09	5.68	10.73	10.27	6.47	111.45
0.8	−4.26	7.71	12.72	13.06	7.12	121.04
1.5	−4.37	7.78	12.07	12.76	6.58	111.77

可以看出，随着海泡石添加量的增加，改性颜料的着色力先增大后减小，在海泡石用量为 0.8 g 时达到最大。而改性颜料着色力提高的原因在于，海泡石的添加在一定程度上抑制了有机颜料粒子在制备过程中的过度生长，控制了颜料的粒径大小和分布，进而使得改性颜料表现出较高的着色力。改性颜料的色光较暗，但海泡石添加量为 0.8 g 时，改性颜料色光与 C.I.颜料红 21 标准品最为接近。当海泡石添加量在 0.5～1.5 g 间波动时，改性颜料的其他颜色性能，如改性颜料的颜色纯净度和色彩饱和度都要好于 C.I.颜料红 21 标准品，表现为 Δa 值和 Δc 值都为正值。综上所述，确定海泡石最佳添加量为 0.8 g。

6）立德粉的添加对改性颜料颜色性能的影响

在海泡石添加量为 0.8 g 的条件下，在改性颜料制备过程中添加不同量的立德粉制备得到改性颜料，分别测试改性颜料的颜色性能，结果如表 4-9 所示。

表 4-9　不同立德粉添加量的改性颜料的颜色测试结果

立德粉添加量/g	ΔL^*	Δa^*	Δb^*	Δc^*	ΔH^*	着色力/%
0	−4.26	7.71	12.72	13.06	7.12	121.04
1.0	1.09	6.35	7.93	8.29	4.37	113.47
1.5	2.37	5.36	7.63	8.52	4.89	102.64
2.0	3.06	6.78	6.07	9.76	4.58	90.77

从表中可以看出，立德粉的添加可明显提高改性颜料的亮度，表现为：当体系中添加了 1.0 g 立德粉时，改性颜料的 ΔL^*值由负值变为正值，且 ΔL^*值随着立德粉添加量的增加而增加。而当立德粉添加量超过 1.5 g 时，改性颜料着色力低于 C.I.颜料红 21 标准品。这是因为，立德粉本身是一种常见的无机白色颜（填）料，它的添加对改性颜料的着色力起到一定的“冲淡稀释”作用。

4. 改性颜料的形貌及结构特性

1）SEM 表征

C.I.颜料红 21 改性前后的 SEM 图如图 4-34 所示。从图中可以看出，海泡石和立德粉协同改性所得改性颜料粒子的粒径大小与改性前颜料粒子的粒径大小相当。结合图 4-34（b）和（c）的对比，以及改性颜料的放大图 4-34（d），可以发现，在改性颜料结构中，有机颜料将棒状改性海泡石包覆在其内部，二者构成核/壳结构。

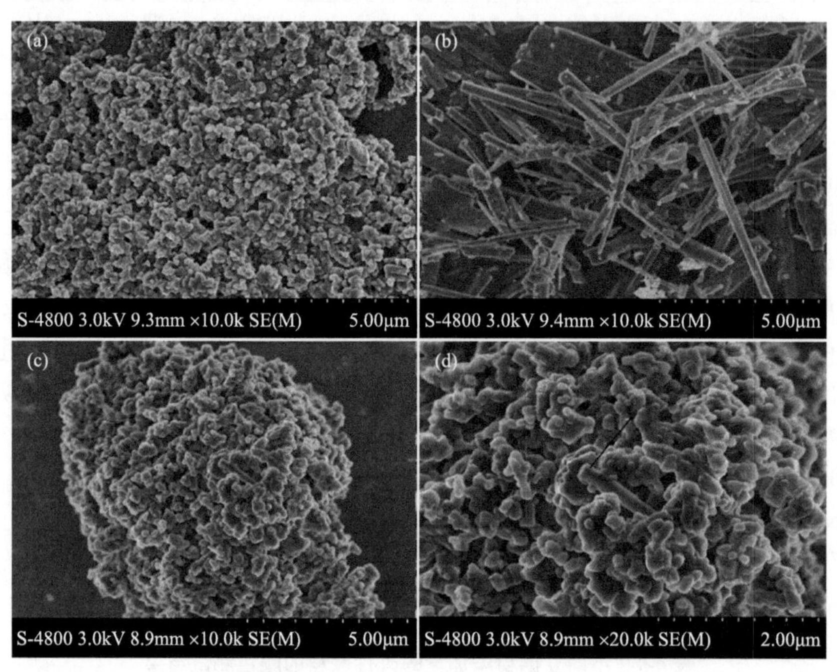

图 4-34 （a）C.I.颜料红 21、（b）海泡石、（c）改性 C.I.颜料红 21、（d）改性颜料（放大图）的 SEM 图

2）TEM 表征

改性颜料的 TEM 图如图 4-35 所示。如图 4-35（a）所示，棒状改性海泡石被有机颜料包覆，这一结果与 SEM 测试结果一致[图 4-35（d）]。从图 4-35（b）的局部放大图中可以明显看出，改性颜料形成明显的核/壳结构，具有明显晶格的海泡石被有机颜料包覆在其内部。为观察和确定所用立德粉与有机颜料之间的结构关系，我们在能谱模式下，对单一颜料粒子进行了观察。如图 4-35（c）所示，能谱模式下，电子光束的能量较高，有机颜料会发生分解，并在 TEM 图中留下孔洞。从图 4-35（c）中可以看出，棒状改性颜料具有平滑的边缘，位于边缘附近的些许孔道以及不透明的核心，说明改性颜料的结构为“无机表面层-有机中间

层-无机内核”。在棒状改性颜料颗粒的局部放大图 4-35（d）中，可以发现，改性有机颜料边缘和内核具有不同晶格常数的晶格，且内核部分晶格的晶格常数明显大于边缘晶格。依据晶格常数可以判定，内核为海泡石，边缘部分为立德粉中的 $BaSO_4$ 部分。依据上述可判定改性颜料具有核-壳-壳结构，即海泡石内核-有机颜料中间层-立德粉表面包覆层。

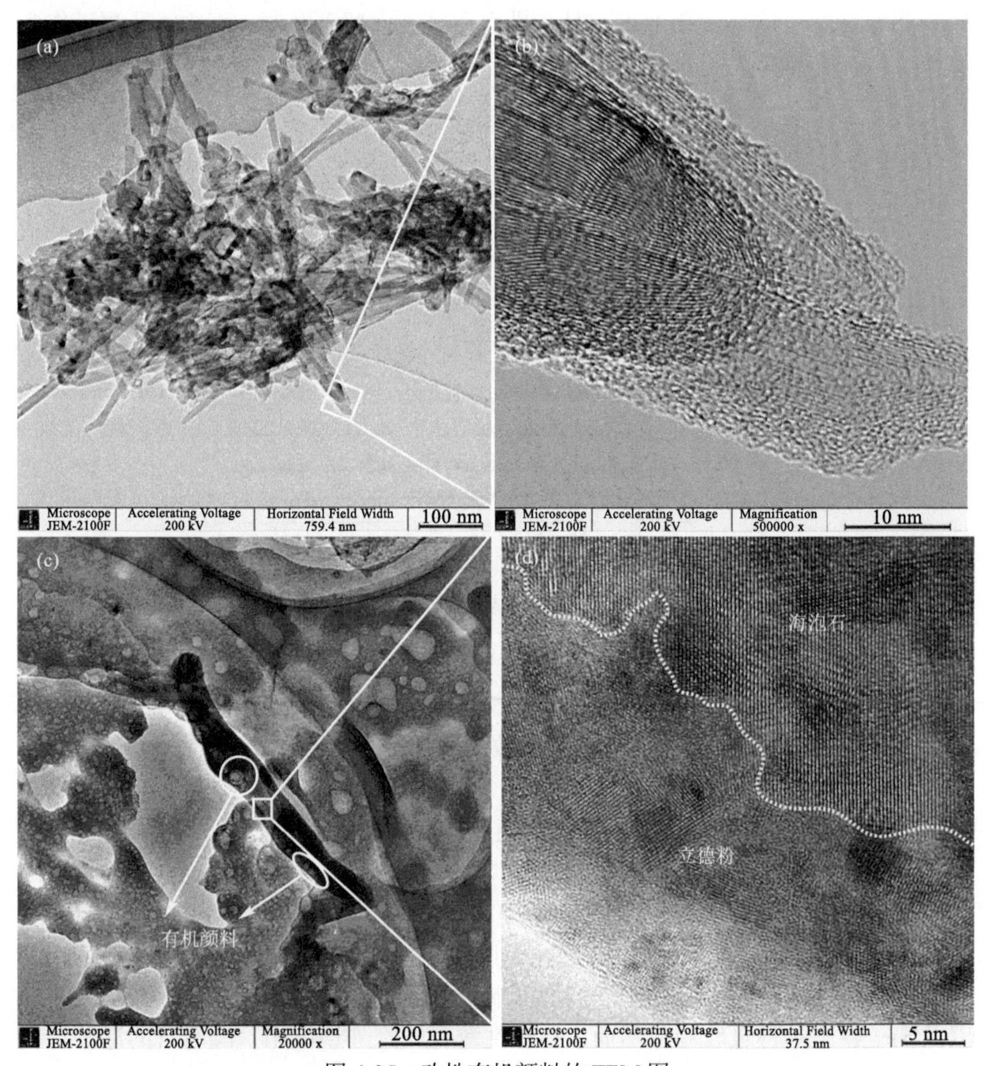

图 4-35　改性有机颜料的 TEM 图

图（b）为改性颜料的局部放大图；图（c）为能谱模式下单一改性颜料粒子的 TEM 图；图（d）为图（c）中颜料局部放大后的高分辨 TEM 图

3）XRD 表征

采用 X 射线衍射光谱对有机颜料、海泡石、立德粉和改性颜料进行表征，通过衍射峰的变化对改性颜料的结构进一步进行分析，结果如图 4-36 所示。从图中可以看出，有机颜料和改性颜料的衍射光谱图相近，但改性颜料在 2θ=42.73°和 28.83°处出现了新的衍射峰。对比立德粉的衍射光谱图可以发现，这两个衍射峰归属于立德粉。同时，我们也可以发现在改性颜料的衍射光谱图中，在 2θ=9.54°和 31.00°处归属于立德粉的衍射峰消失，这是因为在制备过程中，立德粉中的 ZnS 部分会与 HCl 反应释放出 H_2S 气体，进而在其表面留下孔洞，而这些孔洞可作为立德粉与有机颜料组装的活性位点。

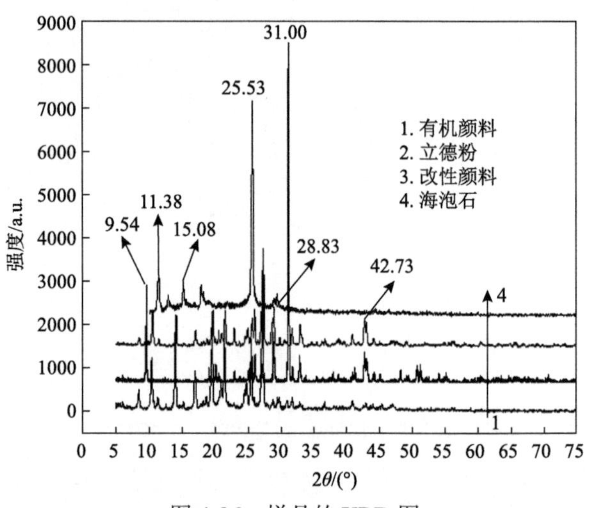

图 4-36 样品的 XRD 图

对比改性颜料和海泡石的衍射光谱图，可以发现，在改性颜料衍射光谱图中，归属于海泡石的衍射峰（2θ= 25.53°，15.08°，11.38°）消失，说明海泡石被有机颜料完全包覆[47]，与 TEM 表征结果一致。

4）FT-IR 表征

采用红外光谱对有机颜料、改性颜料和海泡石进行表征。如图 4-37（a）所示，改性颜料和有机颜料的红外光谱图类似。为观察改性颜料中有机颜料和海泡石之间的作用关系，将波数在 450～2000 cm^{-1} 之间的红外光谱图进行放大处理，结果如图 4-37（b）所示。海泡石红外光谱图中，449 cm^{-1}、940 cm^{-1} 和 1100 cm^{-1} 处的特征峰分别归属于 Si—O—Si 伸缩振动吸收峰、Si—O—Si 摇摆振动吸收峰以及 Si—O 不对称吸收峰。然而，在改性颜料的红外谱图中，海泡石的这些特征衍射峰消失，也说明海泡石被有机颜料包覆。作为一种天然无机纳米材料，海泡石具有良好的孔道结构和良好的吸附性能[78]，因而被广泛应用于水处理领域[80]和制备复合颜料中[80]。在制备过程中，改性海泡石的吸附性能可将偶合组分色酚 AS 预吸附在其孔道和表面，当重氮盐加入时，与色酚 AS 偶合生成有机颜料，进而将海泡石包覆在其内部。

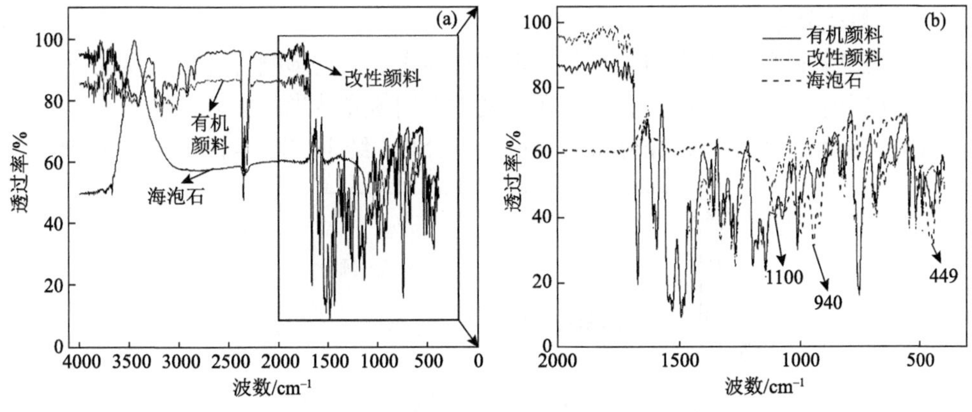

图 4-37　有机颜料和改性颜料的 FT-IR 光谱图

5. 改性有机颜料性能测试

1）热稳定性分析

采用热重分析仪（TG-DTA）对有机颜料改性前后的热稳定性进行了分析，结果如图 4-38 所示。从图中的失重曲线中可以看出，有机颜料具有三个失重阶段：150～340℃、350～440℃和 450～600℃，而改性颜料只有两个失重阶段：200～440℃和 450～650℃。而且，与有机颜料相比，改性颜料的失重曲线明显向高温区移动，且其失重速率较低，说明海泡石和立德粉的协同修饰作用提高了有机颜料的热稳定性。从 DTA 曲线看出，改性颜料和有机颜料一样，都在 245℃处有一吸热峰，说明海泡石和立德粉的修饰没有改变有机颜料的初始分解温度。二者不同之处在于，有机颜料在 365℃处有一吸热峰，而改性颜料中则无这一吸热峰，这些结果与文献报道类似[20]。同时，根据文献报道[20, 47]，改性颜料热稳定性的提高主要原因在于海泡石的核修饰和立德粉的表面修饰。

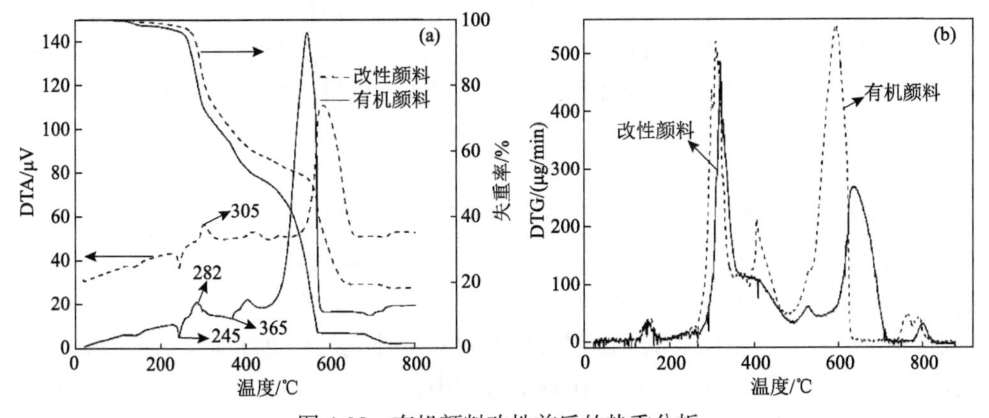

图 4-38　有机颜料改性前后的热重分析

2）粒径分布分析

有机颜料的粒径大小与分布是其重要特性之一，它影响着有机颜料的色光、流动性以及着色力等特性[81]，因而在本文中采用激光纳米粒度分析仪对改性前后颜料粒子的粒径大小和粒径分布情况进行了分析，结果如图 4-39 和表 4-10 所示。

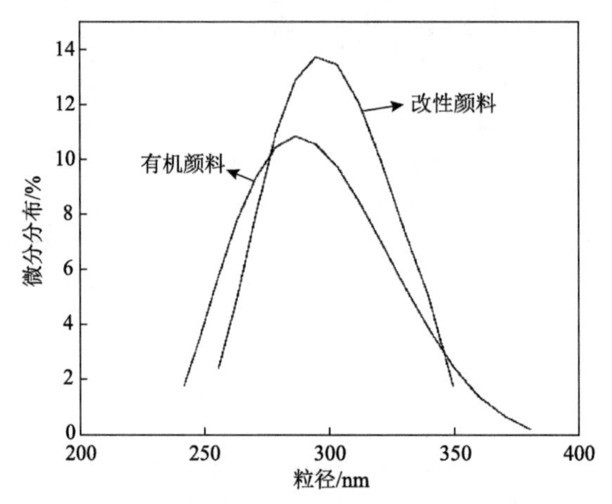

图 4-39　有机颜料改性前后的粒径分布图

表 4-10　有机颜料改性前后的粒径分布情况

	D_{10}/nm	D_{50}/nm	D_{90}/nm	平均粒径/nm	多分散系数
有机颜料	254	286.5	327.9	293.2	0.787
改性颜料	278	304.6	336.5	310.2	0.0625

可以看出，改性颜料的小粒径 D_{10}、中粒径 D_{50} 和大粒径 D_{90} 与有机颜料相当，说明海泡石和立德粉的修饰没有增大有机颜料的粒径，这一结果与 SEM 表征结果一致。然而，有机颜料改性前后，其粒径分布情况则存在明显差异。从表 4-10 中可以看出，有机颜料和改性颜料的多分散指数（PDI）大小分别为 0.787 和 0.0625，说明改性颜料具有更窄的粒径分布，这些使得改性颜料更有利于其在塑料着色中的应用[40]。

3）光稳定性测试

在粉体模式下测定有机颜料的紫外可见漫反射光谱，可分析有机颜料粉体对光的吸收和反射情况，进而评价其光稳定性。有机颜料改性前后的紫外可见漫反射光谱图如图 4-40 所示。从图中可以看出，与有机颜料相比，改性颜料在 200～600 nm 处的吸光度明显降低，说明改性颜料对紫外光具有更好的反射能力，其具有更好的光稳定性。如前所示，在制备过程中，立德粉中的 ZnS 部分会与 HCl 反应释放 H_2S 气体，进而使得 $BaSO_4$ 部分沉积组装在有机颜料表面。作为一种常用的光稳定剂，$BaSO_4$ 对 200～400 nm 的紫外光具有很好的反射作用。因此，改性颜料光稳定性的提高主要来源于 $BaSO_4$ 对紫外光的反射作用。

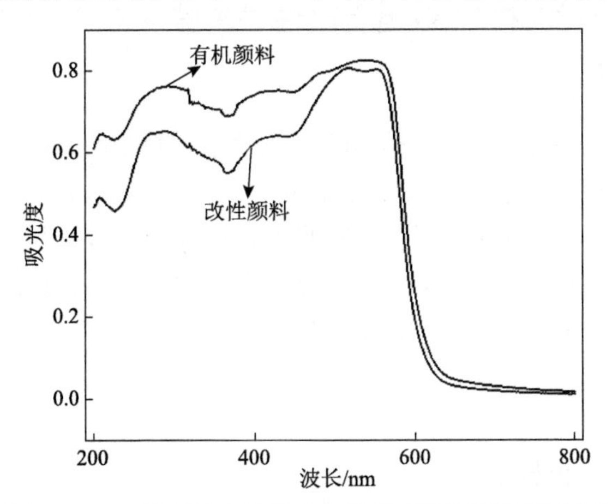

图 4-40　有机颜料改性前后的紫外-可见漫反射光谱图

4）有机颜料基本性能测试

有机颜料改性前后的基本性能：着色力、流动性、耐热性和耐光牢度等测试结果如表 4-11 所示。

表 4-11　改性有机颜料的基本性能测试结果

项目	有机颜料	改性颜料
着色力/%	100	102
流动性/mm	32.5	33.7
耐热性/℃	140	160
耐光牢度/级	6	7

从表中可以明显看到，经海泡石和立德粉协同改性后，改性颜料的基本性能得到明显提高，相对着色力提高 2%，流动性由 32.5 mm 增加到 33.7 mm，耐热性提高 20℃，耐光牢度提高一个等级。

6. 小结

本小节采用盐酸活化海泡石和无机颜填料立德粉在 C.I.颜料红 21 的制备过程中对其进行了协同修饰改性，制备所得改性颜料中，海泡石被有机颜料包覆在其内部，而立德粉则沉积在有机颜料表面，三者构成核-壳-壳结构。在 8%盐酸活化海泡石用量为 0.5g，立德粉用量为 1.5g 时，制备所得改性颜料与 C.I.颜料红 21 标准样品相比，着色力更高，达到了 102%，颜料流动性由 32.5 mm 增加到 33.7 mm，耐热性提高20℃，耐光牢度提高了一个等级。

4.4.3 无机纳米材料核/壳自组装改性联苯胺黄 G 颜料的制备、表征及性能研究

著者所在课题组采用以不同类型的无机纳米材料（如 SiO_2、海泡石、凹凸棒石）为无机核，在联苯胺黄 G（C.I.颜料黄 12）的制备过程中，利用无机核对偶合组分的吸附作用实现对偶合组分的预吸附，而后与重氮盐反应制备得到改性颜料[82, 83]。结合改性颜料的性能测试分析结果对投料比、加料速度、pH、保温温度和无机核用量等制备工艺条件进行了优化。

1. 投料比的影响

1）重氮盐反应投料比

重氮盐的制备是在水溶液中进行的，根据重氮化反应式的化学计量比可知，3,3′-二氯邻苯胺（DCB）与亚硝酸钠的物质的量比为 1∶2，通过控制其他条件，研究了 DCB 与 $NaNO_2$ 物质的量比对制备所得重氮液质量及制备所得改性颜料产率的影响，其结果如表 4-12 所示。由表可知，当 DCB 与 $NaNO_2$ 物质的量比小于 1∶2 时，重氮液中 DCB 反应不完全，重氮液中有少量固体不溶物，制备所得改性颜料产率也较低；随着 $NaNO_2$ 用量的增加，重氮盐溶液中固体不溶物逐渐消失，重氮盐溶液颜色逐渐透明，且呈现淡黄色，制备所得颜料产率达到 90.5%。继续增加 $NaNO_2$ 的用量，重氮盐质量会受到影响，溶液颜色呈现红色，且过量的 $NaNO_2$ 会对偶合反应产生影响，进而影响颜料产率。因此，确定 DCB 与 $NaNO_2$ 用量比为 1∶2.2。

表 4-12　重氮盐反应投料比对重氮液和颜料产率的影响

序号	3,3-二氯邻苯胺与亚硝酸钠物质的量比	重氮液实验现象	颜料产率/%
1	1∶1.6	重氮液有不溶物	76.7
2	1∶1.8	重氮液有不溶物	85.6
3	1∶2.0	重氮液黄色透明	89.2
4	1∶2.2	重氮液黄色透明	90.5
5	1∶2.4	重氮液颜色发红	89.8

2）偶合反应投料比

偶合反应是由重氮盐与乙酰乙酰苯胺钠盐按物质的量比 1∶2 进行反应的，但由于改性颜料是利用无机核预吸附偶合组分后，再与重氮盐进行反应制备得到改

性颜料，会对重氮盐与乙酰乙酰苯胺钠盐的用量比产生影响。因此，在改性颜料制备过程中，结合改性颜料的色光和产率，对它们二者的用量比进行了调控优化，结果如表 4-13 所示。可以看出，乙酰乙酰苯胺的用量会对颜料色相和产率产生较为明显的影响，由表可知，较低的乙酰乙酰苯胺用量会使得制备所得改性颜料呈现红光暗黄色，且颜料产率较低，仅为 82.4%；随着乙酰乙酰苯胺用量的增加，改性颜料呈现绿光黄色，且颜料产率增加。在 3,3′-二氯邻苯胺与乙酰乙酰苯胺物质的量比为 1∶2.2 时，制备所得颜料呈现亮黄色，且颜料产率也达到 89.6%，为最佳用量比。

表 4-13　投料比对颜料色光和产率的影响

序号	3,3′-二氯邻苯胺与乙酰乙酰苯胺物质的量比	颜料色相	颜料产率/%
1	1∶1.8	红光暗黄色	82.4
2	1∶2.0	绿光黄色	88.5
3	1∶2.2	绿光亮黄色	89.6
4	1∶2.4	绿光暗黄色	87.2

2. 反应 pH 的影响

不同的反应介质 pH 条件下，偶合反应速率存在明显差异。将强酸性的重氮盐滴加到碱性偶合组分中时，需要对反应介质体系 pH 进行调控，以减少副反应的发生。基于此，实验中采用乙酸-乙酸钠缓冲液对反应介质的 pH 进行调控。一般而言，联苯胺黄 G 的偶合反应是在酸性条件下进行的，碱性条件会抑制产品的形成速率，从而导致产品颜色偏暗或发红光。因此，实验中在 pH=4～6 的条件下进行了偶合反应，制备所得颜料产品的颜色和收率如表 4-14 所示。可以看出，当偶合反应 pH=3 时，制备所得颜料呈现暗红色，且颜料产率仅为 76.3%。随着偶合反应 pH 的增大，制备所得颜料逐渐向亮黄色转变，且颜料产率也提高至 88.5%（pH=5）。继续增加偶合反应 pH，产品亮度会出现下降，由亮黄色转变为黄色。因此，确定偶合反应最佳 pH 为 5。

表 4-14　偶合反应 pH 对制备所得颜料产品颜色和产率的影响

序号	pH	颜料产品颜色	颜料的产率/%
1	3	暗红色	76.3
2	4	暗黄色	87.7
3	5	亮黄色	88.5
4	6	黄色	88.6

3. 保温温度的影响

偶合反应结束，通过保温处理使偶合反应生成的初级颜料粒子生长，调整其晶型，起到颜料化作用，对产品颜色具有明显的影响。不同保温温度下制备所得改性颜料的颜色如表 4-15 所示。可以看出，偶合反应生成的初级颜料粒子在低保温温度（50℃）下的生长和晶型调整都不完全，导致颜料粒子呈现暗黄色。随着保温温度的升高，具有高表面自由能的初级颜料粒子的活化能逐渐增大，粒子逐渐长大，并有效打破了粒子间的聚集，粒子分散性增加。同时，保温温度的升高（80℃，90℃）也有利于颜料粒子晶型的调整，使得制备所得颜料产品颜色更鲜艳，由暗黄色转变为亮黄色。

表 4-15　热处理温度对颜料产品颜色的影响

序号	偶合反应温度/℃	颜料产品颜色
1	50	暗黄色
2	70	黄色
3	80	亮黄色
4	90	亮黄色

4. 无机核用量的影响

在联苯胺黄 G 颜料合成条件控制好后，需要找出最佳无机核用量。无机核用量过多时，会导致有机颜料对无机核包覆不完全，从而影响改性颜料的性能。无机核用量过少，又不能很好地发挥其优势特性，如提高颜料的光热稳定性、控制颜料的粒径大小与分布和降低有机颜料的生产成本等。为考察无机核用量对改性颜料性能的影响，制备得到了 15 组改性颜料，将其色光和着色力与标准品进行了对比，结果如表 4-16 所示。

表 4-16　无机核用量对改性颜料性能的影响

编号	无机物种类	无机核用量/%	色光	着色力/%	颜料产率/%
1（标样）	—	—	标准	100	—
2	SiO_2	10	近似	101	90.7
3	SiO_2	15	近似	102	89.1
4	SiO_2	20	近似	104	90.6
5	SiO_2	30	稍微暗	103	91.4
6	SiO_2	50	较暗	98	86.5
7	海泡石	10	近似	100	82.6

续表

编号	无机物种类	无机核用量/%	色光	着色力/%	颜料产率/%
8	海泡石	15	近似	96	86.9
9	海泡石	20	较暗	98	88.5
10	海泡石	30	较暗	96	85.2
11	海泡石	50	很暗	95	83.6
12	凹凸棒石	10	近似	101	89.6
13	凹凸棒石	15	近似	103	90.3
14	凹凸棒石	20	近似	107	89.1
15	凹凸棒石	30	较暗	102	87.3
16	凹凸棒石	50	较暗	96	88.5

由测试结果可知，联苯胺黄 G 经过无机核改性后，其色光和着色力都有一定程度的改变。当无机核用量较小时，以 SiO_2、海泡石、凹凸棒石为核制备得到的改性颜料的色光与标准品相似。但随着无机核用量的增加，改性颜料的颜色越来越暗，当用量达到 50%以后，三种无机核制备所得改性颜料的色光明显偏暗，过多的无机核导致有机颜料对其包覆不充分，与未被包覆的无机核共同影响了改性颜料的色光。

就改性颜料的着色力而言，通过对比可以看出，无机核用量为 10%～20%时，以 SiO_2、凹凸棒石为无机核的改性颜料的着色力随无机核用量的增加而升高，而以海泡石为无机核的改性颜料随其用量的增加，着色力降低，这与无机核的结构形态有关。海泡石为纤维棒状结构，有机颜料不易在其表面形成完全包覆，导致部分海泡石裸露在外，进而降低了改性颜料的着色力。当 SiO_2 和海泡石的用量为 30%～50%时，制备得到的改性颜料的着色力变化不大，而以凹凸棒石为无机核制备的改性颜料的着色力从 102%下降至 96%，且产率也有所降低，其原因在于凹凸棒石的棒状晶体与其层状伴生矿不易被有机颜料包覆，从而影响了改性颜料的着色力。

5. 改性颜料的结构表征

联苯胺黄 G 标准品和以 SiO_2、海泡石和凹凸棒石为无机核的改性颜料的 TEM 图如图 4-41 所示。对比图 4-41（a）所示的联苯胺黄 G 标准品的聚集状态，可以看出，以 SiO_2 为无机核的改性颜料[图 4-41（b）]中，SiO_2 基本都被有机颜料所包覆，且聚集状态较标准品更为稀疏，说明 SiO_2 的包核改性能对联苯胺黄 G 颜料的聚集起到一定的抑制作用。如图 4-41（c）所示，以海泡石为无机核的改性颜料中，棒状海泡石大部分被有机颜料包覆，形成了一定的核/壳结构，且有机颜料层的包覆厚度为30～40 nm。同样，如图4-41（d）所示，以凹凸棒石为无机核的改性颜料中，凹凸棒石被有机颜料所包覆，二者形成了较为完整的核/壳结构。

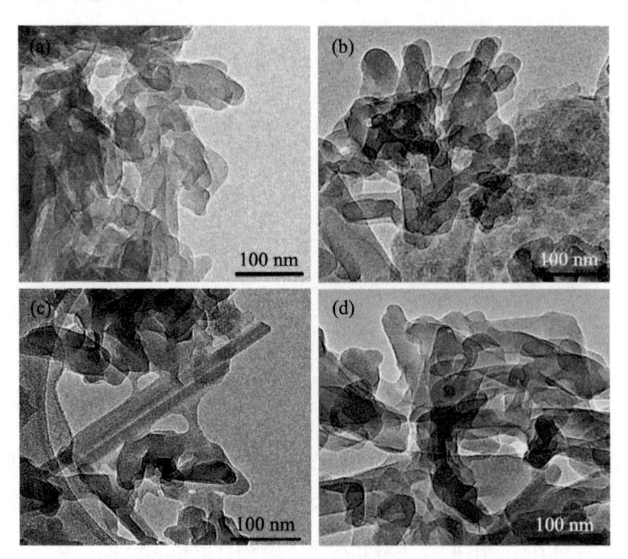

图4-41　联苯胺黄G（a）、SiO_2包核颜料（b）、海泡石包核颜料（c）、凹凸棒石包核颜料（d）的TEM图

6. 改性颜料的性能研究

1）改性颜料的热稳定性分析

有机颜料在应用过程中，热稳定性是非常重要的一个指标，如在塑料领域应用时，要求其具有良好的热稳定性。采用热重分析仪（TG-DTA）对联苯胺黄G标准品和制得的改性颜料的热稳定性进行了测试分析，结果如图4-42所示。

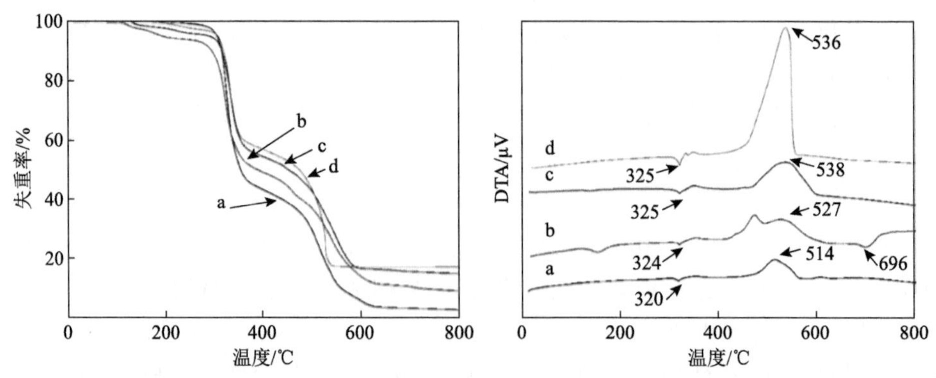

图4-42　联苯胺黄G标准品（a）及以SiO_2（b）、海泡石（c）和凹凸棒石（d）为无机核的改性颜料的TG曲线（左）和DTA曲线（右）

从失重曲线中可以看出，联苯胺黄 G 标准品有两个明显的失重阶段，其中，250～350℃之间的失重对应于有机颜料的氧化分解，对应 DTA 曲线中，在 320℃处有一个明显的吸热峰；480～630℃的高温阶段为第二个失重阶段，为联苯胺黄 G 分子碎片进一步氧化燃烧放热，对应 DTA 曲线中，其在 514℃处有一强放热峰。与联苯胺黄 G 标准品相比，三个改性颜料样品的 TG 失重曲线虽然在同样的温度区间内会出现失重平台，但是改性颜料的失重量较少，且失重速率较慢。其原因在于，改性颜料中无机核与有机颜料二者形成了核/壳结构，有机颜料嵌入无机核孔道内，或通过范德瓦尔斯力吸附在无机核表面，通过二者间主客体相互作用及无机核的热稳定性提高了有机颜料的热稳定性。

从 DTA 曲线中可以看出，以 SiO_2 为无机核的改性颜料在 324℃处有吸热峰，与联苯胺黄 G 标准品相比，耐热性提高 4℃。改性颜料在 527℃有一个放热峰，说明颜料经改性后，分解温度由 514℃提高到了 527℃。同样，以海泡石和凹凸棒石为无机核的改性颜料的吸热峰红移至 325℃，与联苯胺黄 G 标准品相比，耐热性提高 5℃，放热峰对应的分解温度也由 514℃分别提高至 538℃和 536℃。

2）改性颜料的水分散性分析

以 SiO_2 为无机核制备得到的改性颜料为例，对 SiO_2 用量为 10%、15%和 20%的改性颜料的水分散性进行了测试，通过对比研究了无机核用量对改性颜料水分散性的影响，结果如图 4-43 所示。

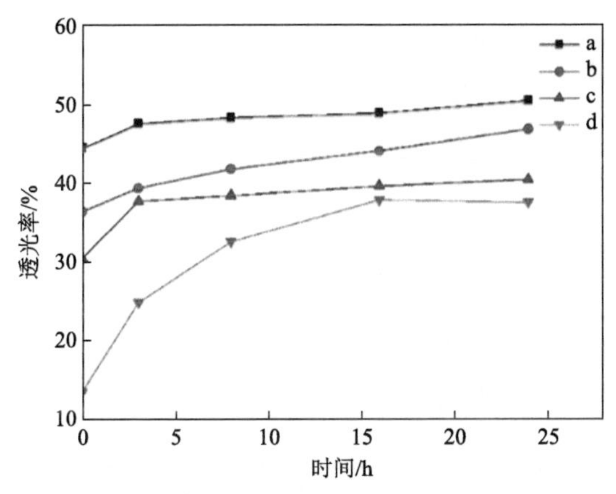

图 4-43　联苯胺黄 G 标准品（a）和 10%（b）、15%（c）、20%（d）SiO_2 改性颜料水悬浮体系透光率随沉降时间的变化曲线图

从图中可以看出，联苯胺黄 G 标准品的水悬浮体系在静置沉降 24 h 过程中，悬浮体系的透光率变化不明显，起始透光率为 44.4%，而 SiO_2 用量为 10%、15%和 20%条件下制备得到的改性颜料水悬浮体系的透光率分别为 36.4%、30.4%和 13.4%。对比说明，改性颜料具有更好的水分散性，水悬浮能力更强。随着沉降

时间的延长，改性颜料水悬浮体系的透光率有所增加，但仍然要低于联苯胺黄 G 标准品水悬浮体系。分析其原因在于，改性颜料以 SiO_2 为无机核使得颜料粒子的密度较联苯胺黄 G 标准品颜料粒子有所增加，使其在水中易于沉降。但同时，由于改性颜料中无机核 SiO_2 与联苯胺黄 G 颜料二者间通过氢键作用形成了核/壳结构，这一结构构成提高了改性颜料粒子与水分子间的相容性，进而提高了改性颜料水分散性，使得改性颜料水悬浮体系透光率低于联苯胺黄 G 标准品水悬浮体系。

3）改性颜料的流动性的分析

有机颜料在涂料和油墨的应用过程中，流动性是评价其应用性能的一个重要指标。按照行业标准（HG/T 3854—2006）对联苯胺黄 G 标准品以及制备所得改性颜料的流动性进行了测试，结果如表 4-17 所示。对比可以看出，以 SiO_2 和海泡石为无机核的改性颜料的流动性随着无机核用量的增加而增大，当它们的用量为 20%时，两个改性颜料的流动度分别为 22.5 mm 和 23.6 mm，明显大于联苯胺黄 G 标准样品的流动度（21.6 mm），说明无机核的改性可明显提高联苯胺黄 G 的流动性。而以凹凸棒石为无机核的改性颜料在凹凸棒石用量为 15%时，改性颜料的流动度为 25.8 mm，明显提高了联苯胺黄 G 颜料的流动性。

表 4-17　联苯胺黄 G 标准品与不同用量无机核改性颜料的流动性测试结果数据表

编号	无机物种类	无机核用量/%	流动度/mm
1（标样）	无	—	21.6
2	SiO_2	10	21.0
3	SiO_2	15	22.1
4	SiO_2	20	22.5
5	海泡石	10	22.5
6	海泡石	15	23.2
7	海泡石	20	23.6
8	凹凸棒石	10	23.2
9	凹凸棒石	15	25.8
10	凹凸棒石	20	21.5

7. 小结

本节采用三种无机核（SiO_2、海泡石、凹凸棒石）对联苯胺黄 G 颜料进行了包核改性，系统研究了重氮-偶合反应投料比、偶合反应后颜料粒子的保温温度以及无机核的用量对改性颜料产品颜色、产品产率以及着色力的影响，并通过 TEM 对改性颜料中无机核与联苯胺黄 G 间的核/壳结构进行了表征。改性颜料的性能测试结果表明，与联苯胺黄 G 颜料相比，改性颜料的耐热性提高了 4～5℃，分解温度提高 14～24℃，且改性颜料的水分散性和流动性都得到了明显提高。

4.4.4　以无机纳米材料为主体的有机颜料核/壳自组装技术研究

近年来，无机-有机复合物因其优异的特性，越来越受到研究者的关注。无机-有机复合物同时具备了有机物和无机物的优异性[84]，在光学、固体电解质、催化、生物材料和生物医药等应用领域表现出良好的应用前景[85-87]。而如前文所述，制备无机-有机复合颜料也是提高有机颜料性能、改善其应用性能的一种有效技术手段。而且，制备无机-有机复合颜料主要有以下三种方式：无机包覆改性有机颜料[20, 21, 88, 89]、无机物吸附染料[90-92]和无机包核改性[49, 50, 74]。其中，无机物（如 SiO_2、TiO_2 等）在有机颜料表面的包覆主要通过层层组装技术[20, 23]、溶胶-凝胶技术[22]、水解反应[19, 93]和沉淀法[88]等实现；无机物吸附染料则主要是通过偶联剂的作用将染料和无机物结合在一起[40]，或者利用无机物本身良好的吸附性能直接吸附染料[36, 94, 95]；有机颜料的无机包核改性可通过简单的后处理工艺（如球磨技术）来实现[49]，也可直接在有机颜料的制备过程中实现[48]，与前两种方法相比，具有操作更为简单的优势。

到目前为止，所报道的大部分无机-有机复合颜料大多以有机颜料为主体部分，鲜有报道以无机物为主体部分的复合颜料。著者所在课题组团队在无机-有机复合颜料的设计制备方面有着多年的研究经验，在前期工作的基础上，开发了一种以多元无机混合物为主体的无机-有机复合黄色颜料制备方法[96, 97]。该制备方法以白炭黑和钛白粉所构成的无机物混合物为主体部分，以典型的偶氮颜料 C.I.颜料黄 13 和 83 复合物为有机颜料部分，在有机复合颜料制备过程中实现了二者的复合。复合颜料开发过程中，系统研究了无机/有机用量比、多元无机混合物间用量比以及两种有机颜料复合比对所制备的复合颜料形貌、粒径大小和分布、颜色性能、热稳定性和光稳定性的影响。

1. 无机-有机复合颜料的制备

1）偶合组分的制备

称取 NaOH 2.50 g 溶于 60 mL 水中，在磁力搅拌条件下向其中加入一定质量的乙酰乙酰-2,4-二甲基苯胺（AAMX）和 2,5-二甲氧基-4-氯乙酰乙酰苯胺（IRG），其中 AAMX 和 IRG 的质量之和为 5.05～5.15 g，常温下溶解至溶液中无明显大颗粒不溶物。而后将反应液转移至 1 L 四口瓶中，机械搅拌条件下向其中加入一定质量的沉淀白炭黑（SiO_2）和钛白粉（TiO_2）、1.50 g 红油，继续搅拌 10 min 后向其中加入 4 mL 乙酸进行酸析，待反应。

2）重氮化反应

量取 40 mL 水，加入烧杯中，在搅拌条件下向其中加入 2.6 mL 浓盐酸，称取 3.0 g DCB，并将其加入溶液中，常温搅拌 5 min 后，称取 1.36 g $NaNO_2$ 并将其溶于 8～10 mL 水中配制成 $NaNO_2$ 溶液；反应液中加入碎冰降温至 0～2℃后，而后于 1～2 min 内向反应液中加入配制好的 $NaNO_2$ 溶液，加入完毕后，在低温下继续搅拌 15～20 min，以溶液中无明显不溶物为宜，得重氮化溶液。

3）偶合反应

在 25～30℃条件下，将配制好的重氮化溶液滴加至偶合组分中，滴加时间为 20～30 min，通过渗圈实验确定反应终点，以溶液中无四氮化盐存在为偶合终点。而后，开始加热、升温至 70～75℃，此过程历时 40 min，而后继续升温，并在 95～100℃下保温，此过程历时 1 h。而后，将反应液抽滤得滤饼，滤饼于 60℃下鼓风干燥后得颜料成品。

制备过程中，C.I.颜料黄 13（P.Y.13）和 C.I.颜料黄 83（P.Y.83）的混偶合方程式如图 4-44 所示。此外，依据上述工艺得到不同无机/有机质量比、不同 AAMX/IRG 质量比和不同 SiO_2/TiO_2 质量比的复合颜料，样品编号如表 4-18 所示。

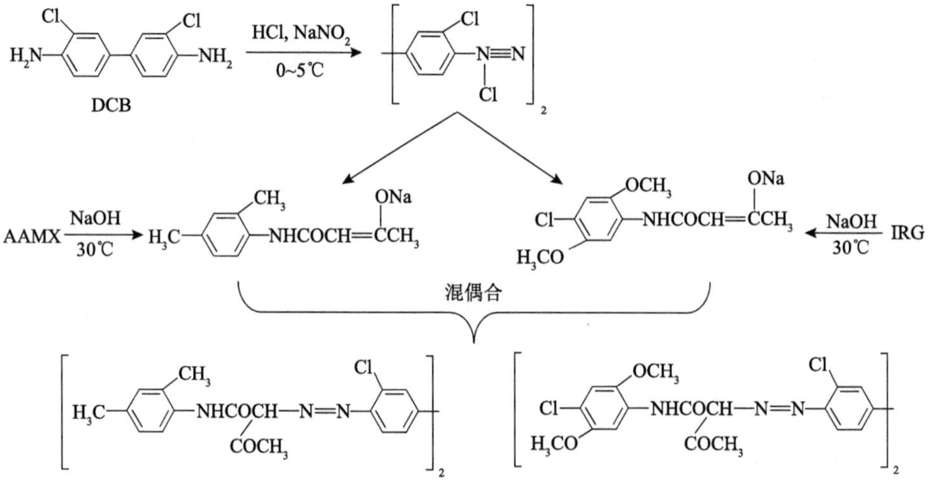

图 4-44　C.I.颜料黄 13 和 C.I.颜料黄 83 混偶合方程式

表 4-18　复合颜料样品编号

样品编号	无机[a]/有机[b]质量比	SiO_2/TiO_2 质量比	AAMX/IRG 质量比
Hybrid-1/1	1：1	3：1	80：20
Hybrid-2/1	2：1	3：1	80：20

续表

样品编号	无机[a]/有机[b]质量比	SiO_2/TiO_2 质量比	AAMX/IRG 质量比
Hybrid-3/1	3∶1	3∶1	80∶20
Hybrid-4/1[c]	4∶1	3∶1	80∶20
Hybrid-Si_1/Ti_1	4∶1	1∶1	80∶20
Hybrid-Si_1/Ti_3	4∶1	1∶3	80∶20
Hybrid-Si_3	3∶1	无 TiO_2	80∶20
P.Y.13(70)/P.Y.83(30)	4∶1	3∶1	70∶30
P.Y.13(60)/P.Y.83(40)	4∶1	3∶1	60∶40
P.Y.13(50)/P.Y.83(50)	4∶1	3∶1	50∶50

a：SiO_2 和 TiO_2 混合物；b：颜料黄 13 和颜料黄 83 复合物；c：Hybrid-Si_3/Ti_1。

2. 无机-有机复合颜料的表征及性能测试

1）无机-有机复合颜料的形貌及结构表征

采用透射电子显微镜对无机-有机复合颜料的结构组成和形貌特征进行观察，采用 FT-IR 光谱仪和 X 射线衍射仪对无机-有机复合颜料的结构进行分析。

2）无机-有机复合颜料的光、热稳定性

所制备的无机-有机复合颜料的光稳定性和热稳定性测试同 4.4.1 节中 2.小节。

3）无机-有机复合颜料的色彩性能测定

采用国际照明组织委员会（Commission Internationale de l’Eclairage，CIE，1976）$L^*a^*b^*$和 L^*c^*H 色空间法对复合颜料的色彩性能进行测定，测定标准物为 $BaSO_4$，光源为 D_{65} 标准光源，测定波长范围为 380～780 nm，漫射照明，8°方向接收。所测定的颜色参数 L^*、a^*、b^*、c^*和 H 分别用于评价复合颜料的亮度、绿色色相、黄色色相、黄色纯净度以及色角度。所测定的复合颜料的着色力以 C.I. 颜料黄 13 为标准品。

4）无机-有机复合颜料的耐热性和耐光牢度

分别测定无机-有机复合颜料的耐热性和耐光牢度，并将其与 C.I.颜料黄 13 进行了对比，耐热性测试具体操作为：称取 2.50 g 颜料置于坩埚中，而后将坩埚分别在 140℃、160℃、180℃、200℃、220℃和 250℃下烘烤 30 min，刮样，分别测定复合颜料烘烤后的色差值ΔE。耐光牢度测试具体操作为：在 GD-425 高速同轨震荡仪上将 80 g 玻璃球、20 g 丙烯酸树脂、20 g 水、0.05g 消泡剂和 10 g 颜料混合均匀得到丙烯酸树脂水墨，将水墨涂抹在白板纸上。自然晾干后，将白板纸置于 250 W 高压汞灯下进行老化处理，光照时间为 1 h，每隔 10 min 测定水墨制品的色差值ΔE，依据ΔE 值变化情况评价其耐光牢度。

3. 制备条件对无机-有机复合颜料特性的影响

1）无机/有机质量比对复合颜料形貌的影响

在 SiO_2/TiO_2 质量比为 3∶1、AAMX/IRG 质量比为 80∶20 条件下，不同无机/有机质量比（1∶1～4∶1）的复合颜料的 TEM 图如图 4-45 所示。可以看出，所制备的无机-有机复合颜料的形貌、粒径大小和粒径分布随着无机/有机质量比变化明显。随着无机/有机质量比的增加，复合颜料从无规则形态[图 4-45（a）和（b）]逐渐转变近乎球状[图 4-45（c）和（d）]。同时，复合颜料粒径也逐渐变小，粒径分布逐渐变均匀。

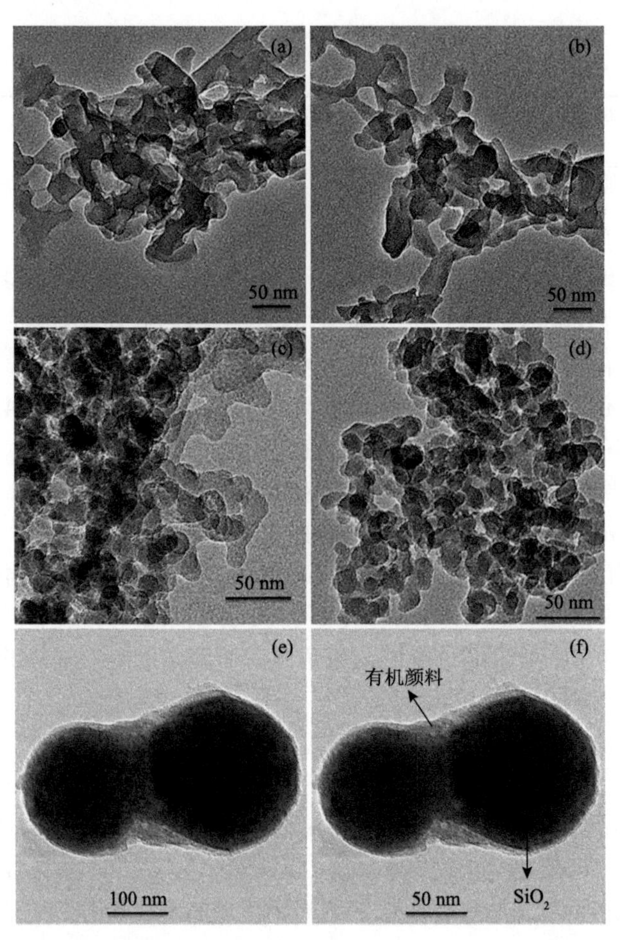

图 4-45 不同无机/有机质量比复合颜料（a，b）、SiO_2（c，d）以及 Hybrid-Si_3 样品（e，f）的 TEM 图

为研究无机-有机复合颜料结构中白炭黑和有机颜料之间的结构关系，分别对白炭黑和白炭黑/有机颜料复合物进行了 TEM 表征，结果如图 4-45（e）和（f）

所示。从图中可以看出，白炭黑为球形颗粒，其粒径大小为 30～50 nm，且分布均匀。如图 4-45（f）所示，在白炭黑/有机颜料复合物结构中，有机颜料白炭黑表面形成包覆层，二者构成了核/壳结构。结合这一结构组成，可以认为，所制备的无机-有机复合颜料形貌、粒径大小和粒径分布随无机/有机质量比变化的主要原因在于，在制备过程中，具有规则形貌和均匀粒径分布的白炭黑无机核对复合颜料形貌、粒径大小和分布情况具有一定的调控作用。

2）SiO_2 /TiO_2 质量比对复合颜料形貌的影响

在无机/有机质量比为 4∶1、AAMX/IRG 质量比为 80∶20 条件下，不同 SiO_2/TiO_2 质量比（3∶1～1∶3）复合颜料的 TEM 图如图 4-46 所示。

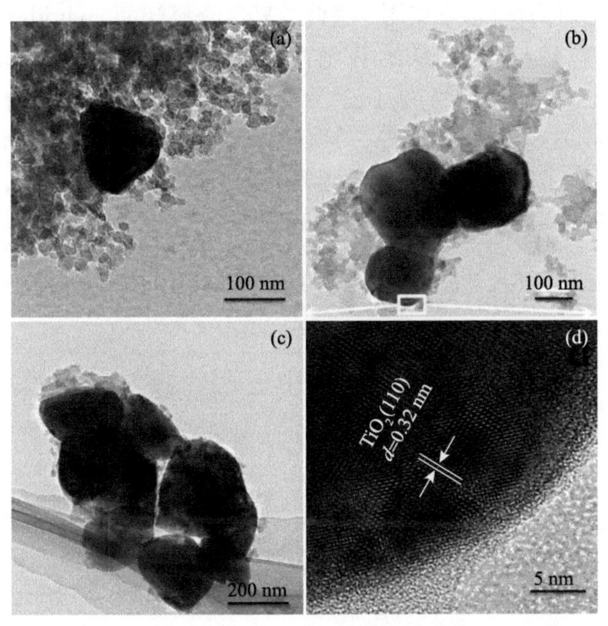

图 4-46 不同 SiO_2/TiO_2 质量比复合颜料的 TEM 图

（a）SiO_2/TiO_2 质量比为 3∶1；（b）SiO_2/TiO_2 质量比为 1∶1；（c）SiO_2/TiO_2 质量比为 1∶3；（d）图（c）复合颜料的局部放大图

如图所示，随着 SiO_2/TiO_2 质量比的减小，无机-有机复合颜料中 TiO_2 质量分数的增加，复合颜料的形貌变化明显。如图 4-46（d）所示，复合颜料中粒径较大（200～300 nm）的粒子具有晶格，其晶格常数为 0.32 nm，对应于金红石型 TiO_2 的（110）晶面，说明复合颜料粒子中粒径较大的粒子为 TiO_2。结合这一分析结果，可以发现，在不同 SiO_2/TiO_2 质量比条件下，所制备得到的复合颜料结构中，TiO_2 粒子与白炭黑/有机颜料复合物的结合方式不同。可以看到，在高 SiO_2/TiO_2 质量比条件下，TiO_2 粒子被白炭黑/有机颜料复合物所包覆。随着 SiO_2/TiO_2 质量比的降低，TiO_2 表面的白炭黑/有机颜料复合物粒子减少，反之，粒径较大的 TiO_2

粒子遮盖了白炭黑/有机颜料复合物。而对于 TiO_2 粒子与白炭黑/有机颜料复合物之间的结合作用力，在后续分析中有所说明。

3）不同无机/有机、SiO_2/TiO_2 质量比对复合颜料颜色性能的影响

在 AAMX/IRG 质量比为 80∶20 条件下，不同无机/有机质量比和不同 SiO_2/TiO_2 质量比的复合颜料的颜色性能测试结果如表 4-19 所示。如前所述，与 SiO_2/TiO_2 复合后，有机颜料的粒径大小和粒径分布得到了控制，有助于提高有机颜料的着色力。因此，复合颜料样品 Hybrid-1/1 和 Hybrid-2/1 表现出比 C.I.颜料黄 13 更高的着色力。然而，随着无机/有机质量比的继续增大，复合颜料中大颗粒 TiO_2 的质量分数增加，同时由于 TiO_2 本身是一种常用的白色无机颜料，对有机颜料着色力有“稀释冲淡”作用，因此，复合颜料样品 Hybrid-3/1 和 Hybrid-4/1 表现出比颜料黄 13 相对较低的着色力。从表中还可发现，随着复合颜料中 SiO_2/TiO_2 质量比的减小（即 TiO_2 质量分数的增加），复合颜料的 L^* 值逐渐增大，表现出相对较高的色彩亮度。此外，与有机颜料相比，随着无机/有机质量比的增大和 SiO_2/TiO_2 质量比的减小，复合颜料的色相逐渐转变为绿相，黄色纯净度也逐渐降低，表现为复合颜料 a^* 值和 c^* 值减小。

表 4-19　不同无机/有机、SiO_2/TiO_2 质量比复合颜料的颜色性能

样品	颜色参数					着色力 [a]/%
	L^*	a^*	b^*	c^*	H	
C.I. 颜料黄 13	78.17	10.27	81.19	81.83	82.79	—
Hybrid-1/1	76.32	11.47	80.23	81.16	81.63	121.96
Hybrid-2/1	77.31	10.44	81.44	82.06	83.87	113.64
Hybrid-3/1	78.68	6.34	79.82	79.93	86.91	98.20
Hybrid-4/1 Hybrid-Si_3/Ti_1	79.05	4.08	75.73	75.64	88.44	81.62
Hybrid-Si_1/Ti_1	79.09	3.85	73.88	73.78	88.43	72.79
Hybrid-Si_1/Ti_3	79.27	3.71	68.22	68.13	87.85	51.68

a：以 C.I. 颜料黄 13 为标准品。

4）不同 AAMX/IRG 质量比对复合颜料颜色性能的影响

在无机/有机质量比为 4∶1、SiO_2/TiO_2 质量比为 3∶1 条件下，不同 AAMX/IRG 质量比的复合颜料的颜色性能测试结果如表 4-20 所示。作为 C.I.颜料黄 13 和 C.I.颜料黄 83 制备过程中的偶合组分，因两种颜料分子结构上具有不同的基团（AAMX 上为—CH_3，IRG 上为两个—OCH_3 和一个—Cl），从而使得两种黄色双偶氮颜料形成的颜料固溶体表现出不同的颜色性能。因此，不同 AAMX/IRG 质量比直接影响有机颜料复合物中 C.I.颜料黄 13 和 C.I.颜料黄 83 的质量比，进而影响复合颜料的颜色性能。

表 4-20　不同 AAMX/IRG 质量比的复合颜料的颜色性能

复合颜料 [a]	L^*	a^*	b^*	c^*	H	着色力 [b]/%
P.Y.13(80)/P.Y.83(20)	79.05	4.08	75.73	75.64	88.44	81.62
P.Y.13(70)/P.Y.83(30)	79.26	7.03	78.92	78.56	86.60	84.61
P.Y.13(60)/P.Y.83(40)	78.19	9.55	79.10	78.95	84.12	88.22
P.Y.13(50)/P.Y.83(50)	77.63	10.77	79.50	79.57	83.27	94.69

a：无机/有机质量比为 4：1，SiO_2/TiO_2 质量比为 3：1；b：以 C.I.颜料黄 13 为标准品。

由于 C.I.颜料黄 83 本身着色力要高于 C.I.颜料黄 13，因而在低 AAMX/IRG 质量比条件下，复合颜料中颜料黄 83 的质量分数较高，从而使得制备得到的复合颜料表现出相对较高的着色力和较高的黄色纯净度，表现为 c^*值较高。当 AAMX/IRG 质量比从 80：20 增加至 50：50 时，复合颜料色相逐渐由绿相向红相转变，黄色更加纯净，表现为 a^*值和 b^*值增加。就色相角而言，尽管随着 AMX/IRG 质量比的增加而逐渐降低，但仍在圆柱形色空间的黄色区域内（H=75～105）。

4. 无机-有机复合颜料的结构表征

1）红外光谱表征

不同无机/有机质量比和不同 SiO_2/TiO_2 质量比条件下所制备得到的无机-有机复合颜料结构中，无机物 SiO_2/TiO_2 与有机颜料之间的结合特性采用红外光谱进行了表征分析，结果如图 4-47 所示。

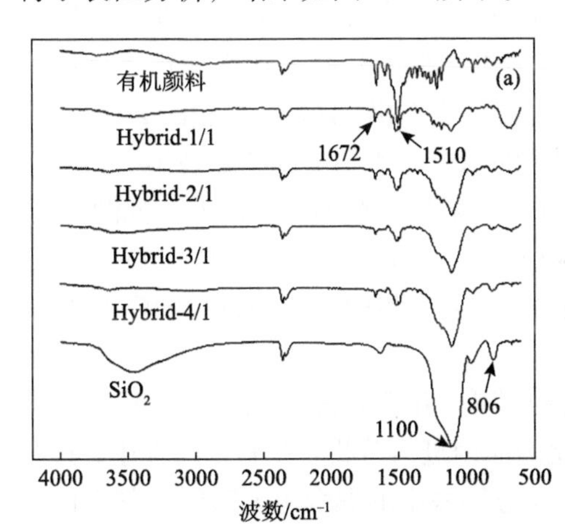

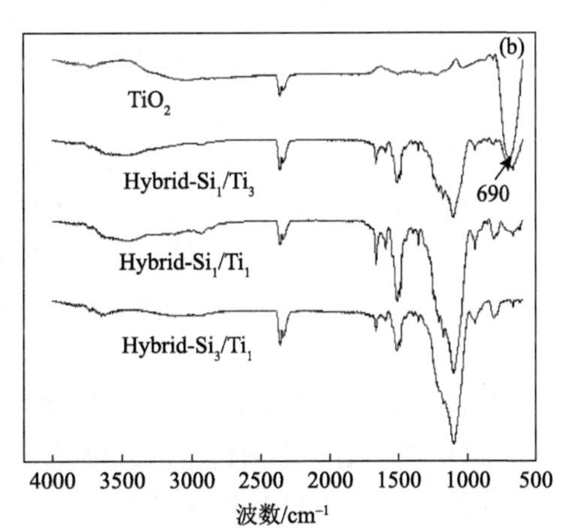

图 4-47　不同无机/有机质量比（a）及不同 SiO_2/TiO_2 质量比（b）的红外光谱图

如图 4-47（a）所示，不同无机/有机质量比的复合颜料的红外光谱图相近，在 1510 cm^{-1} 和 1672 cm^{-1} 的特征峰归属于—CONH—中 C═O 的伸缩振动吸收峰和有机颜料分子结构中苯环上的C—C骨架振动吸收峰。在SiO_2的红外光谱图中，在806 cm^{-1}和1100 cm^{-1}处的特征吸收峰分别归属于Si—O—Si伸缩振动吸收峰和Si—O不对称吸收峰。通过对比可以发现，在复合颜料的红外光谱图中，随着无机/有机质量比的降低，SiO_2的特征吸收峰逐渐消失，说明在复合颜料形成过程中，随着有机颜料质量分数的增加，有机颜料在SiO_2表面的包覆越来越致密，进而使得SiO_2的特征吸收峰被有机颜料特征吸收峰所遮盖。

不同SiO_2/TiO_2质量比复合颜料的红外光谱图如图4-47（b）所示。图中690 cm^{-1}处的特征吸收峰归属于Ti—O—Ti振动吸收峰，而在复合颜料的红外光谱图中，只有当TiO_2质量分数较高时，这一特征吸收峰才会被观察到。从复合颜料中SiO_2和TiO_2的特征红外吸收峰随SiO_2/TiO_2质量比变化而变化的规律中，可以看出，当SiO_2/TiO_2质量比较大时，如复合颜料样品Hybrid-Si_3/Ti_1的红外光谱图中，TiO_2的特征吸收峰消失，说明TiO_2被白炭黑/有机颜料复合物所包覆；而当SiO_2/TiO_2质量比较小时，如复合颜料样品Hybrid-Si_1/Ti_3的红外光谱图中，可明显观察到TiO_2的特征吸收峰，说明白炭黑/有机颜料复合物在TiO_2表面的包覆不致密，甚至更多的是TiO_2颗粒将白炭黑/有机颜料复合物覆盖，这一分析结果与图4-46中的TEM分析结果一致。

2）XRD表征

采用X射线衍射光谱仪对不同无机/有机质量比和不同SiO_2/TiO_2质量比复合颜料进行了表征，结果如图4-48所示。

如图4-48（a）所示，在复合颜料Hybrid-4/1的衍射光谱图中，只显现属于SiO_2宽衍射峰（2θ=22.01°）和TiO_2的特征衍射峰，而在2θ=10.97°、17.16°、25.73°和27.02°处归属于有机颜料的特征衍射峰消失，推测其原因在于无机主体部分（SiO_2和TiO_2）对有机颜料特征衍射峰的遮盖。当无机/有机质量比由4∶1减小至1∶1时，如图4-48（b）所示，复合颜料的衍射光谱图中逐渐显现出有机颜料的特征衍射峰，而同时归属于SiO_2的特征宽衍射峰逐渐消失。此外，如图4-48（c）所示，当SiO_2/TiO_2质量比由3∶1减小至1∶3时，复合颜料中TiO_2质量分数增加，其特征衍射峰强度逐渐增强。同时，复合颜料中有机颜料和SiO_2的特征衍射峰逐渐消失。

结合复合颜料的制备工艺和之前的分析结果，对不同无机/有机质量比和不同SiO_2/TiO_2质量比复合颜料衍射光谱图变化的原因进行分析。在制备过程中，具有良好孔道结构的SiO_2[图4-48（d）]可将反应体系中的偶合组分吸附至其表面和孔道结构内，当重氮化溶液滴加进入反应体系时，在SiO_2表面和孔道内原位偶合生成有机颜料。当无机/有机质量比较大时，偶合组分大多被吸附在SiO_2孔道内，进而使得孔道内生成的有机颜料的特征衍射峰被SiO_2的特征衍射峰所覆盖[22]，如

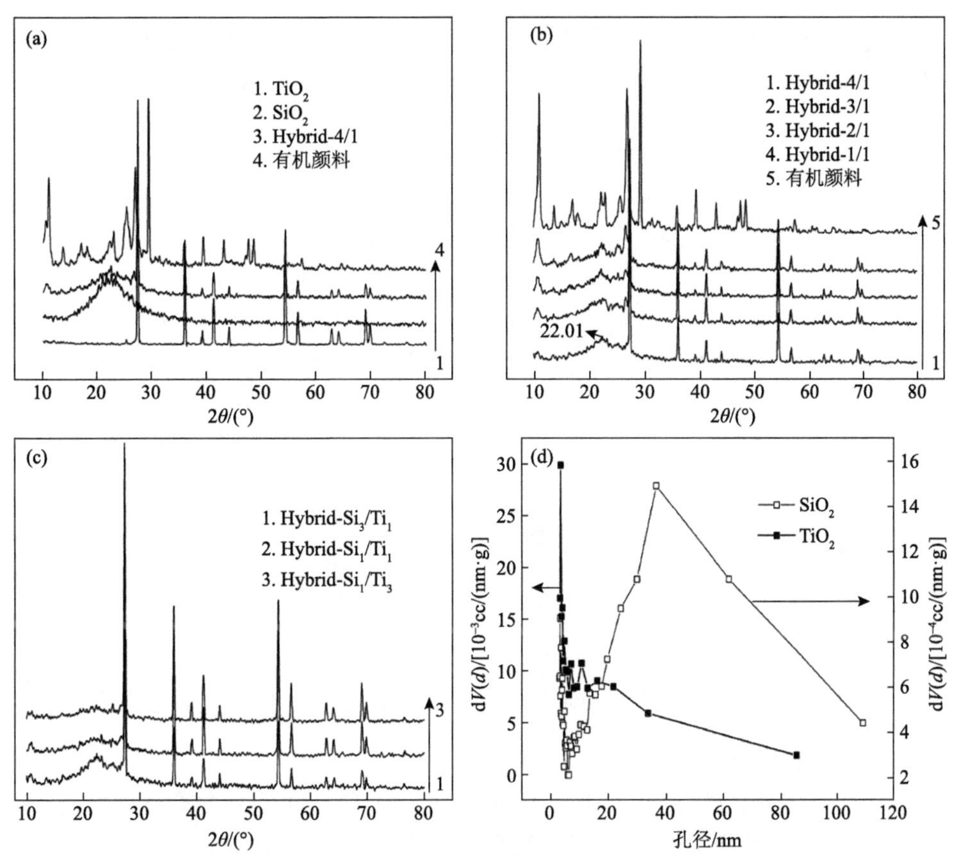

图 4-48 不同无机/有机质量比和不同 SiO_2/TiO_2 质量比复合颜料 XRD 图以及 SiO_2 和 TiO_2 孔道分析图

图 4-48（a）中的复合颜料 Hybrid-4/1 的 X 射线衍射光谱图所示。随着无机/有机质量比的降低，SiO_2 孔道结构对偶合组分的吸附达到饱和，使得偶合组分逐渐被吸附至 SiO_2 表面，从而在 SiO_2 表面生成有机颜料，完成有机颜料对 SiO_2 的致密包覆，进而使得 SiO_2 的特征衍射峰被有机颜料特征衍射峰所覆盖，如图 4-48（b）的复合颜料 Hybrid-1/1 的衍射光谱图所示。对无明显孔道结构的 TiO_2 而言，其在反应体系 pH 条件下（pH=3～4）带正电荷，而 SiO_2 表面的有机颜料则会吸附阴离子表面活性剂（如红油）而带负电荷[54]，二者可通过静电作用结合。同时，如前所述，在静电吸引作用下，白炭黑/有机颜料复合物与 TiO_2 二者之间的结构构成会随着 SiO_2/TiO_2 质量比发生变化：高 SiO_2/TiO_2 质量比条件下，TiO_2 被白炭黑/有机颜料复合物所包覆，而在低 SiO_2/TiO_2 质量比条件下，白炭黑/有机颜料复合物被 TiO_2 颗粒所遮盖，这即是复合颜料特征衍射峰随着 SiO_2/TiO_2 质量比变化所呈现出的变化规律[图 4-48（c）]的原因所在。

结合前面所述内容，本文所制备的无机-有机复合颜料中有机颜料与白炭黑、钛白粉之间的结合过程可用示意图进行表示，如图 4-49 所示。

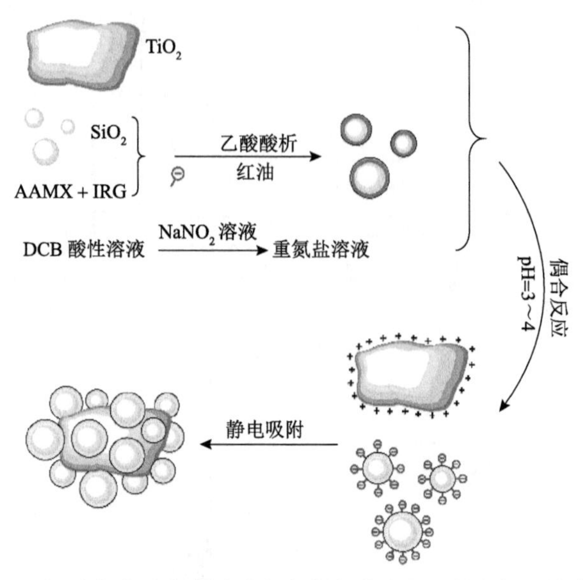

图 4-49　无机-有机复合颜料中有机颜料与白炭黑、钛白粉的结合示意图

3）比表面积表征

采用比表面积分析仪对无机物（SiO_2、TiO_2）和无机-有机复合颜料的比表面积与孔容进行了分析，通过比表面积和孔容的变化规律对无机-有机复合颜料中 SiO_2、TiO_2 和有机颜料之间的结构关系进行分析，测试结果如表 4-21 所示。

表 4-21　无机物和复合颜料的比表面积分析结果

样品	比表面积/（m^2/g）	孔容/（cm^3/g）
SiO_2	167.23	1.67
TiO_2	12.76	0.05
Hybrid-Si_3	52.51	0.82
Hybrid-4/1 (Hybrid-Si_3/Ti_1)	60.94	0.98
Hybrid-3/1	52.40	0.78
Hybrid-2/1	50.74	0.77
Hybrid-1/1	42.10	0.73
Hybrid-Si_1/Ti_1	38.30	0.59
Hybrid-Si_1/Ti_3	21.21	0.30

如表 4-21 所示，SiO_2 与有机颜料复合后，其孔道被有机颜料所填充，表面也

被有机颜料所包覆，良好的吸附特性消失，直观表现为比表面积和孔容的明显降低。在无机/有机质量比从 4∶1 下降至 1∶1 的过程中，复合颜料比表面积表现为逐渐降低的过程，说明在低无机/有机质量比条件下所制得的复合颜料中，有机颜料在 SiO_2 表面的包覆更为致密，进而降低了复合颜料的比表面积，这一结果与前述分析结果一致。

此外，由于 TiO_2 粒径较大，且本身无孔道结构，其与白炭黑/有机颜料复合物结合时，会降低复合颜料的比表面积和孔容。因而，在 SiO_2/TiO_2 质量比从 3∶1 下降至 1∶3 的过程中，复合颜料的比表面积和孔容均呈现逐渐降低的趋势。

5. 无机-有机复合颜料的性能测试

1）热稳定性测试

不同无机/有机质量比和不同 SiO_2/TiO_2 质量比复合颜料的热稳定性测试结果如图 4-50 所示。

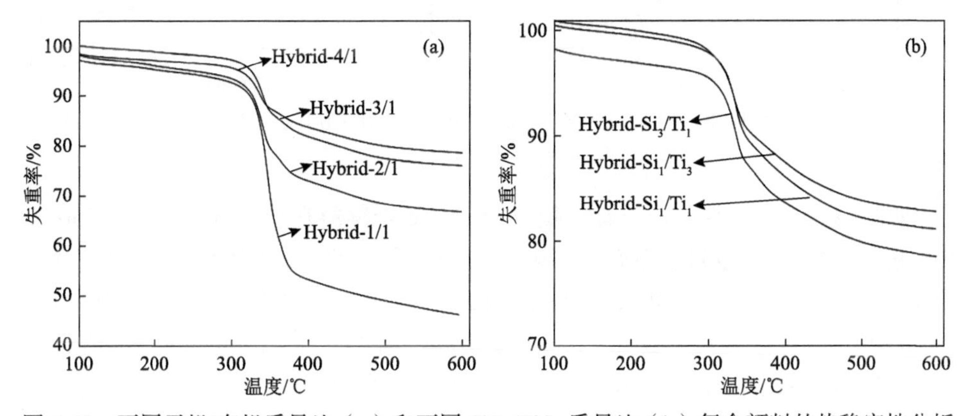

图 4-50　不同无机/有机质量比（a）和不同 SiO_2/TiO_2 质量比（b）复合颜料的热稳定性分析

从图 4-50（a）中可以看出，当温度升至 310℃时，所制备的不同无机/有机质量比复合颜料开始出现失重现象，说明所制备的复合颜料具有良好的热稳定性。同时，随着无机/有机质量比的增加，复合颜料中无机物的比例逐渐增加，复合颜料更多地呈现出无机物优异的热稳定性，进而使得复合颜料的热稳定性逐渐提高。如图 4-50（b）所示，随着 SiO_2/TiO_2 质量比的降低，体系中 TiO_2 质量分数逐渐增加，所得复合颜料的热稳定性也逐渐增强。如前所述，当复合颜料中 TiO_2 质量分数较高时，白炭黑/有机颜料复合物会通过静电作用吸附在 TiO_2 粒子之间且被 TiO_2 粒子所覆盖，这就使得 TiO_2 颗粒对白炭黑表面的有机颜料存在一定的保护作用，从而提高复合颜料的热稳定性。

2）光稳定性测试

不同无机/有机质量比复合颜料、不同 SiO_2/TiO_2 质量比复合颜料以及有机颜料的紫外-可见漫反射光谱图如图 4-51 所示。由于紫外-可见漫反射光谱图是在固体粉末状态下测得的，因此可用来评价复合颜料对光的吸收和反射特性，进而评价复合颜料光稳定性。光谱图中颜料样品的漫反射吸光度越低，代表其对光反射和散射的能力越强[22]，其光稳定性越好。

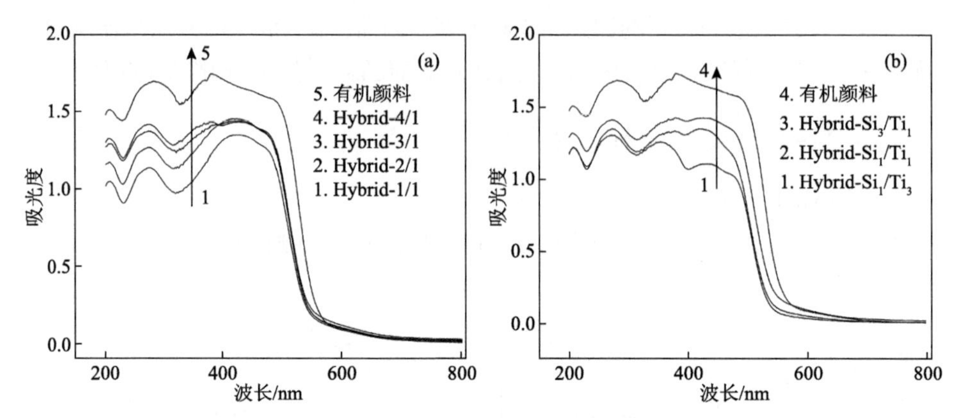

图 4-51　不同无机/有机质量比（a）和不同 SiO_2/TiO_2 质量比（b）复合颜料及有机颜料的紫外-可见漫反射光谱图

如图 4-51（a）所示，与有机颜料相比，复合颜料在紫外区和 400～550 nm 的可见光区域的吸光度明显降低，说明与 SiO_2 和 TiO_2 的复合可明显提高有机颜料的光稳定性。此外，还可以发现，随着无机/有机质量比的增大，复合颜料在紫外区的吸光度逐渐降低。这是因为，随着无机/有机质量比的增大，复合颜料中 TiO_2 的质量分数也增加，而由于 TiO_2 对紫外光（特别是波长<270 nm 的紫外光）具有高吸收特性[22]，复合颜料对紫外光的屏蔽作用增强。

如图 4-51（b）所示，不同 SiO_2/TiO_2 质量比复合颜料的漫反射光谱图中，随着 SiO_2/TiO_2 质量比的减小，其在紫外光的吸光度相近，仅有少量降低，而在 400～550 nm 可见光区域内的吸光度变化明显。如前所述，在高 TiO_2 质量分数条件下，白炭黑/有机颜料复合物会被 TiO_2 所覆盖，从而会使得复合颜料对可见光具有较好的反射作用，进而降低复合颜料在 400～550 nm 区域内的吸光度。而造成这一现象的原因在于，作为一种常用的白色“冷涂料”，TiO_2 对可见光区至近红外区的光源具有很好的反射作用[98]。

3）耐热性和耐光牢度测试

以制备的复合颜料 P.Y.13(60)/P.Y.83(40)为例，对制备的无机-有机复合颜料的耐热性和耐光牢度进行了评价，并与颜料黄 13 进行了对比。经过热处理和紫外光加速老化处理后，复合颜料及颜料黄 13 的色差值变化规律如图 4-52 所示。

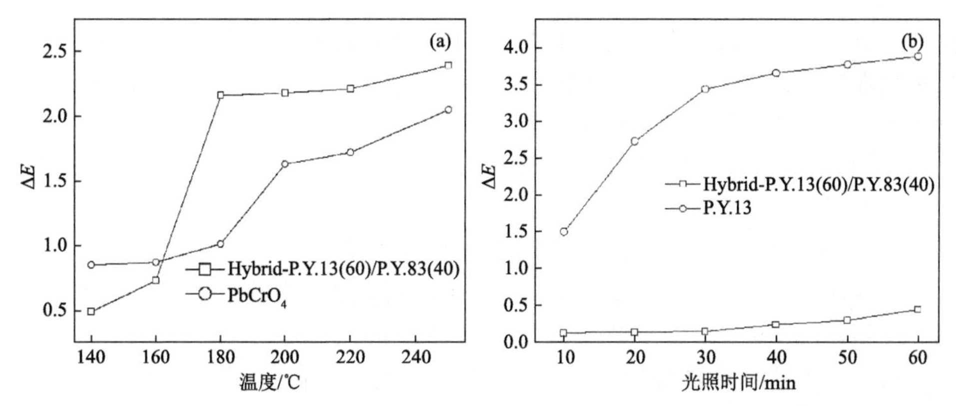

图 4-52　复合颜料 P.Y.13(60)/P.Y.83(40)和 C.I.颜料黄 13 的耐热、耐光测试结果图

如图 4-52（a）所示，在 250℃下烘烤 30 min 后，复合颜料 P.Y.13(60)/P.Y.83(40)的 ΔE 值为 2.39，而 C.I.颜料黄 13 的 ΔE 值为 3.82。同样，在紫外加速老化试验中，在 250 W 紫外灯下老化处理 1 h 后，复合颜料 P.Y.13(60)/P.Y.83(40)的 ΔE 仅为 0.45，而 C.I.颜料黄 13 的 ΔE 值则高达 3.90。以上对比试验数据说明，与 C.I.颜料黄 13 相比，所制备的复合颜料具有更优异的耐热性和耐光牢度。

6. 以无机物为主体的有机颜料核/壳自装技术应用——中铬黄替代产品开发

1）中铬黄颜料应用现状

中铬黄（$PbCrO_4$）因具有高遮盖力、鲜艳色泽和优异的耐候性能，且价格低廉，而被广泛应用于涂料、塑料等领域[99, 100]。然而，随着人们环保意识的加强，以中铬黄为代表的含重金属无机颜料在生产和应用过程中因重金属离子迁移所造成的环境污染问题逐渐受到重视[101-104]。面对不断凸显的重金属污染问题，诸多国家采取了禁止生产、使用或限制应用领域、添加剂量等方式加以应对，如欧盟为解决铅、六价铬等重金属污染问题，相继通过了 RoHS 法规及 REACH 法规[105]。美国早在 1970 年就对人们经常接触的器具涂料中的含铅量作了严格限定[106]。我国也出台了相应的管理办法，如在玩具相关的国家标准中《玩具安全第 1 部分：基本规范》（GB 6675.1—2014）对可溶性重金属限量作了明确限定。德国 BASF 按照欧盟 2015 年起开始生效的铅铬类颜料禁令要求，已经停止生产铅铬类颜料，并开始寻找和开发有效、优异、对环境友好的替代品种。联合国曾提出“到 2022 年前禁用含铅颜料”的倡议，联合国环境规划署也呼吁“应当逐步淘汰危害环境的含重金属产品”。面对日益严重的重金属污染环境问题，我国在“十二五”规划中就指出要花大力气治理重金属污染，建设环境友好型社会；在“十三五”期间也将治理重金属污染放在重要位置[107]。从目前情况来看，全球的中铬黄颜料使用量虽有了显著下降，但是由于中铬黄颜料具有价廉质优的特征，因此在多个领域内仍在使用，借以提高颜料色度、耐候性等性能，并降低着色制品的成本，这使得国内的中铬黄颜料尚未得到完全替代[108]。因此，寻找与中铬黄颜色和性能相近或更为优异的环保型替代颜料，既符合国家政策的硬性要求，又是无机颜料行业向前发展的迫切需求。

2）含重金属无机颜料替代品制备技术研究进展

从目前国内外关于中铬黄的潜在替代品的研究情况来看，经过不断尝试与探索，中铬黄潜在的替代品大致有如下三类[109]。

（1）不含重金属的无机颜料：中铬黄属于无机颜料，寻找不含重金属的无机颜料对中铬黄进行替代是一种可行的策略。然而，对比中铬黄的强着色力、高遮盖力、鲜艳色泽等优异特性和基于生产成本的考量，其他无机颜料对中铬黄进行替代主要面临以下问题：①色谱不齐全、色泽较差：如铁黄类颜料虽耐久性比较优异，也具有较高遮盖力，但色泽发暗，难以成为中铬黄替代品；②价格较为昂贵，难以广泛应用：如铋黄类颜料，其作为无机颜料家族中的年轻成员，颜色饱和度高、色泽鲜艳，与中铬黄颜料接近，性能上可直接替代中铬黄，但价格较为昂贵，难以替代中铬黄；③着色力不足，如金红石型钛黄颜料，着色力较弱，对中铬黄进行替代时需要拼混合适的有机颜料[110, 111]，这会对颜料整体性能产生影响，成为该种颜料替代中铬黄的阻碍。

（2）性能优异的有机颜料：与无机颜料相比，有机颜料色谱齐全，色泽鲜艳，且可通过对颜料分子结构修饰、基团替换和晶型结构调整，获得色彩丰富、高着色力和高遮盖力的剂型，进而作为中铬黄潜在的替代品。以异吲哚啉类高档有机颜料为例，其代表性产品 C.I.颜料黄 139 属于半透明型红光黄颜料，具有良好的耐热性、耐迁移性和耐晒性，可与无机颜料拼混，用于替代中铬黄颜料。然而，性能优异的有机颜料的制造成本都比较高，这成为它们替代中铬黄的一大阻碍。

（3）无机-有机复合颜料：如前所述，不含重金属无机颜料作为中铬黄替代品时，在色泽和色谱上存在不足，且品种较少；而色谱齐全、色泽鲜艳的有机黄色颜料作为中铬黄替代品时，在遮盖力、分散性等应用性能方面又存在不足[112]。将两种颜料的优势进行结合制备无机-有机复合颜料，兼具无机颜料和有机颜料的优点，有望使其能在应用性能和成本上与中铬黄相当。在无机-有机复合颜料制备方法中，无机包核法是一种将无机颜（填）料与有机颜料复合的有效方法，它主要是以白炭黑、金属氧化物、金属盐等各种无机颜（填）料作为无机内核，通过物理吸附或界面化学反应将有机颜料牢牢吸附在其表面，从而形成无机-有机复合颜料[70]，所形成的无机包核改性颜料中有机颜料与无机颜料间的复合稳定性比通过简单拼混所形成的复合颜料明显要强[48]。以无机包核改性颜料为代表的无机-有机复合颜料以无机颜（填）料降低了生产成本、以有机颜料增强了颜色色泽，可同时满足中铬黄替代品在颜色色泽和生产成本上的要求，可作为中铬黄替代品开发的一条可行之路。

3）典型的中铬黄替代颜料及特性

（1）替代中铬黄的典型无机颜料及特性。

铁黄颜料：其主要成分是带有结晶水的铁氧化物——水合氧化铁（$Fe_2O_3 \cdot xH_2O$）[113]。一般来说，这种颜料在生产过程中，很难对结晶水的量（即 x 值）进行控制，使得颜料色相会出现差异。同时，由于铁黄颜料为含有结晶水的氧化铁，其在加热到 150℃条件下，颜料颜色会因失去结晶水而变为红色，在300℃左右此转变过程将变得更加迅速。可以看出，铁黄颜料在颜色稳定性和热稳定性方面与中铬黄相比存在明显不足。就遮盖力和颜色色泽而言，铁黄颜料具有与中铬黄相当的遮盖力，但色泽明显偏暗，难以独立替代中铬黄。

针对铁黄颜料颜色总体偏暗且耐热性明显不足的问题，有研究者尝试将铁黄颜料与其他无机颜料或无机物混合，制备出无机复合铁黄颜料，进而提高铁黄颜料的性能[114]。此外，在铁黄颜料分散体系中加入表面活性剂，也能改善铁黄颜料性能（如黏度、分散稳定性）[115, 116]。研究表明，采用二氧化硅对铁黄颜料进行包覆、改性，可提高铁黄颜料明度。有文献报道[117]，为提高氧化铁黄颜料明度和色度，采用了溶胶-凝胶法制备了 SiO_2 包覆型铁黄颜料。通过将耐热性良好的无机物（如铝化合物、不溶性的磷酸盐等）包覆在铁黄颜料表面可提高其耐热性。有研究者[118]以不溶性磷酸铝对铁黄颜料进行包膜改性，将铁黄颜料耐热性从200℃以下提高至 250℃。同样，采用氧化铝对铁黄颜料进行包覆，也可将铁黄颜料耐热性提高到 240℃[119]。

综上，铁黄颜料不含重金属，毒性低且生产成本较低，是无机颜料中替代中铬黄的选择之一，但如何同时提高铁黄颜料颜色色泽和耐热性，使其与中铬黄相当，是其满足替代需求所要解决的关键问题。

钛黄颜料：它是以二氧化钛为主要成分的金属氧化物混相颜料，通过高温固相反应，使其他发色金属离子（镍、铬、铁等离子）扩散渗入二氧化钛晶格中，取代部分钛离子而形成的置换型固溶体[120]，表现出绿相黄（钛镍黄）或红相黄（钛铬黄）。随着钛黄颜料研究的不断深入，其制备方法也在不断创新，有研究者采用液相法制备得到了钛黄颜料。杜丽娜[111]采用均匀沉淀法和溶胶-凝胶法两种方法制备得到了钛镍黄颜料，对比发现，均匀沉淀法制备得到的钛黄颜料着色力较高，而溶胶-凝胶法制备得到的钛黄颜料耐热性更为优异。同样，逄高峰[121]也采用液相沉淀法制备得到了粒径约为 100 nm 的钛铬黄颜料。

与中铬黄颜料相比，红相黄钛黄颜料毒性较低，虽然也含有铬离子，但它所形成的置换型固溶体结构稳定，惰性极高，在应用中不会发生迁移而污染环境。同时，钛黄颜料具有稳定的金红石型点阵结构，耐热性明显要优于绝大多数无机颜料，能高达1000℃。除此之外，钛黄颜料是以二氧化钛为主体，其耐化学腐蚀、耐候性较好，且作为颜料，分散性也比较优异。然而，钛黄颜料也存在明显不足，从颜色性能上看，其着色力和色度不足，在应用中常需与有机颜料配套使用；再者，从价格成本上看，钛黄颜料也较中铬黄颜料更为昂贵。

铋黄颜料：它是无机颜料家族比较“年轻”的成员，它不仅具有优异的耐酸碱腐蚀和耐溶剂性，且色泽鲜艳、遮盖力高，不含重金属，是一种新型环保型无机颜料。它是以钒酸铋（$BiVO_4$）或钼酸铋（Bi_2MoO_6）为基本发色成分，前者表现为红相黄，而后者表现为绿相黄，两种不同色调的颜料的颜色饱和度都较高。铋黄颜料对波长为580 nm的可见光反射率与中铬黄相近[122]，远高于铁黄和钛黄，可不必混拼其他无机或有机颜料，即可实现对中铬黄的环保型替代。此外，铋黄颜料还具有良好的耐光性和分散性，耐热性能高达600℃，远优于中铬黄[123]。

然而，铋黄颜料完全替代中铬黄颜料仍存在无法规避的问题，主要表现在生产成本上。铋黄颜料中的主要元素铋（Bi）、钒（V）和钼（Mo）的原料价格都比较昂贵，使得铋黄颜料生产成本较高，难以像中铬黄实现低成本规模化生产，应用领域也受到一定限制。为降低铋黄颜料价格，有研究方法以价格低廉的无机材料为核，制备得到包核型铋黄颜料。Wang等[124]采用溶胶-凝胶法及高温煅烧法制备了凹凸棒石-钒酸铋的杂化颜料，所得颜料表现出较好的颜色性能和较高的热稳定性，能作为应用于疏水性聚苯乙烯塑料和亲水性聚氨酯树脂中的中铬黄的环保型替代品。铋黄颜料除价格较为昂贵外，其密度较大，在应用时（特别是与有机颜料拼混使用时）需要考虑其沉降分层问题[109, 125]。

基于稀土元素的无机颜料：早在20世纪90年代，有公司提出了以稀土元素化合物为发色成分的环保型彩色颜料，这类颜料性质较为稳定，且耐热性和耐候性都比较优异，但它们的价格较中铬黄更为昂贵。目前，研究表明能用于替代中铬黄颜料的稀土元素无机颜料主要是基于La、Sm和Y等稀土元素而制备的系列无机颜料，如$Sm_{5.4}Zr_{0.6}MoO_{12+\delta}$[126]、$Y_{1.56}M_{0.32}Tb_{0.14}O_{2.84}$（M=Ca，Zn）[127]和$Bi_{0.90}Ca_{0.08}Zn_{0.02}VO_{3.95}$[128]等。尽管它们性能优异且不含重金属，但由于它们的重要组成部分——稀土元素资源的限制，这类无机颜料的低成本规模化生产受到限制，难以实现对中铬黄的工业化应用替代。

（2）替代中铬黄的典型有机颜料及特性。

研究表明，与无机颜料相比，有机颜料的使用更为安全，因为其在使用介质（有机溶剂和水）中溶解度较低，具有更好的耐迁移性，生理生态毒理学上更为安全。国际上颜料生产企业如科莱恩、巴斯夫、汽巴-嘉基公司等为了顺应环保要求，也积极开发能用于替代中铬黄的有机颜料产品。就黄色有机颜料而言，绿光黄偶氮类颜料C.I.颜料黄10G、红光黄偶氮类颜料C.I.颜料黄83和C.I.颜料黄74等[129]，着色强度和颜色鲜艳度均要强于中铬黄，且它们具有更优异的应用性能，如耐久性、耐候性、耐热性和耐迁移性等，可替代中铬黄颜料。就目前而言，能够成为中铬黄替代品的有机颜料大致有如下几类[109, 130]：苯并咪唑酮类颜料、偶氮类颜料、缩合偶氮颜料和异吲哚系列颜料等。

苯并咪唑酮类颜料：苯并咪唑酮类颜料是分子结构中都含有苯并咪唑酮基的一类高性能有机颜料[131]。它们具有接近平面的分子结构，且含有氧桥脲形态和能形成分子内氢键的基团（如环酰胺基等），能改变分子聚集状态，进而表现出优异的性能，如良好的耐光性、耐候性、耐热稳定性和耐迁移性等。同时，苯并咪唑酮类颜料色谱范围也较为齐全，包括黄色、橙色、红色、紫色和棕色。

从分子结构上看，苯并咪唑酮类颜料与偶氮类颜料相似，其制备方法与传统偶氮颜料相近。黄色、橙色系苯并咪唑酮类颜料的偶合组分是由双乙烯酮与 5-氨基苯并咪唑酮缩合而成的 5-乙酰基乙酰氨基苯并咪唑酮（AABI），重氮组分是芳香胺及其衍生物，产品具有较好的性价比[132]。目前能用于替代中铬黄的苯并咪唑酮类黄色颜料主要有：① C.I.颜料黄 151，表现为清晰的绿光黄，颜料粒子粗大，耐热性高达 300℃，且具有较高的遮盖力和较好的流变性，在涂料中可替代中铬黄颜料，用于配制无铅“校车黄”涂料[109]。② C.I.颜料黄 180，属绿光黄有机颜料，着色力高且耐热性优异，在高密度聚乙烯中耐热稳定性可达 290℃；耐光性和耐迁移性也都比较优异；③ C.I.颜料黄 181，属红光黄有机颜料，其耐光牢度高达 7～8 级，耐热性可达 300℃，可应用于需在高温下加工的树脂的着色。

偶氮类颜料：色谱大多处在红色、橙色及黄色区间，制备工艺简单，且价格相对适中，是较为理想的中铬黄替代颜料。C.I.颜料黄 74 是重要的单偶氮颜料品种，着色力较高，为一般单偶氮颜料的两倍左右，其与耐晒牢度和着色力相近的双偶氮颜料相比，要高出 2～3 级，可应用于耐晒牢度要求较高的场合。C.I.颜料黄 74 有不同粒径大小的剂型，其中大粒径剂型（10～20 m^2/g）表现出高遮盖力，且呈现红光，适用于空气自干漆中。在应用过程中，可在不改变流变性的前提下，通过增加颜料浓度进一步提高遮盖力。从应用性能上看，C.I.颜料黄 74 可作为中铬黄替代产品中的重要品种[129, 133]。

C.I.颜料黄 83，又称永固黄 HR，是耐热性较好的双偶氮颜料品种，耐热温度可达 200℃。它表现出与 C.I.颜料黄 10 相似的红光黄色，同时具有优异的耐光和耐迁移性，在软质聚氯乙烯（PVC）产品中应用时，低浓度下也不会发生迁移与渗色，耐光牢度可达到 7～8 级。有研究发现，C.I.颜料黄 83 所制备的涂层对 520～700 nm 的可见光则表现出高反射（＞90%）特性，使得其在涂料应用中难以通过添加 TiO_2 来提高遮盖力，只能通过 C.I.颜料黄 83 的颜料粒子粒径分布优化来增加颜料对光的散射率，进而提高涂层遮盖力，从而满足其替代中铬黄制备“无铅涂料”的要求[125]。

缩合偶氮颜料：偶氮颜料分子量一般都比较小，导致其耐溶剂性和耐迁移性并不理想，难以与中铬黄相当。缩合偶氮颜料是分子结构中含多个酰胺基的双偶氮颜料，分子量得到提高，且能利用酰胺基易形成分子间、分子内氢键的特点，改善偶氮颜料耐溶剂性和耐迁移性[134]，缩合偶氮颜料与普通单、双偶氮颜料性能对比如表 4-22 所示。

表 4-22　黄色偶氮类有机颜料的性能对比

颜料	偶氮基团数	分子量	耐热性	分解温度	耐溶剂性	耐晒性
单偶氮颜料	1	≤400	100～180℃	150～250℃	2～4 级	5～7 级
双偶氮颜料	2	400～800	200～300℃	250～340℃	4～5 级	4～6 级
缩合偶氮颜料	2	800～1200	260～300℃	350～400℃	4～5 级	6～8 级

目前，能够用于替代中铬黄的缩合偶氮颜料主要有：红光黄色 C.I.颜料黄 95，其色光介于 C.I.颜料黄 13 和 C.I.颜料黄 83 之间，着色力高，耐热性可达到 290℃；绿光黄色 C.I.颜料黄 128，它在瑞士汽巴精细化工有限公司的商品名为 GROMOPHTAL YELLOW 8GN，其着色力稍低于 C.I.颜料黄 95，但耐晒性更为优异，耐热性也可达 250℃。

异吲哚系列高档有机颜料：主要是指以异吲哚啉或异吲哚啉酮为基体的高性能有机颜料，它是继喹吖啶酮和二噁嗪颜料之后逐步发展起来的一类有机颜料，除具有高着色力、鲜艳的色泽外，还具有优异的耐热性和耐候性[135]。然而，异吲哚系列高档有机颜料替代中铬黄的最大阻碍是成本价格问题。因此，有研究者对制备过程路线进行了改性，以期通过制备工艺路径的优化降低其生产成本[136]。

能替代中铬黄的异吲哚类高档有机颜料品种主要有[137]：C.I.颜料黄 109，其呈现为绿光黄，具有优异的耐晒牢度，涂料全色制品耐晒牢度为 6～7 级，冲淡色（颜料：TiO_2=1：4～1：25）耐晒牢度可达到 7～8 级；用于聚烯烃塑料制品着色时，1/3 标准色深度的样品的耐热性可达 300℃。C.I.颜料黄 110，呈现为强烈的红光黄，被认为是有机颜料中呈现红光黄色最好的颜料品种，其各项应用牢度均比较优异[138]，1/3 标准色深度至全色的软质聚氯乙烯塑料在 200℃下可耐温 20 min，在高密度聚乙烯制品中耐渗色性能优异，1/3 标准色深度制品的耐温性高达 290℃。C.I.颜料黄 139，属半透明型红光黄颜料，具有良好的耐温性和耐晒性，常用于高分子材料的着色剂；1/3 标准色深度的醇酸树脂涂料制品中，高遮盖性制品的耐晒牢度可达 7～8 级；它可与无机颜料进行拼混，用于替代中铬黄颜料。

（3）无机-有机复合颜料替代中铬黄的研究进展。

有研究表明[139]，从生理生态毒理学角度来看，有机颜料的使用较无机颜料而言更为安全，它们具有更好的耐迁移性，具备成为中铬黄替代产品的可能。然而，它们普遍存在耐热性不足且价格昂贵等问题，使得有机颜料难以对中铬黄实现规模化替代。为提高有机颜料性能并降低其生产成本，将有机颜料与无机颜（填）料进行复合制备得到无机-有机复合颜料是一种较为有效的手段[33]。

据报道在日本有一家公司开发了一种以偶联剂处理的高折射率无机颜料（TiO_2）和无机颜（填）料（$CaCO_3$ 和 $BaSO_4$ 等）为无机组分，以 C.I.颜料黄 110 和 C.I.颜料橙 61 为有机颜料，在高速混合作用下制备得到了一种黄色复合颜料，其性能优于改性的铬黄颜料。在国内，据报道湖南巨发科技有限公司以表面呈现正电荷的混相无机钛黄颜料为无机载体，在混合过程中通过静电引力作用吸附于表面呈现负电荷的黄色有机颜料（C.I.颜料黄 83 和 C.I.颜料黄 180），实现二者的复合。制备所得复合颜料在耐热性、耐光性和耐侯性、耐酸碱性方面都优于铬酸铅颜料，可完全进行替代[109]。

此外，有专利技术在水性介质中，在偶联剂、助剂和高剪切均质乳化剂的分散协同作用下，将 TiO_2 包覆在黄色有机颜料表面得到了仿中铬黄颜料产品，其耐热性、耐候性优于铅铬颜料，且遮盖力好，可作为铅铬系颜料的环保型替代产品[140]。著者所在课题组在偶氮有机颜料的偶合组分中添加无机颜（填）料制得复合颜料主体，以实现有机颜料制备过程中无机颜（填）料与有机颜料的复合，将有机颜料生产和无机复合改性“同步化”[68, 74, 96, 97]。制备得到的复合颜料以无机颜（填）料为主体，耐热性得到明显提高，生产成本明显降低，且复合颜料不含重金属，属于环保型产品。测试结果表明，复合颜料在水墨制品中表现出比中铬黄颜料相近的耐热性和更好的耐光牢度，可替代中铬黄。

综上，以无机颜（填）料为主体，以有机颜料为显色物质的无机-有机复合颜料的制备工艺简单、可在现有有机颜料生产工艺和设备上实现规模化生产，且生产成本较低。该技术对于其他含重金属无机颜料（钼铬红、铅铬绿、红丹等）的环保型替代产品的开发具有一定的参考价值。

7. 核/壳结构无机-有机复合颜料替代中铬黄颜料的制备及表征

著者所在课题组团队在无机-有机复合颜料的设计制备方面有着多年的研究经验，在前期工作的基础上，开发了一种无机-有机复合黄色颜料制备方法，用于替代中铬黄颜料[97]。该制备方法以白炭黑、钛白粉、海泡石和沉淀硫酸钡等所构成的无机物混合物为主体部分，以典型的偶氮颜料 C.I.颜料黄 13 和 C.I.颜料 83 复合物为有机颜料部分。复合颜料中，偶氮颜料与多元无机物的复合，使得其耐热性和光稳定性得到明显的改善；同时，复合颜料以价格低廉的多元无机混合物作为主体部分，大大降低了生产成本，使其能与市售的中铬黄颜料的生产成本相当，甚至更低。研究中从颜料颜色性能、耐热性和光稳定性等方面，将所制备的无机-有机复合颜料与市售中铬黄颜料进行了性能对比，考察了制备所得复合颜料对中铬黄颜料进行替代的可能性。

1）中铬黄与复合颜料的颜色性能比较

（1）不同无机/有机质量比复合颜料与中铬黄颜色性能的比较。

以中铬黄为标准物，不同无机/有机质量比复合颜料的颜色性能参数测试结果如表 4-23 所示。可以明显看出，由于有机颜料本身具有比无机颜料更高的着色力，所制备的无机-有机复合颜料表现出比中铬黄颜料更高的着色力。而随着无机/有机质量比的增加，复合颜料中白色无机物含量增加，特别是钛白粉含量的增加，使得复合颜料着色力逐渐降低。此外，还可以发现，复合颜料 Hybrid-1/1 和 Hybrid-2/1 的 ΔL 值为−2.11 和−1.12，说明低无机/有机质量比复合颜料的色彩亮度要低于中铬黄颜料。然而，与中铬黄颜料相比，所制备的复合颜料表现出比中铬黄颜料更纯净的黄色和更高的颜色饱和度，直观表现为较大的 Δb 和 Δc 值。

表 4-23　不同无机/有机质量比复合颜料的颜色性能参数（以中铬黄为标准物）

样品	颜色参数					着色力/%
	ΔL	Δa	Δb	Δc	ΔH	
Hybrid-1/1	−2.11	2.76	18.60	18.79	0.49	280.23
Hybrid-2/1	−1.12	0.83	19.81	19.69	2.73	261.13
Hybrid-3/1	0.25	−3.27	18.19	17.56	5.77	225.66
Hybrid-4/1	0.62	−5.53	14.10	13.27	7.30	187.54

（2）不同 SiO_2/TiO_2 质量比复合颜料与中铬黄的颜色性能的比较。

以中铬黄为标准物，不同 SiO_2/TiO_2 质量比复合颜料的颜色性能参数测试结果如表 4-24 所示。随着 SiO_2/TiO_2 质量比的逐渐降低，复合颜料中 TiO_2 的质量分数逐渐增大，由于其作为白色颜料的“稀释冲淡”作用，所制备的复合颜料的着色力逐渐降低，黄色纯净度和颜色饱和度也逐渐降低，表现为 Δb 和 Δc 值逐渐减小。但是，复合颜料色彩亮度逐渐增加，且色相逐渐向绿相转变，表现为 ΔL 值逐渐增大和负值 Δa 逐渐减小。

表 4-24　不同 SiO_2/TiO_2 质量比复合颜料的颜色性能参数（以中铬黄为标准物）

样品	颜色参数					着色力/%
	ΔL	Δa	Δb	Δc	ΔH	
Hybrid-Si_3/Ti_1	0.62	−5.53	14.10	13.27	7.30	187.54
Hybrid-Si_1/Ti_1	0.66	−5.76	12.25	11.41	7.29	167.25
Hybrid-Si_1/Ti_3	0.84	−5.90	6.59	5.76	6.71	118.75

（3）不同 AAMX/IRG 质量比复合颜料与中铬黄颜色性能的比较。

以中铬黄为标准物，不同 AAMX/IRG 质量比复合颜料的颜色性能参数如表 4-25 所示。随着 AAMX/IRG 质量比的逐渐增大，复合颜料中的有机颜料部分中本身具有较高着色力的 C.I.颜料黄 83 的质量分数逐渐增大，使得复合颜料的着色力逐渐增大。同时，复合颜料的色相也逐渐向红相转变，表现为 Δa 逐渐增大，且逐渐由负值转化为正值。此外，与中铬黄颜料相比，复合颜料具有较高的黄色纯净度和颜色饱和度，表现为 Δb 和 Δc 值仍分别在 14.10～17.29 和 13.27～17.20 的范围内波动。

表 4-25　不同 AAMX/IRG 质量比复合颜料的颜色性能参数（以中铬黄为标准物）

颜料样品 [a]	颜色参数					着色力/%
	ΔL	Δa	Δb	Δc	ΔH	
P.Y.13(80)/P.Y.83(20)	0.62	−5.53	14.10	13.27	7.30	187.54
P.Y.13(70)/P.Y.83(30)	0.83	−2.58	17.47	16.79	5.46	194.41
P.Y.13(60)/P.Y.83(40)	−0.24	−0.06	17.87	15.58	2.98	202.72
P.Y.13(50)/P.Y.83(50)	−0.80	1.16	17.29	17.20	2.13	217.58

a. 无机/有机质量比为 4∶1，SiO_2/TiO_2 质量比为 3∶1。

从表中还可以看出，具有较大负值 Δa（−0.06）、较高的 Δb 正值（17.87）和 Δc 正值（15.58）使得复合颜料 P.Y.13(60)/P.Y.83(40)在色相上与中铬黄颜料相近，且颜色鲜艳度和颜色纯净度比中铬黄颜料更高。此外，文献报道，中铬黄颜料的色彩角（hue angle）为 87.8[141]，依据表 4-23～表 4-25 中的 ΔH 值，可计算得到复合颜料的色彩角在 89.93～93.26 之间波动，比中铬黄颜料的色彩角更大，且落在圆柱形色空间的黄色区域内（H=75～105）[142]。

2）复合颜料在水墨制品中替代中铬黄颜料的可能性研究

为进一步研究复合颜料 P.Y.13(60)/P.Y.83(40)替代中铬黄颜料的可能性，将复合颜料和中铬黄颜料按 4.4.4 节中 2.小节中所述，制成水墨制品，而后对它们的耐热性和耐光牢度进行了评价和对比，实验结果如图 4-53 所示。如图 4-53（a）所示，在 250℃下烘烤 30 min 后，P.Y.13(60)/P.Y.83(40)的 ΔE 值为 2.39，比中铬黄颜料的 ΔE 值略高。在紫外加速老化试验中，在 250 W 紫外灯下老化处理 1 h 后，P.Y.13(60)/P.Y.83(40)的 ΔE 仅为 0.45，远远低于中铬黄的 ΔE 值。以上对比试验说明，所制备的复合颜料 P.Y.13(60)/P.Y.83(40)具有与中铬黄颜料相近的耐热性和更高的耐光牢度，说明所制备的复合颜料在水墨制品中，能够替代中铬黄这类含重金属的无机颜料。

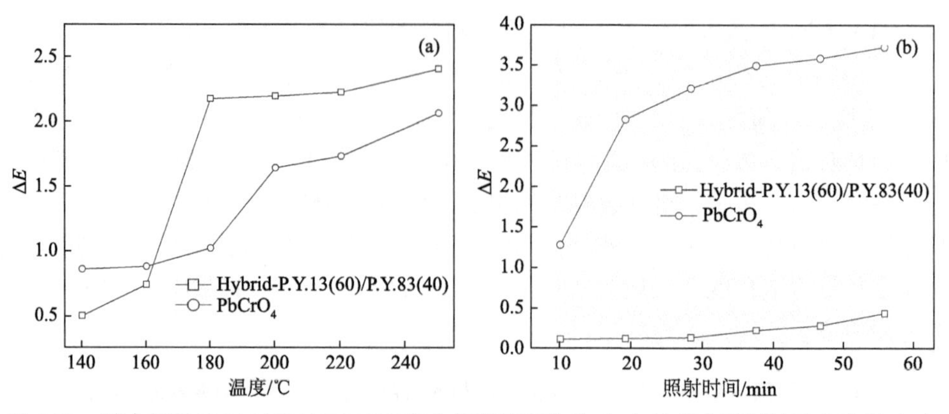

图 4-53　复合颜料 P.Y.13(60)/P.Y.83(40)和中铬黄的耐热性（a）及其水墨制品耐光牢度（b）测试结果图

3）复合颜料在塑料制品中替代中铬黄的可能性研究

中铬黄颜料具有耐热性好、遮盖力高等特性，被用于塑料制品的着色物质。但是，随着国家环保力度的加大，对含重金属颜料使用的限制也越来越严格[99]。因而，研究开发中铬黄等这类含重金属无机颜料在塑料制品中的替代品具有重要意义。基于此，本文考察了复合颜料 P.Y.13(60)/P.Y.83(40)在塑料中的应用性能，重点考察了其在聚乙烯塑料中的耐热性，包括 175℃全色（Full）样品和 200℃冲淡色（TWT）样品的颜色性能变化情况，结果如表 4-26 所示。可以看出，所制备的复合颜料 175℃全色样品的 ΔE 值为 1.40，而 200℃冲淡色样品的 ΔE 值达到 2.28，低于实际应用标准要求，说明复合颜料 P.Y.13(60)/P.Y.83(40)在塑料中的耐热性不足，需进一步提高以满足其应用性能要求。

表 4-26　复合颜料 P.Y.13(60)/P.Y.83(40)在塑料制品中的耐热性测试

温度/℃	ΔL	Δa	Δb	Δc	ΔH	ΔE
175 (Full)	0.14	−0.77	−1.16	−1.24	0.63	1.40
200 (TWT)	−1.34	−0.11	−1.84	−1.84	−0.10	2.28

4）复合颜料耐热性能的调节

如前所述，固体粉末的耐热性测试以及水墨样品的耐光牢度测试结果表明，所制备的复合颜料与中铬黄颜料性能相当，可作为其在水墨制品中的潜在替代物。但是，复合颜料聚乙烯塑料制品中的耐热性不足，要替代中铬黄颜料，需进一步提高复合颜料的耐热性能。

一般来说，为改善有机颜料的耐热性能，主要有以下策略：增大颜料粒子的粒径；对有机颜料粒子分子进行基团修饰；有机颜料无机包覆改性等。本书采用无机包核改性技术制备复合颜料，所制备的复合颜料的粒径大小可通过无机添加物的粒径大小进行调节。同时，海泡石和立德粉协同改性 C.I.颜料红 21 的研究中发现，海泡石可作为改性有机颜料的无机内核，且海泡石粒径明显要大于白炭黑和钛白粉。基于此，我们在复合颜料的制备过程尝试通过添加粒径较大的海泡石来增大复合颜料粒子的粒径大小，从而改善其耐热性能，并使复合颜料能满足在塑料中的应用要求。

（1）不同白炭黑/海泡石/钛白粉质量比复合颜料的 SEM 表征分析。

在复合颜料制备过程中，通过添加不同比例的白炭黑/海泡石/钛白粉这三种无机物所得复合颜料的 SEM 图如图 4-54 所示。

图 4-54　采用不同 SiO_2/海泡石质量比制备得到的复合颜料的 SEM 图

钛白粉/有机颜料=1∶1；（a）白炭黑；（b）钛白粉；（c）白炭黑/钛白粉=4∶1；（d）白炭黑/海泡石/钛白粉=4∶1∶1；（e）白炭黑/海泡石/钛白粉=2∶2.5∶1；（f）海泡石/钛白粉=3.2∶1

从图 4-54（a）和（b）以及图 4-34（b）中可以看出，海泡石和钛白粉的粒径明显大于白炭黑的粒径，复合颜料制备过程中，海泡石的添加以及钛白粉比例的增加可增大复合颜料的粒径。如图 4-54（d）～（f）所示，复合颜料制备过程中所添加的海泡石表面被小颗粒物质所覆盖。依据之前的表征结果可以发现，复合颜料制备过程中，有机颜料会包覆白炭黑形成复合物，而后再与钛白粉通过静电作用结合，因而判断，海泡石表面的小颗粒物质为有机颜料/白炭黑复合物。此外，还可以看出，随着制备过程中海泡石添加量的增加，改性颜料中棒状复合颜料的比例逐渐增加。同时，随钛白粉比例的增加，改性颜料中除棒状复合颜料外，其他大颜料粒子所占比例也逐渐增加。上述表征结果表明，通过海泡石的添加以及钛白粉的添加量的增大可增大复合颜料的粒径。

（2）不同白炭黑/海泡石/钛白粉质量比复合颜料在塑料中的耐热性研究。

在复合颜料制备过程中，添加不同质量的海泡石，制备得到不同白炭黑/海泡石/钛白粉质量比的复合颜料，并考察它们在聚乙烯塑料制品中的耐热性，以考察通过增加复合颜料粒径来调节其在塑料中耐热性的效果，结果如表 4-27 所示。从表中可以看出，随着制备体系中海泡石添加比例的增加，复合颜料的色相由绿相逐渐向红相转变，表现为 Δa 逐渐由负值转变为正值。同时，海泡石的添加，使得复合颜料在塑料制品中的耐热性有所提高，表现为复合颜料的 175℃全色样品的 ΔE 值由 1.40 减小至 1.07，200℃冲淡色样品 ΔE 值由 2.28 减小至 1.67。但是从颜料在塑料制品中的应用要求[175℃全色样品的 ΔE 值和 200℃冲淡色（TWT）样品 ΔE 值都要小于 1.00]来看，复合颜料在塑料制品中的耐热性仍需进一步提高，如可通过对有机颜料部分（C.I.颜料黄 13 和颜料黄 83）进行分子结构修饰来实现，从而使得复合颜料的耐热性进一步提高，进而能实现其在塑料制品中对中铬黄颜料的替代。

表 4-27　不同白炭黑/海泡石/钛白粉比例所制备的复合颜料在塑料制品中的耐热性测试

SiO_2/海泡石/TiO_2 质量比	温度/℃	ΔL	Δa	Δb	Δc	ΔH	ΔE
SiO_2/TiO_2=4：1	175（全色）	0.14	−0.77	−1.16	−1.24	0.63	1.40
	200（冲淡色）	−1.34	−0.11	−1.84	−1.84	−0.10	2.28
4：1：1	175（全色）	0.06	−0.67	−0.96	−1.13	0.54	1.17
	200（冲淡色）	−1.15	0.14	−1.47	−1.36	−0.05	1.87
2：2.5：1	175（全色）	0.10	−0.58	−0.90	−0.84	0.50	1.07
	200（冲淡色）	−1.07	0.23	−1.26	−1.24	0.25	1.67
海泡石/TiO_2=3.2：1	175（全色）	−0.15	0.32	−1.05	−0.74	0.47	1.11
	200（冲淡色）	−1.21	0.05	−1.03	−1.05	0.15	1.59

5）复合颜料制备工艺和中铬黄制备工艺对比

从生产成本、生产废水特性以及颜料中重金属含量等方面，将本项目中所制备的复合颜料与中铬黄颜料进行了对比，结果如表 4-28 所示。经成本核算发现，本文所制备的无机-有机复合颜料的成本明显低于中铬黄颜料，生产成本可降低 1/3。中铬黄颜料生产中排放大量浓盐废水，难以处理。而本文中复合颜料制备工艺所排放废水 COD_{Cr} 值较低，可生化性强，处理较为容易。特别地，所制备的复合颜料中完全不含重金属，完全避免了它在应用过程中因重金属迁移所带来的环境污染问题。

表 4-28　无机-有机复合颜料与中铬黄颜料的对比

颜料	废水	重金属含量
$PbCrO_4$	排放大量含盐废水、难处理	铅、铬含量＞80%
复合颜料	废水中 COD_{Cr} 含量低，可生化处理	无

8. 小结

以沉淀白炭黑（SiO_2）和无机颜料钛白粉（TiO_2）混合物为无机添加物，以 C.I.颜料黄 13 和 C.I.颜料 83 复合物为有机颜料部分，采用混偶合工艺制备了一系列黄色无机-有机复合颜料，TEM 表征结果表明，在复合颜料中，白炭黑与有机颜料二者之间形成明显的核/壳结构，而白炭黑/有机颜料复合物与钛白粉通过静电吸附作用结合；复合颜料的颜色性能（如色相、着色力、色彩亮度以及颜色饱和度等）可通过无机/有机质量比、SiO_2/TiO_2 质量比和 AAMX/IRG 质量比进行调节。耐热性测试和紫外抗老化实验结果表明，与 C.I.颜料黄 13 相比，复合颜料具有良好的耐热性和耐光牢度。在 250℃下烘烤 30 min 后，复合颜料 P.Y.13(60)/P.Y.83(40)的 ΔE 值为 2.39，而 C.I.颜料黄 13 的 ΔE 值为 3.82。在 250 W 紫外灯下老化处理 1 h 后，P.Y.13(60)/P.Y.83(40)的 ΔE 仅为 0.45，而 C.I.颜料黄 13 的 ΔE 值则高达 3.90。

此外，将不同制备条件下制得的复合颜料与中铬黄颜料进行颜色性能对比发现，以中铬黄颜料为标准物，复合颜料 P.Y.13(60)/P.Y.83(40)具有较大 Δa 负值（−0.06）、较高的 Δb 值（17.87）和 Δc 值（15.58），其在色相上与中铬黄颜料最为相近，且颜色纯净度和颜色饱和度比中铬黄颜料更高。同时，将复合颜料和中铬黄颜料分别制成水墨制品和塑料制品，性能测试结果发现，复合颜料 P.Y.13(60)/P.Y.83(40)在水墨制品中表现出比中铬黄颜料相近的耐热性和更好的耐光牢度，其在水墨制品中可替代中铬黄颜料。但在塑料制品中，复合颜料的耐热性仍要稍劣于中铬黄颜料。通过海泡石的添加对复合颜料的粒径和耐热性进行了调节，结果发现，海泡石的添加在一定程度上可以改善复合颜料在塑料制品中的耐热性，但这种改善效果有限，需通过其他手段，如通过对有机颜料部分（C.I.颜料黄 13 和 C.I.颜料黄 83）进行分子结构修饰来进一步提高复合颜料耐热性，实现复合颜料在塑料制品中对中铬黄颜料的替代。

4.4.5　有机颜料固溶体-无机纳米材料核/壳双修饰改性制备有机颜料技术

C.I.颜料红 57:1 是一种大宗的有机颜料品种，用途广泛，销量大。著者所在课题组采用有机颜料固溶体-无机核核/壳双修饰改性技术对 C.I.颜料红 57:1 进行了改性制备，以提高其亲水性，改善其在水性涂料中的应用性能[143]。选用的无机核主要包括海泡石、层析硅胶、硅微粉（800 目和 1250 目）和高岭土等；有机颜料固溶体制备中所选取的第二组分主要包括：席夫碱钠盐[c1]、吐氏酸[d1]和磺化吐氏酸[d2]等，它们和 C.I.颜料红 57:1 的分子结构式如图 4-55 所示。在 C.I.颜料红 57:1 制备过程中，通过无机核表面的—OH 等基团以及其吸附性能对偶合组分 2,4-酸和第二组分进行预吸附，而后与 4B 酸重氮盐在无机核表面进行了偶合反应，生成有机颜料固溶体，实现对 C.I.颜料红 57:1 的核/壳双修饰改性。结合性能测试和结构表征结果，研究了核/壳双修饰改性对制备所得颜料的晶型、粒径大小与分布、形貌、亲水性、分散稳定性和颜色性能的影响。

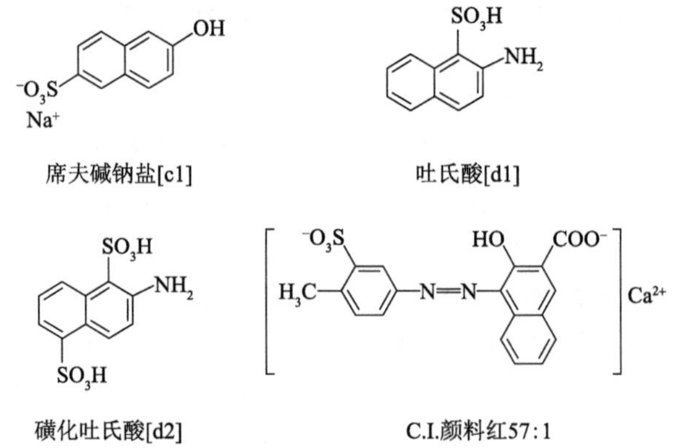

席夫碱钠盐[c1]　　吐氏酸[d1]

磺化吐氏酸[d2]　　C.I.颜料红57:1

图 4-55　三种第二组分及 C.I.颜料红 57:1 的分子结构式

1. 双修饰改性 C.I.颜料红 57:1 的制备

1）第二偶合组分固溶体颜料的制备

重氮盐的制备：4B 酸（6.50 g，0.035 mol）溶于 100 mL 浓度为 2%的 NaOH 水溶液中，搅拌 15 min 后，加入 10 mL 浓度为 36%～38%的盐酸进行酸析，而后将反应液冷却至 0～5℃。在 2～3 min 内加入 10 mL 浓度为 24%的 $NaNO_2$ 水溶液进行重氮化反应，反应 30 min，得到淡黄色溶液，而后向溶液中添加 $CaCl_2$ 溶液作为色淀化剂进行后续反应。

偶合组分的制备：在四口瓶内加入 NaOH 溶液（2.7%，100 mL），在搅拌条件和 30℃下，加入 2,3-酸与 2,4-酸和不同用量的[c1]（[c1]用量占 2,4-酸用量的质量百分比为 3%、7%和 10%，且 2,4-酸+[c1]的用量总和为 0.037 mol）作为偶合组分，放入偶合罐内在机械搅拌条件下继续搅拌反应 30 min 后待用。

偶合反应和颜料化：将制备得到的重氮盐溶液于 15 min 左右滴加至偶合组分中，而后采用浓度为 30%的 NaOH 溶液调节反应液的 pH=10～11，反应 30 min，加入 $CaCl_2$ 溶液，继续反应 30 min 后，将反应液加热升温至 90℃，保温 30 min 后，反应液抽滤，滤饼洗涤、干燥、研磨后得改性颜料。

2）第二重氮组分固溶体颜料的制备

重氮盐的制备：4B 酸与以 4B 酸和不同用量的[d1]或[d2]（[d1]或[d2]的用量占 4B 酸用量的质量百分比为 3%、7%、10%，且 4B 酸+[d1]/[d2]=0.035 mol）作为重氮组分，溶于 100 mL 浓度为 2%的 NaOH 水溶液中，如上述采用浓盐酸进行酸析后冷却至 0～5℃，而后加入 $NaNO_2$ 溶液进行重氮化反应，得到淡黄色溶液，并向溶液中添加 $CaCl_2$ 溶液作为色淀化剂，待反应。

偶合组分的制备：以 2,4-酸作为偶合组分，用量为 0.037 mol，其他反应条件同上。

偶合反应过程和颜料化过程同上。

3）双修饰改性 C.I.颜料红 57:1 的制备

以表面含—OH 的无机纳米材料为核，通过氢键预吸附偶合组分和第二偶合组分，而后与重氮组分和第二重氮组分在无机纳米材料进行偶合反应生成有机颜料固溶体，从而制备得到双修饰改性 C.I.颜料红 57:1，合成路线示意图如图 4-56 所示。

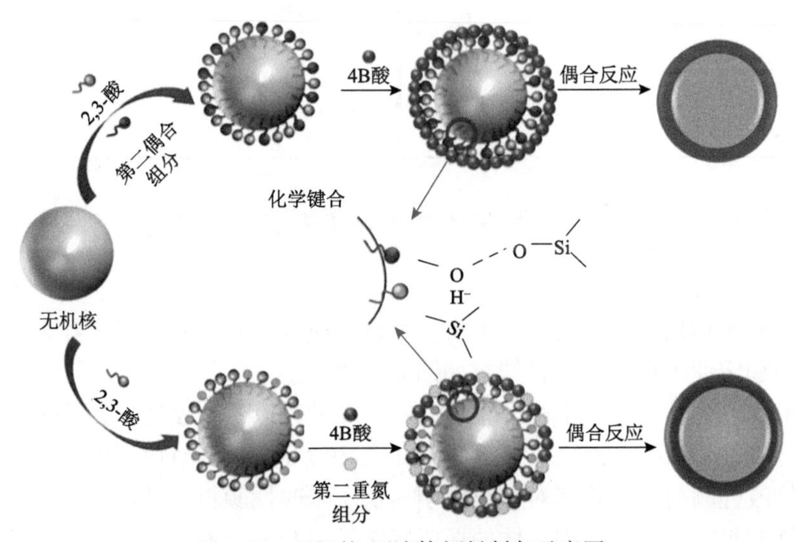

图 4-56　无机核-固溶体颜料制备示意图

不同无机核的双修饰改性颜料的制备：以硅胶（300 目）、高岭土（300 目）、硅微粉（850 目、1250 目）、海泡石（300 目）为无机核，加入偶合组分中。在保持其他条件不变的情况下，以 4B 酸和 7% [d2]作为复合重氮盐，制备得到双修饰改性颜料，颜料样品编号如表 4-29 所示。

表 4-29　不同无机核双修饰改性颜料样品编号

改性颜料样品编号	无机核	改性颜料样品编号	无机核
1-1	硅胶	1-4	微硅粉（1250 目）
1-2	高岭土	1-5	海泡石
1-3	微硅粉（850 目）		

不同用量第二偶合组分双修饰改性颜料的制备：以质量分数为 10%的硅胶（300 目）为无机核，在其他条件不变的情况下，以用量为 2,4-酸质量的 3%～10%的第二组分[c1]作为第二偶合组分，制备得到双修饰改性颜料。

不同用量的第二重氮组分双修饰改性颜料的制备：同上，以质量分数为 10%的硅胶（300 目）为无机核，在其他条件不变的情况下，以用量为 4B-酸质量的 3%～10%的第二组分[d1]和[d2]为第二重氮组分，制备得到双修饰改性颜料。

不同第二组分制备得到的双修饰改性颜料样品编号如表 4-30 所示。

表 4-30　不同第二组分制备得到的双修饰改性颜料的样品编号

改性颜料样品编号	第二组分	添加量/%	改性颜料样品编号	第二组分	添加量/%
2-1	[c1]	3	2-6	[d1]	10
2-2	[c1]	7	2-7	[d2]	3
2-3	[c1]	10	2-8	[d2]	7
2-4	[d1]	3	2-9	[d2]	10
2-5	[d1]	7			

2. 不同无机核制备所得双修饰改性颜料的表征分析

1）热稳定性分析

采用差示扫描量热仪对不同无机核双修饰改性 C.I.颜料红 57:1 和未改性颜料样品的热稳定性进行了分析，结果如图 4-57 所示。

海泡石、硅胶、850 目微硅粉、1250 目微硅粉以及未改性 C.I.颜料红 57:1 的吸热峰分别在 205℃、207℃、215℃、227℃和 238℃处。对比可以发现，制备所得双修饰改性颜料的吸热峰对应温度明显低于未改性颜料，其可能原因在于，双修饰改性颜料表面的颜料固溶体的形成影响了 C.I.颜料红 57:1 的晶态形状，使得

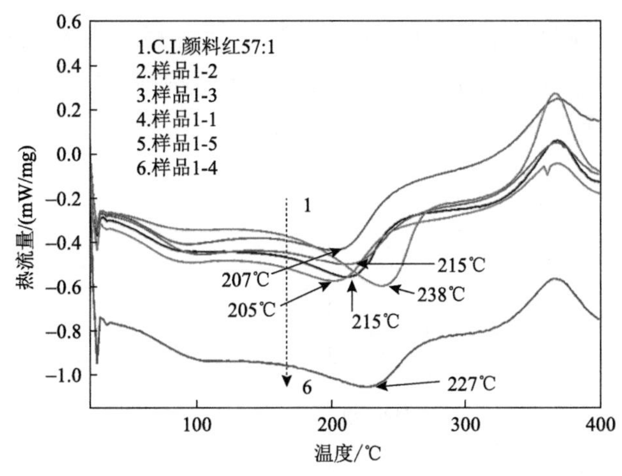

图 4-57　不同无机核双修饰改性颜料样品与未改性 C.I.颜料红 57:1 的 DSC 曲线

改性颜料晶体中存在一些晶格缺陷，进而影响了 C.I.颜料红 57:1 的耐热性，使得改性颜料的吸热峰对应温度降低。在双修饰改性颜料中，1250 目微硅粉改性颜料的吸收峰对应温度最高，接近于未改性 C.I.颜料红 57:1。从选择的几种无机纳米材料的比表面积和孔容测试分析结果（表 4-31）中可以看出，1250 目微硅粉的比表面积和孔容最小，说明其对偶合组分的吸附主要是在其表面进行，使得因无机纳米材料孔道限制而导致颜料晶体生长不完全的影响降到最低。1250 目微硅粉表面生成的颜料固溶体晶体结构与未改性 C.I.颜料红 57:1 相近，二者热稳定性也相近。

表 4-31　不同无机核的比表面积、孔容和孔径分析结果数据表

无机核	比表面积/（m^2/g）	孔容/（cc/g）	孔径/nm
硅胶	617.598	0.999	5.700
高岭土	110.737	0.106	2.178
850 目微硅粉	31.378	0.032	2.462
1250 目微硅粉	0.397	0.002	1.430
海泡石	13.849	0.015	1.410

2）X 射线衍射分析

不同无机核改性制备所得双修饰改性颜料及未改性 C.I.颜料红 57:1 的 XRD 分析结果如图 4-58 所示。可以明显看出，归属于硅胶、高岭土、850 目和 1250 目微硅粉的特征衍射峰，在以其为无机核制备的改性颜料样品中都未被检测到，说明这四种无机核在双修饰改性颜料中被有机颜料固溶体完全包覆。然而，在以海泡石为无机核制备所得改性颜料可以明显观察到海泡石的特征衍射峰（2θ=28.7°和 29.6°），其原因在于，海泡石为棒状结构，且其表面较为光滑，使得有机颜料固溶体难以在其表面形成完全包覆。

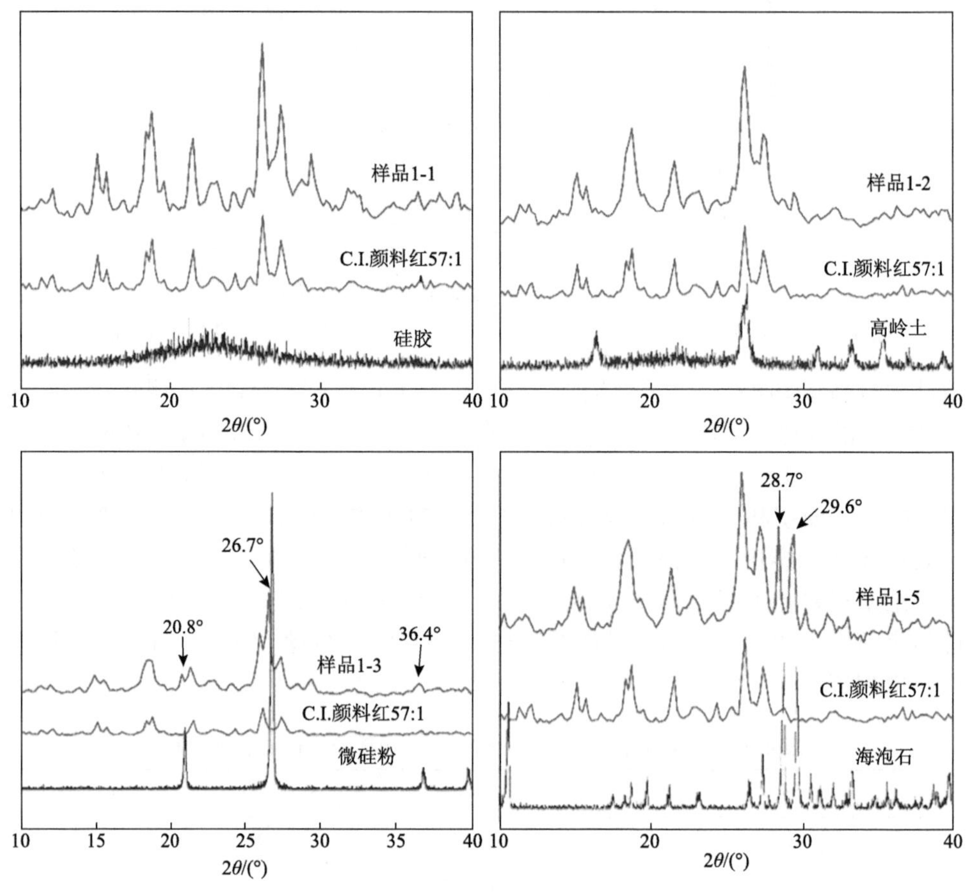

图 4-58　不同无机核制备所得双修饰改性颜料的 XRD 图

3）粒径大小及分布分析

不同无机核双修饰改性和未改性 C.I.颜料红 57:1 的粒径大小与分布分析结果如图 4-59 和表 4-32 所示。可以看出样品 1-1、1-2 和 1-5 的粒径大小在 220～800 nm 间波动，且以海泡石为无机核的改性颜料样品 1-5 的粒径分布范围最宽，其原因在于海泡石为棒状结构。通过对比可以看出，四种无机核双修饰改性颜料都比未改性颜料具有更小的粒径和更窄的粒径分布范围。如表 4-31 中所示的大比表面积有利于无机核对偶合组分的有效吸附，并在无机核表面生成有机颜料固溶体，而无机核与有机颜料固溶体间的相互作用，可有效降低有机颜料的表面张力和表面能，进而抑制颗粒间的聚集作用，使得改性颜料具有更小的粒径和更窄的粒径分布范围。此外，可发现以1250目微硅粉为无机核的双修饰改性颜料样品1-4具有较大的粒径和较宽的分布范围（粒径分布在530～1650 nm之间），分析原因在于1250目微硅粉的比表面积较小（表4-31），对偶合组分的吸附作用有限，导致其对颜料粒子间的聚集抑制作用有限。从表4-32中的粒径大小分布数据可以看出，改性颜料的大（D_{90}）、中（D_{50}）、小（D_{10}）粒径数值都小于未改性颜料，且改性颜料样品1-1、1-2和1-3的多分散系数值（PDI）分别为0.040、0.143和0.162，说明其粒径分布较窄，且硅胶对改性颜料（样品1-1）的粒径控制效应最为明显。

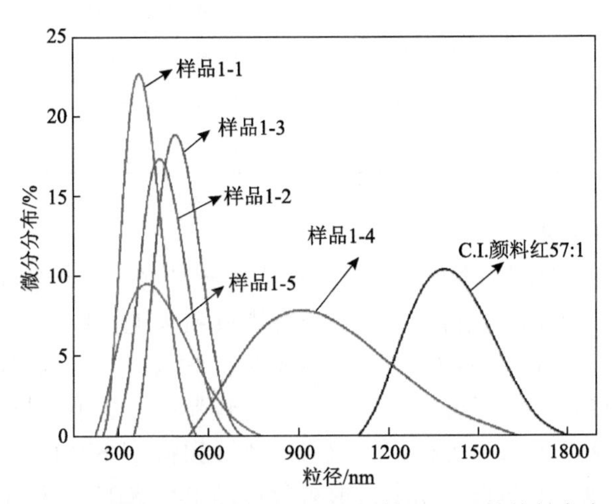

图4-59　不同无机核双修饰改性和未改性C.I.颜料红57:1的粒径大小及分布数据图

表4-32　不同无机核双修饰改性和未改性C.I.颜料红57:1的粒径大小及分布数据表

样品编号	D_{10}/nm	D_{50}/nm	D_{90}/nm	平均粒径/nm	多分散系数
C.I.颜料红57:1	1523.1	1742.5	2000.4	1977.6	0.302
1-1	295.5	354.8	429.4	440.2	0.040
1-2	352.8	426.7	519.2	534.1	0.143
1-3	403.6	476.8	565.5	518.4	0.162
1-4	663.3	892.2	1212.0	898.7	0.297
1-5	283.1	387.9	541.0	420.7	0.293

4）颜色性能分析

以未改性C.I.颜料红57:1为标准，采用便携式测色仪对不同无机核双修饰改性颜料样品的颜色性能进行了测试，结果如表4-33所示。可以看出，与未改性颜料相比，双修饰改性颜料更偏蓝相，且其颜色亮度值也较低，表现为改性颜料的颜色参数值Δb和ΔL都为负值（Δb= −30.06～−35.98，ΔL= −2.06～−4.67）。对于颜色饱和度而言，以硅胶为无机核制备的双修饰改性颜料样品 1-1 具有更好的颜色饱和度，表现为颜色参数值 Δ*a* 为正值（Δ*a*=0.49）。因此，在研究第二组分对双修饰改性颜料性能的影响中，所选用的无机核都为硅胶。

表 4-33　不同无机核双修饰改性颜料的颜色性能参数值（以未改性 C.I.颜料红 57:1 为标准）

颜料样品	无机核种类	Δ*E*	Δ*a*	Δ*b*	Δ*L*
C.I.颜料红 57:1	—	—	—	—	—
1-1	硅胶	30.13	0.49	−30.06	−2.06
1-2	高岭土	32.10	−1.75	−31.99	−2.14
1-3	微硅粉（850 目）	31.89	−1.07	−31.64	−3.83
1-4	微硅粉（1250 目）	36.10	−0.37	−35.98	−2.97
1-5	海泡石	31.03	−1.25	−30.65	−4.67

5）SEM 表征分析

采用扫描电子显微镜对不同无机核双修饰改性颜料的形貌进行了表征，如图 4-60 所示。可以看出，以硅胶、高岭土和微硅粉为无机核的四种双修饰改性颜料[图 4-60（a）～（d）]颗粒，其形貌为典型的颗粒状，且与未改性 C.I.颜料红 57:1 相比，改性颜料的粒径分布更为均匀，且颗粒尺寸更小，与粒径大小分析结果一致。同时，从海泡石为无机核的双修饰改性颜料的 SEM 图中可以看出，有机颜料颗粒对海泡石的包覆不完全，形貌分析结果与 XRD 分析结果一致。

图 4-60　不同无机核（a～e）双修饰改性颜料和未改性 C.I.颜料红 57:1（f）的 SEM 图
（a）硅胶；（b）高岭土；（c）850 目微硅粉；（d）1250 目微硅粉；（e）海泡石；（f）C.I.颜料红 57:1

6）TEM 表征分析

以硅胶为无机核的双修饰改性颜料为例，采用透射电子显微镜对改性颜料的结构进行了表征分析，结果如图 4-61 所示。改性颜料明显为球形结构，且从颗粒局部放大图片[图 4-61（c）和（d）]中可以看出，改性颜料结构存在明显的边界。对比硅胶的 TEM 图[图 4-61（a）]，可得出改性颜料硅胶与其表面的颜料固溶体形成了明显的核/壳结构，颜料固溶体厚度为 12 nm 左右。

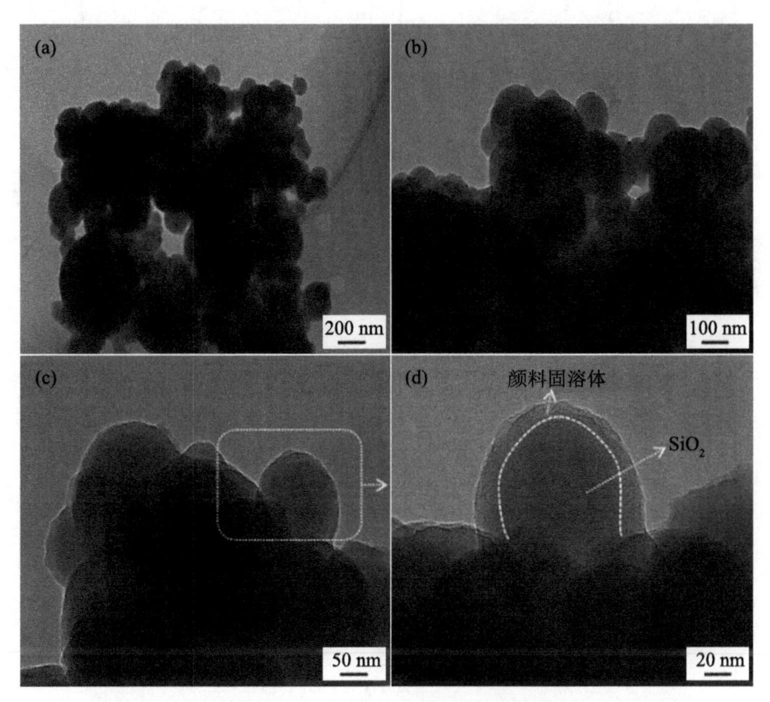

图 4-61　以硅胶为无机核的双修饰改性颜料的 TEM 图

3. 不同第二组分制备所得双修饰改性颜料的表征分析

1）XRD 表征分析

有机颜料粒子的结晶行为对其颜色性能具有重要影响。基于此，采用 X 射线衍射仪对第二组分改性制备所得双修饰改性颜料进行了分析，结果如图 4-62 所示。可以看出，未改性 C.I.颜料红 57:1 在 $2\theta = 15.1°$、18.5°、21.4°、26.0°和 27.4°处有明显的特征衍射峰，而双修饰改性颜料的特征衍射峰也与其相近，说明第二组分的添加未对 C.I.颜料红 57:1 的晶型产生明显的影响。然而，双修饰改性颜料的特征峰衍射强度明显要强于 C.I.颜料红 57:1，且对比还发现，随着第二组分用量的增加，2θ=15.1°和 21.4°处的特征衍射峰出现了明显的钝化现象，且在 2θ=29.4°

处观察到了新的特征颜色峰。这些变化说明在改性颜料中，第二组分的添加生成了客体颜料分子，在 C.I.颜料红 57:1 表面分散并进入其晶格中，造成了一定的晶格缺陷，从而影响了 C.I.颜料红 57:1 的结晶度。

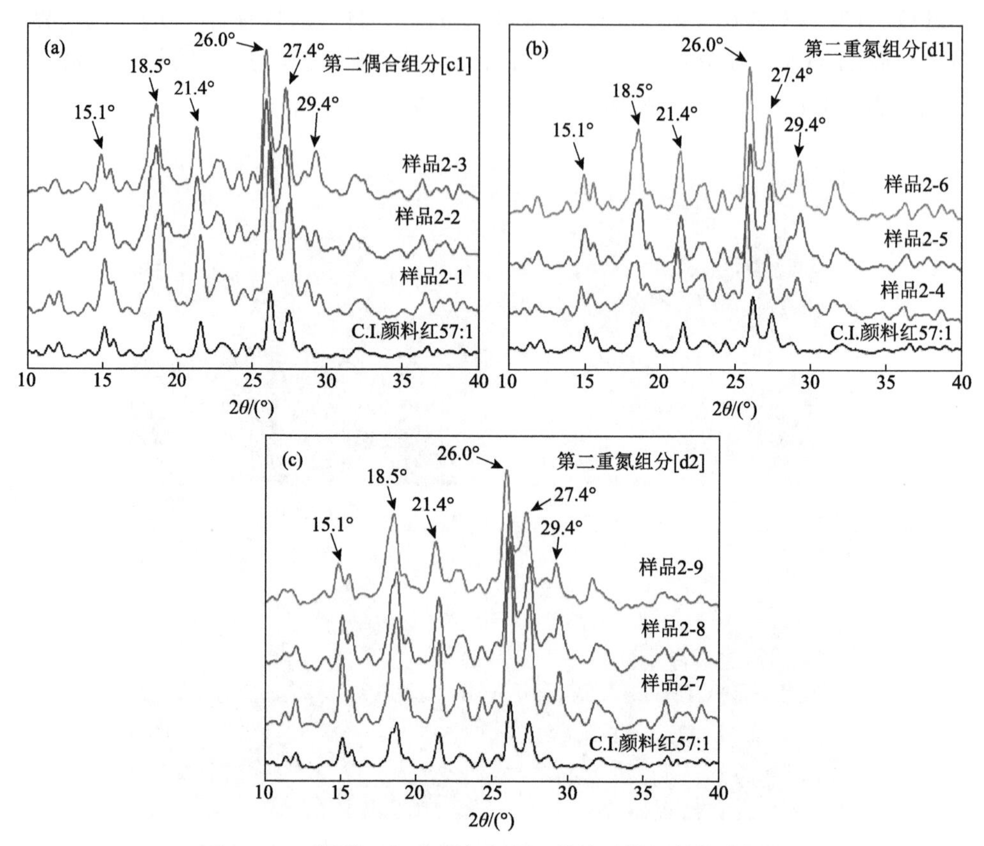

图 4-62　不同第二组分制备所得双修饰改性颜料的分析图

（a）第二偶合组分 c1；（b）第二重氮组分 d1；（c）第二重氮组分 d2

2）粒径大小及分布分析

图 4-63 和表 4-34 为不同第二组分改性制备所得双修饰改性颜料的粒径分布图和数据表。可以看出，大部分第二组分制备所得双修饰改性颜料的平均粒径都小于未改性 C.I.颜料红 57:1，且第二组分的用量对双修饰改性颜料的粒径大小与分布影响明显。对第二偶合组分[c1]制备所得改性颜料样品 2-1 和 2-2 而言，较低添加量（3%～7%）制备所得改性颜料具有更小的粒径和更窄的粒径分布；当其添加量增加至 10%时，制备所得颜料样品 2-3 的粒径出现了明显增大的现象。

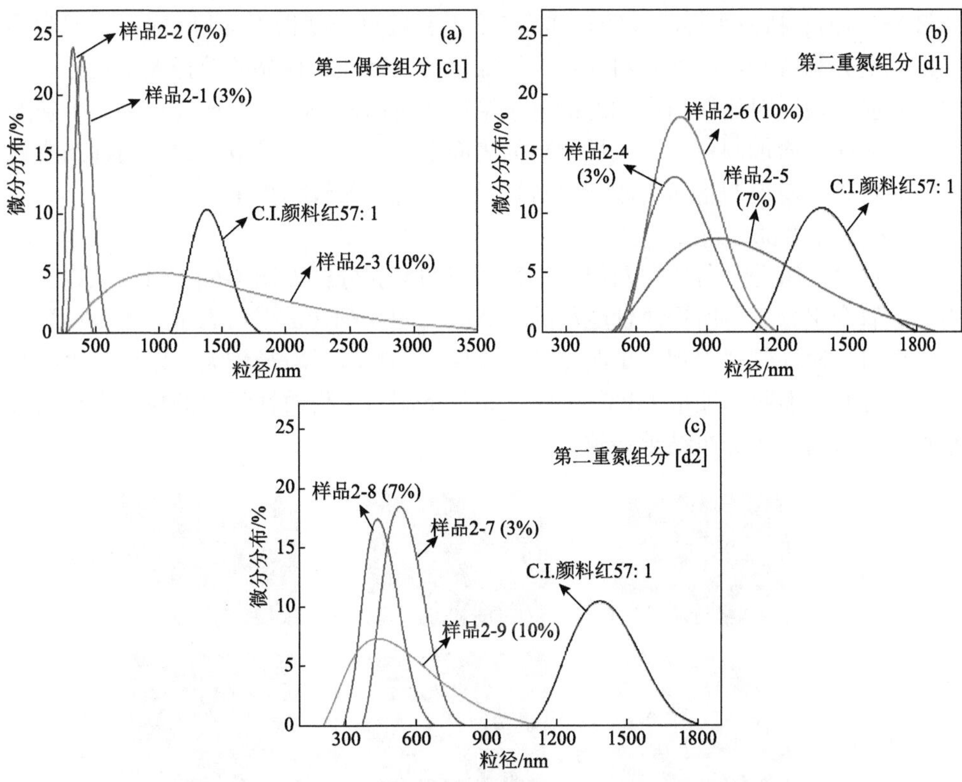

图 4-63　不同第二组分改性制备所得改性颜料的粒径分布图

（a）第二偶合组分[c1]；（b）第二重氮组分[d1]；（c）第二重氮组分[d2]

表 4-34　不同第二组分制备所得双修饰改性颜料样品的粒径分布数据表

双修饰颜料样品	D_{10}/nm	D_{50}/nm	D_{90}/nm	平均粒径/nm	多分散系数
2-1	325.1	387.9	465.7	463.1	0.176
2-2	269.4	319.0	378.2	372.3	0.077
2-3	509.4	725.0	1053.9	734.9	0.276
2-4	432.1	508.7	600.6	530.1	0.199
2-5	392.6	707.9	1377.8	819.7	0.344
2-6	627.2	762.3	931.0	860.6	0.278
2-7	431.7	516.0	620.8	599.9	0.168
2-8	352.9	426.7	519.2	534.1	0.193
2-9	284.2	436.5	691.2	475.0	0.294

当以[d1]为第二重氮组分时，低添加量（3%）制备所得改性颜料样品 2-4 的粒径大小和分布与高添加量（10%）制备所得改性颜料样品 2-6 相近。但当其添

加量为 7%时，制备所得改性颜料样品 2-5 的粒径分布变得不均匀。对以[d2]为第二重氮组分制备所得改性颜料而言，添加量对改性颜料样品的粒径大小与分布影响不明显。通过对比[d1]和[d2]的分子结构式可以发现，[d2]比[d1]多一个磺酸基团，从而可增加制备所得改性颜料的表面电荷，且通过静电斥力作用抑制颜料颗粒的聚集，使得制备所得改性颜料粒径较小且分布较为集中。

3）SEM 表征分析

三种第二组分制备所得双修饰改性颜料的形貌分析如图 4-64 所示。从以[c1]为第二偶合组分制备所得改性颜料的 SEM 图[图 4-64（a）]可看出，当[c1]添加量较高时，改性颜料表现出了明显的聚集性，颜料粒子粒径较大。以[d2]为第二重氮组分时，不同添加量（3%～10%）条件下制备所得改性颜料的粒径大小与分布相近，这与粒径分布结果一致。

图 4-64　不同第二组分在不同添加量（3%～10%）条件下制备所得改性颜料的 SEM 图
（a）第二组分为席夫碱钠盐[c1]；（b）第二组分为吐氏酸[d1]；（c）第二组分为磺化吐氏酸[d2]

4）颜色性能分析

以未改性 C.I.颜料红 57:1 为标准，采用便携式测色仪对双修饰改性颜料和市售 C.I.颜料红 57:1 的颜色性能进行了测试，结果如表 4-35 所示。通过对比发现，市售商品颜料和改性颜料都比未改性颜料更偏蓝相，表现为颜色参数值 Δb 都为负值。当以[c1]为第二偶合组分制备改性颜料时，[c1]添加量增加会使制备得到的改性颜料的亮度值 ΔL 增加，但颜色纯净度值 Δa 会下降；而以[d2]为第二重氮组分制备的改性颜料时，随着[d2]添加量的增加，改性颜料的亮度值 ΔL 和颜色纯净度值 Δa 都会减小。但与未改性颜料相比，以[d2]为第二重氮组分能增加改性颜料的颜色纯净度，表现为颜料样品 2-7、2-8 和 2-9 的颜色参数值 Δa 都为正值（Δa=0.49～0.97）。此外，通过对比发现，低[d2]添加量制备所得改性颜料样品 2-7 的颜色性能与市售 C.I.颜料红 57:1 相近。因此，确定样品 2-7 为最佳改性颜料样品。

表 4-35　不同第二组分制备所得双修饰改性颜料、未改性 C.I.颜料红 57:1 及市售 C.I.颜料红 57:1 的颜色性能数据表（以未改性 C.I.颜料红 57:1 为标准）

颜料样品	第二组分	添加量/%	ΔE	Δa	Δb	ΔL
C.I.颜料红 57:1	—	—	—	—	—	—
市售 C.I.颜料红 57:1	—	—	18.74	0.84	−18.72	0.20
2-1	[c1]	3	8.34	0.42	−8.33	−0.11
2-2	[c1]	7	3.60	−2.62	−1.89	1.60
2-3	[c1]	10	27.04	−3.70	−20.77	0.65
2-4	[d1]	3	22.58	−1.15	−22.54	0.86
2-5	[d1]	7	28.11	−0.55	−28.10	0.20
2-6	[d1]	10	19.44	−3.44	−18.66	−4.19
2-7	[d2]	3	18.41	0.97	−18.38	−0.12
2-8	[d2]	7	30.13	0.49	−30.06	−2.06
2-9	[d2]	10	34.36	0.56	−34.21	−3.17

对于以[d1]为第二重氮组分制备得到的改性颜料而言，制备所得三个改性颜料样品的颜色纯净度都低于未改性 C.I.颜料红 57:1，表现为颜色参数值 Δa 都为负值。但是，高[d1]添加量使得改性颜料表现出比未改性颜料更好的颜色亮度。

5）亲水性分析

有机颜料的表面亲水性和水介质分散稳定性会对以其为着色颜料的水性涂料和水性墨的性能产生明显影响。基于此，采用接触角仪测得制备所得双修饰改性颜料的接触角结果如表 4-36 所示。可以明显看出，所有第二组分制备所得双修饰改性颜料的接触角都要小于未改性 C.I.颜料红 57:1，说明第二组分的添加提高了颜料样品的亲水性。在三种第二组分中，由于[d2]的分子结构有两个磺酸基团，以其为第二重氮组分制备所得改性颜料的亲水性较强，测得改性颜料样品的接触角为 52.73°～57.22°，低于其他改性颜料样品。为确定制备所得改性颜料表面的磺酸基团的存在，采用 Zeta 电位仪对颜料样品的表面电荷特性进行了测定。可以看出，以[d1]和[d2]为第二重氮组分制备所得颜料样品 2-4 和 2-9 的表面 Zeta 电位较为接近，分别为−23.58 mV 和−15.52 mV，证明了其表面磺酸基团的存在。同时，改性颜料表面的负电特性可使得改性颜料表面能形成双电层（图 4-65），从而抑制颜料粒子的聚集作用。

表 4-36　第二组分改性颜料与未改性 C.I.颜料红 57:1 的接触角和 Zeta 电位测试数据表

颜料样品	第二组分	投加量/%	接触角/（°）	Zeta 电位/mV
C.I.颜料红 57:1	—	—	74.21	−0.06
2-1	[c1]	3	60.95	−7.14
2-2	[c1]	7	71.08	−17.32
2-3	[c1]	10	70.95	−21.82
2-4	[d1]	3	60.02	−23.58
2-5	[d1]	7	73.85	−18.23
2-6	[d1]	10	60.24	−17.29
2-7	[d2]	3	52.73	−19.21
2-8	[d2]	7	55.72	−16.09
2-9	[d2]	10	57.22	−15.52

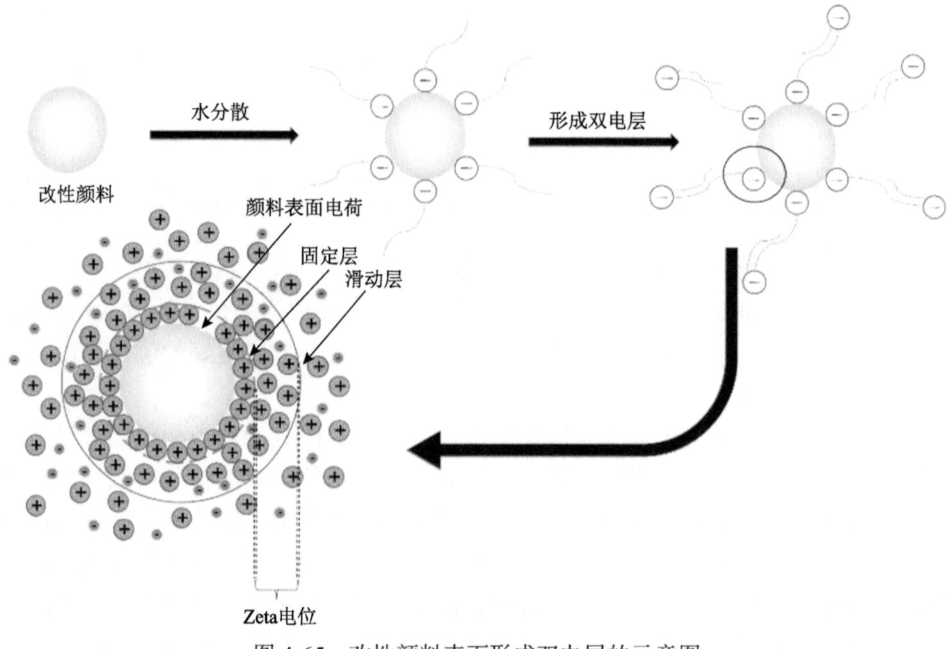

图 4-65　改性颜料表面形成双电层的示意图

为进一步评价制备所得改性颜料的分散性，分别以未改性 C.I.颜料红 57:1 和改性颜料样品 2-7 为着色颜料，制备了水性涂料样品（图 4-66）。可以明显看出，以未改性颜料为着色颜料制得的涂料稠度较高，流动性明显不足。相反，以颜料样品 2-7 为着色颜料制得的水性涂料的黏度较低，采用高精度黏度剂测得的黏度数值仅为 118.8 cP。

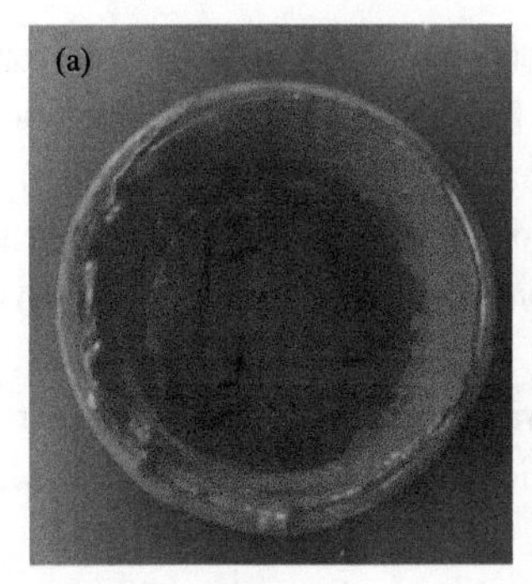

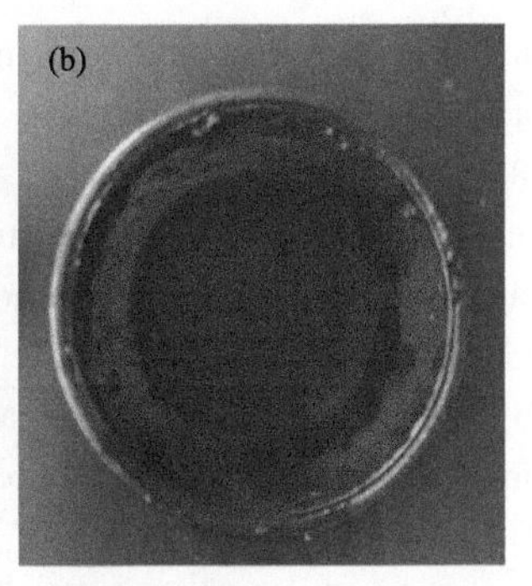

图 4-66 以未改性 C.I.颜料红 57:1（a）和改性颜料样品 2-7（b）为着色颜料制得的水性涂料照片

4. 小结

本小节在 C.I.颜料红 57:1 制备过程中，通过添加第二组分（第二偶合组分或第二重氮组分）和无机核，形成了核/壳型有机颜料固溶体-无机纳米材料复合结构，实现了 C.I.颜料红 57:1 的核/壳双修饰改性。系统研究了无机核种类与大小对改性颜料性能的影响，结果表明，以硅胶为无机核的颜料粒径最小，粒径分布最窄。通过 TEM 图，在无机核表面可明显观察到有机颜料固溶体，二者形成了核/壳结构。颜色性能测试结果表明，以硅胶为无机核，以 3%磺化吐氏酸为第二重氮组分，制备所得改性颜料具有与市售 C.I.颜料红 57:1 相似的蓝光红色。同时，接触角、Zeta 电位以及颜料制成的水性涂料样品的黏度测试结果表明，改性 C.I.颜料红 57:1 的亲水性得到了明显改善。

参 考 文 献

[1] Wicks J R Z W, Jones F N, Pappas S P, et al. Organic Coatings: Science and Technology[M]. Hoboken: John Wiley & Sons, 2007.

[2] Zubielewicz M, Gnot W. Mechanisms of non-toxic anticorrosive pigments in organic waterborne coatings[J]. Progress in Organic Coatings, 2004, 49(4): 358-371.

[3] Wijting W, Laven J, Van Benthem R. Adsorption of ethoxylated styrene oxide and polyacrylic acid and mixtures there of on organic pigment[J]. Journal of Colloid and Interface Science, 2008, 327(1): 1-8.

[4] Tsubokawa N, Kobayashi M, Ogasawara T. Graft polymerization of vinyl monomers initiated by azo groups introduced onto organic pigment surface[J]. Progress in Organic Coatings, 1999, 36(1): 39-44.

[5] Yoshikawa S, Iida T, Tsubokawa N. Grafting of living polymer cations with organic pigments[J]. Progress in Organic Coatings, 1997, 31(1): 127-131.

[6] Weiss C, Landfester K. Miniemulsion polymerization as a means to encapsulate organic and inorganic materials[J]. Hybrid Latex Particles: Preparation with (MINI) Emulsion Polymerization, 2011, 233: 185-236.
[7] Lelu S, Novat C, Graillat C, et al. Encapsulation of an organic phthalocyanine blue pigment into polystyrene latex particles using a miniemulsion polymerization process[J]. Polymer International, 2003, 52(4): 542-547.
[8] She F Y, Qi D M, Chen Z J, et al. Preparation of organic pigment microcapsules and its application in pigment printing of silk fabric[J]. Advanced Materials Research, 2012, 441: 145-149.
[9] Shao J Z, Feng Y Q, Zhang B, et al. Encapsulation of organic yellow pigment particles via miniemulsion polymerisation procedure and their application in electrophoretic displays[J]. Materials Research Innovations, 2013, 17(6): 403-407.
[10] 熊联明, 舒万艮, 荀育军, 等. 微胶囊耐晒黄 G 的制备及其应用性能评价[J]. 染料与染色, 2004, 40(6): 316-318.
[11] 湛雪辉, 荀育军, 甘均良, 等. 影响密胺树脂包覆耐晒黄G的条件研究[J]. 湖南师范大学自然科学学报, 2007, 30(1): 60-63.
[12] 荀育军, 刘又年, 舒万艮, 等. 原位聚合法制备颜料耐晒黄-G 微胶囊的研究[J]. 印染助剂, 2004, 20(6): 13-16.
[13] Fu S, Du C, Zhang M, et al. Preparation and properties of polymer-encapsulated phthalocyanine blue pigment via emulsion polymerization[J]. Progress in Organic Coatings, 2012, 73(2): 149-154.
[14] Wen T, Meng X, Li Z, et al. Pigment-based tricolor ink particles via mini-emulsion polymerization for chromatic electrophoretic displays[J]. Journal of Materials Chemistry, 2010, 20(37): 8112-8117.
[15] Qin W, Wu G, Yin P, et al. Partially crosslinked P(SMA-DMA-St) copolymer *in situ* modified rgb tricolor pigment particles for chromatic electrophoretic display[J]. Journal of Applied Polymer Science, 2013, 130(1): 645-653.
[16] 徐国财, 张立德. 纳米复合材料[M]. 北京：化学工业出版社, 2002.
[17] 刘福春, 韩恩厚. 纳米复合涂料的研究进展[J]. 材料保护, 2001, 34(2): 1-4.
[18] Bugnon P. Surface treatment of pigments. Treatment with inorganic materials[J]. Progress in Organic Coatings, 1996, 29(1): 39-43.
[19] Wen Z, Feng Y, Li X, et al. Fabrication of diarylide yellow pigments/modified SiO_2 core-shell hybrid composite particles for electrophoretic displays[J]. Current Applied Physics, 2012, 12(1): 259-265.
[20] Yuan J, Xing W, Gu G, et al. The properties of organic pigment encapsulated with nano-silica via layer-by-layer assembly technique[J]. Dyes and Pigments, 2008, 76(2): 463-469.
[21] 袁俊杰. 有机颜料的表面纳米包覆改性及其在涂料中的应用研究[D]. 上海: 复旦大学, 2006.
[22] Yuan J, Zhou S, Wu L, et al. Organic pigment particles coated with titania via sol-gel process[J]. Journal of Physical Chemistry B, 2006, 110(1): 388-394.

[23] Yuan J, Zhou S, You B, et al. Organic pigment particles coated with colloidal nano-silica particles via layer-by-layer assembly[J]. Chemistry of Materials, 2005, 17(14): 3587-3594.

[24] Yin Y, Wang C, Wang Y. Preparation and colloidal dispersion behaviors of silica sol doped with organic pigment[J]. Journal of Sol-Gel Science and Technology, 2012, 62(2): 266-272.

[25] Bujdák J, Iyi N, Hrobáriková J, et al. Aggregation and decomposition of a pseudoisocyanine dye in dispersions of layered silicates[J]. Journal of Colloid and Interface Science, 2002, 247(2): 494-503.

[26] Harris R G, Wells J D, Johnson B B. Selective adsorption of dyes and other organic molecules to kaolinite and oxide surfaces[J]. Colloids and Surfaces A: Physicochemical and Engineering Aspects, 2001, 180(1): 131-140.

[27] Parida S K, Mishra B K. Adsorption of styryl pyridinium dyes on silica gel[J]. Journal of Colloid and Interface Science, 1996, 182(2): 473-477.

[28] Neumann M G, Gessner F, Schmitt C C, et al. Influence of the layer charge and clay particle size on the interactions between the cationic dye methylene blue and clays in an aqueous suspension[J]. Journal of Colloid and Interface Science, 2002, 255(2): 254-259.

[29] 陈铁红，程方益，孙平川等. 有机染料/硅载体复合颜料及其制备方法：CN1552770A[P]. 2004-12-08.

[30] 邓复平. 光热稳定型无机-有机复合颜料的制备及性能研究[D]. 北京：北京化工大学, 2012.

[31] Tang P, Feng Y, Li D. Facile synthesis of multicolor organic-inorganic hybrid pigments based on layered double hydroxides[J]. Dyes and Pigments, 2014, 104: 131-136.

[32] Tang P, Deng F, Feng Y, et al. Mordant yellow 3 anions intercalated layered double hydroxides: Preparation, thermo-and photostability[J]. Industrial & Engineering Chemistry Research, 2012, 51(32): 10542-10545.

[33] Tang P, Xu X, Lin Y, et al. Enhancement of the thermo- and photostability of an anionic dye by intercalation in a zinc-aluminum layered double hydroxide host[J]. Industrial & Engineering Chemistry Research, 2008, 47(8): 2478-2483.

[34] Giustetto R, Wahyudi O, Corazzari I, et al. Chemical stability and dehydration behavior of a sepiolite/indigo maya blue pigment[J]. Applied Clay Science, 2011, 52(1-2): 41-50.

[35] Zhang Y, Wang W, Zhang J, et al. A comparative study about adsorption of natural palygorskite for methylene blue[J]. Chemical Engineering Journal, 2015, 262: 390-398.

[36] Polette-Niewold L A, Manciu F S, Torres B, et al. Organic/inorganic complex pigments: ancient colors maya blue[J]. Journal of Inorganic Biochemistry, 2007, 101(11): 1958-1973.

[37] Jesionowski T, Nowacka M, Ciesielczyk F. Electrokinetic properties of hybrid pigments obtained via adsorption of organic dyes on the silica support[J]. Pigment and Resin Technology, 2012, 41(1): 9-19.

[38] Jesionowski T, Binkowski S, Krysztafkiewicz A. Adsorption of the selected organic dyes on the functionalized surface of precipitated silica via emulsion route[J]. Dyes and Pigments, 2005, 65(3): 267-279.

[39] Jesionowski T. Characterisation of pigments obtained by adsorption of C.I. basic blue 9 and C.I. acid orange 52 dyes onto silica particles precipitated via the emulsion route[J]. Dyes and

Pigments, 2005, 67(2): 81-92.
[40] Jesionowski T, Pokora M, Tylus W, et al. Effect of *N*-2-(aminoethyl)-3-aminopropyltrimethoxysilane surface modification and C.I. acid red 18 dye adsorption on the physicochemical properties of silica precipitated in an emulsion route, used as a pigment and a filler in acrylic paints[J]. Dyes and Pigments, 2003, 57(1): 29-41.
[41] Yin P, Wu G, Qin W, et al. Cym and rgb colored electronic inks based on silica-coated organic pigments for full-color electrophoretic displays[J]. Journal of Materials Chemistry C, 2013, 1(4): 843-849.
[42] Dondi M, Blosi M, Gardini D, et al. Ceramic pigments for digital decoration inks: an overview[J]. Ceramic Forum International, 2012, 89(8-9): E59-E64.
[43] Krysztafkiewicz A, Binkowski S, Dec A. Application of silica-based pigments in water-borne acrylic paints and in solvent-borne acrylic paints[J]. Dyes and Pigments, 2004, 60(3): 233-242.
[44] 费学宁, 庄娉. C.I. 颜料红 177 颜料化的初步研究[J]. 天津化工, 2000, (4): 6-7.
[45] 于燕, 费学宁. 有机包核颜料特性与制备技术进展[J]. 天津化工, 1996, (2): 8-11.
[46] 李彬, 张天永, 王晓, 等. 无机矿物包核法改性颜料绿 8 的研究[C]. 中国化学会第 28 届学术年会第 5 分会场摘要集, 2012.
[47] Fei X N, Zhang T Y, Zhou C L. Modification study involving a naphthol as red pigment[J]. Dyes and Pigments, 2000, 44(2): 75-80.
[48] 张天永，刘旭，韩聪，等. 包核法对有机颜料改性技术进展[C]. 精细化工，2010, (4): 313-317.
[49] Horiuchi S, Horie S, Ichimura K. Core-shell structures of silica-organic pigment nanohybrids visualized by electron spectroscopic imaging[J]. ACS Applied Materials & Interfaces, 2009, 1(5): 977-981.
[50] Hayashi K, Morii H, Iwasaki K, et al. Uniformed nano-downsizing of organic pigments through core-shell structuring[J]. Journal of Materials Chemistry, 2007, 17(6): 527-530.
[51] Nsib F, Ayed N, Chevalier Y. Selection of dispersants for the dispersion of C.I. pigment violet 23 in organic medium[J]. Dyes and Pigments, 2007, 74(1): 133-140.
[52] 王铎. 活性剂对颜料的分散及稳定性的研究探讨[J]. 化工中间体, 2010, 25(9): 39-45.
[53] Sis H, Birinci M. Adsorption characteristics of ionic and nonionic surfactants on hydrophobic pigment in aqueous medium[J]. Coloration Technology, 2012, 128(3): 244-249.
[54] Dong J, Chen S, Corti D S, et al. Effect of Triton X-100 on the stability of aqueous dispersions of copper phthalocyanine pigment nanoparticles[J]. Journal of Colloid and Interface Science, 2011, 362(1): 33-41.
[55] Kelley A T, Alessi P J, Fornalik J E, et al. Investigation and application of nanoparticle dispersions of pigment yellow 185 using organic solvents[J]. ACS Applied Materials & Interfaces, 2009, 2(1): 61-68.
[56] Fei X N, Zhang T Y, Zhou C L. Synthesis of derivatives of naphtol AS containing polar groups and modification used for C.I. pigment red 57:1[J]. Dyes and Pigments, 1999, 40(2): 199-204.
[57] 徐燕莉，曹书红. 铜酞菁衍生物对酞菁蓝颜料的表面处理及颜料表面性质的研究[J]. 染料工业, 2000, 37(5): 6-9.

[58] 李巍, 刘东志, 张天永, 等. 铜酞菁衍生物对铜酞菁颜料表面改性的研究[J]. 染料工业, 2000, 37(3): 3-5.
[59] 南晓平. 铜酞菁磺酰胺衍生物对铜酞菁的表面处理[J]. 江苏化工, 1996, 24(5): 30-34.
[60] 曹书红. 铜酞菁衍生物对酞菁蓝的表面处理及其表面性质的研究[D]. 北京：北京化工大学, 2000.
[61] Hiroki I, Hideki S, Yoshiaki H, et al. Pigment compounds and application thereof: EP0604895A1[P]. 1994-07-06.
[62] 王永华, 么玉娟. 有机颜料的粒径控制[J]. 染料与染色, 2008, 44(6): 15-16.
[63] Watts C M, Liu X, Padilla W J. Metamaterial electromagnetic wave absorbers[J]. Advanced Materials, 2012, 24(23): 98-120.
[64] Soukoulis C M, Stefan L, Martin W. Negative refractive index at optical wavelengths[J]. Science, 2007, 315(5808): 47-49.
[65] Jain P K, Lee K S, El-Sayed I H, et al. Calculated absorption and scattering properties of gold nanoparticles of different size, shape, and composition: Applications in biological imaging and biomedicine[J]. Journal of Physical Chemistry B, 2006, 110(14): 7238-7248.
[66] Inohara T, Kohsaka S, Miyata H, et al. Null extinction of ceria@silica hybrid particles: Transparent polystyrene composites[J]. ACS Applied Materials & Interfaces, 2015, 7(49): 858-864.
[67] Buxbaum G, Pfaff G. Industrial Inorganic Pigments[M]. 3rd Ed. Weinheim: Wiley-VCH Verlag GmbH & Co. KGaA, 2005.
[68] Fei X, Cao L, Liu Y. Modified C.I. Pigment red 170 with a core-shell structure: preparation, characterization and computational study[J]. Dyes and Pigments, 2016, 125: 192-200.
[69] Zhang B L, Zhang Z Z, Fei X N, et al. Preparation and properties of C.I. Pigment Red 170 modified with silica fume[J]. Pigment and Resin Technology, 2016, 45(3): 141-148.
[70] Jeevanandam P, Mulukutla R, Phillips M, et al. Near infrared reflectance properties of metal oxide nanoparticles[J]. Journal of Physical Chemistry C, 2007, 111(5): 1912-1918.
[71] 王倩, 刘莉, 张琴. 纳米 SiO_2 疏水改性研究及应用进展[J]. 材料导报, 2007, 21(7): 93-96.
[72] Chen G, Zhou S, Gu G, et al. Effects of surface properties of colloidal silica particles on redispersibility and properties of acrylic-based polyurethane/silica composites[J]. Journal of Colloid and Interface Science, 2005, 281(2): 339-350.
[73] Mallakpour S, Madani M. The effect of the coupling agents KH550 and KH570 on the nanostructure and interfacial interaction of zinc oxide/chiral poly(amide-imide) nanocomposites containing L-leucine amino acid moieties[J]. Journal of Materials Science, 2014, 49(14): 5112-5118.
[74] Cao L, Fei X, Zhang T, et al. Modification of C.I. pigment red 21 with sepiolite and lithopone in its preparation process[J]. Industrial & Engineering Chemistry Research, 2014, 53(1): 31-37.
[75] 姜玲燕. 铜基与铁基钛柱撑海泡石催化性能的研究[D]. 北京: 北京工业大学, 2007.
[76] 陈昭平, 罗来涛, 李永绣, 等. 酸处理对海泡石表面及其结构性质的影响[J]. 南昌大学学报(理科版), 2000, 24(1): 68-72.
[77] 高银萍, 申玉双. 海泡石对金属离子的吸附作用及再生性研究[J]. 无机盐工业, 1995, (2):

17-19.

[78] Bingol D, Tekin N, Alkan M. Brilliant yellow dye adsorption onto sepiolite using a full factorial design[J]. Applied Clay Science, 2010, 50(3): 315-321.

[79] Xu W, Liu S, Lu S, et al. Photocatalytic degradation in aqueous solution using quantum-sized ZNO particles supported on sepiolite[J]. Journal of Colloid and Interface Science, 2010, 351(1): 210-216.

[80] Alvarado M, Chianelli R C, Arrowood R M. Computational study of the structure of a sepiolite/thioindigo mayan pigment[J]. Bioinorganic Chemistry and Applications, 2012, 2012(672562): 1-6.

[81] Pennemann H, Forster S, Kinkel J, et al. Improvement of dye properties of the azo pigment yellow 12 using a micromixer-based process[J]. Organic Process Research & Development, 2005, 9(2): 188-192.

[82] Fei X, Su F, Zhu S, et al. Effect of inorganic cores on dye properties of inorganic-organic hybrid pigments yellow 12[J]. Russian Journal of Applied Chemistry, 2016, 89(12): 2035-2042.

[83] Zhang Y, Fei X, Yu L, et al. Preparation and characterisation of silica supported organic hybrid pigments[J]. Pigment and Resin Technology, 2014, 43(6): 325-331.

[84] Pardo R, Zayat M, Levy D. Photochromic organic-inorganic hybrid materials[J]. Chemical Society Reviews, 2011, 40(2): 672-687.

[85] Sanchez C, Belleville P, Popall M, et al. Applications of advanced hybrid organic-inorganic nanomaterials: from laboratory to market[J]. Chemical Society Reviews, 2011, 40(2): 696-753.

[86] Petrovic Z S, Javni I, Waddon A, et al. Structure and properties of polyurethane-silica nanocomposites[J]. Journal of Applied Polymer Science, 2000, 76(2): 133-151.

[87] Chen S, Sui J J, Chen L. Positional assembly of hybrid polyurethane nanocomposites via incorporation of inorganic building blocks into organic polymer[J]. Colloid and Polymer Science, 2004, 283(1): 66-73.

[88] Wu H, Gao G, Zhang Y, et al. Coating organic pigment particles with hydrous alumina through direct precipitation[J]. Dyes and Pigments, 2012, 92(1): 548-553.

[89] Fabjan E Š, Škapin A S, Škrlep L, et al. Protection of organic pigments against photocatalysis by encapsulation[J]. Journal of Sol-Gel Science and Technology, 2012, 62(1): 65-74.

[90] Siwinska-Stefanska K, Nowacka M, Kolodziejczak-Radzimska A, et al. Preparation of hybrid pigments via adsorption of selected food dyes onto inorganic oxides based on anatase titanium dioxide[J]. Dyes and Pigments, 2012, 94(2): 338-348.

[91] Przybylska A, Siwinska-Stefanska K, Ciesielczyk F, et al. Adsorption of C.I. basic blue 9 onto TiO_2-SiO_2 inorganic support[J]. Physicochemical Problems of Mineral Processing, 2012, 48(1): 103-112.

[92] Niewold L. Environmentally-friendly near infrared reflecting hybrid pigments: US8123850B2[P]. 2012-02-08.

[93] Wen Z Q, Feng Y Q, Li X G, et al. Surface modification of organic pigment particles for microencapsulated electrophoretic displays[J]. Dyes and Pigments, 2012, 92(1): 554-562.

[94] Dejoie C, Martinetto P, Dooryhée E, et al. Indigo@ silicalite: a new organic-inorganic hybrid

pigment[J]. ACS Applied Materials & Interfaces, 2010, 2(8): 2308-2316.

[95] Giustetto R, Levy D, Wahyudi O, et al. Crystal structure refinement of a sepiolite/indigo maya blue pigment using molecular modelling and synchrotron diffraction[J]. European Journal of Mineralogy, 2011, 23(3): 449-466.

[96] Cao L, Fei X, Zhao H, et al. Inorganic-organic hybrid pigment fabricated in the preparation process of organic pigment: Preparation and characterization[J]. Dyes and Pigments, 2015, 119: 75-83.

[97] Cao L Y, Fei X N, Zhao H B. Environmental substitution for $PbCrO_4$ pigment with inorganic-organic hybrid pigment[J]. Dyes and Pigments, 2017, 142: 100-107.

[98] Bendiganavale A K, Malshe V C. Infrared reflective inorganic pigments[J]. Recent Patents on Chemical Engineering, 2008, 1(1): 67-79.

[99] 杜昌林. 铬铅颜料行业的现状及走向[J]. 中国涂料, 2013, 28(2): 34-38.

[100] 毕胜. 国内外颜料工业概况及发展趋势[J]. 涂料工业, 2003, 33(7): 44-47.

[101] White K, Detherage T, Verellen M, et al. An investigation of lead chromate (crocoite-$PbCrO_4$) and other inorganic pigments in aged traffic paint samples from hamilton, Ohio: implications for lead in the environment[J]. Environmental Earth Sciences, 2014, 71(8): 3517-3528.

[102] Legalley E, Krekeler M P S. A mineralogical and geochemical investigation of street sediment near a coal-fired power plant in hamilton, Ohio: an example of complex pollution and cause for community health concerns[J]. Environmental Pollution, 2013, 176: 26-35.

[103] Legalley E, Widom E, Krekeler M P S, et al. Chemical and lead isotope constraints on sources of metal pollution in street sediment and lichens in southwest Ohio[J]. Applied Geochemistry, 2013, 32(S1): 195-203.

[104] Gao H, Wei P Y, Liu H T, et al. Sunlight-mediated lead and chromium release from commercial lead chromate pigments in aqueous phase[J]. Environmental Science & Technology, 2019, 53(9): 4931-4939.

[105] 陈荣圻. 欧美有关铅汞铬镉有害重金属法规对无机颜料的影响和对策[J]. 染料与染色, 2014, 51(2): 1-8.

[106] 杨宗志. 铬酸铅彩色颜料的代用[J]. 涂料工业, 2003, 33(1): 35-37.

[107] 贾杰林, 卢然, 王兆苏, 等. “十三五”时期我国重金属污染防控思路与任务[J]. 环境保护科学, 2018, 44(2): 1-5.

[108] Ott J, Sowade T. Lead chromate replacement-old hat, but still a long process?[J]. Surface Coating International, 2015, 98(4): 179-182.

[109] 王文强, 吕晋茹, 贺修明, 等. 中国铅铬颜料替代技术最新进展[J]. 涂层与防护, 2018, 39(2): 35-41.

[110] Zeng G, Yang J, Hong R, et al. Preparation and thermal reflectivity of nickel antimony titanium yellow rutile coated hollow glass microspheres composite pigment[J]. Ceramics International, 2018, 44(8): 8788-8794.

[111] 杜丽娜. 金红石型钛镍黄颜料制备与性能研究[D]. 南京：南京理工大学, 2009.

[112] 林学军. 无机-有机复合颜料的制备及性能研究[D]. 呼和浩特：内蒙古工业大学, 2010.

[113] 蔡帅. 铁系颜料在涂料应用中的最新进展[J]. 中国涂料, 2017, 32(11): 45-48.

[114] 张聪. 从专利角度分析氧化铁黄颜料的发展[J]. 信息记录材料, 2015, 16(3): 31-39.
[115] Haramagatti C R, Nikam P, Bhavsar R, et al. Stability assessment of iron oxide yellow pigment dispersions and temperature dependent implications of rheological measurements[J]. Progress in Organic Coatings, 2020, 144: 105669.
[116] Haramagatti C R, Dhande P, Bhavsar R, et al. Role of surfactants on stability of iron oxide yellow pigment dispersions[J]. Progress in Organic Coatings, 2018, 120.
[117] 陈缘, 杜高翔, 高华, 等. 包覆型 Fe_2O_3/SiO_2 复合颜料的制备及其性能[J]. 硅酸盐学报, 2014, 42(3): 384-389.
[118] 时晓露, 赵玲, 王金云, 等. 磷酸铝包覆氧化铁黄颜料的制备及其耐温性能研究[J]. 无机盐工业, 2016, 48(10): 29-31, 35.
[119] 陈健, 潘国祥, 李顺利, 等. 制备条件对羟基氧化铝包覆氧化铁黄颜料耐热性能的影响[J]. 中国粉体技术, 2016, 22(1): 48-51.
[120] 逄高峰, 韩爱军, 叶明泉. 金属氧化物混相颜料进展[J]. 中国陶瓷, 2007, (10): 11-13.
[121] 逄高峰. 无机环保颜料钛铬黄的制备研究[D]. 南京：南京理工大学, 2008.
[122] Tsukimori T, Oka R, Masui T. Synthesis and characterization of $Bi_4Zr_3O_{12}$ as an environment-friendly inorganic yellow pigment[J]. Dyes and Pigments, 2017, 139: 808-811.
[123] 裴志明. 钒酸铋颜料现状及发展趋势[J]. 化工管理, 2016, (1): 127.
[124] Wang X, Mu B, Hui A, et al. Low-cost bismuth yellow hybrid pigments derived from attapulgite[J]. Dyes and Pigments, 2018, 149: 521-530.
[125] 张合杰. 涂料无铅着色可能性及局限性的探讨[J]. 涂料技术与文摘, 2012, 33(9): 14-18.
[126] VIshnu V S, Jose S, Reddy M L. Novel environmentally benign yellow inorganic pigments based on solid solutions of samarium-transition metal mixed oxides[J]. Journal of the American Ceramic Society, 2011, 94(4): 997-1001.
[127] Pailhé N, Gaudon M, Demourgues A. (Ca^{2+}, V^{5+}) co-doped $Y_2Ti_2O_7$ yellow pigment[J]. Materials Research Bulletin, 2009, 44(8): 1771-1777.
[128] Masui T, Honda T, Wendusu, et al. Novel and environmentally friendly (Bi,Ca,Zn)VO_4 yellow pigments[J]. Dyes and Pigments, 2013, 99(3): 636-641.
[129] 陈荣圻. 含铅汞铬镉无机颜料的限用及其替代[J]. 印染, 2013, 39(17): 49-53,56.
[130] 章杰. 高性能颜料的技术现状和创新动向[J]. 染料与染色, 2013, 50(3): 1-7.
[131] Smith H M. High Performance Pigments[M]. Weinheim: Wiley Online Books, 2002.
[132] 宫占胜, 戈弋, 晋平, 等. 苯并咪唑酮类有机颜料[J]. 乙醛醋酸化工, 2014, (4): 26-28.
[133] 周春隆, 穆振义. 有机颜料索引卡[M]. 北京: 中国石化出版社, 2004.
[134] 李政. 新型偶氮缩合颜料的合成及性能研究[D]. 天津：天津大学, 2016.
[135] 周春隆. 杂环有机颜料结晶形态与调整技术(一)[J]. 染料与染色, 2018, 55(1): 1-10.
[136] 蔡李鹏, 祁晓婷, 曹峰, 等. 有机颜料黄的合成研究现状[J]. 化学与生物工程, 2013, 30(7): 10-12.
[137] 沈永嘉, 许煦. 异吲哚啉酮和异吲哚啉有机颜料[J]. 化工科技市场, 2001, 24(9): 7-11.
[138] Nagose S, Rose E, Joshi A. Study on wetting and dispersion of the pigment yellow 110[J]. Progress in Organic Coatings, 2019, 133: 55-60.
[139] Klaus H. Toxicology and toxicological testing of colorants[J]. Coloration Technology, 2008,

35(1): 76-89.
[140] 葛扣根, 铃木正郎, 毛顺明, 等. 一种环保型复合颜料及其制备方法: ZL 201110255622.5[P]. 2014-06-11.
[141] Gauthier G, Jobic S, Evain M, et al. Syntheses, structures, and optical properties of yellow Ce_2SiS_5, $Ce_6Si_4S_{17}$, and $Ce_4Si_3S_{12}$ materials[J]. Chemistry of Materials, 2003, 15(4): 828-837.
[142] Šulcová P, Trojan M. Thermal synthesis of the $(Bi_2O_3)_{1-x}(Er_2O_3)_x$ pigments[J]. Journal of Thermal Analysis and Calorimetry, 2007, 88(1): 111-113.
[143] Ren F, Fei X, Cui L, et al. Preparation and properties of hydrophilic PR 57:1 with inorganic core/solid solution shell[J]. Dyes and Pigments, 2020, 183: 108699.

第 5 章

染（颜）料生产废水处理方法及工程实例

近年来，我国染（颜）料工业经过长期不懈的努力，在清洁生产方面已经取得了长足的进步。尽管在前端的染（颜）料生产工艺流程中，不断创新优化清洁制备工艺，力争从源头减少生产废液排放，以节约自然资本并降低后期水处理的成本和难度。但总体来讲，染（颜）料生产末端废水有机物浓度相对普通污水来说依然较高。末端废水进行初步处理后的水质，应达到《化学合成类制药工业水污染物排放标准》（GB 21904—2008）中的新建制药企业排放标准。如果继续进行深度处理，处理后的出水水质应达到《城镇污水处理厂污染物排放标准》（天津市地方标准 DB 12/599—2015），即准四类标准，此标准已经超过《化学合成类制药工业水污染物排放标准》中特别排放限值的要求。深度处理出水可进行再生利用，用于工厂内的绿化、冲洗设备和地面、冲洗卫生间器具等用途，实现废水处理再生利用资源化。另一类暂时还不能实现源头减排的生产废水，需处理到 COD_{Cr}＜500 mg/L 后再排放到化工园区污水处理厂进行处理。

5.1 染（颜）料生产废水的特点及其处理方法

5.1.1 我国染（颜）料生产废水的基本情况

长期以来，我国始终是全球最大的染（颜）料生产、加工和使用区域。主要经济指标如表 5-1 所示[1]。

表 5-1 2013～2018 年我国染（颜）料主要经济指标

年份	工业总产值/亿元	销售收入/亿元	利税总额/亿元	染（颜）料总量/万 t	染料产量/万 t	有机颜料产量/万 t	中间体产量/万 t
2013	477.7	461.8	61.8	110.6	89.5	21.1	30.8
2014	571.8	538.5	96.3	114.9	91.7	23.2	28.7

续表

年份	工业总产值/亿元	销售收入/亿元	利税总额/亿元	染（颜）料总量/万 t	染料产量/万 t	有机颜料产量/万 t	中间体产量/万 t
2015	584.8	527.1	91.5	115	92.2	22.8	32.0
2016	598.5	531.8	83.1	116.2	92.8	23.4	32.4
2017	621.0	591.0	89.0	123.5	99.0	24.5	36.3
2018	687.5	681.5	118.6	103.4	81.2	22.2	43.7
平均增长率/%	9.5	10.2	17.6	−1.6	−2.4	1.3	9.1

以 2017 年为例，我国染颜料、中间体和印染助剂等行业经济运行趋势总体较上年均呈小幅增长。染料产量、工业总产值、销售收入、出口量与上年同比有所增长，主要品种分散染料、活性染料的产量、销售量、出口量与上年同比有不同程度的增长，有机颜料的产量、出口量较上年相比也出现了略有增长的趋势，中间体的产量也呈现出增长态势。2017 年我国染（颜）料产量合计完成 124 万 t，比上年度增长 6.3%；全年染（颜）料工业总产值达 621 亿元，同比（比上年度，下同）增长 3.8%；累计完成销售收入 591 亿元，同比增长 11.1%；完成利税总额 89 亿元，增长 7.1%。2017 年各类染料产量总体保持平稳，出口情况如表 5-2 所示。其中，分散染料和活性染料在几大类染料中产量、出口最大，行业集中度远高于其他类染料，两类产品产量增长也是较多的。分散染料在几大类染料中产量、出口最大，行业集中度远高于其他染料。活性染料以色泽鲜艳、色谱齐全、应用简便、适应性强且牢度优良而著称，现已发展成为棉用染料中最重要的染料类别，成为世界最受关注的一类染料。另外，活性染料应用领域广，毛、丝毛用活性染料替代进口，扩大了新市场。

表 5-2　2017 年我国染（颜）料分类出口统计

产品类别	出口数量/t	同比/%	出口金额/万元	同比/%
染料合计	275526.1	5.8	147903.2	4.3
分散染料	113569.1	11.5	66755.1	6.4
酸性染料	15530.4	−1	11121.3	1.8
碱性染料	13877.5	3.3	10174.4	4.2
直接染料	13629.6	8	4915.6	10.9
活性染料	39005.1	8.6	22216.8	−4.4
还原染料	7150.3	16.7	8433.4	14.6

续表

产品类别	出口数量/t	同比/%	出口金额/万元	同比/%
靛蓝	38554.1	0.9	17662.0	5.4
硫化染料	5022.3	3.7	1490.0	3.6
硫化黑	29187.7	−7.8	5034.7	−0.4
有机颜料	154505.9	6.7	111052.7	6.1
荧光增白剂	49852.4	−2.2	16530.5	7.1
印染助剂	43311.0	13.3	7912.1	3.9

染（颜）料行业在产生巨大经济效益的同时也会产生大量的废水，但废水治理率和合格率均较低，缺乏无害化和资源化的深度处理工艺与设施；大部分的印染企业虽已建有污水处理设施，但以分散处理为主。国内印染厂多以中小企业的形式存在，此类企业存在废水超标排放现象，给受纳水体带来了潜在的污染风险。

染料的分子结构和特性决定了印染工序生产废水的基本特征。印染行业通常按照染料应用性能分为直接染料、活性染料、还原染料、暂溶性还原染料、硫化染料、冰染染料（不溶性偶氮染料）、酸性染料、酸性络合染料、分散染料、阳离子染料和氧化染料等。而印染废水的处理效果与染料的分子结构和性能直接相关，按照染料的分子结构可以分为：偶氮染料（—N═N—）、蒽醌染料、三芳甲烷染料、靛族染料、菁系染料、硫化染料、酞菁染料以及硝基和亚硝基染料。其中，偶氮染料因色谱宽、品种齐、产量大、用途广而位居各类染料之首，其中又以活性偶氮染料的应用最为广泛，在印染废水中的含量也较高。偶氮染料一般具有苯环基本结构单元，在降解的过程中易生成具有生物毒性、诱变性和致癌性的芳香胺。因此，活性偶氮染料废水的处理技术备受重视，是印染废水达标排放的重点和难点。从印染废水处理的角度而言，染料的分子结构和发色基团是染料脱色降解的关键。以染料分子结构的破坏为印染废水脱色降解的出发点，结合染料本身的特性寻求适宜的印染废水处理方法是常规的解决思路。此外，染（颜）料在生产过程中会使用大量酸、碱参与反应，使得染（颜）料废水面临着高盐、成分复杂等处理难题[2]。

染料生产企业排放的废水取决于其生产产品类型和选用的工艺，不同厂家之间排放的废水水量差别很大，污染物种类和浓度也不尽相同。总体来说，染（颜）料废水相比于生活污水和其他类型的工业废水，具有如下特点。

（1）用水量大，排污量高，回用比例低。据文献报道，2017 年我国染料总产量达到了 99 万 t，生产过程所带来的印染工业废水约有 7.4 亿 m^3，即染料生产过程中的废水产生量约为 744 m^3/t 染料[3]。印染废水是工业废水的排放大户之一，在全国工业废水的占比达 11%左右，年排放总量达 20 亿～23 亿 t[4, 5]。然而，染料行业废水再生回用率仅为 7%，在全国重点行业中处于较低水平。

（2）可生化性差，处理难度大。

染料在印染工业应用中，其利用率仅有 80%左右，剩余的染料都存在于废水中，使用最广泛的偶氮类染料和蒽醌类染料是极难生物降解的，这使得染料废水生化性差。此外，印染各个生产环节会排放大量助剂、副产物、重金属和盐类等，其中许多物质还具有“三致”性（致癌症、致畸形、致突变）。混合后的废水可生化性非常差，BOD_5/COD_{Cr} 低于 0.3，部分废水甚至小于 0.1，处理难度大，一般需经预处理，才能进行生化处理[6]。

（3）水质波动大，污染物种类多。企业采用的工艺和原料因其生产的产品和经营管理水平不同而异，各个生产环节产生的废水水质显著不同。每个生产环节产生的废水混合比例不断变化，水质波动频繁，污染物的种类复杂，含量差别也比较大[7]。

（4）色度深。

染料废水最大的特点就是色度深，直观表现出各种颜色，不同工艺环节产生的废水色度不同，一般可达几百倍至几千倍，部分可能高达几万倍。色度深的废水排入自然水体，不仅影响受纳水体的美观功能，更严重的是会减弱水体的透光性，影响水生植物光合作用，阻碍水体富氧[8]。

颜料是从属于染料的一类有色化合物，在某些特定的情况下，某些不溶的染料又可以作为颜料使用。例如，某些不溶的蒽醌类还原染料，经过颜料化后也可以作为颜料使用。偶氮颜料结构中含有偶氮键，可通过氢键形成非水溶性有色晶体颗粒。偶氮颜料占有机颜料的 60%左右，其色谱齐全，生产工艺成熟，分子结构中一般含有 1 个或多个偶氮键，键上连有苯基或萘基，苯基或萘基上又连有—NH_2、—Cl、—CH_3、—NO_2、—SO_3H 及—OH 等取代基团。由于其颜色明亮，易着色，耐光性好等优点，广泛用于涂料印花浆、塑料、油墨、化妆品、涂料、文教用品和造纸等领域中[9]。虽然大多数偶氮染（颜）料本身没有毒性，但其潜在的危害是不容忽视的。研究表明，分子结构中含有对苯二胺或苯胺的偶氮颜料成分进入人体内，将被肠道内细菌的偶氮还原酶分解为芳香胺。在厌氧条件下的偶氮染（颜）料可以很容易地被微生物分解成芳族胺和其他中间产物。这些物质在环境中不太可能分解矿化，有的还具有致突变性、致癌性或其他毒性，暴露在人体中将危及人体健康。此外，偶氮颜料生产过程产生的废水具有高色度、高盐度、高 COD_{Cr} 和难生物降解等特性，含有芳香胺类三致物质且水质变化大，处理难度高。

近年来，我国大力推进染料绿色发展，积极实施清洁生产，产业生态化成效显著。“十四五”也将绿色转型作为染料行业发展的重要内容，将进一步加大对染料生产过程中三废排放的监管力度，并大力推进染料行业加大开发污染物处理技术和绿色生产工艺，以不断提升染料行业清洁生产技术水平[10]。

5.1.2　染（颜）料生产废水的处理方法

目前国内的染（颜）料生产废水还是以二级生化+混凝沉淀工艺为主，在进水 COD_{Cr} 为 1000～2000 mg/L 时，去除率可达 75%～85%，出水水质大部分可达到《纺织染整工业水污染物排放标准》（GB 4287—2012）中的间接排放标准，直接排入环境水体会对环境造成很大的污染压力。

染（颜）料生产废水深度处理主要指对二级处理系统出水进行进一步处理，传统的废水处理工艺包括一级处理（物化处理）和二级处理（生物处理）。一级处理也称预处理，可去除大部分悬浮颗粒物质；二级处理是主体工艺，可去除可生物降解的溶解性有机物。为达到更高的生产废水处理出水标准，需要在二级生化处理工艺之后，进一步去除颗粒物、溶解性有机物以及氮素类污染物等工艺单元，深度处理是污水处理提标改造的必要途径。

针对染（颜）料废水二级生化出水的水质特点，目前可以采用的染（颜）料生产废水深度处理工艺主要有吸附、膜分离、絮凝、电渗析、化学氧化和生化等工艺。

1. 吸附法

吸附法是依靠吸附剂密集的孔结构、巨大的比表面积，或通过表面各种活性基因与吸附质形成各种化学键，达到有选择性地吸附有机物的目的。吸附法因具有操作简单、投资费用低、对多种染料都有较好的去除效果等优点，被广泛地应用于染（颜）料废水的预处理。吸附剂多种多样，由于吸附剂和污染物本身的差异性，吸附剂的选择对吸附效果影响显著，在工程实际应用中应根据废水水质组分特点选择吸附剂。染（颜）料废水处理常用的吸附剂主要有活性炭、焦炭、硅聚合物、硅藻土、高岭土、天然蒙脱土和工业炉渣等。

1）活性炭吸附剂

活性炭具有比表面积大、吸附能力强、来源广泛等特点，是目前废水处理行业中最常用的吸附剂之一。在实际运行中，活性炭主要采用间歇式的方式与废水按一定比例混合进行吸附，该法停留时间短、操作简便，对废水中溶解性有机污染物去除效果良好。活性炭能有效去除染（颜）料废水中的阳离子染料、直接染料、酸性染料、活性染料等水溶性染料。但活性炭对不同结构的有机染料的吸附也具有选择性，其脱色能力大小顺序依次为碱性染料、直接染料、酸性染料和硫化染料。这是由于活性炭具有的微孔多、大中孔不足和亲水性强等特点，限制了大分子及疏水性染料的内扩散，因此一般情况下活性炭脱色多适用于分子量不超过 400 的水溶性染料[11]，对大分子或疏水性染料的脱色效果较差。在目前的染（颜）料废水处理过程中，这一点也限制了活性炭的大面积应用和推广。

2）黏土吸附剂

黏土作为一种天然吸附材料，在全球储量非常丰富。大部分黏土矿物具有硅氧四面体和铝氧八面体结构，这一独特的层状结构具有良好的吸附性能和离子交换性能。其中分布较广且具代表性的黏土矿物有膨润土、硅藻土、凹凸棒土、高岭石和海泡石等，在染（颜）料生产废水处理领域应用广泛。

膨润土又称膨土岩、斑脱岩，有时也称白泥，是一种性能优良、经济价值较高、应用范围较广的黏土资源。膨润土是储量最丰富的黏土矿物资源之一，天然膨润土对染料的吸附能力有限，往往需要通过无机改性、有机改性或无机-有机改性的方法来提高膨润土的吸附性能。黏土资源丰富，吸附染料速度快、效果好，但是使用黏土作吸附剂成本较高，且吸附染料后解吸困难，容易造成二次污染。

3）树脂吸附剂

20 世纪后期，吸附树脂和复合功能树脂的成功研发和性能的不断改良提升，树脂吸附法在化工废水的治理与资源化过程中发挥了重要的作用。在染（颜）料废水处理方面，有研究者针对染料废水特点合成了具有不同物理化学特性的吸附树脂，在染（颜）料生产废水的处理中取得了较好的吸附脱色效果。树脂吸附剂不仅可以对溶解性小分子有较好的吸附能力，具有良好的脱色效果，同时也对重金属离子、疏水性染料和胶体，以及在对染（颜）料废水生化处理过程中由微生物作用产生的分子量相对较大的腐殖酸等物质均有较好的吸附效果。由于其成本问题，吸附树脂在用于染（颜）料废水处理方面存在着一定的局限性。

2. 絮凝法

絮凝法在废水处理、水质净化和污泥处理等方面发挥了重要作用，可除去废水中的固体悬浮物、有机污染物、氮磷和油脂等污染物。通过投加化学或生物药剂，可打破水中分散微细污染物的稳定体系，使之聚集成絮体或絮团从而分离。絮凝法效率高，成本低，已成为水处理领域的主流技术之一。

染（颜）料废水一般含有悬浮胶体颗粒和水溶性有机污染物。其胶粒表面带有电荷，由于同性电荷之间的相互排斥而使得颗粒分散开来，不易凝聚成大颗粒沉淀下来。向水样中投加异性电荷的无机絮凝剂，起到压缩胶体粒子双电层、降低电极电位的作用，搅拌下使它们相互接触、碰撞，聚集成拥有一定粒径的聚集体，此时高分子有机助凝剂能把这些聚集体通过吸附、架桥、裹挟等作用，进一步凝聚成絮状体，它在旋转、沉降过程中又吸附、卷扫了更多的悬浮和水溶性有机污染物，最终在重力的作用下沉淀，达到固液分离的目的。

絮凝法相对于其他染（颜）料废水处理方法，具有投资费用低、设备占地少、处理容量大、脱色率高等优点，目前仍是国内外用于提高水质处理效率的一种既经济又简便的水处理技术，其关键问题是絮凝剂的选择。在絮凝法中，常用的絮凝剂可以分为无机絮凝剂和有机絮凝剂两种。与无机絮凝剂相比，有机絮凝剂的絮凝效果较好，且成本低、无毒无害、对环境依赖性低，可广泛应用于各类染（颜）料废水处理中。

1）无机絮凝剂

无机絮凝剂是最早使用的一种絮凝剂，应用范围非常广泛。无机絮凝剂主要以铁系和铝系为代表。传统的无机絮凝剂为低分子的铁盐和铝盐，其优点是经济、用法简单，但絮凝效率低、用量较大，而且在染（颜）料废水处理中还存在自身的缺点，残留在水中的铝离子会导致二次污染；铁离子本身有颜色，而且铁离子具有氧化性，对设备有一定的腐蚀作用。无机高分子絮凝剂是在传统铁盐、铝盐絮凝剂基础上发展起来的一类新型水处理剂，与传统的絮凝剂相比可成倍地增加絮凝效能，具有吸附性能较好、成本低、沉淀迅速、适用范围广等优点。

根据所带电荷的性质，无机高分子絮凝剂可分为阳离子型和阴离子型两大类，其中阳离子型主要包括聚合氯化铝、聚合硫酸铁、聚合氯化铝铁、聚合硅酸铝、聚磷氯化铝、聚磷硫酸铁等无机高分子絮凝剂；阴离子型高分子絮凝剂主要有聚合硅酸等，但在絮凝效果方面，无机高分子絮凝剂与有机高分子絮凝剂相比，其分子量和粒径及絮凝架桥能力与有机絮凝剂性能相当，但存在水解反应不稳定的问题，无机高分子絮凝剂在水处理应用中通常与有机高分子絮凝剂配合使用。

2）有机絮凝剂

有机絮凝剂具有脱色效果好、适用 pH 范围宽、用药量少、生成的淤泥体积小等优点。有机絮凝剂主要分为合成有机絮凝剂和天然高分子絮凝剂。

商用的合成有机絮凝剂，如由丙烯酰胺和丙烯酸等单体聚合反应生成的聚合物可作为有机絮凝剂，与无机絮凝剂相比可显著提高污染物的絮凝效果。常用的高分子絮凝剂有聚丙烯酰胺、聚丙烯酸、聚二烯丙基二甲基氯化铵和聚胺等。

3）微生物絮凝剂

微生物絮凝剂是利用生物技术，通过微生物发酵、抽提、精制，得到的一种新型、高效、廉价的水处理剂，是一种无毒的生物高分子化合物。与其他类型的絮凝剂相比，微生物絮凝剂最大的优点就是无毒，它能够用于食品、医药等行业的污水发酵后处理，且可以消除二次污染，可生化性强。微生物絮凝剂在实际的应用中起作用的是其表面的黏多糖、蛋白质、脂类、糖蛋白、纤维素等，许多学者认为这些物质可以在颗粒间起架桥作用，使悬浮物凝聚，促使絮凝发生。

3. 生化法

废水生化处理是利用微生物的代谢作用分解废水中有机污染物的处理方法。尽管染（颜）料废水的可生化性差，含有有毒有害物质，但仍可以通过优势菌种的选育，在适宜的环境中降解染（颜）料废水中的污染物。生物处理法由于操作简单、运行成本低等优点，被广泛应用于各种废水处理。有机染（颜）料在生产的过程中产生的废水具有色度高、毒性强、pH 变化大、组成复杂、可生化性较差等特点，属于难生物降解的高毒性有机-无机混合废水。染（颜）料废水的生物处理工艺一直是众多学者研究探索的课题。目前处理染（颜）料废水的方法主要有好氧、厌氧和好氧-厌氧等方法。

1）好氧生物处理法

好氧生物处理是利用好氧微生物（包括兼性微生物）在有氧气存在的条件下进行生物代谢以降解有机物，是一种稳定、无害化的处理方法。对于可生化性较高的染料废水采用 BOD_5 工艺，去除率一般可达 80%左右。而合成染料废水可生化性差（$BOD_5/COD_{Cr}<0.2$），一般采用单纯的好氧法难以对 COD_{Cr} 和色度进行有效去除。通常在好氧生物处理法前加上预处理。

2）厌氧生物处理法

厌氧生物处理是依赖兼性厌氧和专性厌氧微生物将污染物降解的生物反应过程，具有低能耗、运行稳定、高负荷、排泥少和产沼气能源等特点。对于染（颜）料废水中好氧处理不可降解的有机物（偶氮染料等），厌氧生物处理可以通过还原裂解作用，破坏染料分子结构的化学键以及发色基团，从而有效提升污染物的去除率，达到良好的处理效果。基于这些优势，近年来厌氧生物技术在处理有机污染物浓度高、可生化性差的染（颜）料废水方面得到了有效应用。厌氧生物处理法包括厌氧折流板反应器（ABR）、复合式厌氧折流板反应器（HABR）、厌氧流化床（AFB）、上流式厌氧污泥床（UASB）等工艺方法，这些方法基本上属于第二、第三代厌氧技术，与传统厌氧技术相比，新一代反应器中生物量大大增加，运行负荷也相应提高。经厌氧处理后的废水，生化性能明显改善。

3）好氧-厌氧生物处理法

染（颜）料废水的脱色过程发生在厌氧阶段，简化酸化的过程即为厌氧微生物利用偶氮还原酶将偶氮键还原为胺的过程，但此过程并不涉及芳香环的分解，所以此阶段染料废水的 COD_{Cr} 去除率不高。而好氧阶段则是微生物将有机物质继续氧化，最终开环矿化为 CO_2 的过程，该过程使污水 COD_{Cr} 逐渐下降。因此，强化的厌氧/好氧组合式工艺，可以实现对预期的污水中化合物的最终矿化，同时实现污水脱毒处理，达到目标物去除的目的。

4）生物强化技术

生物强化技术是根据废水处理体系中微生物组成及环境条件情况，投加具有特定功能的细菌微生物，以改善废水处理效率。所投加的微生物可由原有处理系统中微生物经过驯化、富集、筛选和培养后进行投加，也可投加具有高效降解能力的外源微生物。该技术能够有针对性地提高染（颜）料废水中难降解有机物的去除效率，并取得良好的脱色效率。

4. 化学氧化法

化学氧化法是染（颜）料废水脱色的主要方法之一，一般用于其他方法难以处理而又急于脱色的高浓度、高色度的染（颜）料废水。该方法脱色的原理是利用各种氧化手段将染料发色基团破坏而脱色。按照氧化剂和氧化条件的不同，可将化学氧化法分为：臭氧氧化法、芬顿氧化法、光催化氧化法和高温深度氧化法等[12]。

1）臭氧氧化法

臭氧氧化有机物包括两种途径：直接反应和间接反应。直接反应是臭氧通过环加成、亲电或亲核作用直接与有机污染物反应；间接反应是臭氧在碱性水介质中、光照条件下，生成氧化能力更强的羟基自由基（·OH），可有效破坏染料发色基团，也可破坏构成发色基团的苯、萘、蒽等环状化合物，达到脱色效果。臭氧虽然可以对染（颜）料废水中的色度和芳香化合物进行有效的去除，但是臭氧在与有机物作用时具有较大的选择性，且反应速率较慢，无法彻底矿化有机污染物。

2）芬顿氧化法

芬顿试剂是1894年由英国人芬顿（H. J. H. Fenton）首先提出的，他发现采用 Fe^{2+}/H_2O_2 体系能氧化水介质中的多种有机物，可有效去除传统废水处理技术无法去除的难降解有机物，将其彻底降解成 CO_2、水和无机离子，大幅度提高废水中有毒有害物质的去除效率。

芬顿氧化技术是以 H_2O_2 为主体的高级氧化技术，芬顿试剂由 Fe^{2+} 和 H_2O_2 组成。Fe^{2+} 和 H_2O_2 反应生成的·OH具有很强的氧化性（2.80 V，仅次于氟），能够氧化破坏有机分子共轭体系结构，使难降解的有机染料降解成无色的有机小分子或被彻底矿化，这些极度活泼的·OH可与有机物反应，使有机物被氧化成 CO_2 和 H_2O，达到降解 COD_{Cr} 的目的。同时，Fe^{2+} 被氧化成 Fe^{3+}，产生混凝沉淀，也可有效地去除有机物，但芬顿试剂产生的沉淀需要进一步处理，这将会增加该项技术的运行成本。

3）光催化氧化法

光催化氧化法是指在光照条件下，半导体光催化剂被激发，产生的空穴-电子对与水分子反应生成·OH，将有机污染物氧化去除。常用的半导体催化剂有二氧化钛、氧化锌、硫化锌等。从理论上讲，保证足够的反应时间和适宜的反应条件，光催化氧化法可使废水中有机污染物被彻底矿化，但在实际情况下很难达到此目标。光催化氧化法与其他水处理方法协同处理污水，已经有一定规模的实际应用。

4）高温深度氧化法

高温深度氧化法主要包括超临界水氧化法（SCWO）、湿式空气氧化法（WAO）及湿式催化过氧化氢氧化法（CWPO）等。

（1）超临界水氧化法。

超临界水氧化法是利用频率范围为 16 kHz～1 MHz 的超声辐射溶液，使溶液产生超声空化，在溶液中形成局部高温高压并生成局部高浓度过氧化物·OH 和 H_2O_2，形成超临界氧化状态，实现对污染物的高效去除，超临界水氧化法降解条件温和，污染物去除效率高，适用范围广，无二次污染，是一种很有发展潜力和应用前景的清洁水处理技术。

（2）湿式空气氧化法。

湿式空气氧化法是在高温高压条件下，用氧气或空气作为氧化剂，氧化水中溶解态或悬浮态有机物或还原态无机物的一种处理方法。该方法在彻底氧化一些难降解有机物、降低废水 COD_{Cr} 的同时还能提高废水的可生化性能，因此常将该工艺与生物处理工艺联合使用。该法操作条件较为苛刻，对设备要求和运行费用均较高。一些学者提出引入 H_2O_2 作为氧化剂，添加催化剂等提高湿式空气氧化反应速率的强化方法，可有效地降低反应条件的要求，从而扩大湿式空气氧化法的应用范围。

（3）湿式催化过氧化氢氧化法。

在湿式氧化法的基础上发展起来的催化湿式氧化法，通过投加催化剂提高该技术的氧化能力，降低反应温度和压力，从而降低了投资和运行成本，扩大了该技术的应用范围，湿式催化氧化法常用的催化剂有 Fe、Cu、Mn、Co、Ni、Bi、Pt 等金属元素或其中多种元素的组合。

高级氧化技术虽然具有适用范围广、反应速率快、处理效率高、无二次污染或低污染、可回收能量及有用物质的优点，但在实际应用中还应根据废水的水质、水量情况，结合各氧化法的技术特点，选择最经济有效的处理方案。

5. 膜分离法

膜分离技术是近几十年发展起来的一门新兴高效分离技术，该技术成长迅速，显示出强大的发展活力。膜是指表面具有一定物理化学特性的薄屏障物，具有能使相邻两种物质流间构成不连续区间并影响各组分透过速度的膜材料。

膜分离技术处理染（颜）料废水具有选择性好、去除效率高、设备简单、操作方便、无相变、节能以及处理成本低等特点，具有独特的优势和广阔的潜在应用前景。目前用于染（颜）料废水处理的膜分离技术主要包括反渗透、超滤、纳滤等。

1）反渗透膜

反渗透（RO）是利用反渗透膜选择性地只允许溶剂（通常是水）透过而截留离子性物质的特性，以膜界面静压差为推动力，克服溶剂的渗透压，实现对液体混合物分离的膜过程。反渗透膜的选择透过性与组分在膜中的溶解、吸附和扩散等物理化学性质有密切关系。在反渗透分离过程中，化学因素（膜及其表面特性）起主导作用。当前应用反渗透技术处理染（颜）料废水，COD 去除率能够达到97%，脱盐率能够达到 97%，对于浊度的去除率已经接近 100%，印染废水回收率能够达到 80%。然而，遗憾的是，由于染（颜）料废水中常含有大量的无机盐，渗透压很高，反渗透膜生产能力小，运行成本高。反渗透膜技术在染（颜）料废水处理方面的应用呈现逐渐被纳滤膜分离技术取代的趋势。

2）超滤膜

超滤（ultrafitration，UF）是膜表面的微孔结构对物质进行选择性分离的过程。当液体溶液在一定压力下流经膜表面时，小分子溶质透过膜，而大分子物质则被截留，使原液中大分子的浓度逐渐提高，从而实现大、小分子的分离、浓缩及净化的目的。超滤膜孔径相对较为广泛（在 2～100 nm 之间），能够截流的分子量在 500～5000 Da 之间，截流分子直径在 5～10 μm 之间。超滤主要用于去除废水中的固体颗粒和大分子物质，常被用作染（颜）料废水的单级处理，其透过液可以作为冲洗水或洗涤水回用，但一般不能作为染（颜）料工艺水循环使用，如浅色纱布的染整。超滤也常被采用于反渗透和纳滤的前处理。由于超滤膜对酸碱性不敏感，因此被应用于宽泛的 pH 条件下，同时该技术在杂质去除方面具有明显的优势，过滤精度达到 99.99%以上，可以有效滤除绝大部分污水中的胶体、细菌和悬浮物，与传统的处理技术相比，超滤膜技术无需借助化学药剂，可以有效避免二次污染的发生。超滤膜技术操作简单，大大提高了工作效率。超滤膜分离技术可以在酸性或碱性等复杂环境下稳定可靠地运行；此外，超滤膜技术可以在高温环境下正常运转，同样可以确保水处理顺利进行。

3）纳滤膜

纳滤（NF）是一种以压力差为驱动力，介于反渗透和超滤之间的膜分离过程。纳滤截留的颗粒直径约为 1 nm，能够截流的分子质量在 300～500 Da 之间，在染（颜）料废水的处理中被广泛应用。纳米过滤用于处理纺织设施中的有色纺织废水，通常需要将纳滤与吸附混合使用，以处理纺织染（颜）料废水。该分离过程的效率处于反渗透和超滤之间。纳滤膜对于不同价态的离子存在唐南效应。物料的荷电性、离子价数和浓度对膜的分离效用都有很大的影响。纳滤膜能够截留低分子量化合物和二价盐，并能使水具有软化作用。

4）微滤膜

微滤（MF）是以压力差为推动力的膜分离过程，其传质机理是膜根据液体所含物质颗粒大小进行的筛分，从而实现不同粒径颗粒的分离。微滤膜孔径范围为0.02～1.2 μm，微孔滤膜去除水中颗粒物、悬浮物、原生动物孢囊及卵囊虫等大颗粒物质极其有效。微滤技术过滤压力低，处理效率高，并不需要大面积操作，对于废水能够达到良好的处理效果。

由于染（颜）料废水的排水量大，纳滤膜的选择需要综合考虑分离效果、成本等因素，通常需要做中试来确定。膜材料以及膜器件结构是需要优先考虑的因素。纳滤与其他技术相结合处理染（颜）料废水是提高分离效果和过程经济性的一个重要途径。

膜分离技术在染（颜）料废水处理方面有高效节能、操作方便和易于控制等优势，因而具有广阔的应用前景。然而，膜分离技术同时也存在一些问题。一方面膜材料本身价格较高，另一方面，膜材料在使用过程中易发生堵塞和污染，因而对进水水质要求较高，且膜的清洗较为困难，导致膜的使用寿命较短，这些都增加了膜技术的运行成本，在很大程度上限制了膜分离技术的广泛应用。因此，寻求廉价的膜材料，解决膜易堵塞、难清理问题，研发膜技术与其他工艺的组合技术将成为未来膜技术的发展重点。这些问题的解决，可促进膜分离技术在染（颜）料废水处理方面得到更广泛的应用。

6. 电渗析法

电化学方法是20世纪90年代中期发展起来的一种可用于处理纺织废水的处理技术。电渗析是指在直流电场的作用下，溶液中的离子透过选择性离子交换膜而迁移，从而使电解质离子从溶液中部分分离出来的过程。它包括电凝、电子浮选、电氧化和电沉积等过程。它在电解介质存在和外部最短电流的作用下，可排除金属的氧化还原反应。

在颜料生产过程中有大量的无机盐被加入，这些盐分在使用之后绝大部分被转移到废水中，盐也就成了颜料废水的主要污染物。由于废水中含盐量过高，直接影响废水的生化处理效果，所以在生化处理前必须降低或除去废水中的盐分。电渗析法也属于膜分离技术范畴，它的原理不同于反渗透法，是利用半透膜的选择透过性来分离不同的溶质粒子（如离子）的方法。一般在外加直流电场作用下，利用离子交换膜的透过性（即阳膜只允许阳离子透过，阴膜只允许阴离子透过），使水中的阴阳离子做定向迁移，从而达到水中的离子与水分离的一种物理化学过程。电渗析技术的优点与反渗透法相同，可以通过选择不同性能的渗析膜以达到对一价Na^+、K^+和二价Ca^{2+}、Mg^{2+}的高渗透率，并且能够应用于很宽的进水含盐量范围，不足之处是此技术只能用于去除水中带电离子或离子态物质，设备投资稍高。

目前电渗析技术已有了很大的发展，主要有低渗透选择性电渗析膜分离、异相离子交换膜电渗析和互换极离子交换膜电渗析等技术。电渗析法在废水的脱盐方面应用较多，如苦咸水淡化、利用海水制盐及纺织染（颜）料废水的脱盐等。颜料废水与染料废水的脱盐类同，具有很好的借鉴性和技术拓展性，在上述应用中已有了一些工程化的实例。

7. 复合技术处理法

染（颜）料废水的水质水量变化范围大，且多为间歇排放，具有含盐量高、有机物浓度高且成分复杂等特点，有的还含有重金属。该类水体的 BOD_5/COD_{Cr} 比值低，可生化性差，色度高，属于难降解废水。对于难降解的染（颜）料废水而言，采用单一的物理方法、化学方法或者生化法都难以达到要求。因此，组合工艺对于处理难降解废水具有很大的优势。近年来，对于染（颜）料废水的处理工艺的研究多集中在组合工艺，实际工程应用的例子也比较多。目前组合工艺一般采用化学氧化法+生物法或者混凝法+生物法的组合工艺，其他组合工艺也有一定研究。

1）化学氧化法+生物法组合工艺

根据染（颜）料生产废水不同的水质特点，分别采取了铁碳微电解、芬顿氧化、生化反应等组合工艺，在保证达标排放的前提下，最大程度降低运行成本。工程调试完成后，整个污水治理系统应运行稳定，处理出水可达到《污水排入城镇下水道水质标准》（CJ 343—2010）的 B 等级标准[13]。工艺流程图如图 5-1 所示。

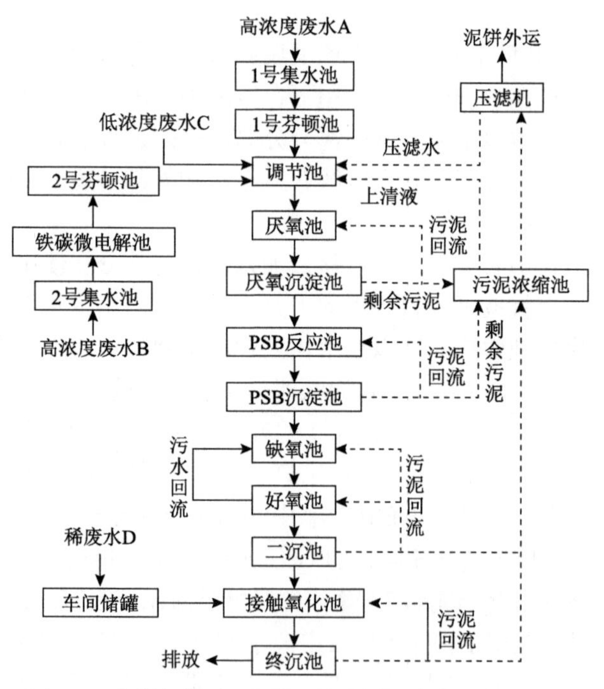

图 5-1　化学氧化法+生物法处理颜料废水工艺流程图

2）混凝法+生物法组合工艺[14]

金属络合颜料具有鲜明、亮丽的色相与充满光泽的透明特性，且具有优良的耐候性及坚牢度，适用于多种材质的涂装着色与各类产品的应用，该颜料废水中主要含有二甲基甲酰胺、十二胺聚氧乙烯醚、醚、挥发酚和无机盐等，该废水具有酸性强、色度高、毒性大、有机物含量高、成分复杂、可生化性差等特点。采用混凝沉淀—生物法—高级氧化工艺处理高浓度颜料废水是可行的（图 5-2），处理出水 COD_{Cr} 去除率达到99.7%，色度去除达到95%，挥发酚去除率达到98.5%。

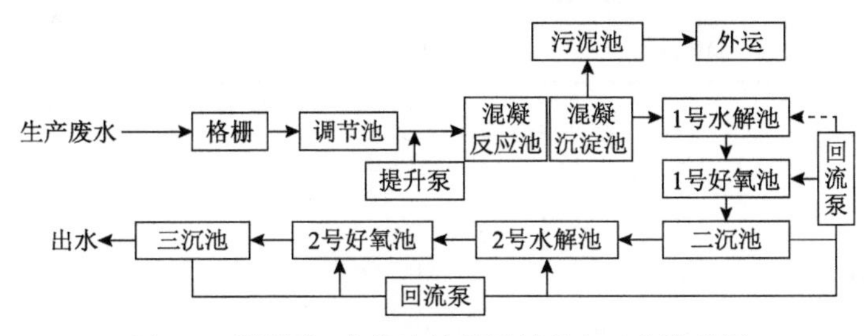

图 5-2 混凝法+生物法处理颜料废水工艺流程图

5.1.3 废水排放标准和回用标准

纺织印染行业作为我国国民经济的支柱产业之一，废水和污染物的排放总量也在逐年增加，已成为工业污水治理的重点领域之一。我国早在《污水综合排放标准》（GB 8978—1988）中就已经对纺织印染行业排放的废水提出处理要求。1992 年，针对纺织印染行业颁布了《纺织染整工业废水污染物排放标准》（GB 4287—1992），对纺织印染行业废水处理的 COD_{Cr}、BOD_5 和色度等主要指标提出明确的限制要求。

随着我国国民经济的快速发展，生态环境保护与经济发展的矛盾日益突出，相关部门针对纺织印染废水的排放标准进行了大幅度的修改，于 2013 年 1 月 1 日颁布实施了《纺织染整工业水污染物排放标准》（GB 4287—2012）。将 COD_{Cr} 的直接排放限值从 100 mg/L 降低到 80 mg/L，并且增加了营养元素的排放限制，包括总氮控制指标为 15 mg/L 和总磷控制指标为 0.5 mg/L，如表 5-3 所示。染料生产及纺织印染行业除了排放的污染物量大以外，也是水资源消耗的大户，是典型的高消耗、高污染行业。因此，提升产业污染治理水平，并通过恰当的技术手段深度处理污水，回用于生产工艺，可以大大减轻污染排放，同时降低对新鲜水资源的摄取。通常用中水回用率来评价企业对废水的回用比例。中水是将排放的生活污水和工业废水进行回收，经过处理后，达到规定的水质标准，可在一定范围内重复使用的非饮用水。随着国家制定严格的管控政策和经济手段扶持，企业上马深度处理设施，提高中水回用率的意愿日益加强。但是，从 2009 年的处理情况而言，纺织印染工业的污水回用率仍较低（全行业平均比率＜7%），亟待提升[15]。经过多年的不懈努力，我国印染行业在实施中水回用工程的企业中，大部分企业的回用率在20%～30%，也有少数企业的中水回用率已达到50%以上。较高比例的中水回用率要求为35%以上。

表 5-3　纺织染整工业水污染物排放标准和纺织染整工业回用水水质

项目	单位	《纺织染整工业水污染物排放标准》（GB 4287—2012）		《纺织染整工业回用水水质》（FZ/T 01107—2011）
		间接排放	直接排放	
COD	mg/L	200	80	50
色度	倍	80	50	25
总氮	mg/L	30	15	—
氨氮	mg/L	20	10	—
总磷	mg/L	1.5	0.5	—
pH	—	6～9	6～9	6.5～8.5

尽管前端的染（颜）料工艺流程中，通过优化制备工艺，减少了废水排放，但末端废水中有机物浓度与普通污水相比，浓度依然很高，处理难度大，末端废水处理技术仍需提升。传统处理染（颜）料及其中间体废水的处理方法，虽已取得了较为满意的处理效果，但这些方法往往会面临成本高、污泥积累量大、无法对废水中无机污染物进行有效彻底的安全处理等问题。同时，处理过程中使用化学药剂不可避免地会引入有毒有害化学物质,可能会对环境造成严重的二次污染。因此，针对现有处理方法和工艺的缺点，在生产污水“减量化”“无害化”处理理念的指导下，本章提供了三种典型的染（颜）料中间体（2-乙基蒽醌、H 酸和2-萘酚）生产废水的资源化处理案例供读者参考。

5.2　典型染（颜）料中间体生产废水处理工艺与应用实例

5.2.1　2-乙基蒽醌废水资源化处理工艺与应用实例

2-乙基蒽醌是染料和医药的重要中间体，在有机合成、造纸、纺织、医学等领域都有广泛的应用。在染料的生产过程中，由于蒽醌类化合物具有价格便宜、热稳定性好、耐光牢度高等优点，在合成染料中占了相当大的比例。工业上传统的2-乙基蒽醌生产方法大多采用苯酐法制备，苯酐和乙苯通过酰化反应得到中间产物2-(4′-乙基苯甲酰基)苯甲酸（BEA），然后在发烟H_2SO_4或浓H_2SO_4的催化作用下，BEA 经过脱水闭环反应得到2-(4′-乙基苯甲酰基)苯甲酸。在此工艺过程中，第二步脱水反应结束后，会产生大量高浓度酸性废液，带来严重的设备腐蚀和后续污染问题，极大地增加了工艺流程的设备费用和废水处理成本。对于该类生产废水，传统的资源化处理工艺是采用碱中和后，蒸发结晶出大量有机物和硫酸钠的混合物，再委托危废公司处理，或者加入石灰中和，产生大量含有机废物的石膏进行危废处理，废水经过生化处理后排放，如图5-3所示。该工艺不仅耗能大、费用高，且可能造成二次污染。因此，开发一种高效、低成本的2-乙基蒽醌废水资源化处理工艺是具有重要经济环境效益的。

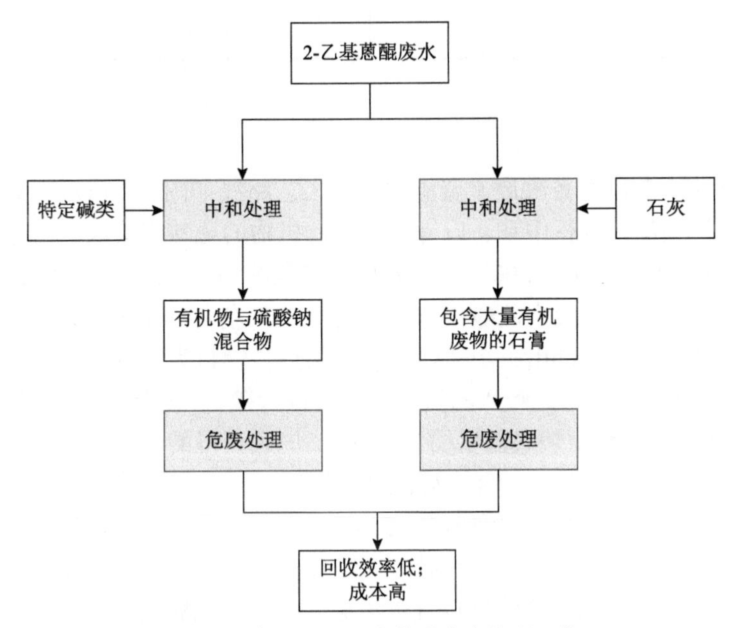

图5-3　常见的2-乙基蒽醌废水处理工艺

著者课题组采取废水全组分资源化处理思路，设计了2-乙基蒽醌废水资源化处理工艺，并对某厂2-乙基蒽醌废水进行了处理，该厂生产1 t 2-乙基蒽醌产品产生10～25 t含高浓度有机物的硫酸或硫酸盐废水，废水中主要有机成分为各种蒽醌衍生物，含量及其他水质指标如表5-4所示。可以看出，该废水生化性极差，属于典型的高浓度难降解有机废水。针对这一废水，著者课题组设计的处理工艺中，利用氧化镁代替烧碱对废水中硫酸进行中和，利用高温氧化系统分解有机COD_{Cr}并产生热值，以降低系统能耗，同时生产无水硫酸镁，SO_2尾气吸收所得亚硫酸钠用于生产，降低了废水处理成本。

表 5-4　某厂 2-乙基蒽醌废水组分检测结果

检测组分	检测结果	检测组分	检测结果
硫酸含量/%	20.1	蒽醌含量/（mg/L）	530
氯化物含量/（mg/L）	15	邻苯酰基苯甲酸含量/（mg/L）	1500
COD_{Cr}/（mg/L）	30000	蒽醌-1-磺酸含量/（mg/L）	1850
2-乙基蒽醌含量/（mg/L）	9100	蒽醌-2-磺酸含量/（mg/L）	1200
2-乙基苯甲酰基苯甲酸含量/（mg/L）	13200	1,5/1,8-蒽醌二磺酸含量/（mg/L）	820
2-氯蒽醌含量/（mg/L）	50	重金属	未检出
苯酐含量/（mg/L）	150	灰分含量/%	0.050

1. 工艺流程

前述设计的 2-乙基蒽醌废水资源化处理工艺路线如图 5-4 所示。对废水中废酸，采用轻烧氧化镁进行中和，以得到含高有机物的硫酸镁溶液，硫酸镁浓度约为 20%。而后废液与 400～500℃的高温烟气在预浓缩器中进行接触，部分水分在接触过程中被蒸发，溶液中硫酸镁浓度提高至 35%左右。此时，废液可进入高温氧化炉进行处理，炉底部由三个燃烧室进行加热，燃料为热脏煤气或者天然气，高温烟气旋转上升，与逆流喷入的硫酸镁溶液进行接触，直接进行高温脱水反应，氧化区温度约为 850℃，炉底温度约为 700℃。炉底获得的无水硫酸镁进入炉底下部风冷换热器，通入空气冷却无水硫酸镁的同时，空气被预热，根据物料和风量比的调控，预热空气温度可达到 100～550℃，可作为燃烧器助燃风使用。高温氧化时，炉顶温度达 400～500℃，高温烟气经过二级旋风除尘器后在预浓缩器中与含硫酸镁浓度约为 20%的废液进行直接接触，在浓缩硫酸镁溶液的同时，也可将气体中的硫酸镁粉尘富集并回收利用。经过预浓缩器后的气体温度降低至 95℃，进入吸收塔中用吸收液吸收 SO_2（吸收液 pH=9～10），回收亚硫酸钠。上述工艺特点如下。

（1）将含硫酸镁废液直接进行高温脱水，彻底氧化分解有机物，得到硫酸镁固体，工艺简单、操作简易。

（2）高温氧化炉脱水后的高温烟气直接用于硫酸镁溶液的脱水过程，有效利用了高温尾气，提高了热效率。

（3）使用预浓缩器作为除尘设备进行湿法除尘，与后部的吸收塔进行配合，可实现高效除尘和烟气净化，以达到环保要求。

（4）物料冷却热量被大部分回收，热量得到循环利用，达到了节能要求。

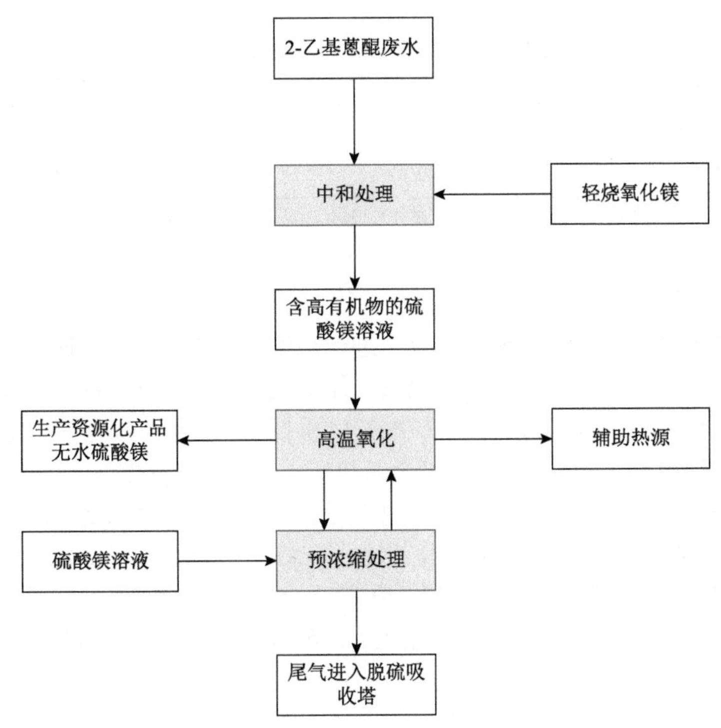

图 5-4　2-乙基蒽醌废水资源化处理工艺

2. 工段分析

1）中和工段分析

常规处理工艺中，常采用氢氧化钠对 2-乙基蒽醌废水中的废硫酸进行中和，结晶硫酸钠含有机物，只能做危险废弃物处理，且中和硫酸所需氢氧化钠的成本较高。著者课题组采用轻烧氧化镁对废水中的硫酸进行中和，不仅比传统的碱类物质有工艺上的优越性（对比如表 5-5 所示），而且在中和后的生成物处理和排放方面可大大降低成本。同时，每吨废水经资源化处理后可获得约 220 kg 无水硫酸镁，经济效益约为 198 元（产品价格按 900 元/t 计算，无水硫酸镁的市场价格实际可达 1500～2100 元/t）。

表 5-5　MgO 和 NaOH 中和成本比较

项目	中和工段（MgO）	中和工段（NaOH）
原料消耗	325 kg	2400 kg
辅助原料	50 kg	50 kg
危废处理费用	无	2000～4000 元
处理效果	趋零排放	仍有三废

续表

项目	中和工段（MgO）	中和工段（NaOH）
资源化产品	900 元/t	无
维修	20 元/t	10 元/t

注：表中按照处理即含酸废水为 1t，根据含量计算得到废酸量（即折百废酸）计算；表中价格按 2020 年价格计。

2）高温氧化工段分析

由于硫酸镁废水中含有机物成分，进行高温氧化处理时，可使其中的有机物得到充分的分解，自身氧化产生的热量可作为辅助热源回到系统中，降低系统整体能耗。高温氧化温度资源化无水硫酸镁的质量影响如表 5-6 所示。通过试验发现，当氧化温度低于 700℃时，废液总有机碳（TOC）去除率在 54.3%～87.1%之间波动，有机物的氧化分解效果不理想。当氧化温度升高至 750℃时，TOC 去除率提高至 99.0%以上。继续升高氧化温度，TOC 去除率无明显变化。从所得无水硫酸的含量来看，当氧化温度从 500℃升高至 750℃时，氧化产品中硫酸镁含量由 89.5%增加至 98.3%。继续升高氧化温度，硫酸镁含量仅有微量增加。氧化温度升高至 900℃时，硫酸镁含量仅提高 0.3%。综合考虑能耗和综合成本，最佳高温氧化温度确定为 750℃。

表 5-6　氧化温度对硫酸镁的质量的影响（氧化时间为 4 s）

编号	氧化温度/℃	硫酸镁含量/%	TOC 去除率/%
1	500	89.5	54.3
2	550	91.2	64.5
3	650	93.4	75.3
4	600	94.1	82.2
5	700	95.7	87.1
6	750	98.3	＞99.0
7	800	98.4	＞99.0
8	850	98.3	＞99.0
9	900	98.6	＞99.0

3）预浓缩器参数计算

首先，研究了预浓缩硫酸镁废水的浓度对产品质量的影响，进行了工艺筛选优化。试验了将溶液分别预浓缩至 15%、20%、25%、30%、35%时，并测定了所得产品中硫酸镁含量及 TOC 去除率，结果如表 5-7 所示。可以发现，在 750℃条件下进行氧化时，预先浓缩浓度对 TOC 去除率影响不明显，去除率均能＞99%。

但随着溶液浓度的增加，产品中硫酸镁含量逐渐升高。预浓缩温度为90℃时，硫酸镁饱和浓度约为35.1%，继续提高浓度，会析出硫酸镁固体，不利于后续的高温氧化。因此，确定最佳预浓缩浓度为35%。

表5-7 预浓缩液浓度对产品质量的影响

编号	预浓缩液浓度/%	硫酸镁含量/%	TOC去除率/%
1	15	95.4	>99
2	20	95.5	>99
3	25	96.9	>99
4	30	97.2	>99
5	35	98.3	>99

3. 经济成本分析

1）设备投资

整个系统所需的设备包括高温氧化系统、助燃风机、煤气发生炉、旋风分离器、预浓缩器、吸收塔、高压风机、硫酸镁冷却、溶液储槽、计量泵、循环泵、吸收泵、输送泵、调节阀、PLC控制系统、配电系统、配管和钢构等。

2）运行成本

废水中硫酸浓度按照20%计算，按资源化1 t无水硫酸镁计算，整套设备运行成本如表5-8所示。其中，耗煤量计算时，以6000 kcal的煤进行计算，其中煤气发生炉效率为75%，高温燃烧效率为80%，合计效率60%，每吨无水硫酸镁耗煤量为335 kg。人工全部采用PLC操作，每班操作2人，包装2人，合计4人，分析1人，管理1人；分4班，合计24人，每人每天100元，合计2400元，每吨产品人工费为25元；无水硫酸镁价格按照850元/t计算。通过表中所示计算结果可知，设计的资源化处理工艺运行成本低，且由于无水硫酸镁的市场价值较高，每资源化处理1t含酸废水还可产生19.5元的经济效益（相关成本按2020年经济状况核算）。

表5-8 运行成本分析

项目	数量	单价	合计/元
耗煤量	335 kg	0.8元/kg	265.4
电费	50 kW·h	0.84元/（kW·h）	42.1
人工费		25元	25
水	10 t	4元/t	40
设备折旧	按照6年折旧	20元	20

续表

项目	数量	单价	合计/元
设备维护		10 元	10
中和废酸氧化镁	500 kg	0.65 元/kg	325
其他费用		25 元	25
合计总成本			752.5
无水硫酸镁	1000 kg	0.85 元/kg	−850
折合每吨废酸处理成本			−19.5

4. 工艺总结

本课题组针对传统 2-乙基蒽醌废水处理工艺存在的耗能高、成本高且造成二次污染等难题，以废水全组分资源化处理为思路，设计了 2-乙基蒽醌废水所有成分资源化工艺，主要包括：采用轻烧氧化镁代替烧碱中和废水中的硫酸，并利用高温氧化系统分解有机 COD_{Cr} 并产生热值用于废水中水分蒸发，以降低能耗，同时生产无水硫酸镁。另外，产生的 SO_2 尾气用碱液吸收所得亚硫酸钠回用于生产，实现了全组分资源化。

5.2.2 H 酸废水资源化处理工艺与应用实例

H 酸（1-氨基-8-萘酚-3,6-二磺酸）是一种重要的萘系染料中间体，主要用于生产酸性、活性染料和偶氮染料，也可用于制药工业。全球 H 酸生产基地主要集中在中国和印度，其中，我国 2018 年产能约 17.5 万 t，废水产生量约 400 万 t。国内 H 酸生产工艺一般以精萘为原料，经磺化、硝化、中和、还原、碱熔和酸析等工序制得。在酸析工序中加入硫酸或盐酸析出 H 酸单钠盐，过滤后得废母液，由此产生的废水中一般含有 15%～20%硫酸钠、5%～8%硫酸，COD_{Cr}高达 20000～40000 mg/L，且含有大量各种萘的取代衍生物，具有强烈的生物毒性，极难生化，属于典型高盐、高色度、高浓度难降解有机废水。传统主流处理技术主要采用萃取、吸附、脱色、氧化、浓缩等物理和生化组合处理技术[16, 17]，处理费用高，且产生大量含有机物废渣，未能彻底解决污染问题，给企业生产生存造成巨大压力，也对生态环境安全造成潜在威胁。针对 H 酸废水处理的高成本问题，著者课题组设计了溶析结晶-废酸循环再利用-高温沸腾造粒氧化以及高温还原生产高质化硫化钠的全组分资源化处理工艺对某生产单位产生的 H 酸废水进行了处理，废水水质指标如表 5-9 所示。在设计的处理工艺中，通过溶析结晶工艺可低成本分离出大部 Na_2SO_4 晶体和大部分有机物，酸性废水脱出溶剂后，废酸回用于 H 酸离析工段，减少硫酸使用量，提高 H 酸收率，同时也减少了废酸用碱中和的费用。高含量有机物和硫酸钠废水，送入特殊设计的高温沸腾氧化炉，利用有机物自身氧化后产生的能量，可彻底分解系统中的有机物，同时生产出无水硫酸钠（硫酸钠进入高温还原系统，生产出高质化的硫化钠产品）。该工艺全流程优化了废水各种资源路径，使盐分、有机物、废酸各自发挥了最大的价值，同时设计了保障系统，易于工业化实施；也提供了新的高含盐难降解有机废水循环经济思路，改变了过去消耗资源的“破坏式”处理废水方式，具有良好的技术经济效果和社会效益。

表 5-9 某生产 H 酸单位排放的 H 酸废水水质指标

项目类别	排放量/（t/d）	硫酸钠含量/%	COD_{Cr}/（mg/L）	游离硫酸含量/%
H 酸废水	300	15.0	25000	1.0

1. 工艺流程

著者课题组设计的 H 酸废水资源化处理工艺流程图如图 5-5 所示。在溶析结晶工艺中，利用硫酸钠在醇、醚介质中生成结晶的原理，采用醇醚等溶剂对 H 酸生产废水进行溶析结晶。区别于常规浓缩或冷冻结晶的双向能耗，溶析结晶工艺可在酸性条件及 H 酸生产废水正常工况温度下，高比例、低成本结晶出无水硫酸钠晶体；相对于蒸发工艺减少了系统能耗，也避免了酸性废水浓缩时的设备难题。同时，在结晶工艺中通过设计文丘里循环加溶剂系统，减少了溶剂损失，也使结晶颗粒较大、结晶纯度高且便于分离。此外，溶析结晶过程将 H 酸废水中的大部分硫酸钠晶体和萘磺酸类有机物分离出来后，分离脱出的废酸溶液中溶解有 0.1%～0.5%的 H 酸，可直接将其输送至 H 酸离析工段进行回用，由于同离子效应，回用废酸可以提高 H 酸的收率，既可减少硫酸的使用，又在一定程度上削减了废酸用碱中和的处理费用。通过溶析结晶，无水硫酸钠中有机物 COD_{Cr} 值可达 150000 mg/L 以上，水分含量仅为 10%～20%。在高温处理工段，有机物 COD_{Cr} 自身热值引发后，热值能量足够有机物分解和硫酸钠脱水，系统尾气及物料的能量回用设计，实现了系统热能利用率＞90%。

具体工艺参数如下。

（1）溶析结晶：将 H 酸废水加入溶析结晶釜中，在 45℃温度下，使用文丘里循环加料系统，加入 H 酸废水质量 30%溶析结晶溶剂甲醇，放置 60 min，硫酸钠晶体析出，分离硫酸钠结晶并送入高温沸腾造粒氧化系统，废酸溶液进入废酸循环利用工段。

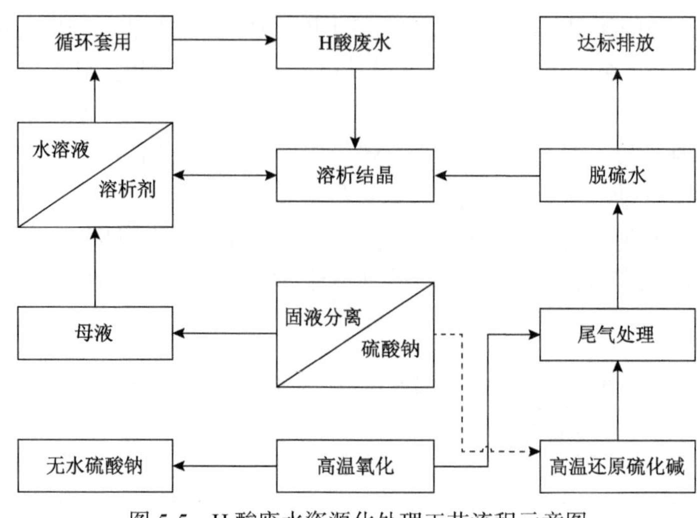

图 5-5　H 酸废水资源化处理工艺流程示意图

（2）废酸循环利用：将含有大量溶析溶剂、硫酸、少量硫酸钠和 H 酸及其他有机成分的废酸溶液，转移进入蒸发釜进行溶剂回收，回收温度为 60℃；回收的溶剂返回溶析结晶系统，质量分数为 1.0%的废酸溶液输送到 H 酸生产系统的离析工段，可以减少 H 酸生产工艺中硫酸的加入量 2.2%，H 酸收率提高 0.33%。

（3）高温沸腾造粒氧化：将含有大量有机物和少量水分的结晶硫酸钠，输送至高温沸腾造粒氧化系统；在 800℃条件下，沸腾造粒氧化 120 s，有机物分解率 99.97%，出料无水硫酸钠。同时，也可在硫酸钠结晶中配入煤粉，在 1200℃下高温还原分解有机物后，可将 Na_2SO_4 还原为 Na_2S 产品。所得产品经过风冷降温后，进行包装。而物料换热风可作为高温氧化系统的助燃风，回收热量的同时冷却物料。尾气用浓度为 15%的氢氧化钠溶液吸收，达标排放，吸收液为硫酸钠溶液，返回至溶析结晶系统。整个高温氧化系统能耗主要靠有机物自身热值，每吨废水处理新增热能消耗仅为 8 kg 标煤。

2. 经济成本分析

由于溶析结晶工艺中溶剂等进行了循环利用，且在 H 酸废水正常工况温度下进行，成本消耗低，因此在经济成本分析中未计算此部分成本。成本经济分析主要集中在硫酸钠结晶和有机 COD_{Cr} 的高温处理工艺段，主要涉及的设备情况如下。

（1）蒸发系统主要设备：主要有换热器（含降膜蒸发器、强制循环蒸发器、蒸馏水预热器、蒸汽预热器）、容器类（降膜分离器、结晶分离器、二次分离器、稠厚器等）、泵类（进料泵、降膜循环泵、转料泵等）、压缩机组、离心机组和自动控制系统。

（2）高温氧化系统主要设备：高温沸腾氧化炉、物料混合器、分布器、固体加料器、高温氧化炉体、一次旋风分离器、一次密封卸料器、返料输送机、二次氧化给料机、湿法除尘器、湿法循环泵、脱硫洗酸塔、脱硫循环泵、系统引风机、系统管道和电控柜。

（3）高温还原主要设备：回转还原炉、混料机、燃烧器、燃烧炉炉膛、热风生成器、回转溶料机、转料输送机、间接冷却机和压滤机。

H 酸废水高温氧化资源化副产硫化钠产品和高温还原资源化副产硫酸钠产品的运行成本如表 5-10 和表 5-11 所示。从表中可以看出，H 酸废水经溶析结晶、废酸循环再利用和高温还原生产资源化产品硫化钠，每吨废水可产生经济效益 16.9 元。经过高温氧化处理得到硫酸钠产品时，每吨废水处理成本约为 3.5 元，扣除每吨 3 元的污水排放费用后，近零成本实现废水处理。

表 5-10 H 酸废水资源化副产硫化钠运行成本

（未计算减少废酸以及 H 酸收率提高的收益）

项目	数量	单价/元	合计/元
耗煤量（6000 kcal）	37 kg	0.8	29.6
电	60 kW·h	0.8	48
蒸汽	100 kg	0.15	15
人工费		7	7
水	1	4	4
设备折旧	按照 6 年折旧	3	3
设备维护		2	2
其他费用			10
加工成本合计			114.1
副产硫化钠	85 kg	1.6	−136
综合成本			−16.9

表 5-11 H 酸废水资源化副产硫酸钠运行成本

（按照 H 酸收率提高 0.1%计算综合处理成本）

项目	数量	单价/元	合计/元
耗煤量（6000 kcal）	15 kg	0.8	12
电	35 kW·h	0.8	28
蒸汽	150 kg	0.15	22.5

续表

项目	数量	单价/元	合计/元
人工费		7	7
水	1	4	4
设备折旧	按照 6 年折旧	3	3
设备维护		2	2
其他费用			5
加工成本合计			83.5
副产硫酸钠	150 kg	0.3	−45
H 酸收率提高	1	35	−35
综合成本			3.5

5.2.3　2-萘酚废水资源化处理工艺与应用实例

2-萘酚是一种萘的 2 位羟基取代物，又称 β-萘酚、乙萘酚或 2-羟基萘，易发生卤化、磺化、硝化、亚硝化等亲电取代反应。2-萘酚是工业生产中重要的染料中间体及有机化工原料，其衍生物 G 盐、R 盐、席夫碱盐、γ 酸、二羟 G 盐、二羟 R 盐大量地应用于染料工业中，也被用于皮革鞣制、香料、纺织印染助剂、选矿剂原料、橡胶防老剂、有机颜料以及农药和医药制造等工业生产中。此外，2-萘酚下游产品中液晶材料和感光材料的生产具有十分广泛的市场前景。我国自 1957 年开始生产 2-萘酚以来，产量逐年上升。据统计，我国 2-萘酚的总产量约占全球总产量的 50%。国内主要的生产方法是以精萘为原料，经过磺化、水解、中和、碱熔、酸化、精制等工序制作得到，生产过程产生含有高盐分难降解的有机物废水，每生产 1 t 2-萘酚会副产 15～20 t 高盐废水。废水中含有 12%～15% Na_2SO_4，2%～3% Na_2SO_3，COD_{Cr} 高达 4000～50000 mg/L，有机物中含 2%～3% 的萘磺酸，具有极强的生物毒性，极难生化，属典型高盐、高浓度难降解有机废水。国内现有的工艺主要有萃取回收有机物、树脂交换、高级氧化、浓缩减量、湿式氧化等多种处理技术，但都不同程度存在处理费用过高、产生二次污染以及资源浪费等问题，此类废水长期以来一直未得到妥善的资源化利用。针对该类生产废水的特殊性及现有处理工艺存在的问题，著者所在课题组以某厂的 2-萘酚废水为处理对象（废水水质指标如表 5-12 所示），设计开发了溶析结晶-蒸汽机械再压缩（MVR）浓缩-高温回转氧化工艺路线，资源化处理 2-萘酚废水，使废水中盐分、有机物、废气等都低成本资源化处理，是目前 2-萘酚废水较为合理的资源化工艺。

表 5-12　某厂产生的2-萘酚废水水质指标

废水来源	废水量/（m^3/d）	污水指标				
		COD_{Cr}/（mg/L）	含盐量/（mg/L）	氨氮/（mg/L）	pH	色度/倍
β盐母液	565	37993.6	159560	102.28	8.5	800

1. 工艺流程

2-萘酚废水全组分资源化处理工艺及系统主要包括：①溶析结晶工艺回收萘磺酸盐；②MVR 蒸发浓缩，高温氧化有机物生产无水硫酸钠；③尾气吸收 SO_2 生产无水亚硫酸钠。其中回收的萘磺酸盐、无水硫酸钠及无水亚硫酸钠全部回用2-萘酚生产过程或者市售。工艺流程图如图 5-6 所示。

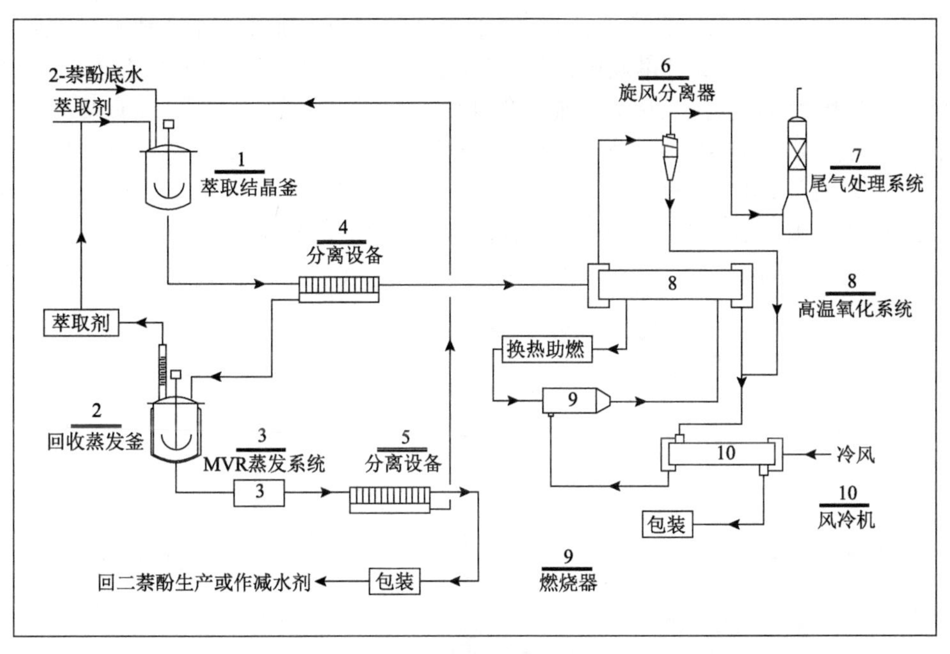

图 5-6　2-萘酚高盐高浓有机物废水资源化系统流程图

在溶析结晶工序中，将2-萘酚废水加入溶析结晶釜中，在33～80℃温度下，加入废水质量10%～40%的溶析溶剂，放置10～60 min后，硫酸钠晶体析出，固液分离，结晶硫酸钠送入回转式高温氧化系统中，溶析剂母液进入回收系统回收溶析剂和萘磺酸盐。通过蒸发器回收溶析溶剂并返回至溶析结晶系统，而后将低盐高有机物废水送入MVR蒸发浓缩系统进行浓缩，当废水中硫酸钠接近饱和时，过滤析出萘磺酸盐，回用至2-萘酚生产线或用于生产减水剂，蒸发冷凝水回用于生产工艺用水，过滤后的母液返回至溶析结晶系统。

在回转式高温氧化工序中，在 700～800℃条件下，高温氧化分解溶析结晶工艺析出硫酸钠中的有机物，有机物氧化分解所产生的热值用于辅助蒸发水分，得到无水硫酸钠。出炉的无水硫酸钠经过风冷换热产生的热风作为高温氧化系统的助燃风，在回收热量同时冷却物料，冷却后的硫酸钠进入成品包装。高温氧化系统尾气中的热量经换热器回用高温氧化系统的助热量，高温氧化系统热能综合利用率可达 90%以上。尾气中 SO_2 用 15% NaOH 溶液进行吸收，在 80～95℃下处理达标后排放，吸收液回收亚硫酸钠并返回至 2-萘酚生产工段。

2. 工段分析

1）浓缩工段分析

MVR 利用蒸汽压缩机压缩蒸发产生的二次蒸汽，把电能转换成热能，提高二次蒸汽的焓，被提高热能的二次蒸汽打入蒸发室进行加热，循环利用二次蒸汽已有的热能，可不需要外部新鲜蒸汽，通过蒸发器自循环来实现蒸发浓缩的目的。MVR 比单效和多效蒸发更为节能，但压缩机对于液体沸点温度升高有要求，一般沸点升高温度＜15℃则可选用 MVR 蒸发；实验数据显示，将固含量 12.8%的 2-萘酚废水最大可浓缩至固含量为 36.3%，沸点升高温度为 7℃，符合 MVR 蒸发浓缩对液体沸点温度升高的要求，MVR 蒸发浓缩硫酸钠溶液的流程示意图如图 5-7 所示。同时，本书中将 MVR 蒸发浓缩硫酸钠系统与三效蒸发浓缩硫酸钠

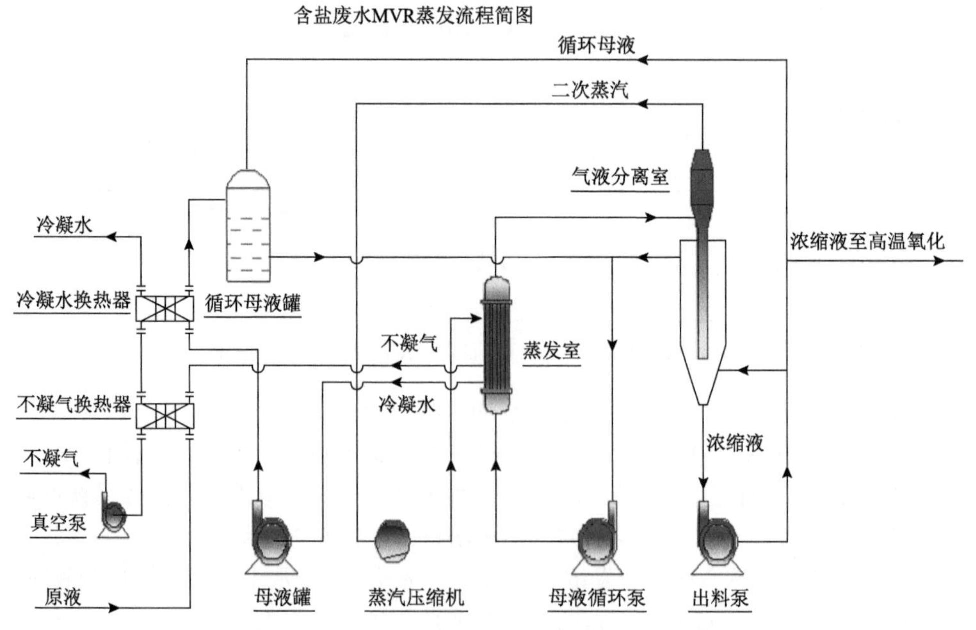

图 5-7　MVR 蒸发浓缩硫酸钠溶液的流程示意图

系统的能耗及运行成本进行了对比分析，结果如表5-13所示。对比分析可以看出，利用MVR蒸发系统对2-萘酚废水进行蒸发浓缩，将废水从13%浓缩至26%，与三效蒸发浓缩系统相比，每吨废水蒸发成本可降低63%。

表5-13　浓缩工段蒸发系统比较

设备	MVR自清理蒸发系统		三效蒸汽蒸发器	
压缩机功耗	650.0 kW	455.0元	0.0 kW	0.0元
泵功耗	335.0 kW	234.5元	110.0 kW	77.0元
预热蒸汽量	360 kg/h	43.2元	0 kg/h	0元
蒸发蒸汽量	0 kg/h	0.0元	9450 kg/h	1890.0元
循环冷却水量	10 m^3/h	5.0元	40 m^3/h	20.0元
每小时运行成本	737.7元		1987.0元	
每蒸发1t水成本	35.1元		94.6元	
每年运行费用	5元，307元，120.0元		14元，303元，520.0元	

注：电价为0.7元/（kW·h）；蒸汽价格为120.0元/t；循环水价为0.5元/m^3；进料温度为25℃；进料量为42000 kg/h；蒸发量为21000 kg/h；全年运行7200 h。

2）高温氧化工段分析

按照每小时40 t液体计算，MVR真空浓缩可将硫酸钠浓度浓缩至26%左右，将浓缩后的废水（含有部分硫酸钠、亚硫酸钠、有机物和水分）输送至高温沸腾氧化系统进入高温氧化炉进行喷雾焚烧，进风温度为900℃，物料在800℃下分解有机物，尾气出炉温度为550℃，换热作为助燃风，助燃风温度达到400℃，最终排放尾气温度为120℃，无水硫酸钠物料风冷却到60℃，冷却热量作为助燃风使用。

经过预浓缩器后，含硫酸钠浓度为26%的废水温度达到135℃，此时废水中含有部分十水硫酸钠，进入氧化炉后，在800℃下废水中水分不断地蒸发，十水硫酸钠高温分解生成硫酸钠和水，水在高温下蒸发随气体排出。此过程需要吸收大量热，分别为：①原料从135℃升温至800℃吸热；②十水硫酸钠分解脱水的反应吸热；③水分从液态变为气态的相变热。通过热力学软件模拟计算可知，三者需要总热量为17.42 Gcal/h。由于废水中本身存在有机物，废水COD_{Cr}为40000 mg/L左右，体积为35.468 m^3，热值为2500 kcal/h，计算废水中有机COD_{Cr}热值为：40×35.468×2500=3.5 Gcal/h。此部分热量无法满足十水硫酸钠高温分解生成硫酸钠和水所需热量以及空气风、天然气等升温所需的显热。通过模拟软件计算所需补充的天然气热量为：$Q_{天然气(CH_4)} = 129500\ \text{mol} \times 191.8\ \text{kcal/mol} = 24.84\ \text{Gcal/h}$，才能满足上述脱水需要的热量。结合前述MVR工艺段分析，将2-萘酚废水的综合处理消耗进行了统计，如表 5-14 所示。

表 5-14　2-萘酚废水综合处理消耗表

项目	指标
2-萘酚 β 盐母液水量	42000 kg/h
2-萘酚 β 盐母液水质	盐分 12%～16%，COD_{Cr}≤45000 mg/L
MVR 出水水量	17500～21000 kg/h
MVR 出水水质	COD_{Cr}≤400 mg/L（回用工艺）
喷雾高温氧化固体含水率	≤1%
每吨废水蒸汽耗量	50 kg
每吨废水 MVR 系统电耗	45 kW·h
每吨废水（煤消耗量）	36 kg 标煤热值计
有机物除去率	≥99%
尾气	达标处理
每吨废水回收硫酸钠	150 kg

3. 经济成本分析

结合前述工段分析，对设计的 2-萘酚废水资源化处理工艺系统的综合成本进行了计算，结果如表 5-15 所示。其中，溶析结晶工艺段，由于甲醇溶剂循环套用，且回收的萘磺酸盐价值较高，基本可与溶析结晶成本相抵。从表中可以看出，MVR 蒸发浓缩工艺段和高温氧化工段所需的能耗成本、人工成本及其他成本，在扣除资源化回收污水硫酸钠、蒸馏水以及亚硫酸钠产生的经济效益后，2-萘酚废水的每吨水综合处理成本仅为 15.05 元，实现了低成本资源化处理。

表 5-15　2-萘酚废水系统综合成本

项目	消耗	单价	成本/元
电	60 kW·h	0.7 元/（kW·h）	42
煤	36.5 kg	500 元/t	18.25
蒸汽	15 kg	120 元/t	1.8
人工	8		8
折旧	2		2
包装	5		5
回收无水硫酸钠	150kg	260 元/t	−39

续表

项目	消耗	单价	成本/元
回收蒸馏水	0.5		−1
回收亚硫酸钠	20		−32
其他费用			10
综合成本（回收萘磺酸盐与溶析结晶费用相抵）			15.05

5.3 结　语

本章对染（颜）料废水处理的主流技术作了简洁介绍，重点介绍了 2-乙基蒽醌、H 酸和 2-萘酚等典型染（颜）料中间体生产废水“减量化”“无害化”处理工程实例，为有机染（颜）料废水的资源化、无害化处理提供了工程实践经验。

有机染（颜）料的清洁生产是一个涉及生产源头污废减排、过程清洁管理和工业污废资源化无害化的复杂技术管理和技术控制过程。科技的不断进步，赋予了染（颜）料清洁生产过程更多新理念、新手段和新路径，需不断进行创新以应对新问题。因此，有机染（颜）料清洁生产是一个需要长期坚持并不断创新的艰巨任务。

参 考 文 献

[1] 中国染料工业协会. 染颜料行业 2018 年经济运行分析及 2019 年展望[J]. 中国石油和化工经济分析, 2019, (5): 44-48.
[2] 杨晓钢. 染料、颜料废水中盐度对生化系统的影响[J]. 环境保护与循环经济, 2019, 39(3): 26-27.
[3] 刘俊逸, 黄青, 李杰, 等. 印染工业废水处理技术的研究进展[J]. 水处理技术, 2021, 47(3): 1-6.
[4] 贺奎利, 何乃茹, 王艳. 活性染料印染废水处理工艺探索[J]. 城镇供水, 2020, (2): 65-69, 88.
[5] 付玮康, 郭筱洁, 潘孟涛, 等. 柳絮纤维生物质炭的制备及其对染料废液中 Cr(VI)的吸附性能[J]. 纺织学报, 2022, 43(12): 8-15.
[6] 吴志敏, 张丽. 过氧化氢湿式氧化法处理偶氮染料废水的动力学及可生化性影响研究[J]. 印染助剂, 2016, 33(2): 17-21.
[7] 任松洁, 丛纬, 张国亮, 等. 印染工业废水处理与回用技术的研究[J]. 水处理技术, 2009, 35(8): 14-18.
[8] 董艳萍, 赵宏吉, 罗金涛, 等. 钴改性 MnO_2 催化 H_2O_2 降解罗丹明 B 的研究[J]. 黑龙江大学工程学报, 2020, 11(2): 60-63.
[9] 沈永嘉. 有机颜料——品种与应用[M]. 北京：化学工业出版社, 2007.

[10] 韩永奇. 我国染料业“十三五”回顾及“十四五”展望[J]. 染整技术, 2021, 43(3): 6-10.
[11] 李凤镱, 谭君山. 活性炭吸附法处理染料废水研究的进展概况[J]. 广州环境科学, 2010, 25(1): 5-8.
[12] 吴希. 铁/锰取代多金属氧酸盐插层水滑石的制备及对染料的去除[D]. 武汉: 武汉纺织大学, 2020.
[13] 王仲旭. 颜料废水治理工程实例[J]. 工业水处理, 2018, 38(2): 95-98.
[14] 董建威, 司马卫平. 混凝沉淀—生物法—高级氧化处理颜料废水工程应用[J]. 工业水处理, 2015, 35(6): 96-98.
[15] 崔敏华. 生物电化学复合厌氧反应器构建及其处理染料废水效能研究[D]. 哈尔滨: 哈尔滨工业大学, 2017.
[16] 孙楠. 络合萃取法处理高浓度 H 酸废水及其资源化[D]. 哈尔滨: 哈尔滨工业大学, 2017.
[17] 姜海燕, 杨志林. H 酸废水处理工程实例[J]. 工业用水与废水, 2018, 49(3): 60-63.